山西省交通史志丛书

山西省交通建设开发投资总公司志

Shanxisheng Jiaotong Jianshe Kaifa Touzi Zonggongsi Zhi

内 容 提 要

本书翔实纪录了山西省交通建设开发投资总公司从无到有，从摆脱困境到多元发展，从资本积累到资本运营不平凡的发展历程，为社会主义市场经济体制条件下企业独辟蹊径、创新经营并取得成功提供了一个范例。

本书内容涉猎广泛，层次深入，对研究企业经营、部门和谐乃至行业发展、地方经济、人文社会颇有启发。

图书在版编目（CIP）数据

山西省交通建设开发投资总公司志/《山西省交通建设开发投资总公司志》编委会编. —北京：人民交通出版社，2009.11
ISBN 978-7-114-08011-1

Ⅰ.山... Ⅱ.山... Ⅲ.交通工程－建筑企业－概况－山西省 Ⅳ.F426.9

中国版本图书馆 CIP 数据核字（2009）第 188163 号

书　　名：山西省交通建设开发投资总公司志
著 作 者：山西省交通建设开发投资总公司志编纂委员会
责任编辑：张　森
出版发行：人民交通出版社
地　　址：(100011) 北京市朝阳区安定门外外馆斜街 3 号
网　　址：http://www.ccpress.com.cn
销售电话：(010)59757969，59757973
总 经 销：北京中交盛世书刊有限公司
经　　销：各地新华书店
印　　刷：北京鑫正大印刷有限公司
开　　本：787×1092　1/16
印　　张：22.75
插　　页：8
字　　数：460 千
版　　次：2009 年 11 月第 1 版
印　　次：2009 年 11 月第 1 次印刷
书　　号：ISBN 978-7-114-08011-1
印　　数：0001－2000 册
定　　价：150.00 元

2005年7月29日14时50分，中共中央总书记胡锦涛在范家岭隧道前视察建设中的太原至长治高速公路

2005年7月15日，中共中央政治局委员、中央书记处书记、中宣部部长刘云山视察太长高速公路建设

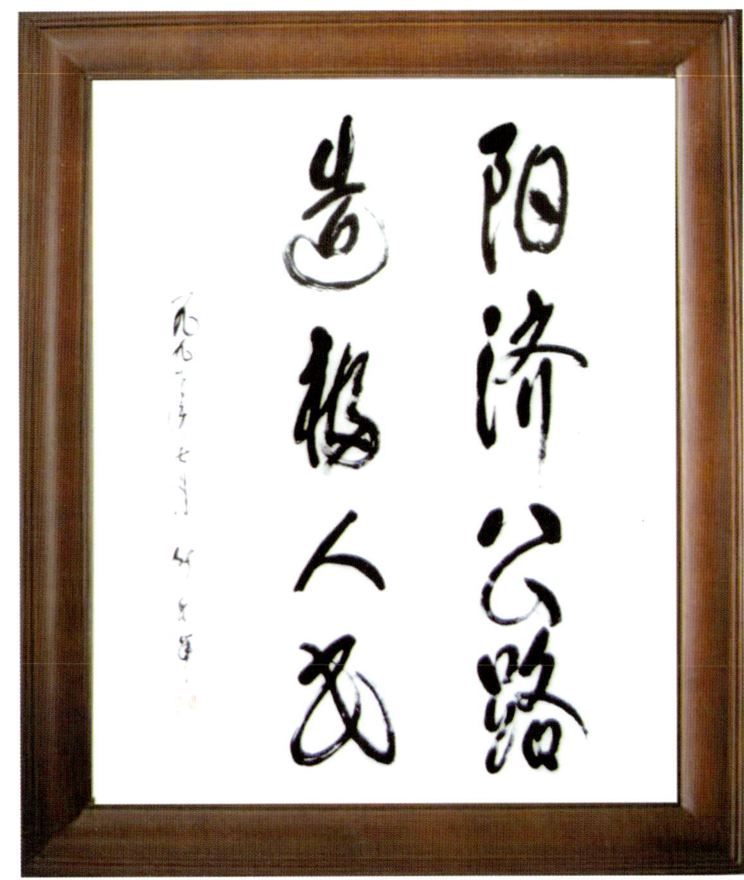

1997年7月，国务院原副总理、原国务委员兼国防部部长张爱萍为阳济公路的题词

原国家交通部部长张春贤（前排左）在原山西省交通厅厅长王晓林和副厅长张润陪同下视察太长高速公路建设

中共山西省委书记张宝顺（前排右二）在原省交通厅厅长王晓林和总工程师郜玉兰陪同下视察太长高速公路建设

山西省副省长牛仁亮（前排右一）在原省交通厅厅长王晓林和副厅长王志民陪同下视察太长高速公路建设，总公司经理魏庆飞介绍工程建设情况

2008年8月28日，山西省交通运输厅厅长段建国、总工程师郜玉兰、总会计师张德仪在公司调研

2005年，山西省交通建设开发投资总公司经理魏庆飞获全国劳动模范、全国交通系统劳动模范称号

山西省交通建设开发投资总公司领导班子（自左至右：张庆华 贝瑜 李润喜 魏庆飞 李平 尚建军 韩文军 杨天平）

1997年3月，山西省交通建设开发投资总公司与浙江兴业银行香港分行代理行的银团在深圳举行山西阳长、江武高速公路有限公司2400万美元银团贷款签字仪式

1997年4月16日，山西省交通厅与香港路劲基建有限公司举行公路合作项目签约仪式，魏庆飞（左一）与香港路劲基建有限公司董事长单伟豹（左四）在合作项目协议上签字

1998年5月27日，举行晋焦高速公路项目合同签字仪式，魏庆飞（签字席左）与香港新世界集团董事、总经理陈永德（签字席右）在项目合同上签字

2002年9月28日，举行长晋高速公路7亿元项目授信仪式，魏庆飞（左）与中国民生银行太原分行行长段青山（右）在授信书上签字

2002年12月21日，举行晋焦高速公路10亿元项目贷款签字仪式，魏庆飞（右）与中国工商银行山西省分行代表李裕祥（左）在贷款协议书上签字

2003年9月12日，举行太长高速公路55亿元项目贷款签字仪式，山西省交通厅厅长王晓林（左）与国家开发银行山西省分行副行长郭东（右）在贷款项目协议书上签字

山西省交通建设开发投资总公司向中国平安保险集团转让太长、长晋、晋焦高速公路部分股权。2007年7月20日，股权交割仪式在太原迎泽宾馆举行。转让收入22.76亿元

山西省交通建设开发投资总公司自2008年起，以多种方式探索和推进引资融资。2009年7月24日，公司举行2009山西交投债投资者考察交流会。发行企业债券20亿元

2009年8月14日，山西省交通运输厅在太原迎泽宾馆举行“09晋交投债”20亿元人民币企业债券发行信息发布会，标志着山西省交通建设开发投资总公司发债获得圆满成功

路通合作公司太原至榆次公路许西收费站

获世界基尼斯之最的晋焦高速公路丹河特大石拱桥

长治至晋城二级公路路段

阳城至济源公路路段

长晋高速公路高平服务区

太原至长治高速公路路段

2005年9月16日，总公司党委书记、诺盛公司董事长李平（右签字席）在2005中国山西跨国采购洽谈会签约仪式上与客户签约	山西交通大酒店夜景
诺通公司机械化除雪，第一时间恢复交通	工程分公司参与重点公路建设，总公司领导看望一线职工
开发建设中的凤凰山生态植物园	通建房地产公司开发建设的太原长治路小区（万豪苑）
开发建设中的龙湖生态园	实业分公司精心开展物业管理服务，打造良好办公环境

2005年7月，总公司召开纪念"七一"暨先进性教育活动总结"一先两优"表彰大会

2008年，总公司开展深入学习贯彻落实科学发展观教育活动

2004年总公司首次获得省级文明单位称号，举行挂牌仪式

1996年，总公司民主评议企业领导干部

总公司组织职工到文水县刘胡兰故乡参观学习

2006年，总公司举办庆“七一”歌咏比赛，为优胜单位颁奖

晋焦高速公路丹河收费站获全国青年文明号称号

文明和谐单位

(2006-2007)

山西省精神文明建设指导委员会

二〇〇八年二月

长晋高速公路有限责任公司获山西省文明和谐单位称号

太长高速公路有限责任公司为获得青年文明号的所属单位举行揭牌仪式

2007年2月13日，总公司举行迎新春团拜会，公司领导为创业功臣献花，与在公司工作10年以上的老职工合影

山西省交通建设开发投资总公司企业经营项目版块

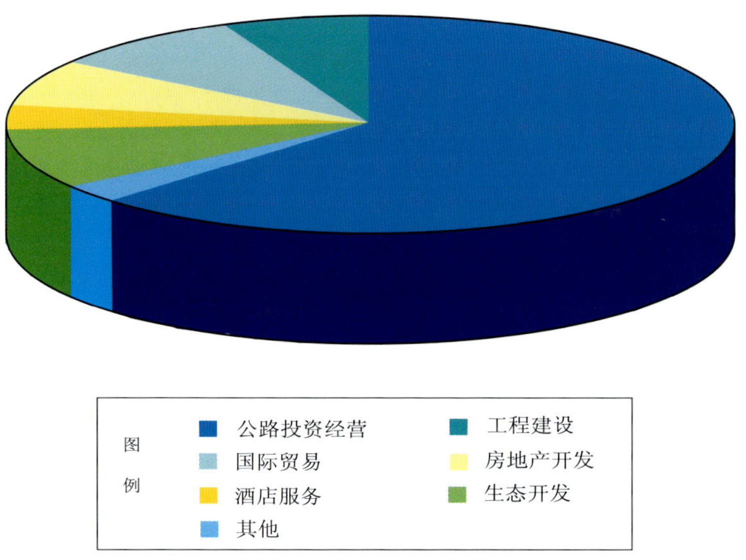

山西省交通建设开发投资总公司历年经营收入示意图

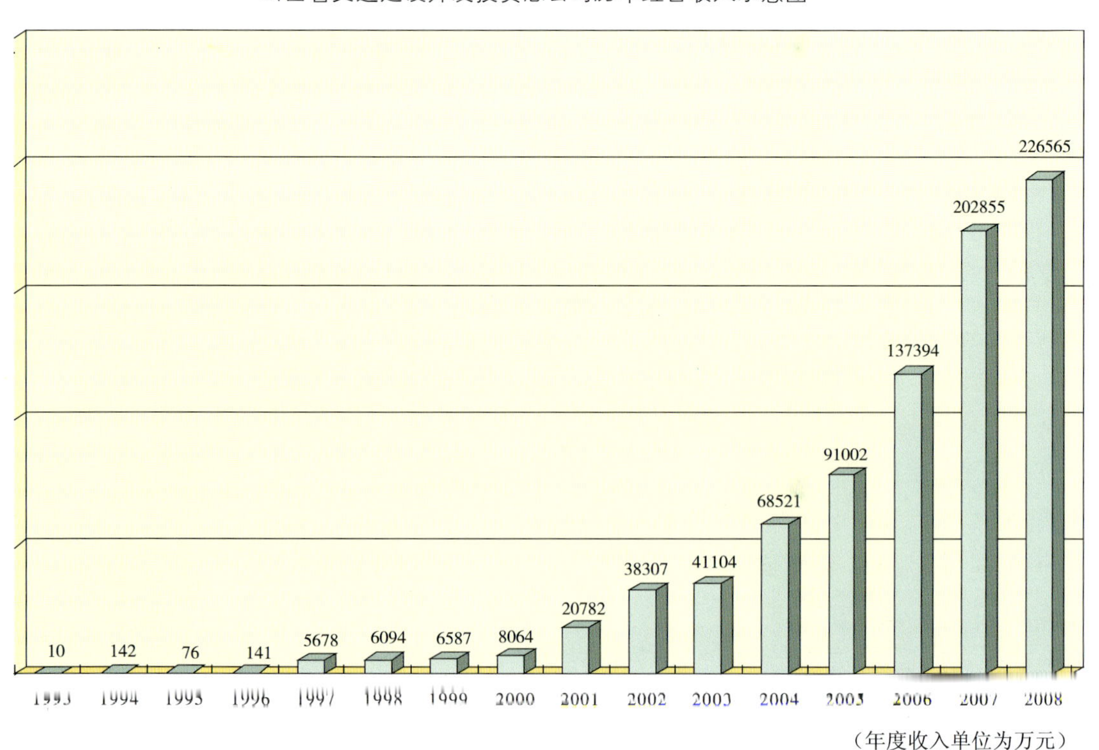

序

这是一部奋斗史。

这里记载了山西省交通建设开发投资总公司十几年从小到大、由弱到强、艰苦奋斗的创业经历,读后令人感叹,使人振奋。

改革开放30年,留给中国巨大的财富莫过于一大批摸爬滚打中成长起来的企业和企业家。正是这些企业和企业家,撑起了中国社会主义市场经济的大厦,成为推动中国发展进步的不竭动力。山西省交通建设开发投资总公司就是其中的一个企业。

山西省交通建设开发投资总公司因路而生、借路发展、靠路腾飞,企业十几年的历程可以划分为三个阶段:第一阶段是创业成长阶段。公司诞生于我省高速公路起步之时,1992年省交通厅决定组建这个企业的本意就是为建设我省第一条高速公路太旧高速公路引资融资,但由于企业底子薄、实力差,无法与国内外重量级的大型企业坐在同一个桌上谈判,合作、投资更无从谈起。在这种情况下,公司大力发展第三产业,依靠"短平快"项目求生存、求发展,培育了一批优势产业,使企业摆脱了困境,闯出了新路。第二个阶段是资本积累阶段。在省交通厅的大力支持下,公司积极寻求新的突破和发展,先后与香港晋昌、晋通公司,特别是香港新世界、路劲公司等国际大型企业开展了公路投资合作,为我省交通建设引进了大笔资金,同时也使企业的声誉与实力明显提升。以此为标志,企业战略重点逐步转移到了公路投资开发上来,产业优势进一步凸显,资本积累加速推进。第三个阶段是资本运营阶段。"十五"以来,公司运用资本运营方式融资110多亿元,建设了太原—长治、长治—晋城、晋城—焦作3条340公里高速公路,并为省交通厅提供了20多亿元的公路建设资本金。在此基础上,公司顺时应变、自我裂变,大胆与平安保险集团开展合作,对太原—长治、长治—晋城、晋城—焦作3条高速公路实施股权转让,并积极探索企业发债等方式,进一步盘活路产、滚动发展,一跃成为我省高速公路建设的重要力量和融资平台,由其全额投资的高平—陵川高速公路业已开工建设。2008年以来,公司大力开展企业集团化改制,拓展新的融资平台,实施更高层次的资产经营和资本运营,企业呈现出新的更好的发展态势。

《山西省交通建设开发投资总公司志》作为一部企业志,深深烙上了时代发展的印记。书中记载的山西省交通建设开发投资总公司自我革新、脱胎换骨般的发展历程以及自加压力的发展意识、奋勇争先的竞争意识，折射出山西交通行业改革开放、艰苦奋斗、跨越崛起的历程，成为邓小平南方谈话以来山西交通发展的一个缩影。对于读者了解这一时期的山西交通历史、研究交通运输发展轨迹、探索交通发展规律，有着极具价值的教益和启迪作用。

交通运输是国民经济的基础产业和服务性行业，交通建设期间的现实拉动与交通运输超前发展的有效带动是时代赋予交通运输行业的战略使命。当前，我省交通运输发展已进入了由传统产业向现代服务业转型、由各种运输方式粗放发展向建立综合运输体系转变的新阶段，不仅基础设施建设任务繁重，体制改革、市场建设的任务也十分艰巨。肩负起时代的使命、推动行业科学发展，更需要一批像山西省交通建设开发投资总公司这样的骨干企业、品牌企业引领行业发展，希望山西省交通建设开发投资总公司主动适应我省交通运输发展的新趋势、新要求、新特点，继续解放思想，坚持改革开放，在全省交通运输行业新的跨越式发展中勇立潮头、再做贡献。

中共山西省交通运输厅党组书记
山西省交通运输厅厅长

2009 年 6 月 30 日

序二

志书编纂人员要我为公司志作序，对此我是万不敢欲，也万不能辞。不敢欲是因为我对修志比较生疏，对作序也没有研究，不能辞是因为我对公司的感情太深，可以说，公司的每一项发展成果都是用心血凝成的，每前进一步心上都有深深的烙印，大有不吐不快之感。

我出生在太行老区武乡县的大山深处，祖祖辈辈躬耕传家。1970年有幸进入交通行业，到现在已经38个年头了。虽然“三十八年过去，弹指一挥间”，但细细想来，心里总是“五味”杂陈，许多陈年往事仍然记忆犹新。当年在武乡汽车站，从临时工干起，硬是凭着同情者、知己者、理解者的热情帮助，才成长为一名企业领导干部，并成就了一些业绩。我深感，这38年，是党的培养和领导关怀的38年，是所有相遇者关心、理解和支持的38年，是和大家相依为伴，同擎共举的38年，尤其是在开发公司的13年，更是如此。

1995年3月，省交通厅党组对开发公司领导进行全面调整，决定我和段二牛、李平、刘玉怀同志一同来到开发公司组成新的领导班子。我与段二牛、李平原来就在太原汽车客运总站搭班子。书记段二牛既像兄长，又是后盾，平时是个好伙伴，关键时刻冲得上，非常值得信赖。副经理李平，出身知识分子家庭，文笔功深口才优秀，修养良好性格温厚，为一难逢之贤达。副经理刘玉怀原在省交通厅工作，勤谨能干，为人直率，是一名得力助手。我们的组合确实值得欣悦，但所面临的挑战更为艰巨。当时，企业一无可用资金，二无可依靠的经营项目，三无自有驻所，被人称为“三无”公司，省厅拨付的1000万元注册资金多半外投难以收回，而且公司的银行账户也因债务纠纷被司法部门冻结。面对这个举步维艰的局面和一双双充满期待的目光，我们果断地制定了“清理、生存、服务、发展”的阶段性经营方针，想方设法调动一切积极因素，“八仙过海，各显神通”，包括抵债物资共收回外欠410多万元，使企业很快得以重振旗鼓。

与此同步，我们重点转换经营思路，重新明确企业定位，根据市场选择项目，围绕交通谋求发展，主动接受市场竞争洗礼，走服务性经营和经营性服务的发展之路。13年来，我们从主动请缨承揽交通建设工程，到具有良好信誉、上级择优给予安排项目，从单一性经营，到多元化发展，不断拓展新的经济增长点，形成支撑企业可持续发展的产业结构，从小规模资本积累，到规模化资本运营，企业在市场经济的大潮中破浪前行，谱写了可歌可泣的篇章。

13年来，公司规模从一个近30人的小公司发展成为拥有7种产业15个所属经营单位近3000名职工的规模化企业，经营收入由140余万元提高到20多个亿，企业资产达到201亿元。2002年以来，公司连年保持山西省省直文明单位标兵和山西省文明单位(文明和谐单位)称号，我本人也于2005年获得全国交通系统劳动模范和全国劳动模范称号。这些荣誉的取得，折射了企业发展的历程和成就，表明了社会对公司的认可和肯定。

回首公司十几年的发展壮大，我始终认为首先应归功于党的改革开放政策，归功于社会主义市场经济体制的建立，归功于上级领导和社会各界的关心和支持。其次是得益于我们解放思想、创新经营的大胆实践，得益于全体干部职工的辛勤奉献，尤其是得益于有一个好的领导班子。公司的领导，不管是从其他地方调来的，还是在公司内部提拔的，李润喜、尚建军、贝瑜、韩文军、张庆华、杨天平等同志，他们既甘于作为棋盘上一个棋子，独当一面，以职尽责，又可作为一名棋手，调兵遣将，频出高招。正是这些黄金搭档们，用心血和智慧筑成了企业持续发展的中流砥柱。

为了充分利用过去创造和形成的精神文化财富，促进企业进一步做强做大、又好又快发展，2005年，我们作出了编纂公司志的决定。2006年10月正式开展工作以来，公司志编纂工作始终遵循企业发展的基本轨迹和志书的编纂原则，秉笔直书，客观真实全面再现企业发展历程，其中既有成功的经验，又有失败的教训，既记述成就的业绩，又体现遭遇的挫折，从而为我们提供了一面“知得失”、“正衣冠”的镜子。我相信，《公司志》的出版发行，将成为激励和鞭策我们今后搞好经营管理的一笔可贵精神文化财富，同时也希望她能够被更多的同行们所认同，成为我省交通系统新一轮修志成果中的一部上乘之作，力争发挥出更好作用。

《山西省交通建设开发投资总公司志》编委会主任
山西省交通建设开发投资总公司经理

2008年12月

序三

盛世修志，是中华民族的优秀文化传统。其寓意为太平盛世，要编史修志，编史修志，说明天下太平，国家昌盛。志书是中华民族的优秀文化，源远流长。我们编修《山西省交通建设开发投资总公司志》，正是继承中华民族的优秀文化传统，旨在回顾历程，铭记得失，以史为鉴，策勉未来，同时也说明公司处于繁荣强盛、文明和谐的良好发展时期。

2008年，是我国历史上具有深远意义的一年。这一年，"奥运会"作为华夏儿女的百年梦想变为现实，中华民族的崇高形象在世人面前得到充分展示。这一年，是党的十一届三中全会召开30周年，通过30年的改革开放，我国的综合实力空前增强，尤其是经济建设和人民生活发生了翻天覆地的变化。与此同时，今年也适逢我们公司成立15周年。15年来，尤其是我们这届领导班子任职13年来，公司沐浴着改革开放的春风，在市场经济大潮的搏击中不断发展壮大。前进路上，有坦途也有坎坷，有鲜花也有荆棘，有值得自豪的业绩，也有必须从中汲取的"养分"。

我们公司是由省交通厅注册成立的集引资、融资、投资和建设、经营、管理于一体的新型国有企业。15年来，公司在探索中起步，在曲折中奋进，在改革中腾飞，在开放中壮大，经历了"八五"至"十一五"四个社会经济"五年计划"的发展时期，走出了创新投融资体制、完善经营管理机制、实施多元化发展的三条路子，实现了由资本积累向资本运营，由集中开发建设向建、养、管一体化经营，由单一性经营向多元化协调发展的三大转变。15年解放思想、不屈不挠、励精图治、大胆创新的实践和从中建立的良好业绩，为编修志书创造了重要的客观条件，党中央关于繁荣社会主义文化建设的伟大号召和国务院关于开展新一轮修志的法规性文件，为我们编纂《公司志》提供了思想基础和精神力量。

《公司志》的编纂工作，始终遵循实事求是的原则，遵循社会经济发展时期与企业自身发展历程实际相结合的原则，遵循辩证唯物主义与历史唯物主义相统一的原则，遵循马列主义史学观与改革开放创新实践相结合的原则，遵循传统修志理论与新时期文化建设理论相统一的原则，实事求是，秉笔直书，全面客观科学地记录公司的发展历程。

《公司志》在篇目结构上设章、节、目、子目四个层次，按照横排类目不缺项，纵向记述不断线要求，从机构沿革到产业开发，从企业管理到党群工作和各项文明创建、文化建设等方面再现公司的发展历程，与全省交通事业发展乃至整个社会经济发展融为一体。可以说，我们企业的发展，折射着祖国改革开放和社会主义现代化建设伟大实践的光辉，所以，《公司志》读起来深感亲切，许多往事历历在目，记忆犹新，让人情不自禁地勾起对往日的回忆和思考，产生对未来的憧憬和向往。我相信，通过《公司志》的知往鉴今和资治教化作用，企业的前景将会更加美好。

《公司志》是社会主义新方志的有机组成部分，但作为企业志和部门志，可资借鉴者甚少，加之时间紧，任务重，编纂经验缺乏，编纂人员水平所限，故其中纰漏和谬误之处在所难免，敬请读者不吝赐教，以期再版时更正。

山西省交通建设开发投资总公司
党委书记、副经理

2008 年 12 月

凡　　例

一、本志坚持以马列主义、毛泽东思想、邓小平理论和“三个代表”重要思想为指导,深入贯彻科学发展观,按照历史唯物主义和辩证唯物主义相统一的原则,实事求是,秉笔直书。

二、志书体例以大事记为经、章节为纬,按照横不缺项、纵不断线的原则,记载史实力求追本溯源;正文部分设章、节、目、子目四个层次,然根据需要亦非削足适履;卷首概述以经纬结合、编年体与纪事本末体相结合,按照事物的性质和类别,以逻辑思维的方式,提纲挈领陈述发展历程;卷末设附录,辑录重要文献和不宜进入章节的珍贵史料。全书内容以志为主,述、记、传、图、表、录为辅,力求图文并茂。

三、志书时限,上自1992年筹备成立公司,下至2008年末。其中,主体部分为1993~2006年,为了展现事物全貌,一些史实在记载时则有所突破;之后为2007~2008年年鉴,年鉴分为大事记、2007年(分单位)概略、2008年总公司概略、专题纪事、获奖名录五个部分,置于附录之前。概述、附录则涵盖企业全部发展阶段。

四、称谓,书中所使用的社会通用名称的简称,在此注明:“党”、“中共”,为中国共产党;“国”、“国家”,为中华人民共和国;“省”,为山西省;“省委”、“省政府”,分别为中共山西省委员会和山西省人民政府;“厅”、“省厅”,为山西省交通厅;“厅党组”、“厅直党委”分别为中共山西省交通厅党组、中共山西省交通厅直属机关委员会;党的“纪律检查委员会”简称纪委,“纪律检查委员会书记、委员”分别简称纪委书记、纪委委员。

五、交通行业和本企业内部的名称简称,一般以2006年末称呼为准,曾经使用且2006年末已不再使用的名称以当时称呼为准。鉴于一些名称过长和多变,加之一些名词专用性较强,且全书多次出现,所以一是在第一次使用时,在全称之后括注其简称,二是在卷尾设专用名称解释,将本书的一些行业和企业内部的专用名称,按照《现代汉语词典》之拼音字母顺序排列,进行解释,以供检索和对照。

六、志书所使用计量单位,以国务院1984年2月公布的《关于我国统一实行法定计量单位的命令》为准,文字以国务院1986年10月重新公布的《简化字总表》为准;语言使用国家统一规范的现代白话文,引用原文和附录原件则坚持尊重原作品、尽量保持原貌的原则。

目　录

2007 ~ 2008 年年鉴

概　述

山西省交通建设开发投资总公司是山西省交通厅直属的国有企业,1993年成立。十几年来,企业从小到大,由弱到强,发展历程波澜壮阔。2008年,公司以引资融资投资、建设和经营公路为主业,兼营工程建筑、公路养护、房地产开发、酒店服务、国际贸易、生态园区开发六类辅业,下辖15个经营单位,总资产201亿元,年收入达22.66亿元。

"子在川上曰:逝者如斯夫"。然而,时光虽然不能倒流,但历史可以回放。所以,编史修志便成了人们知古鉴今、开辟未来所崇尚的一种事业和财富,形成了华夏民族源远流长特有的传统文化。"治天下以史为鉴,治郡国以志为鉴"、"以铜为镜,可以正衣冠"、"以史为镜,可以知兴衰"。下面,即借助《山西省交通建设开发投资总公司志》这个"回放的镜头",对该公司的发展历程进行一番深切回顾和全方位领略。

一

1992年,邓小平南巡谈话和党的十四大的春风吹绿了大江南北,建立社会主义市场经济体制的时代强音唤醒了古老的三晋大地。于是,山西省交通厅党组果断决策,积极筹划和多方努力,拨付企业注册资金1000万元。1993年4月1日,山西省交通建设开发总公司应时而生。

1993年4月至1995年3月,可谓公司发展的第一阶段或起步阶段,也是企业的探索和受挫阶段。两年间,以承担省厅安排的全省重点公路建设工程前期工作为主,公司开始了系列性探索经营。成立当月,公司首先与美国万德福股份有限公司合作成立山西晋美高速公路有限公司,重点为山西第一条高速公路太旧高速公路建设招商引资。1994年2月26日,此举终因美方迟迟不予履行协议而被迫告终。为了继续给太旧高速公路筹集建设资金,公司还试图以成立山西省交通建设股份有限公司、山西太阳高速公路股份有限公司为依托,融汇社会闲散资金,破解巨额投资难题,亦无果而终。与此同时,公司根据省厅安排,承担全省"九五"时期公路建设重点项目临汾—侯马、侯马—禹门口、大同—朔州—原平、原平—太原—东观、大同—孙启庄、夏家营—汾阳等多条(段)高速公路和一级公路的测量、设计、环保评估、编制工程可行性研究报告等大量工作,并与河津、孝义等县(市)修建县乡公路。为了改善经营状况,公司在1994年3月7日和26日先后成立山西省交通物资公司、山西省交通贸易公司、山西省交通龙光贸易公司、山西省交通通元物资公司等经营实体。然而,公司在当初的运营过程中,由于多种原因,致使经营状况严重欠佳,1994年末,一度陷入难以为继的境地。

二

1995年,企业步入健康发展轨道,至2008年,大致可分为两个阶段。

1995～1999年,为公司发展的第二阶段,即资本积累阶段。这一阶段,公司首先确立新的经营理念,主动适应市场经济形势,积极参与市场竞争,坚持走在服务中经营和在经营中服务的发展之路,一是以清理旧有债务为“垫脚石”,靠主动承揽交通建设工程打造信誉,累积实力起步;二是以组建工程建设实体为基业,靠积极参与重点公路工程建设增加初期积累起家;三是以大胆发展外向型经济为突破口,靠引资融资建设和经营公路起飞,艰苦创业,励精图治,逐步发展壮大。主要业绩为5个方面:公司按照清理、生存、服务、发展的经营方略,追回外欠资金400余万元,使企业初步摆脱困境;主动请缨,承揽交通建设工程,打造良好信誉,积累无形资产;外引内联,与多家港商成功合作,引进资金近11亿元,为加快山西交通发展发挥了引资融资作用,经营多条(段)高等级公路,与阳城县合作建设经营阳济公路,并以经营公路为主业,企业实力持续壮大;自筹资金建造基地,发展公路之外的餐饮服务、房地产开发、国际贸易等多种优势产业,初步形成主辅并举、优势互补的产业格局;党建工作不断加强,公司党组织由支部升格为总支,精神文明建设富有成效,公司跻身文明单位行列,企业软实力不断增强。这一阶段的发展,以企业注册资金由1000万元增至37.6亿元为标志,公司初步实现了资本积累的阶段性目标,具备了进行资本扩张的基本条件。

1995年3月23日,省交通厅对总公司领导进行全面调整,魏庆飞任经理兼党支部副书记,段二牛任党支部书记兼副经理,李平、刘玉怀为副经理。此时的公司,省厅拨付的千万元注册资金已消耗殆尽,经营无可依靠项目,驻地靠租赁栖身,被称为“三无”(无资金、无项目、无场所)企业。而且,由于企业债务纠纷,公司的银行账户也被冻结,企业陷入朝不保夕境地。

公司新的领导班子到任后,立即深入调查研究,面向市场科学决策,果断制定了清理、生存、服务、发展的阶段性经营方略,把清理外欠债务作为首要任务,把企业生存作为起码追求,进而深入市场调查,大力发展优势产业,实施多元化发展策略。

为了有效清理债务,筹措新的启动资金,公司实行上下总动员,全员齐参与,成立专门的领导机构,动用法律、行政、协商等一切手段,以直接回收资金和以物抵债等多种方式进行清理。面对大量囤积的建筑装潢材料、二手机械及车辆等抵债物资,公司领导身先士卒,广大职工各显神通,展开全员变现攻坚战。通过近两年的艰苦努力,共收回外欠债务410.5万元,为企业重振旗鼓提供了重要资金支持。

与此同时,企业新的发展途径也在全力开辟之中。1995年4月6日,总公司以当年1号文件向省厅提交报告,请求增加经营项目,扩大经营范围,开展有偿投资,以交通建设为主导产业,进行市场化经营。兼营业务实行延长产业链,开发新的经营领域。是年5月,在桃园三巷建造商业门面楼。7月,与河曲县交通局联合建设河曲至内蒙古准格尔旗黄河浮箱桥。10月,开始筹建山西省交通职工培训中心。11月,决定购买土地,修建总公司驻地、职工住宅楼和交通大酒店,公司经营状况迅速好转。

1996年,继续更新经营理念,转换经营机制,明确提出,要下大决心,苦战一年,树立新的企业形象。公司再次向省工商行政管理局申办变更(增加)经营项目的相关手续,继续扩大经营范围。是年,开展和新增的主要经营项目主要有6个方面:一是承建山西省交通职工培训中心,为总公司首次承建较大工程。二是开工建设杨家堡综合办公楼和交通大酒店、职工住宅楼,为企业发展打造基地。三是投身高速公路经营管理领域。9月4日,与香港晋通公路建设投资有限公司合作成立阳长、江武高速公路有限公司,共同经营阳长、江武高速公路(亦称太原东山过境高速公路),成为公司经营公路的良好开端。四是经营触角延伸至晋城地区。12 月,与阳城县共同成立阳济公路开发有限公司,建设经营阳城至济源公路。五是经营项目进一步繁荣。1 月,成立了交通工程机械设备租赁分公司,承担省厅委托的对全省重点公路建设大中型专用机械设备实行统一管理的相关业务;2 月,成立山西交通旅行社,新增旅游服务经营业务; 5 月、10 月、12 月先后成立机械租赁分公司和工程运输分公司、雷诺车队等经营实体,增加新的经营项目。六是成立路桥融资部,着重开展引资融资工作,树立立足交通、服务交通的生存发展理念,积极开拓融资渠道,赢得了交通行业的信任、理解和尊重。

1997 年,经过近两年的辛勤耕耘,公司经营开始初步进入收获期和再播种期。其一,省厅于 3 月份将东山过境高速公路资产分别划拨给阳长、江武公司,该公司开始正式投入经营性运营。其二,山西省交通职工培训中心交付使用。此项工程于 1996 年 6 月 5 日开工,1997 年 12 月交付使用。在工序繁杂、技术要求高、缺乏参照的情况下,工程提前 8 个月完工,顺利通过竣工验收,公司领导先进的质量理念和科学的管理方式,以及良好的经营信誉,为公司日后发展积累了重要的无形资产。其三,7 月 19 日,阳济公路剪彩通车,投入运营。继续投资扩大经营方面:4 月,与香港路劲基建有限公司就合作经营太榆公路、榆次西外环路、小店汾河公路桥达成协议。5 月 13 日,正式联合组建山西路通太榆公路、榆次公路、小店汾河公路桥三个有限公司(统称路通合作公司);10 月,在太原市小店建设雷诺车队经营场舍。

1998 年,工作重心主要为党的建设、引资融资和完善企业管理三个方面。党的建设,总公司党支部采取多项措施,使党的工作覆盖所有下属经营单位,并向厅直党委提交报告,请求将总公司党支部升格为党总支;引资融资,与香港新世界基建有限公司达成联合建设和经营晋焦高速公路的协议,并共同组建新泽等六间高速公路有限公司。企业管理,全年共成立和完善各种专项工作机构 20 余个。其中主要的有:成立微机管理委员会,以普及应用计算机为新的起点,尽快实现办公自动化;成立档案管理工作机构,公司综合档案通过国家二级标准验收。成立学习邓小平理论领导组、民主评议企业领导干部领导组、反对官僚主义斗争领导组等专项工作机构,全面加强党风廉政建设和领导班子建设。社会性工作方面,成立了综合治理领导组、民事调解委员会、计划生育办公室、禁毒工作领导组等。是年 9 月 15 日,总公司获市级文明单位称号,为进入文明单位之始。

1999 年,企业经营规模迅速扩大,档次明显提升。4 月 12 日,省交通厅厅直党委批准,总公司党支部升格为党总支,段二牛任党总支书记,魏庆飞、李润喜任副书记,李平、刘玉怀为总支委员。5 月,省国有资产管理局将大同—运城、汾阳—柳林、东观—长治三条二级公路资产划归总公司,并通过省工商行政管理部门登记注册。至此,总公司注册资金由 1000 万元变更为 375756.41 万元。以此为契机,总公司适时向工商行政管理部门提出变更公司名称,以明确和增加企业的投资经营项目,开始把经营重心转向资本运作和资本扩张。

三

2000 至 2008 年,为公司发展的第三阶段,即资本运营阶段。这一阶段,公司充分发挥全省交通系统引资融资主渠道作用,积极探索多渠道引资融资路子,盘活既有公路资产,实行资本市场运作,实现资本扩张,做强做大公路经营产业。同时,实施一体两翼多元化发展战略,大力发展优势产业,多种经营项目并举,多种经济成分并存,提升企业生存发展能力和市场竞争力。主要为5个方面:筹资建设长晋、太长高速公路,收购晋焦高速公路港商全部股权,以此为标志,企业资产大幅增长,2008年末公司总资产达201亿元;2005年11月,太长高速公路建成通车,省委省政府提出的全省"三小时高速通达工程"全面竣工,以此为标志,总公司公路经营里程达1507公里;积极融入新的经营理念,2006年,公司经营方略实行由集中建设型向建设经营并重型转变。是年7月"港洽会"期间,与中国平安保险集团信托投资公司就太焦高速公路转让部分股权达成协议,2007年7月,太焦高速公路股权交割仪式成功举行。此次股权转让,获得收益22.7565亿元,为公司实行资本运营的最大一项成果。2008年,公司按交通部《经营性公路招投标管理规定》投标并中标建设和经营高平至新乡高速公路高平至陵川(省界)段(高陵高速公路),开始投入新一轮公路建设。

2000年,重新明确经营重点。即:以资本运营为重点,以引资融资为龙头,以经营公路为主业,服务交通建设,做强做大产业。1月,公司名称由山西省交通建设开发总公司更名为山西省交通建设开发投资总公司。同时,公司经理魏庆飞在本年度工作报告中明确宣布,企业资本积累已经基本完成,开始进入资本运营阶段。6月6日,山西省交通厅厅长王晓林在公司调研时明确提出:公司应成为全省交通系统引资、融资、投资的主要渠道,成为省厅主要对外窗口。要积极探索多元化的引资、融资、投资路子,吸收更多的国内外资金,盘活省厅公路资产,注重研究资本运作,实行资本市场与产业市场相结合,全力服务和支持交通建设。

2001年,在四个方面取得重大进步,形成良好发展态势。一是结束了"无场所"的历史。历经了4次搬迁、辗转栖身8年之后,总公司机关于4月入驻平阳路93号(杨家堡综合办公楼)。二是总公司党总支升格为党委。8月,中共山西省交通建设开发投资总公司委员会成立,同时成立总公司纪律检查委员会。三是多种经营健康发展。4月,交通大酒店(有限公司)投入运营。同月,成立国际贸易部(山西诺盛国际贸易有限公司前身),开始经营对外贸易业务。9月,成立通建房地产开发有限公司,开始经营房地产开发业务。四是承担太原至晋城高速公路建设任务。太晋高速公路列入全省"十五"期间重点建设项目,同时被省厅确定为总公司负责筹资建设的重点项目。是年4月,省交通厅授予总公司"行业文明单位"称号。

2002年,公司实现跨越式发展,为企业壮大奠定坚实基础。一是以市场化运作方式筹集资金,着手建设太晋高速公路。8月,厅党组任命总公司经理魏庆飞为太晋高速公路有限公司董事长(2003年9月22日,太晋高速公路责任有限公司变更为长晋高速公路有限责任公司,另行成立太长高速公路有限责任公司,魏庆飞任此两公司董事长)。9月29日,长晋高速公路奠基开工。二是收购晋焦高速公路港方股权,该公路剪彩通车。该公路是总公司与香港新世界基建有限公司合作建设项目,1997奠基开工,2000年竣工,其间,港方提出撤资要求。2001年4月,省政府和省交通厅作出决定,同意港方撤资。2002年9月,即长晋高速公路奠基开工之际,总公司融资10亿元,正式收购港方全部股权,并组建国有独资性质的山西晋焦高速公路有限公司。同年12月22日,该公路终于剪彩通车。三是晋城市商品公路开发总公司(长晋商品路公司)划归总公司。为了理顺国、省道管理体制,扩大融资盘子,增强融资实力,加快长晋高速公路建设步伐,2002年7月,省厅与晋城市人民政府议定,长晋商品路公司及其管理的207国道晋城至长治(交界)段划归总公司。长晋商品路公司

1992 年成立，为长晋高速公路建设做了大量前期工作，但投资问题始终未能解决。成建制接收该公司，为长晋高速公路及时开工建设提供了重要条件，为总公司进行大规模公路建设和经营管理提供了人力支持，该公司管理人员在太长、长晋、晋焦、阳(城)翼(城)高速公路和阳济公路等公司担任了领导职务。四是涉足新的经营领域。开展生态园区开发。9 月注册成立凤凰山生态植物园有限公司，与省国有资产经营公司联合开发建设凤凰山生态植物园；同时，通建房地产开发有限公司在 2001 年的基础上，接收山西恒建房地产开发有限公司入股，组建新的山西通建房地产开发有限公司。

2003 年，重点公路建设工程平行推进。一是长晋高速公路工程建设鏖战正酣。在总公司的精心组织下，广大建设者众志成城，攻坚克难，力排“非典”肆虐、建材价格持续上涨等诸多负面影响，在确保工程质量的前提下，工程进度按照预期目标强力推进。二是太长高速公路开工建设。该公路是山西省继大运高速公路之后开工建设的里程最长、投资最大的公路建设项目。9 月 12 日，与国家开发银行山西省分行(省开发银行)签署太长高速公路建设资金 55 亿元项目贷款合同。10 月 18 日，太长公路奠基开工。

2004 年，以长晋高速公路建设和太长高速公路建设并驾齐驱为标志，为企业发展壮大的重要年头。一是长晋高速公路进入决战之年，并如期竣工。2002 年 9 月开工以来，经过两年多的紧张建设，于 11 月 16 日剪彩通车，并实现当天通车当天收费运营，成为山西省高速公路建设和经营管理的一个范例。二是太长高速公路建设迅速转入紧张施工。努力克服建设初期面临的征地拆迁、补偿安置等诸多困难，深入动员，周密部署，使工程很快进入紧张建设状态。三是晋焦高速公路被评定为优良工程。历经两年运行，11 月 17 日，该公路顺利通过竣工验收，被评为优良工程。与此同时，该公路年收费额达到 1.6 亿元，超年计划 102%，丹河收费站被省厅命名为“文明示范窗口”。四是多种经营规模扩大。9 月，成立“山西龙湖生态开发有限公司”，联合太长公司和诺信公司，在武乡关河水库西侧合作建设生态园区。五是健全企业经营机制。8 月 23 日，晋城公路养护中心改制为山西诺通公路养护有限公司，企业由非法人单位变更为独立法人单位。8 月 30 日，原国际贸易部改制为山西诺盛国际贸易有限公司。10 月，长晋二级公路和长晋高速公路两个公司进行整合，推行“人员统一使用，机构合理设置、组织管理统一，运营相对独立”的经营模式。文明创建工作富有成效。2 月，省精神文明建设指导委员会首次授予总公司“2002 ~ 2003 年度山西省文明单位”称号，9 月，省直机关精神文明建设指导委员会再次授予总公司“2003 ~ 2004 年度文明单位标兵”称号。

2005 年，是总公司发展史上的非凡之年。一是胡锦涛总书记视察在建中的太长高速公路。7 月 29 日，中共中央总书记胡锦涛在武乡瞻仰八路军太行纪念馆和八路军总部王家峪旧址返回途中，在范家岭隧道前视察在建工程。二是太长高速公路建成通车，山西“三小时高速通达工程”全面告竣。建设全省“人”字形高速公路主骨架，实现全省各市三小时到达省会太原，是山西省委、省政府提出的交通建设的重要目标，大运高速公路 2000 年 12 月全面开工建设，2003 年 9 月 28 日全线通车，标志着“人”字“撇”的完成。2002 年 9 月长晋高速公路开工建设，为“人”字的“捺”开始着笔，太长高速公路竣工，标志着“人”字形公路主骨架的全面完成。2005 年 11 月 8 日，“山西三小时高速通达工程、太原至长治高速公路通车仪式”隆重举行，省委书记张宝顺宣布山西“三小时高速通达工程”全面告竣。三是总公司经理魏庆飞获全国交通系统劳模和全国劳模称号。自 1995 年 3 月任总公司经理 10 多年来，魏庆飞始终坚持把苦干实干的工作热情与勇于开拓创新的科学态度完美结合起来，以一个划时代企业家的气魄和胆量不懈拼搏，以一位共产党员的情操和追求长期奉献，为公司和交通事业成就了良好的业绩，赢得了社会的充分肯定和高度赞誉。

2006 年，经过近几年的大规模建设，太长、长晋、晋焦高速公路全线通车之后，企业经营重点开始由集中建设型向建设与经营管理并重型转变。一是积极开展太焦（太长、长晋、晋焦）高速公路部分股权转让工作。根据省委、省政府扩大对外开放的重大决策和省交通厅盘活公路资产，开展资本运作，为加快交通发展步伐吸收更多建设资金的战略思想，积极开展太焦高速公路股权转让工作。7 月，总公司领导随省交通厅考察团参加“港洽会”，与中国平安保险集团信托投资公司就太焦高速公路部分股权转让达成协议。12 月，股权转让工作完成阶段性工作，遂向省厅提交报告，请求批复。二是大力开展“太晋文明长廊”创建活动。将太长、长晋、晋焦三条高速公路的文明创建活动作为提高经济效益、提升企业形象的系统工程和支持保障工程，反复座谈研讨，完善实施方案，成立领导机构，扎实开展创建活动。三是健全机制，深化企业管理。2 月，按照人适其岗、位得其人、能位对应的基本原则，对投入运营的太长公司实行定岗、定编、定薪。10 月，重新调整和明确公司领导职责分工，同时将总公司原经营管理部分设为公路经营管理部和多种经营开发部，以强化经营管理的体制保障。四是强化“一体两翼”战略，培育多种经营项目。在重点抓好公路经营的同时，把多种产业作为企业可持续发展的重要支撑和依托，力促多种经营不断发展壮大。是年，凤凰山、龙湖两个生态园区开发步伐加快。公路养护及工程建筑部门取得多项资质，市场竞争实力进一步增强。诺盛公司国际贸易业务跻身太原市 30 强外贸企业，通建公司房地产公司和交通大酒店等经营实体充满生机。年末，全公司从业人员 2886 人，年经营收入 13.5 亿元，其中公路通行费 12 亿元，多种经营 1.5 亿元。

2007 年，以加快发展、提高效益为中心，以管理创新、文化建设为主题，以资本运营、市场化运作为平台，以经营、管理、发展三大任务为重点，以构建高标准文明和谐企业为目标，各项工作齐头并进，年度目标全面超额完成，企业充满生机活力。一是各项经济指标圆满完成。全年营业收入突破 20 亿元，达到 20.02 亿元，较上年增收 6.5 亿元，增长 48.3%，增长幅度为历年之最。二是年度重点工作圆满完成。转让太焦高速公路部分股权工作取得阶段性成果。7 月 20 日，成功举行太焦高速公路股权交割仪式。大运、东长、汾柳及长晋二级公路大修改造工作有序推进，阳济公路路况大为改善；太长、长晋、晋焦高速公路养护质量综合指数均大于 98；长晋高速公路顺利通过竣工验收，综合评定为优良工程。高速公路计重收费运行良好，普通公路计重收费改造基本完成。多种经营创新发展，企业综合实力不断巩固壮大。三是圆满完成管理和发展目标。广泛开展“管理创新年”、“文化建设年”活动，建立质量、环境、职业健康安全三标一体化管理体系工作初见成效，企业文化建设按照《实施纲要》扎实推进，精神文化、行为文化、形象文化体系开始建立。党的建设和党风廉政建设进一步加强，企业文明和谐程度不断提高。

2008 年，认真贯彻落实科学发展观，紧紧围绕经营、管理、发展“三大目标”，大力实施公路经营、引资融资、多种经营、内部管理、党建和精神文明建设“五大突破”。后半年，由美国次贷金融危机引发全球性经济危机，国家为此推出扩大内需、加快基础设施建设，保持经济平稳较快增长的一系列应对措施，为企业再次投入公路建设提供了重要机遇。为此公司坚持服从和服务于社会经济发展大局，因势利导，积极顺应市场形势，谋求新的更好发展。第一,中标建设高平—陵川—新乡高速公路(高陵高速公路)。该路山西境内长62.9公里,概算投资37.1亿元,为总公司以交通部《经营性公路招投标管理规定》,积极参与投标并中标的第一个BOT项目。第二,大力推进引资融资和企业上市。从发行企业债券、发行中期票据、进一步转让公路股权、积极利用多种经营优质资产、设立交通能源基金五个方面认真探索,积极开展前期工作。第三,积极开展企业转型。继续实施"一体两翼"发展战略,公路经营深入开展创建太晋文明长廊活动,增强公共服务能力,以良好服务和科学管理促进效益提升;多种经营全面转换经营机制,切实优化产业结构,改变增长方式,推进转型发展。公司全年营业收入22.66亿元,较2007年增长13.02%。年末,企业总资产201亿元,净资产44.8亿元,公司党委继续被省交通厅评为先进基层党组织,公司连续7年保持山西省文明单位(文明和谐单位)称号。

2008年是国家实行改革开放30周年,也是山西省交通建设开发投资总公司成立15周年。15年来,公司作为社会的细胞,与祖国心脏一起跳动,踏着改革开放节拍稳健发展,伴着现代化建设步伐不断壮大。有15年来打造的坚实基础,有15年来形成的精神文化,公司的前景一定会更加美好。

大 事 记

1992 年

5 月 5 日,省交通厅向省经济委员会提交关于成立山西省交通建设开发公司的申请报告。

6 月 11 日,省经济委员会作出关于成立山西省交通建设开发公司的申请报告的批复,批准成立山西省交通建设开发公司。

1993 年

4 月 1 日,省交通厅下发关于成立山西省交通建设开发总公司的通知(简称总公司)。公司为全民所有制企业,隶属省交通厅,注册资金 1000 万元,经理侯春有(兼党支部副书记),党支部书记郝明珠(兼副经理),驻省交通厅招待所(太原市桃园路新泽巷 5 号)。

4 月 6 日,总公司与美国万德福股份有限公司签订联合组建山西晋美高速公路有限公司(简称晋美公司)的合同,拟共同筹资建设和经营太旧高速公路。

4 月 15 日,总公司设置内部机构:办公室、计划财务部、工程技术部、经营开发部、人事劳资部。

8 月 16 日,总公司委托交通部第二公路勘察设计院完成"九五"重点公路建设项目临汾—侯马、侯马—禹门口、大同—朔州—原平三条高速公路的初步设计,并编制预可、工可报告。

8 月 19 日,制定职业道德建设实施方案。

8 月 20 日,部署"二五"普法工作。

8 月 25 日,出台"二五"普法三年规划。

9 月 14 日,委托西安公路学院承担临汾—侯马—禹门口、大同—朔州—原平两条高速公路环境影响评价工作。

9 月 15 日,成立职称改革领导组。

9 月 21 日,委托西安公路学院环境工程研究所和太原市环保所共同承担原平—太原—东观高速公路和太原南环、西北环过境高速公路环境影响评价工作。

9 月 23 日,委托省测绘局对"九五"重点公路建设项目原平—太原—东观、太原市南环及西北环过境、临汾—侯马—禹门口、大同—朔州—原平、大同—孙启庄高速公路和交城夏家营—汾阳一级公路进行航空测量。

10 月 6 日,经过半年试用,开始对公司借用人员进行考核,考核合格者正式录用。

又,制定《职工医疗费用管理办法》。

11 月 24 日,成立中心学习组,重点学习《邓小平文选》(第三卷)和中共中央关于建立社会主义市场经济体制若干问题的决议等。

11 月 25 日,委托省交通设计院对汾阳—柳林一、二级公路进行工可研究。

又,制定财务收支管理办法。

12 月 5 日,委派李锦明、王秀萍、郝新宇赴莫斯科洽谈易货贸易,拟以易货贸易形式引进筑路机械和建筑材料。

12 月 22 日,省厅机关党委批准成立总公司党支部。

1994 年

1 月 5 日,向省交通厅请示,拟与省体改委共同成立山西太阳高速公路股份有限公司,以解决太旧高速公路建设资金问题(因故未成立)。

1 月 28 日,总公司委托交通部第二公路勘察设计院承担禹门口公路大桥预可、工可报告的编制等前期工作。

又,委托省交通勘测设计院完成“九五”时期部分公路项目:原平—太原—东观、夏家营—汾阳、柳林军渡黄河大桥、太原南、西北环过境公路的前期工作。

2 月 4 日,向省交通厅申请成立“山西交通设计事务所”。

2 月 26 日,函告美国万德福股份有限公司:因其长期不予履行《中美合资山西晋美高速公路有限公司合同》,致使该合同被迫终止。

3 月 7 日,成立山西省交通物资公司、山西省交通贸易公司、山西省龙光交通贸易公司。

3 月 17 日,委托西安公路学院环境工程研究所承担大同—孙启庄高速公路环境影响评价工作。

3 月 26 日,成立山西省交通通元物资公司。

4 月 9 日,聘任中层干部:办公室主任申水旺、副主任白正义、计划财务部主任李胜堂、副主任贝瑜,工程技术部副主任王文明,经营开发部副经理周金虎。

5 月 25 日,总公司被省交通厅评为“一九九三年度全省交通系统劳动工资统计工作先进单位”。

8 月 19 日,调整内部机构,增设资金筹集部、城市信用社筹备组。

1995 年

2 月 26 日,总公司向省国有资产管理局提交报告:1994 年度总公司销售收入 1145606.22 元,投资收益 31379.87 元,实现利润 6557.06 元。总体收支平衡,略有盈余。

3 月 23 日,省交通厅党组(3 月 20 日会议研究决定)任命:魏庆飞任总公司经理,段二牛任党支部书记兼副经理,李平、刘玉怀为副经理。同时免去侯春有、郝明珠在总公司的所任职务。

4 月 2 日,党政联席会议专题研究公司发展问题。提出:要使企业摆脱困境,就要使公司真正成为自主经营、自负盈亏、自我约束、自我发展的经济实体,更好地适应社会主义市场经济发展需要,走出一条新的路子。

4 月 6 日,以当年第 1 号文件向省交通厅提交报告,要求变更营业项目,主营有偿投资、有偿服务,围绕交通建设实行市场化经营。兼营业务要延长产业链,开发新的经营领域。

4 月 21 日,向省工商行政管理局提交关于变更法人代表和扩大经营范围的报告,总公司法人代表由侯春有变更为魏庆飞,同时依法履行营业范围变更手续。

4 月 28 日,调整工资改革领导组成员。

又,调整职称改革领导组成员。

5 月 8 日,召开全体党员大会,选举支部委员会。

5 月 15 日,向省交通厅申请,要求拨付总公司完成的“八五”、“九五”重点公路建设工程前期工作和引资的工本服务费 206.7 万元。

5 月 23 日,出台公务用车管理办法和旅差费报销办法。

5 月 30 日,开工修建桃园三巷商店。

6 月 9 日,出台《全员劳动合同制实施方案》。

6 月 23 日,向省厅报送动态工资实施方案。

7 月 14 日,与河曲县交通局签订联合修建河曲—内蒙古准格尔旗黄河浮箱桥的协议,并动工建设。

8 月 3 日,重新设置内部机构,聘任中层干部:经理办公室,副主任田介平(主持工作)、李述武;政治处,主任李胜堂;人事劳资教育处,处长白正义;计划财务处,副处长贝瑜(主持工作);工程技术部,主任王文明;物资经销部,经理王秀萍;投资管理处,处长郝新宇。与此同时,原机构自然撤销,人员职务自然免去(当时拟组建资产经营公司、综合经营部、寿阳石料厂,后因故未组建)。

又,重新核定内部机构人员编制,划分工作职责。

8 月 10 日,公司党政领导联席会议确定公司近期四大任务:清理、生存、服务、发展。

8 月 13 日,参加省交通厅组织的纪念抗战胜利 50 周年暨反法西斯战争胜利 100 周年歌咏比赛,获集体二等奖。

8 月 18 日,桃园三巷商店加层工程开工(同年 11 月 20 日竣工)。

9 月 1 日,总公司驻地由省交通厅招待所迁至省汽车运输总公司(南内环街 61 号)。

9 月 19 日,请求省厅批准并帮助抽回 1993 ~ 1994 年与河津、孝义联合建设的 3 条县乡道路(已竣工)投资 174.2 万元。

9 月 20 日,委派 10 人参加省厅举办的“党政领导干部、纪检监察干部党纪政纪条规千人百题知识竞赛”,其中 8 人获一等奖,2 人获二等奖。

10 月 2 日,承建山西省交通职工培训中心,成立筹备处,主任魏庆飞,副主任李平。

10 月 15 日,河曲—内蒙古准格尔旗太子滩黄河浮箱桥竣工通车。

10 月 23 日,总公司被省经贸委评为 95’山西“一会一节”综合展览工作先进集体。

11 月 22 日,经理办公扩大会议专题研究决定购买亲贤乡政府院南土地 4.6 亩,以修建总公司办公楼及职工住宅楼。

12 月 15 日,省政府工资改革办公室批复总公司关于申请审批岗位技能工资方案的报告。

12 月 29 日,鉴于企业经济效益提高,请求省厅批准提高工资标准序号。

1996 年

1 月 9 日,向省工资改革办公室和交通厅提出实行岗位技能工资制的申请,并拟定实施方案。

1 月 15 日,召开开展“学习太旧英模,弘扬太旧精神”活动动员大会。

1月19日,省交通厅委托总公司,自3月1日起对全省重点公路大中型专用机械设备实行统一经营管理。

1月24日,召开进一步引深学习太旧英模、弘扬太旧精神专题会议。魏庆飞要求,要下大决心,苦战一年,重塑企业形象。

1月30日,撤销物资经销部。成立交通工程机械设备租赁分公司。

又,向省工商行政管理局提交变更经营范围的申请,请求新增工程机械租赁业务。

2月2日,任免5名中层干部:聘任工程技术部副主任任金彪(主持工作)、王克俭,物资管理处副处长周金虎。免去王秀萍物资经销部经理职务,王文明工程技术部主任职务。

2月6日,成立交通旅行社。

3月6日,聘任工程技术部主任任金彪、副主任王利发。

3月12日,成立学习"太旧精神"活动领导组,出台活动实施方案。

3月15日,与省交通厅机关党委、《山西交通报》社联合举办"交通开发杯"学习太旧精神百题知识竞赛。

3月20日,成立社会治安综合治理、消防安全工作领导组。

4月16日,省交通厅批准《交通工程机械设备租赁分公司章程》及其《经营实施办法》、《合同管理办法》、《机械设备管理办法》。

4月,总公司介入为阳济公路融资工作,并与国家投资公司交通公司成功签定融资协议。

5月7日,成立机械租赁分公司。

5月12日,省交通厅文件通知,魏庆飞具备高级经济师任职资格。

5月14日,成立山西省交通职工培训中心筹建处施工管理处,下设办公室、预算定额办公室。

5月21日,举办学习太旧精神专题演讲会。段二牛在总结讲话中提出,要"高举改革开放和艰苦奋斗两面旗帜,苦战九六年,完成公司四大任务"。

5月27日,成立路桥融资部,重点负责融资、引资工作。

6月5日,山西省交通职工培训中心土建工程开工(10月底主体工程完工)。

又,出台杨家堡职工住宅楼《住房集资方案》。

6月13日,聘任李瑛为交通旅行社常务副经理。

6月14日,出台奖金发放办法、人事劳资教育管理办法。

7月1日,平阳路249号杨家堡综合楼动工兴建。

7月14日,省厅专业技术职务评定工作领导小组文件通知,李平具备高级政工师任职资格。

9月4日,省计划委员会批准,总公司与香港晋通公路建设投资有限公司合作成立山西阳长高速公路有限公司,与香港晋昌集团有限公司合作成立山西江武高速公路有限公司,合作经营阳长、江武两条(段)高速公路(亦称太原东山过境高速公路)。

9月20日,省厅文件通知,聘任魏庆飞为高级经济师。

10月7日,省厅文件通知,聘任李平为高级政工师。

10月25日,决定成立工程运输分公司,负责人马正伟。

又,总公司变更经营范围,新增经营长途运输、土石方工程运输、汽车修理、配件经销、烟酒食品、日用百货等,由工程运输分公司经营。

11 月 11 日,任免 3 名中层干部:经理办公室主任田介平,政治处主任王秀萍,计划财务处处长贝瑜。

11 月中旬,杨家堡职工宿舍楼开工兴建。

12 月 25 日,山西阳济公路开发有限公司挂牌成立。

12 月,成立雷诺车队。

1997 年

1 月 18 日,成立消防、安全保卫领导组。

1 月 30 日,成立交通安全领导组。

2 月 20 日,被省交通厅评为 1996 年度工作目标责任制完成优秀单位。

3 月 3 日,将阳长、江武高速公路资产分别划归阳长、江武两个公司,由其两公司分别对所属路段进行经营管理。

3 月 19 日,出台"九五"精神文明建设规划。

3 月 20 日,聘任工程运输分公司经理马正伟,副经理李述武。

4 月 15 日,召开第一次工会会员大会暨工会成立大会,选举李芳为工会副主席,王秀萍、田介平为委员。

4 月 16 日,在山西大酒店举行太榆公路、榆次西外环路、小店汾河公路桥合作项目协议签字仪式,总公司经理魏庆飞、香港路劲基建有限公司董事长单伟豹代表双方签字,时任山西省委书记胡富国参加签字仪式。

4 月 21 日,聘任 4 名中层干部:聘任机械租赁分公司经理冀晏璋,副经理周金虎;办公室副主任尤达文;公务车队队长李述武。

4 月 21 日,省公路运输工会批复总公司成立工会的请示报告,同意总公司成立工会及 4 月 15 日工会选举结果。

5 月 5 日,制定"九五"职工教育规划。

5 月 13 日,总公司与香港路劲基建有限公司合作成立山西路通太榆公路有限公司、榆次公路有限公司、小店汾河公路桥有限公司(统称路通合作有限公司,简称路通公司)。

5 月 16 日,总公司党支部部署开展争先创优活动。活动以讲学习、讲政治、讲正气的党性教育为主要内容。

5 月 28 日,原工程运输分公司更名为工程分公司。

6 月 1 日,成立会计达标工作领导组。

6 月 2 日,聘任:尚建军任工程分公司经理、冀晏璋任副经理,马正伟任机械租赁分公司经理。

6 月 3 日,成立职业道德建设领导组。

6 月 6 日上午 8 时,路通公司许西、杨村两收费站正式收费运营。

6 月 26 日,总公司驻地由省汽车运输总公司迁至平阳公寓(平阳路 293 号)。

7 月 19 日,举行阳济公路通车剪彩仪式,时任山西省省长孙文盛、副省长杜五安及国家投资公司、省交通厅、晋城市、阳城县的领导出席,河南省交通厅及焦作市、济源市交通部门的领导前来祝贺。

8月,正式接收太榆路、榆次路和小店汾河桥的养护管理工作。

8月13日,根据省人事厅和省交通厅文件通知,刘玉怀具备高级经济师任职资格。

又,成立签订集体合同领导组,负责维护职工合法权益,协调劳动关系。

8月27日,成立爱国卫生运动委员会,负责创建国家卫生城市工作。

8月,成立平等协商领导组,制定平等协商实施方案,工会代表职工与公司签定集体合同。

9月23日,根据省厅文件通知,聘任刘玉怀为高级经济师。

又,聘任王亚龙为工程分公司副经理。

9月28日,成立劳动法律监督委员会。

又,成立劳动争议调解委员会。

10月18日,小店雷诺车队经营场舍开工兴建,建筑面积1529.58平方米,二层砖混结构,占地面积15.8亩。

11月28日,举行首次职工代表大会暨集体合同签订仪式。

12月4日,成立企业改革领导组,拟对公司进行股份制改造。

12月21日,山西省交通职工培训中心通过竣工验收,并移交经营单位使用。

12月,总公司财务管理被省交通厅评为会计基础工作规范化达标单位。

1998年

1月18日,成立人事档案管理工作领导组。

2月9日,总公司党支部重新调整党小组,在总公司机关、工程运输分公司、租赁分公司、交通旅行社、阳济公司、路通公司各设1个党小组。

2月10日,王秀萍任总公司党支部纪检副书记。

又,成立计划生育办公室。

3月2日,总公司党支部部署年度精神文明建设,要求大力弘扬"太旧精神",建设富有特色的企业文明和企业文化,开展创建文明单位和文明科室活动。

3月31日,成立综合档案室,下发《档案工作发展规划和1998年档案工作目标计划》,对各类档案实行集中管理。

4月5日,下发总公司《劳动保护条例》,确保职工在生产劳动中的安全与健康。

4月5日晚22时20分,路通公司杨村收费站遭遇大风袭击,南、北两收费大棚及岗亭全部倾倒报废。经紧急抢修,次日10时收费站恢复运营。

4月9日,聘任王东旭(省交通厅委派挂职人员)为经理助理。

4月21日,成立工会劳动保护监督委员会,并在小车队和工程建设单位(工地)成立4个安全班组,民主选举4名劳动保护监督检查员,负责落实三个《条例》,开展劳动保护监督检查。

4月22日,成立通联组,负责新闻报道工作。

6月11日,印发国家档案局、经委、计委《国营企业档案管理办法》、《外商投资企业档案管理暂行办法》。

6月,省交通厅和省对外经济贸易合作厅批准,根据总公司与香港新世界基建有限公司达成的协议,双方合作成立山西新泽等六间高速公路有限公司,共同筹资建设和经营晋焦高速公路(山西段)。

7月24日,总公司党支部请示省交通厅厅直机关党委,要求成立总公司党委。

7月27日,聘任13人专业技术职务。

又,下发关于举办计算机培训班的通知,要机关各处、室所有管理人员及实体单位在太原地区的管理人员全部参加培训,以三个星期的业余时间,培训30个学时。

7月29日,为纪念中共十一届三中全会召开20周年,总公司党支部安排部署开展知识竞赛、书画作品展览、理论学习研讨等系列活动。

7月30日,成立总公司公路养护处。

又,下发《物业管理试行守则》。

7月31日,举办首期计算机培训班,经理魏庆飞在开班仪式上指出,这是公司经营管理的历史性转折点,要把普及计算机作为实现"科教兴企"战略目标的重要突破口。

8月11日,历时一年零九个月施工,杨家堡职工住宅楼竣工并交付使用。

8月13日,举行向长江流域洪灾地区捐款活动,公司职工354人捐款29900元。

9月11日,成立微机管理委员会,主任魏庆飞,副主任尤达文、李芳。

9月15日,总公司被太原市评为1997年度文明单位,省直工委、厅直机关党委领导为公司授匾。

9月18日,总公司党支部下发关于深入开展学习邓小平理论的实施意见,对学习《邓小平文选》一至三卷作出具体时间安排,提出学习要求。

9月,总公司驻地从平阳公寓迁至长安大厦。

10月21日,总公司党支部向厅直机关党委请示,要求成立总公司党总支。

10月25日,总公司综合档案通过国家二级标准验收。

11月1日,总公司人事档案通过省交通厅检查验收。

11月19日,平阳路93号(杨家堡)办公楼主体工程提前11天完工。

11月23日,成立关心下一代工作委员会。

11月26日,委托太原土地估价所对小店汾河桥收费站管理区征用土地进行资产评估。

12月1日,太榆公路武宿立交桥至许西段通过交通部文明样板路检查验收。

12月3日,部署开展民主评议企业领导干部工作。

12月4日,为适应日后与港方合作需要,晋焦公司举办首期英语口语培训班,王嫣任教员。

12月14日,调整内部机构:成立路桥管理处、经营质量监察处。撤销路桥融资部,业务、人员归经营质量监察处。

又,任免4名中层干部:聘任路桥管理处处长王文明、经营质量监察处负责人廖明煜(主持工作)。免去李芳路桥融资部副主任职务、王利发工程技术部副主任职务。

12月15日,部署开展民主评议党员工作,以讲学习、讲政治、讲正气为主要内容进行评议,要求评出团结、评出干劲、评出信心。

1999年

2月25日,机械租赁分公司更名为实业发展分公司。

3月1日,开始对所属实体、合作公司用工进行整顿。

3月8日,出台《内部人事制度改革方案》,对总公司内部人事制度进行改革。

3月11日，总公司党支部对中心学习组的学习作出安排，要求以邓小平理论为指导，开展以讲学习、讲政治、讲正气为主要内容的党性党风教育活动。

3月17日，成立诺信交通建设工程有限公司。

3月23日，总公司党支部要求所属实体、合作公司的党员，迅速将组织关系转到总公司党支部，以便更好地开展党建工作。

3月29日，成立经济专业初级技术职务评审委员会、工程专业初级技术职务评审委员会。

3月30日，成立法制领导组。

4月12日，厅直机关党委批复：同意成立中共山西省交通建设开发总公司总支部委员会。

4月21日，安排做好所辖路段迎接心连心艺术团来晋演出活动的相关工作。

4月22日，调整总公司精神文明建设领导组。

4月27日，部署开展安全生产周、反“三违”月活动。

5月10日，召开座谈会，对以美国为首的“北约”轰炸中国驻南斯拉夫大使馆并造成重大人员伤亡、馆舍严重损坏的罪恶行径进行强烈谴责。

又，聘任沈全福、任瑞卿为诺信交通建设工程有限公司副经理。

5月13日，下发《计划财务处工作条例》、《财务管理办法》。

5月20日，省国有资产管理局将大同—运城、汾阳—柳林、东观—长治三条二级公路资产划归总公司。

5月28日，将小店汾河公路桥4994.8万元资产经营权划归小店汾河公路桥有限公司。

又，开始推行厂务公开。

6月3日，向省工商行政管理局申请，总公司的注册资金由1000万元变更为375756.41万元。

6月9日，聘任7名中层干部：人事劳资教育处处长田介平、副处长刘雅馨，经理办公室主任尤达文、副主任张爱琴，质量监察处处长廖明煜、计划财务处处长任怀杰、副处长王雅君。

6月28日，下发总公司推行厂务公开，加强企业民主监督、民主管理实施方案。

6月30日，工程分公司获国家建设部工程施工总承包二级资质。

7月28日，贯彻落实党中央关于在党内抓紧处理和解决“法轮功”问题的部署和《关于共产党员不准修炼“法轮大法”的通知》，批判李洪志及其“法轮大法”，对广大共产党员进行教育。

7月30日，出台《物业管理试行守则》。

8月5日，召开第一次经营例会，公司领导及各单位、部门主要负责人参加，汇报各自经营状况。会议对照成绩、寻找差距、交流经验、传递信息、启发激励、推进工作。之后，每月5日（遇节假日时间顺延）召开经营例会。

8月9日，总公司成立企业领导干部廉洁自律领导组，加大从源头上预防和惩治腐败的力度。

8月11日，总公司为太榆公司举行“文明单位”（市级）授牌仪式。该公司为太原市涉外企业首家文明单位。

9月6~9日,国务院纠风办、交通部、公安部和中央电视台联合组成的晋陕蒙治理公路“三乱”暗访组在山西的暗访检查中,对总公司提出了5个方面的存在问题。7日下午,总公司召开专门会议,成立由段二牛为组长的联合调查组,深入实地,逐一进行落实处理,向省厅纪检组进行书面报告。

9月10日,成立“百日安全无事故”活动领导组,部署开展活动工作,为庆祝中华人民共和国成立50周年和迎接澳门回归,做到保稳定、促发展。

10月19日,总公司党支部下发党风廉政建设责任制实施意见。

10月22日,总公司党支部拟定筹备成立(升格)的党总支的委员候选人预备人选:按差额20%的要求,推荐段二牛、魏庆飞、李平、刘玉怀、李润喜、尚建军为党总支委员候选人预备人选。

10月26日,成立财产清查工作领导组,对总公司机关和各下属单位财产进行全面清查。

11月11日,调整综合治理领导组、消防领导组和民事调解委员会组成人员。

11月12日,成立经营监察领导组,并制定监察制度。

11月19日,厅党组文件通知:任命李润喜为总公司党总支副书记(保留正团职待遇),并提名为工会主席候选人。

12月9日,总公司向省厅文明办申报文明单位。

12月22日下午,总公司召开全体党员大会,选举党总支委员会,刘玉怀、李平、李润喜、段二牛、魏庆飞5人当选为委员。

12月23日上午,总公司党总支委员会召开第一次全体会议,总支委员进行选举分工。

又,省交通厅厅直机关党委以晋交直党字[1999]35号文件批复:同意总公司党总支选举结果:总支委员会由5人组成,书记段二牛,副书记魏庆飞、李润喜,宣传委员李平,组织委员刘玉怀。

12月29日,对1999年度16个先进单位(处、室)、95名先进个人进行表彰。

12月,根据全国交通系统开展的“公路建设质量年”管理活动的要求,总公司将当年确定为“管理年和质量年”。

是年,总公司决定,由财务部门牵头,每年对全公司进行一次财产清查工作。

又,总公司按季度为经营单位下发主要经济指标分解表,按年度对其目标责任制完成情况及财务核算情况进行审计。

2000年

1月21日,经省交通厅和省工商局批准,总公司(山西省交通建设开发总公司)更名为山西省交通建设开发投资总公司,以更好地开展引资融资投资经营。

2月18日,举办大中专毕业生爱岗敬业报告会,省交通厅领导刘俊谦、杨继刚及路通合作公司港方代表应邀出席。

2月23日,总公司党总支向省交通厅厅直团委请示:申请成立总公司团总支。

3月7日,总公司全体团员大会民主推荐赵军、雷慧琴、干惠芬、马军鹏、窦璐、杨涌涛为团总支委员候选人预备人选。

3月20日,部署开展“安全管理年”活动,主题为安全、管理、效益、发展。

3 月 21 日下午，召开团员大会和团总支委员会第一次全体会议，选举总公司团总支委员会：书记赵军、组织委员王慧芬、宣传委员马军鹏、文体委员雷慧琴、学习委员窦璐。

3 月 31 日，总公司下发文件通知：总公司团支部已升格为团总支，要求所属单位尽快建立团支部。

4 月 5 日，总公司党总支任命各支部领导：机关党支部，书记李芳；诺信公司党支部，书记尚建军；工程技术部党支部，书记任金彪；路通公司党支部，书记张庆华；晋焦公司党支部，书记白正义；实业公司党支部，书记马正伟；交通旅行社党支部，书记孟宪智。

4 月 6 日，经理办公会议决定，在深圳设立深圳唐都贸易有限责任公司，驻深圳市爱国路 10 号金通大厦 28 层，负责开发和经营管理省交通厅所属单位在深圳的房产。

4 月 23 日，总公司党总支部署年度纪检工作，认真落实《廉政准则》和八项规定，实行党风廉政建设责任制。

5 月 1 日，总公司团总支组织团员青年到革命老区——河北白洋淀参观学习。

5 月 25 日，贯彻省总工会文件精神，成立总公司排查工作领导组，制定《不稳定因素百日集中排查处置实施方案》，开展排查处置工作。

6 月 6 日，省交通厅厅长王晓林在总公司调研时提出：总公司应成为全省交通系统引资、融资、投资的主要渠道，成为省交通厅主要对外窗口。要积极探索多元化的引资、融资、投资路子，吸收更多的国内外资金，盘活省厅公路资产，注重研究资本运作，实行资本市场与产业市场相结合，把有限的资本投入到无限的、最有前景的产业中去。要多培养资本运作人才和市场研究人才。要以一业为主，多种经营，但“主”字必须当头。

6 月 28 日，总公司发文要求，认真学习江泽民“三个代表”重要论述。

5 月 9 日，下发《职工加班工作管理条例》，经获准的加班可享受轮休或领取加班工资。

又，下发《职工教育管理工作补充办法》的通知，鼓励自学成才，酌情给予奖励。

6 月 25 日，成立防汛领导组，加强所辖公路及建设工程防汛工作，确保安全度汛。

7 月 12 日，下发推行政务公开、开展行风评议工作的实施方案，部署政务公开和行风评议工作。

8 月 22 日，部署开展“2000 年全国质量月”活动。

10 月 9 日，总公司成立普法依法治理领导组。

10 月 23 日，交通大酒店组织员工进行军训。

12 月 1 日，聘任李怀明为实业分公司副经理。

12 月 4 日，下发总公司《职代会民主评议企业领导干部实施方案》，推行以职代会形式民主评议企业领导干部。

12 月 8 日，职代会讨论通过《人档分离有偿服务办法》。

2001 年

3 月 20 日，聘任 4 人领导职务：山西交通大酒店经理任金彪、副经理桑晋光，阳济公司副经理廖明煜、经营质量监察处副处长刘雁阳（主持工作）。

3 月 22 日，总公司党总支任命：廖明煜任阳济公司党支部书记、孟宪智任交通旅行社党支部书记、逯林涛任交通大酒店党支部副书记。

3 月 30 日，正式成立山西交通大酒店（有限公司），为独立法人单位，法人代表（经理）

任金彪。

4 月 3 日,历经 7 个月筹备,山西交通大酒店正式开业。

4 月 18 日,成立"第二次全国公路普查"工作领导组,部署公路普查工作。

4 月 27 日,印发国务院办公厅转发国家经贸委的《国有大中型企业建立现代企业制度和加强管理基本规范(试行)》。

4 月 29 日,省政府常务会议(067 次)和省交通厅决定,同意港方在晋焦高速公路的撤资要求。由总公司融资 10 亿元人民币收购港方全部股权,组建山西晋焦高速公路有限公司。

4 月,总公司驻地从长安大厦迁至杨家堡综合办公楼,平阳路 93 号(曾为 249 号、296 号)。

4 月,省交通厅授予总公司"行业文明单位 "称号。

又,总公司党总支发文部署开展纪念建党 80 周年党建知识竞赛及系列文体活动。

又,山西省交通厅太榆公路路政管理支队成立。

6 月 30 日,总公司党总支组织党员和入党积极分子到河北西柏坡参观学习。

7 月 2 日,总公司党总支向省交通厅厅直机关党委提交关于成立党委的请示。

7 月 9 日,总公司党总支发文要求,认真学习江泽民在庆祝中国共产党成立八十周年大会上的重要讲话,领会和把握"三个代表"重要思想的科学内涵。

7 月 12 日,聘任:交通旅行社经理孟宪智、副经理李瑛。

7 月 15 日,成立收支项目管理评审组,出台公路经营公司收支管理办法。

7 月 16 日,聘任:总公司经理助理任金彪,交通大酒店经理张明。

7 月 17 日,向省外经贸厅申请进出口经营业务。

8 月 10 日,成立国际贸易部。

又,省外经贸厅准予总公司经营部分进出口业务。此项业务由总公司所属的国际贸易部经营。

8 月 20 日,省交通厅厅直机关党委就总公司党总支关于成立党委的请示予以批复:经厅党组同意,并经厅直党委 7 月 13 日会议研究,同意成立"中共山西省交通建设开发投资总公司委员会",同时成立"山西省交通建设开发投资总公司纪律检查委员会"。

9 月 4 日,部署开展"我为残疾人献上一份爱"捐助活动,并将活动开展情况纳入年度目标责任制考核内容。

9 月 11 日,山西通建房地产开发有限公司成立。

9 月,所属路段全面开展路政管理工作。

10 月 23 日,总公司党总支发文要求,认真学习党的十五届六中全会精神,加强和改进党的作风建设。

又,总公司党总支下发"十五"社会主义精神文明建设规划和开展创建精神文明活动的实施意见。

11 月 9 日,省交通厅党组文件通知:免去段二牛总公司党总支书记职务、张克周副处级调研员职务。

11 月 13 日,召开贯彻落实全省公路通行费收费秩序整顿大会精神动员大会,部署公路通行费收费秩序整顿工作。

12 月 5 日，学习贯彻九届全国人大常委会第二十四次会议审议通过的新《工会法》。

12 月 10 日，印发总公司开展法制宣传教育和依法治企第四个五年规划。

又，出台职工教育“十五”规划。

12 月 19 日，总公司党总支任命：李芳任总公司团总支书记（兼），张爱琴任总公司机关党支部书记。

12 月 26 日，出台诺信交通建设工程有限公司改制方案和该公司总经理岗位竞争方案。

12 月 28 ~29 日，举办学习江泽民“三个代表”重要思想和中国加入 WTO 相关知识培训班，全体党员、入党积极分子、中层以上干部参加培训。

12 月 30 日，总公司党总支作出关于深入学习贯彻《公民道德建设实施纲要》的安排意见，要求全体职工自觉遵守爱国守法，明礼诚信，团结友善，勤俭自强，敬业奉献的基本道德规范，自觉遵守社会公德、职业道德和家庭美德。

2002 年

1 月 29 日，根据省交通厅厅直党委文件要求，从是年开始，每年春运和“五一”、“十一”黄金周，都要开展“人便于行，货畅其流，满意在交通”文明服务月活动。

3 月 15 日，省人事厅文件通知，贝瑜具备高级会计师任职资格。

3 月 25 日，聘任 70 人专业技术职务。

3 月 30 日，举办“资本运营”培训班，特聘山西财经大学王培勤教授讲授资本的范畴、政府的资本运营行为、企业的资本运营行为三个课题。

4 月 3 日，任免 25 名中层干部和所属经营实体领导，聘任：经理办公室主任尤达文、副主任张爱琴、小车队队长李述武，政治部主任王秀萍，工会副主席李芳，财务部主任贝瑜（兼阳长、江武公司副经理）、副主任任怀杰、王雅君，人力资源部主任田介平、副主任刘雅馨，经营管理部主任刘雁阳，项目开发部主任卢向阳，路桥管理部主任兼路政管理支队队长王文明、支队副队长杨越平，交通大酒店副经理逯林涛，阳济公司经理廖明煜、副经理戴晋林、上官和平，诺信公司经理姚永福，通建房地产公司经理马正伟、副经理李怀明、工程师王克俭、协理员尹津香，国际贸易部副经理陈东燕（主持工作）。免去：姚永福、廖明煜阳济公司经理、副经理职务，桑晋光交通大酒店副经理职务。

又，总公司党总支任命桑晋光为交通大酒店党支部书记，戴晋林为阳济公司党支部书记。免去廖明煜阳济公司党支部书记职务、逯林涛交通大酒店党支部副书记职务。

4 月 4 日，出台机构调整与人事制度改革实施方案（试行），重新设置机构，编制人员，划分职责，实行人员聘用制度和岗位管理制度。

4 月 20 日，调整治理公路“三乱”领导组。

4 月 26 日，总公司党总支发文部署年度精神文明建设工作，要求围绕总公司一个中心、两条主线、四项改革、五个确保的“1245”中心工作，推进两个文明建设协调发展。

4 月，省劳动竞赛委员会授予总公司“五一”劳动奖状。

5 月 9 日，向省厅请示，拟建设凤凰山生态植物园。

5 月 28 日，根据 4 月 3 日党总支会议决定，成立交通大酒店党支部、阳济公司党支部、路通合作公司党支部。

又，成立阳济公路养护中心，隶属总公司，阳济公路实行管养分离的经营方式。

6月1日，部署开展安全生产月和反“三违”月活动。

6月6日，总公司党总支部署贯彻“三个代表”重要思想和以德治国方略，开展党风党纪教育活动。

6月，总公司组织党员到延安参观学习。

6月24日，聘任宋如海为交通旅行社经理，解聘孟宪智旅行社经理职务。

7月8日，实行医疗保险制度管理办法。

7月12日，省交通厅与晋城市人民政府在晋城召开协调会议，就理顺由晋城市商品公路开发总公司（简称晋城商品路公司）经营管理的207国道（长晋二级公路晋城段）管理体制进行协调，议定商品路公司及其所管理的路段（包括人、财、物）全部划归总公司。省交通厅副厅长张润、晋城市人民政府副市长李富林出席，总公司领导魏庆飞、李平等参加。

7月22日，出台总公司基础管理百分考核制实施方案。

8月1日，省交通厅党组文件通知：魏庆飞任山西太晋高速公路有限公司董事长，侍都贵、张三宏任副董事长，免去侍都贵原任董事长职务。

又，完成对晋城商品路公司的整体接收工作。

8月5日，在总公司举行太晋高速公路有限公司第二届第一次董事会会议，通过太晋公司章程，推举魏庆飞为董事长兼总经理，侍都贵、张三宏为副董事长，王锁胜为董事。

8月16日，省交通厅党组晋交发[2002]81号文件通知：厅党组8月14日会议决定，李平任总公司党委书记，尚建军任副经理，贝瑜任总会计师。

8月17日，山西通建房地产开发有限公司与山西恒建房地产开发有限公司实行合作经营，成立新的通建房地产开发有限公司，马正伟任董事长，周键任总经理。

8月21日，山西高新会计师事务所出具验资报告：山西太晋高速公路有限公司注册资本7.5亿元，其中总公司7.15亿元，占95.3%，晋城商品路公司0.35亿元，占4.7%。

8月，工程分公司成功申办公路工程总承包二级资质。

又，张爱琴获得高级政工师资格。

9月6日，山西太晋高速公路有限公司进行工商注册。

9月24日，成立山西凤凰山生态园筹建处，拟与省国有资产经营公司合作成立山西凤凰山生态园有限责任公司。

9月28日，在晋城市金辇大酒店举行太晋高速公路（长晋段）建设资金7亿元项目授信仪式，省长刘振华、省交通厅厅长王晓林及省直有关部门和金融部门领导出席，总经理魏庆飞参加。

9月29日，长晋高速公路开工奠基仪式在晋城市金村镇崔庄村举行。省政府、省直有关部门、金融部门及晋城市、长治市的领导出席，总经理魏庆飞参加并作表态发言。

又，由长治、晋城两个公路分局分别组建长治和晋城两个项目部，分别负责各自辖区内的长晋高速公路建设。

10月14日，省交通厅党组任命王锁胜为总公司副经理。

10月18日，总公司工会组织女职工参加特病保险。

10月28日，成立十六大期间安全工作领导组。

10月，省妇联授予阳长、江武高速公路松庄收费站山西省巾帼文明示范岗荣誉称号。

11月5日，根据厅党组文件要求，贯彻省委组织部、省人事厅、教育厅、学位委员会、企业工委《关于进一步加强和规范我省干部学历、学位管理工作的通知》和《全省检查清理干部学历学位实施方案》,开展清理假文凭、假学历工作。

11 月 13 日,总公司党总支下发关于认真学习党的十六大报告的通知。指出,十六大是党在新世纪召开的第一次代表大会,也是党在国家实施社会主义现代化建设第三步战略新形势下召开的一次十分重要的会议。

12 月 14 日,总公司在太原召开长晋高速公路全面开工建设动员会,要求正式展开全线建设。

12 月 16 日,成立加快信息化建设与办公自动化领导组。

12 月 22 日,晋焦高速公路举行通车剪彩仪式,山西省政府、省直有关部门及晋城市的领导为公路通车剪彩。河南省及焦作市的领导应邀出席。

2003 年

1 月 2 日,部署开展对总公司中层干部和已聘任专业技术职务人员进行 2002 年度工作考核。

又,总公司聘任中层干部:财务部主任翟建峰、主任会计师王广英,交安委办公室主任李述武,工程分公司经理王亚龙、副经理马继平、总会计师张桃芬。

又,总公司党总支任命任瑞清为工程分公司党支部书记。

1 月 8 日,下发总公司机关岗位工资实施方案(试行)。

又,经理魏庆飞赴晋城市商品公路开发总公司宣布领导班子任免通知(原班子成员一律自行免职),同时宣布该公司更名为山西省交通建设开发投资总公司长晋公路有限公司(简称长晋公司)。

1 月 16 日,下发晋焦高速公路有限公司领导干部任职通知:经理王锁胜,副经理白正义、任怀杰、邱引强,总工程师王利发。同日,批复该公司机构设置方案。

1 月 24 日,对 2 个优秀单位、3 个优秀部室和 8 名特别奖个人、92 名文明职工进行表彰奖励。

3 月 7 日,下发经营管理者年薪制(试行)办法,对总公司及所属单位经营管理者试行年薪制。

3 月 10 日,聘任:实业发展分公司经理卢向阳、副经理孟莉莉。

3 月 11 日,山西省高速公路管理局晋焦路政大队成立。

3 月 12 日, 总公司党委免去马正伟实业发展分公司党支部书记职务。

4 月 10 日,总公司党委批准,中共山西晋焦高速公路有限公司总支委员会成立,王锁胜任党总支书记,白正义、任怀杰、邱引强、王利发为总支委员。

又,晋焦高速公路有限公司工会委员会成立,白正义任工会主席。

又,晋焦高速公路有限公司团总支成立,韩晋任团总支书记。

4 月 11 日,成立预防非典型肺炎(简称非典)领导组,组长魏庆飞、副组长李平、刘玉怀。

4 月 17 日,总公司聘任 100 人专业技术职务,其中高级技术职称 7 人(高级经济师魏庆飞、刘玉怀,高级会计师贝瑜、任怀杰,高级政工师李平、王秀萍、张爱琴),中级职称 40 人,初级职称 53 人。

4 月 21 日,党政联席会议决定:总公司考核组在对机关 3 月份的考核中,各部、室得分相同,未能起到鼓励先进、鞭策后进的导向作用。为此,给予考核组通报批评,并有2名公司领导和5名部室负责人被扣除数额不等的效益工资,以严肃考核纪律和人事管理制度。

4月25日,长晋高速公路长治、晋城两个项目部下发紧急通知,要求:严防死守,防控非典。

4月25日,制定和印发总公司防控非典应急处理预案。

4月28日,下发防控非典紧急通知。

5月6日,专门下发文件,要求严明纪律,确保防控非典工作顺利进行。

5月7日,对防控非典工作实行领导分工负责,并成立4个工作组,分别对总公司工作区及生活区、太原、晋城两地区的经营公司、长晋高速公路建设工地及诺信公司具体负责。

5月13日,调整总公司预防非典领导组办公室成员,副经理刘玉怀亲自兼任办公室主任。

5月14日,长晋高速公路漳河特大桥合龙。

5月20日,印发总公司创建文明单位、文明路、文明窗口实施方案,并成立创建领导组,组长魏庆飞。

又,总公司下发文件,对致使阳济公路受损的3名主要责任人的处分情况进行通报,要求所属单位要引以为鉴,禁止类似情况发生。

5月27日,下发关于开展2003年全国安全生产月和反"三违"月活动的通知。

又,太原市被世界卫生组织列为非典型肺炎疫区,食宿客人大量减少,交通大酒店被迫停业(6月15日恢复营业)。

6月3日,贯彻交通部《收费公路车辆通行费车型分类》行业标准(本年10月1日起执行)。

6月9日,省交通厅党组文件通知:韩文军任总公司副经理(正处),尤达文任长晋公路有限公司党总支副书记。

6月16日,转发全国防治非典型肺炎指挥部关于加强华北地区非典型肺炎联防联控的通知,要求体温在37.5度以上者一律不得登乘交通工具。

6月18日上午,时任山西省委书记田成平在晋焦高速公路视察防控非典情况,省交通厅和晋城市领导陪同,经理魏庆飞参加。

6月26日,制定开展讲文明、讲卫生、讲科学和树新风的"三讲一树"活动方案,以有效防控非典。

6月29日,贯彻执行山西省高速公路系统人员管理暂行办法。

又,长晋公路有限公司召开第一次团员代表大会,选举产生公司第一届共青团委员会。

7月6日,总公司党委对年度党风廉政建设和反腐败工作进行责任分解。

7月10日,总公司党委发文要求,认真学习贯彻《"三个代表"重要思想学习纲要》。

7月15日,制定公路经营公司营业收支管理办法,成立收支管理项目评审组,规范其财务收支行为。

7月28日,总公司与山西省国有资产经营公司分别以307万元和300万元的股份投资,合作成立山西凤凰山植物园有限公司,经营园林绿化、苗木经销、园区开发等。

7月31日,根据省人人财经委和省财政厅通知精神,成立"会计呼唤诚信"大宣传、大学习、大落实、大评比领导组,制定活动实施方案。

7 月,省直机关精神文明建设指导委员会授予总公司“2002 年度文明单位标兵”证书。

8 月 14 日,组建晋城公路养护中心,隶属总公司,非独立法人经营实体。又,聘任中心主任贺进刚,副主任王大勇、冯国发、李海宾。

8 月 16 日,举行晋城公路养护中心成立挂牌仪式。在晋城地区所辖公路实行管养分离经营模式。

8 月 19 日,贯彻党中央和省委、省交通厅党组关于做好困难企业军转干部稳定工作的指示精神,总公司成立维护稳定工作领导组,并设立昼夜值班电话,要求所属单位也要成立领导组,实行领导负责制。

8 月 20 日,总公司党委任命沈全福为工程分公司党支部书记,免去任瑞清工程分公司党支部书记职务。

8 月 22 日,聘任沈全福为工程分公司副经理,免去任瑞清工程分公司副经理职务。

8 月 23 日,印发总公司开展“三项治理”工作实施方案,认真清理纠正领导干部“吃、住、行”方面存在的突出问题。

9 月 1 日,成立关心下一代工作委员会(简称关工委)。

9 月 4 日,交通大酒店前台装置外事登记专用电脑,实行与太原市公安局联网工作。

9 月 9 日,印发总公司开展群众重复上访问题专项治理工作实施方案,成立专项治理工作领导小组。

9 月 12 日,省交通厅与国家开发银行山西省分行(省开发银行)签署太长高速公路建设资金 55 亿元项目合同,省政府、交通厅、省开发银行等方面的领导出席。经理魏庆飞作为太长高速公路公司董事长参加签字仪式。

9 月 16 日,下发晋城公路养护中心人事管理暂行规定:实行新型用人机制和分配机制,一人多能,一人多职,科学设岗,以岗定薪,同岗同酬。

9 月 18 日,下发安全生产责任制追究规定(试行)。

又,诺信公司承建太长高速公路路基工程,工程造价 5700 万元。

9 月 22 日,省交通厅党组文件通知:厅党组 9 月 3 日会议研究决定,山西太晋高速公路有限责任公司更名(山西长晋高速公路有限责任公司)后,原班子领导成员职务一律免去。任命:魏庆飞任该公司董事长,张三宏、苗宏宇为副董事长,郝建军为纪检书记。

又,省厅党组文件通知:厅党组 9 月 3 日会议研究决定,任命太长高速公路有限责任公司领导:董事长魏庆飞,副董事长赵善义、侍都贵、邓建国;总经理赵善义,副总经理冯建刚、张功胜。

9 月 24 日,根据省厅统一要求,制定下发总公司“树立行业新风,创优发展环境”民主评议行风工作实施方案,成立专门机构。

10 月 11 ~16 日,交通大酒店圆满完成对中央京剧二团的接待任务,团长于魁智、副团长李胜素一行对酒店服务高度赞扬。

10 月 16 日,太长高速公路工程施工和监理招标举行开标大会。

10 月 18 日,太长高速公路举行开工奠基仪式,省四大班子及有关方面领导出席,经理魏庆飞作为太长高速公路有限责任公司董事长作表态发言。

11 月 20 日,召开公路经营单位工作会议暨管理研讨会,着重就公路经营和管理创新进行深入探讨。

11 月 24 日,聘任张丽君为实业发展分公司副经理。

11 月 25 日,印发总公司防震减灾应急预案。

12 月 3 ~4 日,省交通厅厅长王晓林到长晋高速公路工地现场办公。省交通厅与长晋公司及长治、晋城两个项目部签订工程投资包干协议。

12 月 9 日,晋焦公司累计完成收费 5508.04 万元,提前 22 天超额完成 5500 万元收费任务。

12 月 30 日,省政府批准长晋二级公路晋城段资产划归总公司。

2004 年

1 月 14 日,下发关于评比 2003 年度优秀收费站的通知,对所属 8 个收费站首次实行单独评比。

2 月 10 日,下发加强禽流感预防工作的通知,成立预防禽流感工作领导组。

2 月 12 日,制定和印发高致病性禽流感防控应急预案。

2 月 25 日,制定和印发消防安全防火应急预案。

2 月,省精神文明建设指导委员会授予总公司 2002 ~2003 年度山西省文明单位牌匾,为总公司首次获得省级文明单位称号。

3 月 1 日,山西晋焦高速公路指挥部向总公司进行财务移交。

3 月 15 日,总公司党委下发认真学习《中国共产党党内监督条例》和《中国共产党纪律处分条例》(党纪处分条例)的通知,要求做到权为民所用,情为民所系,利为民所谋。

3 月 16 日,聘任 117 人专业技术职务。

3 月 24 日,总公司党政领导联席会议研究决定,聘任张庆华为总公司经理助理,廖明煜为路桥管理部主任、路政管理支队队长。

又,聘任王文明为长晋公路有限公司副经理;聘任尚金明任阳济公司经理。

又,成立山西龙湖生态园开发筹备处,主任原锐钊,副主任姚永福。

4 月 6 日,出台重大安全事故应急救援预案。

4 月 19 日,成立审计部。王素任审计部主任。

4 月 27 日,下发总公司关于在收费站开展创建“文明示范窗口”活动的实施方案,收费站普遍展开“文明示范窗口”创建活动。

4 月 28 日,下发公路安全保障工程实施方案。

5 月 10 日,聘任中层干部:张爱琴任政工部主任,宗庆文任任经理办公室副主任(主持工作)。

又,总公司党委任命张李强为阳济公司党支部书记。

又,总公司批复长晋公司报告,同意段星星任该公司工会主席。

5 月 18 日,请示省交通厅成立山西龙湖生态开发有限公司,拟由总公司联合太长公司、诺信公司,对武乡的关河水库一带进行开发。

5 月 27 日下午 6 时 10 分,晋焦高速公路 K27 +580 处发生大面积水毁塌方,最大石块达 60 余吨。

6 月 1 日,聘任王素为财务部副主任(兼)。

6 月 8 日,部署开展 2004 年全国安全生产月和反“三违”月活动。

6月16日,总公司党委文件批复:同意成立晋城公路养护中心党支部。

8月4日,总公司党委调整维护稳定工作领导组成员。

8月10日,总公司党委批准成立阳济公路开发有限公司党支部。

8月13日,晋焦高速公路丹河收费站通过省交通厅和总公司的文明示范窗口验收。

8月19日,省交通厅党组文件通知:厅党组8月4日会议研究决定,任命长晋高速公路有限责任公司领导:总经理郭智锋,党委书记刘玉怀。同时免去:郭智锋晋城公路分局副局长职务,刘玉怀总公司副经理职务。

8月20日,贯彻省厅关于进一步开展行政效能监察工作的实施意见,并成立专项工作领导组。

8月23日,晋城公路养护中心改制为山西诺通公路养护有限公司,由非法人单位变更为法人单位。

8月25日,晋焦公司超额17.652万元,提前128天完成8000万元年度收费任务。

8月30日,国际贸易部改制为山西诺盛国际贸易有限公司。

9月7日,晋焦高速公路日收费额达84.6155万元,为通车以来日收费额最高纪录。

9月10日,在晋城市创建省级文明城市总结表彰暨创建全国文明城市先进市动员大会上,晋焦公司获晋城市文明单位称号,晋城商品路公司获文明单位标兵称号。

9月23日,部署实施省内公路交通路况信息公告制度。

9月23日,开展弘扬"振超精神",争创三个一流活动,学习青岛港许振超先进事迹。

9月,魏庆飞参加广州出口商品交易会,为诺盛公司拓展业务。

9月,省直机关精神文明建设指导委员会授予总公司"2003~2004年度文明单位标兵"称号

10月12日,总公司召开党政联席扩大会议,就长晋高速公路和长晋二级公路进行整合经营有关事宜进行专题研究,并形成会议纪要。

10月13日,总公司领导赴晋城就长晋高速公路与长晋二级公路实行整合经营进行会议动员,宣布该两个公司对外统称山西长晋高速公路有限责任公司,按照人员统一使用、机构合理设置、组织管理统一,运营相对独立的模式运行。

10月20日,省交通厅党组副书记宋元林为交通大酒店"文明示范窗口"揭牌。

10月27日,所属公路开通鲜活农产品运输"绿色通道"。

11月16日,举行长晋高速公路竣工通车剪彩仪式,省委、省政府领导田成平、张宝顺等省四大班子领导出席并为公路通车剪彩。

又,晋焦高速公路(山西段)通过省厅组织的竣工验收,被评定为优良工程。

12月7日,批准长晋高速公路有限责任公司实行岗位工资。

12月9日,根据人事变化和工作实际情况,总公司领导班子8名成员重新进行工作分工。

12月17日,评选推荐魏庆飞为全国交通系统劳动模范、全国劳动模范候选人,并进行申报。

又,李润喜带领诺盛公司经理陈东燕赴上海参加"2004上海巴基斯坦—中国商务论坛"。

12月18日,国家档案局为晋焦公司颁发国家二级企业档案目标管理证书。

12月20日,诺通公司首次使用除雪机械清除路面积雪,使长晋、晋焦两条高速公路成为全省雪后最早通车的公路。

12月21日,部署对中层干部和专业技术人员进行年度考核。

12月23日,对受聘担任各级专业技术职务的人员,从德、能、勤、绩、廉五个方面,分为优秀、称职、不称职三个档次进行年度考核。

又,学习贯彻党的十六届四中全会作出的《中共中央关于加强党的执政能力建设的决定》。

12月25日,晋焦高速公路收费额达16181.224万元,超年度经营目标(8000万元)102%。

12月31日,经省交通厅同意,厅直机关党委批准,长晋高速公路党委、纪委成立。

又,省交通厅文件通知,孟春明、马继平具备高级工程师任职资格。

2005年

1月18日,晋城市纠风办召开该市公安、检察、法院、交警等部门领导联席会议,研究解决车辆在长晋高速公路收费站闯卡的问题。

1月22日,对2004年度先进单位10个,先进集体7个,先进收费站5个,先进工作者166人(其中总公司机关11人)进行表彰。

1月24日,响应上级号召,开展向牛玉儒学习活动。

3月28日,分别下发关于长晋、晋焦、阳济三个公路经营公司实行岗位工资及相关事宜的指导意见,在该三个公司推行岗位工资制。

3月,国家人事部、交通部授予魏庆飞全国交通系统劳动模范称号。

4月1日,转发省交通厅关于开展"五争五创"活动的通知,部署开展争当五种模范、创建五型部门的"五争五创"活动,并成立争先创优活动领导组。

4月4日,聘任总公司及所属单位123人专业技术职务。

4月21日,下发破坏性地震应急预案。

4月26日,根据《国务院关于表彰全国劳动模范和先进工作的决定》和2005年全国劳动模范和先进工作者表彰大会筹委会《关于全国劳动模范和先进工作者的批复》,魏庆飞荣膺全国劳动模范称号。

4月29日,经理魏庆飞在北京参加交通系统全国劳动模范和先进工作者座谈会。

4月30日,经理魏庆飞在北京参加全国劳动模范和先进工作者表彰大会。

5月10日,东山过境高速公路全线封闭大修(长23.95公里,项目投资3.6亿元)。

5月20日,长晋高速公路日通行费收入突破50万元。

5月26日,部署开展2005年全国安全生产月活动。

5月27日,时任交通部长张春贤在省委常委范堆相、省交通厅厅长王晓林陪同下,视察长晋高速公路高平服务区。

又,总公司党委下发2005年度文明路创建活动方案,要求长晋、晋焦两个高速公路经营公司,要实现路况良好、管护到位、服务周全、环境优美四项目标。

6月1日,根据国家财政部和税务总局文件规定,企业收取的高速公路通行费统一按3%的税率上缴营业税。

又,转发省“三项治理”办关于2005年制奢工作要点,部署公司开展制止奢侈浪费工作。

6月15日,贯彻国家8部委文件精神,部署开展2005年全国节能宣传周活动。

6月21日,总公司行风评议领导组更名为政风行风评议领导组,调整领导组成员。

6月27日,下发总公司《开展禁毒人民战争行动方案》。

6月29日,安排政风行风评议工作,出台实施方案。

又,成立治理公路“三乱”领导组。

6月30日,部署开展国有资产产权登记工作

又,成立清产核资领导组,下发清产核资工作实施方案,加强企业国有资产监督管理。

7月8日,响应省厅文明委号召,下发总公司关于开展青年文明号文化节活动的实施方案,以弘扬先进文化,争做文明先锋为主题,开展群众性青年文明号创建活动。

7月15日,长晋高速公路公司与二级公路公司召开整合动员大会,实施机构、人员整合。

7月18日,部署开展最低工资制度执行情况自查工作。

7月20日,总公司党委发文,部署开展纪念抗日战争胜利60周年、弘扬太行精神宣传教育活动。

7月23日,诺通公司与英格索兰公司举行第三批大型养护机械山猫机交接仪式。

7月29日,胡锦涛总书记赴武乡瞻仰八路军太行纪念馆和八路军总部王家峪旧址,亲切会见当地抗日老战士、老民兵、老支前模范,在返回途中视察了正在建设中的太长高速公路。下午4时50分,总书记乘车沿仅半幅通车的太长高速公路行驶至范家岭隧道前下车视察,恭候在建设工地的省交通厅副厅长张润快步上前,总书记与张润亲切握手,张润代表3万名筑路员工对总书记光临建设工地视察致以崇高敬意。陪同的省委、省政府领导张宝顺、于幼军及省交通厅张润副厅长现场汇报全省交通建设情况。

8月8日,整合后的长晋高速公路有限责任公司(长晋公司)选举产生第一届工会委员会。

8月20日,成立总公司新闻宣传工作站,站长张庆华。

9月1日,长晋高速公路与晋阳高速公路实行IC卡“一卡通”电子联网收费。

9月15日,贯彻省交通厅政务监督工作暂行办法。

9月16日,总公司领导李平作为诺盛公司董事长参加“2005中国山西跨国采购洽谈会签约仪式”。

10月,省直机关精神文明建设指导委员会授予总公司文明单位标兵称号。

11月2日,总公司党委贯彻省厅会议精神,部署在党员领导干部中集中开展警示教育活动。

11月4日,刘雅馨任总公司机关党支部专职书记,兼专职纪检员。

11月8日,举行山西三小时通达工程暨太原—长治高速公路通车仪式,省委书记张宝顺宣布山西三小时高速通达工程暨太原至长治高速公路正式通车,省四大班子领导参加并为公路通车剪彩。国家交通部向山西省交通厅发来贺信,称赞山西三小时高速通达工程的顺利建成,对完善全国干线公路网络具有十分重要的意义。

11月14日,聘任中层干部和实体单位领导:经理办公室主任宗庆文、副主任贾晋中(正

科待遇),财务部副主任邵素梅、主任会计师马文琦(副科待遇),审计部副主任李锦中,诺盛国际贸易有限公司经理陈东燕、副经理梁明辉,交通大酒店总会计师兰晓琳,实业发展分公司副经理宋建芳。

又,共青团山西省直工委授予诺通公司青年文明号称号。

11 月 16 日,长晋公司举行长晋高速公路通车运营一周年庆典暨公司挂牌仪式,省交通厅、晋城市政府领导前往祝贺,总公司领导魏庆飞、李平等出席。

又,部署开展职业道德教育培训活动。

11 月 17 日,出台开展所属公路基本无“三乱”专项行动实施方案。

11 月 25 日,转发省交通厅紧急通知,部署开展防控高致病性禽流感工作。

12 月 6 日,贯彻执行国家交通部、国家档案局《交通档案管理办法》。

12 月 7 日,成立国有资产技术鉴定小组,以加强国有资产监督管理,摸清家底,核实资产质量。

12 月 9 日,出台加强新闻宣传工作的实施意见。

12 月 14 日,下发关于建立人力资源信息库的通知,开始建立人才资源信息库,实行人力资源共享,并设计有《个人信息简况》、《员工花名表》、《各公路经营性单位定编、定员及岗位分布情况表》,要求所属单位通过电子邮件按时上报《人事月报》。

12 月 21 日,交通大酒店注册资金由 1000 万元变更为 1500 万元。

12 月 30 日,东山过境高速公路大修工程竣工并全线通车。

12 月,诺盛公司机电产品出口创汇名列全省前茅,被省外经贸厅评为先进出口创汇企业,获得奖金 4 万元。

12 月,省精神文明建设指导委员会再次授予总公司 2004 ~ 2005 年度山西省文明单位称号。

2006 年

1 月 6 日,总公司党委制定下发《开展构建教育、制度、监督并重的惩治和预防腐败体系实施办法》。

1 月 7 日,在省政府召开的太原机场扩建方案观摩会上,省领导就太榆路股权转让及撤除收费站事宜作出重要指示:在当前全省对外开放、积极招商引资的大形势下,撤站退资不合时宜。

1 月 13 日,省交通厅党组[2006]6 号文件通知:经厅党组 2005 年 12 月 31 日会议研究决定,张庆华任总公司副经理,田介平任总公司纪委书记。

1 月 19 日,长晋高速公路高平服务区被省高管局评为四星级服务区。

1 月 20 日,总公司表彰奖励 24 个先进单位、157 位先进工作者和 20 名服务明星。

2 月 7 日,对太长公司定岗、定编、定薪相关事宜予以批复,要求做到人适其岗、位得其人,能位对应。

3 月 1 日,《山西省高速公路管理条例》开始实施,所属高速公路公司开展各种形式的宣传活动。

3 月 10 日,总公司召开创建太晋文明长廊座谈会,规划打造以路况好、服务好、环境好、效益好为特色的太晋文明长廊高速公路品牌形象,总公司领导及太长、长晋、晋焦三个高速公路公司领导、相关单位负责人参加座谈，讨论总公司草拟的创建太晋文明长廊实施方案。

3月27日，按照省厅要求，统一规范公路收费站公示牌，热忱欢迎社会监督、收费标准、监督台三块牌子实行依次摆放。

3月29日，以打造绿色太晋、树立窗口形象、保护生态环境、共建美好家园为主题，总公司组织机关及驻太原的经营单位30余人，到晋焦高速公路和武乡龙湖生态园建造青年绿化林。

又，诺盛公司被评为山西省进出口贸易30强企业代表，应邀参加省农业银行召开的银企座谈会。

又，晋城市总工会领导参观晋焦公司职工才艺展，提出要将该公司职工之家和职工文化建设作为典型进行推广。

3月30日，长晋公司制定公路通行费促销方案，成立促销领导组，实行变被动收费为主动促销。

4月3日，总公司党委任命白正义为晋焦公司党总支副书记，同时增补冯晓军、申拽马为党总支委员。

4月12日，总公司举行太晋高速公路资产评估项目招标会，在太原注册的9家资产评估机构应标。

4月14日，总公司党委任命沈全福为诺信交通建设工程有限公司党支部书记。

4月19日，总公司党委发文要求，学习胡锦涛总书记关于“八荣八耻”社会主义荣辱观重要讲话，开展社会主义荣辱观教育活动。

4月28日，总公司成立治理商业贿赂领导组，印发总公司治理商业贿赂实施意见，部署开展治理商业贿赂工作。

4月30日，举办弘扬劳模精神，唱响“八荣八耻”主旋律主题歌咏比赛，总公司机关和实体单位8支代表队参加。

5月11日，印发总公司治理交通领域商业贿赂自查自纠实施方案。

5月15日，总公司党委下发党风廉政责任制考核及追究办法（试行），对责任内容、考核办法和责任追究的原则、范围、方式作出具体规定。

5月18日，聘任173人专业技术职务，为历年聘任人数最多。

5月25日，省厅表彰政风行风评议工作先进单位和先进个人，长晋、晋焦公司为先进集体，张庆华、王锁胜、郭智峰、尚金明、任怀杰为先进个人受到表彰。

又，省交通征费稽查局增挂山西省公路通行费征收管理局牌子，公路通行费征收部分业务归该局管理。

5月30日，响应上级号召，开展青年文明号与祖国共奋进活动。

6月6日，部署开展2006年度全国安全生产月活动。

6月7日，省厅成立招商引资工作领导组，以扩大交通投资领域对外开放，总公司投融资工作受其直接领导。

又，贯彻国家七部委文件精神，部署开展2006年全国节能宣传周活动。

6月8日，下发总公司关于开展政风行风评议工作实施方案。活动以树立行业新风、优化发展环境为目标，着力解决影响改革发展和人民群众反映强烈的突出问题。

6月26日，总公司党委发文表彰8个先进基层党组织、39名优秀共产党员、14名优秀党务工作者。

6月29日,交通大酒店首次在客房安装有线电视机顶盒76部。

6月30日,总公司组织在太长公司举行庆“七一”大型歌咏比赛,庆祝中国共产党成立85周年。省直工委及省交通厅领导观摩,总公司党委书记李平致辞。

7月2日,计重收费系统项目工程可行性研究报告通过北京交科公路勘察设计研究院专家评审。

7月4日,向社会发出政风行风建设公开承诺,努力搭建满意在岗亭、舒适在旅途、服务在全线、安全在终点的服务平台。

7月12日,总公司党委下发精神文明建设“十一五”规划。

又,部署开展收费公路资产管理状况调查工作。

又,贯彻全省政府系统干部会议精神,开展公司机关行政效能建设。

7月20日,省政府批准省交通厅关于载货类汽车实行计重收费的实施方案,总公司启动计重收费工作。

又,贯彻节约资源的基本国策和建设节约型社会的要求,出台建设节约型企业实施方案,成立建设节约型企业领导组。

7月21日,号召所属党组织认真组织学习胡锦涛在纪念建党85周年暨保持共产党员先进性教育活动总结表彰大会上的讲话。

又,总公司成立太榆公路大中修工程项目部,负责太原—榆次一级公路大中修工程相关事宜。

7月23日,省交通厅王晓林厅长率团赴香港参加“港洽会”,总公司领导魏庆飞、张庆华、贝瑜及翟建峰参加。

7月27日,“港洽会”期间,总公司与中国平安保险集团信托投资公司(简称平安公司)就转让太焦高速公路部分股权达成协议,并举行协议签订仪式,平安信托投资公司董事长童恺、总公司经理魏庆飞作为双方代表在协议书上签字。

8月9日,总公司成立榆次西外环公路项目部,负责该公路大中修工程相关事宜。

8月18日,省政府文件批复:同意大同至运城二级公路(落里湾、下王庄、阳曲、小店、禹都5个收费站)、东观至长治公路(永安、常村2个收费站)、汾阳至柳林公路(柳沟、高阳2个收费站)的收费期限暂定至2010年底。

又,长晋高速公路日收费首次突破100万元,达1013925元,为该公路日收费额(未拆分)最高纪录。

8月26日,长晋、晋焦公司举行全省高速公路计重收费启动仪式。

8月30日,总公司党委下发学习《江泽民文选》的通知,要求真学、深学、常学,勤于思考,善于运用。

9月12日,总公司召开专题会议,讨论通过创建太晋文明长廊实施方案,部署开展庆国庆文明服务月活动。

又,晋焦公司获晋城市文明单位标兵称号。

又,贯彻省交通厅《山西省构建战略物资道路运输保障体系实施方案》,对持有山西省战略物资运输通行证,承担战略物资运输的车辆免收公路通行费。

9月13日,下发开展文明服务月活动实施方案,部署国庆节期间文明服务月活动。

9 月 15 日,太长、长晋、晋焦三个高速公路公司召开创建太晋文明长廊,开展文明服务月活动动员大会,展开丰富多彩的创建活动。

9 月 17 日 15 时 30 分,晋焦高速公路 K5 +100 处一辆运煤货车因走错方向违章调头,与一辆帕萨特小轿车相撞引发火灾,正在进行公路养护作业的养路职工奋力进行抢救,终使车上 4 人脱险。

9 月 27 日,下发做好国庆期间安全稳定工作的通知,要求警惕境内外敌对势力渗透和暴力恐怖势力破坏活动,继续开展同“法轮功”邪教组织的斗争。

又,经理魏庆飞参加全省创建千里大运文明路誓师动员大会,代表太长、长晋、晋焦三个高速公路公司,向全省各高速公路公司发出共同创建倡议。

9 月 30 日,诺通公司取得一类、二类甲级、二类乙级、三类甲级、三类乙级养护工程施工资质,具备了进入公路养护市场的最高资质。

9 月,诺信公司获得二类甲级、二类乙级、三类甲级、三类乙级公路养护工程施工资质。

9 月,省直机关精神文明建设指导委员会授予总公司文明单位标兵称号。

10 月 9 日,总公司党委任命:逯林涛为交通大酒店党支部书记、冀晏璋为路通公司党支部书记、李怀明为龙湖公司党支部书记。

10 月 11 日,调整总公司领导班子成员工作分工,要求本着围绕中心、职责明确、协作互补、服务大局、互相监督的原则,开创性履行职责。

又,撤销项目开发部,业务归实业发展分公司。

又,原经营管理部调整为公路经营管理部,组建多种经营开发部,分别负责公路经营管理和公路经营之外的各种经营开发工作。

又,任免 10 人领导职务。聘任:廖明煜为多种经营开发部主任,刘雁阳为公路经营管理部主任、陈永强为副主任,李效广为路桥管理部主任兼路政管理支队队长,吕静伟为人力资源部主任,姚永福为路通合作公司副经理,李怀明、周金虎为龙湖公司副经理。免去:张庆华路通合作公司副总经理职务,姚永福龙湖公司副经理职务,李怀明通建公司副经理职务,周金虎路通合作公司行政人事部经理职务,廖明煜路桥管理部主任及路政管理支队队长职务,田介平人力资源部主任职务。

10 月 12 日,根据全省加快国有企业改革有关文件精神和省厅部署,成立企业改革领导组。

10 月 16 日,《山西省交通建设开发投资总公司志》开始编纂。

10 月 19 日,根据省政府批复,省交通厅、财政厅、物价局通知总公司,榆次鸣李至东长寿公路收费期限为 23 年,从 1997 年 5 月 15 日至 2020 年 5 月 15 日。

10 月 20 日,省交通厅根据省政府常务会议纪要精神,对总公司 62 号文予以批复:原则同意总公司转让太原至焦作(省界)高速公路部分股权,要求积极开展相关洽谈和资产评估工作,加快落实太焦高速公路部分股权转让协议。

10 月 23 日,省交通厅新闻宣传中心为总公司颁发交通新闻工作站牌匾。

10 月 26 日,总公司党委下发通知,要求认真学习《中共中央关于构建社会主义和谐社会的决定》。

10 月 30 日,下发开展学千里大运文明路、创建太晋文明长廊活动的决定,要求相关单位为共建全省高速文明路、推动行业文明建设作出应有贡献。

又，按照省厅要求，开展治理商业贿赂自查自纠。

11月6日，太长公司通行费收入3.53亿元，提前53天超额完成3.5亿元的全年任务。

又，部署开展送温暖、献爱心社会捐助活动，帮助灾区和贫困地区群众安全过冬。

11月9日，省厅下发关于开展创建千里大运文明路活动的决定及其实施方案。

11月30日，晋焦公司通行费收入15056.6亿元，提前一个月超额完成1.5亿元全年任务。

12月5日，下发2006～2010年依法治交工作规划，按照依法治国基本方略，推进公司依法治理，切实维护国有资产。

12月8日，贯彻省交通厅建设全省创新型交通行业工作会议精神，启动公司建设创新型交通企业进程。

12月9日8时，太长、长晋、晋焦3条高速公路开始对载货车辆全部实现计重收费。

12月15日，印发总公司交通科技和交通职业教育“十一五”发展规划实施方案。

12月21日，总公司与平安集团信托投资公司在深圳签署太焦高速公路部分股权转让补充协议。

12月22日，省交通厅对总公司年度党的工作目标责任制落实情况进行考核，考核组认为，总公司将党的工作与企业经营管理融为一体，值得借鉴学习。

12月25日，向省交通厅请示：与平安公司合作经营太焦高速公路股权转让准备工作基本完成，并将《股权转让协议书》、《股权转让补充协议》一并呈上，请求批示。

又，根据省交通厅要求，总公司制定安全生产“十一五”发展规划。

12月31日，省人事厅文件通知，肖争荣具备高级工程师任职资格。

12月，路通公司许西收费站为定点扶贫单位武乡县东村小学赠送新年礼物，山西电视台、山西日报等媒体进行报道。自2005年起，该站在创建青年文明号活动中，多次组织职工捐献，资助五台、武乡、榆社等地17名贫困家庭儿童上学。

2006年末，总公司领导：魏庆飞、李平、李润喜、尚建军、贝瑜、韩文军、张庆华、田介平；有所属经营单位15个，其中公路经营单位6个（长晋高速公路与长晋二级公路整合为一个公司），多种经营实体9个，共有职工2886人，其中总公司机关46人。

第一章

机构

主要分为两种,一是总公司及其机关内部设置的行政职能部、室,二是所属经营单位。2006年末,总公司机关设8个行政职能部门,所属经营单位为6个公路经营公司、9个多种经营实体。

第一节 总公司

1992年5月5日,为了贯彻落实党的十四大精神和邓小平南巡谈话精神,适应建立社会主义市场经济体制和交通建设"上台阶"的形势需要,山西省交通厅(简称省厅、厅)向省经济委员会提交关于成立山西省交通建设开发公司的申请报告。6月11日,山西省经济委员会(省经委)下发文件予以批复:同意成立山西省交通建设开发公司。

1993年4月1日,省厅以晋交人字(1993)第118号文件通知山西省交通建设开发总公司(成立时改称为总公司,以下简称总公司或公司)成立,隶属省交通厅,全民所有制企业,注册资金1000万元(省厅拨款),具有独立法人资格,实行独立核算,自负盈亏,驻太原市新泽巷5号(原省交通厅招待所)。公司经营业务:为交通建设引资融资,开展重点公路建设前期工作,参与公路交通工程建设,经营管理收费公路;从事公路交通产业之外的多种经营开发,按照《企业法》和《全民所有制工业企业转换经营机制条例》进行经营活动。同日,省厅文件任命,侯春有为总经理,郝明珠为副总经理;厅党组文件任命,郝明珠为党支部书记,侯春有为副书记。4月6日,公司与美国万德福股份有限公司合作成立山西晋美高速公路有限责任公司。4月15日,总公司设置职能机构:办公室、计划财务部、工程技术部、经营开发部、人事劳资部,时称"四部一室"。12月22日,经厅直机关党委批准,总公司党支部成立。

1994年2月26日,山西晋美高速公路有限公司因美方一再不予履行合同而终止运转。3月,先后组建交通物资公司、交通通元公司、交通贸易公司、龙光交通贸易公司等经营实体。8月1日,根据山西省交通厅党组关于将厅直单位归口有关处室管理的通知,总公司归口厅企业管理处管理。8月19日,总公司职能机构增设资金筹集部和城市信用社筹备组。1994年末,公司共有职工24人,其中大专以上学历13人,共产党员10人,处级干部3人,一般干部15人。

自1993年4月至1995年3月,公司经营业务基本上为根据省厅安排开展,主要是为全省重点公路建设工程承担前期工作,即负责组织进行可行性研究、项目评估、引资融资、组织招投标,同时承揽支援地方(县乡)公路建设工程等。经两年运营,企业经营渐入困境。

1995年3月23日,山西省交通厅对总公司领导进行全面调整,厅党组(1995)第21号文件任命,魏庆飞任经理兼党支部副书记,段二牛任党支部书记兼副经理,李平、刘玉怀为副经理(上级历年对总公司领导的任命,有的称经理,有的称总经理,副职亦然,故二者通用),同时免去侯春有的经理、党支部副书记职务和郝明珠的党支部书记、副经理职务。4月2日,新任领导班子召开党政联席会议,专题研究公司发展问题,提出要主动适应社会主义市场经济发展需要,使公司真正成为自主经营、自负盈亏、自我约束、自我发展的经济实体。4月6日,总公司1995年1号文件请示省交通厅:提出总公司实行有偿投资、有偿服务,围绕交通建设实行市场化经营,并延长产业链,开辟新的经营领域。8月3日,总公司党政联席会议决定,重新设置内部机构、核定人员编制,聘任中层干部,划分部门职责。机构设置为经理办公室、政治处、人事劳资教育处、计划财务处、工程技术部、物资经销部、投资管理处。与此同时,原机构自然撤销,人员重新编制。8月10日,总公司召开党政领导联席专题会议,确定新的经营方式,明确近期工作重点,提出清理、生存、服务、发展“四大任务”。9月1日,公司驻地由省厅招待所迁至省汽车运输总公司(太原南内环街61号)。9月19日,请求省厅批准和帮助抽回公司先前与河津、孝义两县联合建设的3条县乡公路投资174.2万元。10月2日,成立山西省交通职工培训中心筹建处。是年,公司共有职工40人,其中公司领导5人。企业年收入76万元,上交税金5056元,盈利28093元,经营状况逐步好转。

1996年1月30日,撤销物资经销部,成立交通工程机械设备租赁分公司(实业发展分公司前身)。3月8日,成立交通旅行社。5月14日,成立山西省交通职工培训中心筹建处施工管理处。5月27日,设立路桥融资部。9月4日,与香港晋通公路建设投资有限公司、香港晋昌集团有限公司合作,分别成立山西阳长高速公路有限公司和山西江武高速公路有限公司(简称阳长、江武公司),合作经营阳曲镇—长江村和长江村—武宿村两段高速公路,为全省最早利用外资合作经营公路,也是公司最早涉足高速公路经营管理。5月27日,成立路桥融资部,开展引资融资工作。10月25日,成立工程运输分公司(工程分公司原称),参与公路建设。12月25日,山西阳济公路开发有限公司挂牌成立,为总公司在晋城地区的第一家所属经营单位。同月,成立雷诺车队。

1997年4月15日,公司工会委员会成立。5月13日,与香港路劲基建有限公司合作成立山西路通太榆公路有限公司、榆次公路有限公司、小店汾河公路桥有限公司(统称路通合作公司),共同投资合作经营太原—榆次公路、榆次西外环公路和小店汾河公路桥。6月26日,总公司驻地从省汽车运输总公司迁至平阳公寓(平阳路293号)。

1998年6月10日,与香港新世界基建有限公司(集团)合作成立山西新泽、新丹、新北、新韩、新南、新井六个高速公路有限公司,统称为山西新泽等六间高速公路有限公司,共同投资建设晋焦高速公路。9月15日,由省直机关精神文明建设指导委员会检查验收和推荐,太原市授予总公司1997年度文明单位称号,为总公司进入文明单位行列之始。9月,总公司由平阳公寓迁至长安大厦(长治路88号)。12月14日,调整内部机构:成立路桥管理处(承担所辖公路路政管理业务)、经营质量监察处,撤销路桥融资部。

1999年3月17日,成立诺信交通建设工程有限公司。6月3日,总公司注册资金由1000万元变更为375756.41万元。11月19日,李润喜任副书记、工会主席。11月22日,根据重点经营投融资业务的需要,总公司向省交通厅和省工商行政管理局提交报告,要求变更企业名称,在山西省交通建设开发之后、总公司之前增加“投资”二字。12 月,总公司党支部升格为党总支。

2000 年 1 月 21 日,总公司正式启用山西省交通建设开发投资总公司的名称。3 月 21 日,总公司团总支成立。4 月,成立深圳唐都贸易有限公司,负责经营管理省交通厅部分下属单位在深圳的房产。6 月 6 日,省交通厅厅长王晓林在总公司调研时要求,总公司要成为全省交通系统引资、融资、投资的主要渠道,成为省交通厅主要对外“窗口”,盘活省厅公路资产,筹集更多建设资金。年末,总公司企业资产总值 584620. 67 万元,年收入 8063. 5 万元。

2001 年 3 月 30 日,山西交通大酒店(有限公司)成立,4 月 3 日,酒店投入运营。4 月,总公司驻地由长安大厦迁至平阳路 93 号(同交通大酒店驻地)办公。同月,省交通厅授予总公司行业文明单位称号。5 月,山西省交通厅太榆路路政管理支队成立,为总公司所属公路最早的路政管理专门机构。8 月 10 日,国际贸易部成立,开始经营部分进出口业务。8 月 20 日,总公司党总支升格为党委,同时成立纪律检查委员会。9 月 11 日,成立通建房地产开发有限公司。

2002 年 4 月 4 日,按照合理配置、科学经营、精干高效、职责分明的原则,总公司对内部机构进行调整,重新核定人员编制,统一划分工作职责。调整后的机关职能部门为:经理办公室、政治部、工会、人力资源部、计划财务部、经营管理部、项目开发部、路桥管理部,国际贸易部列入经营实体序列。经营实体有:山西阳长、江武合作公司、山西阳济公路开发有限公司、山西路通合作公司、山西晋焦高速公路有限公司、工程分公司、山西诺信交通建设工程有限公司、山西通建房地产开发有限公司、国际贸易部、山西交通大酒店、山西交通旅行社。4 月,省劳动竞赛委员会授予总公司“五一”劳动奖状。5 月 30 日,成立阳济公路养护中心,在该路试行管养分离经营模式。7 月 12 日,成建制接管晋城市商品公路开发总公司。8 月 16 日,厅党组任命:李平任总公司党委书记,尚建军任副经理,贝瑜任总会计师。9 月 6 日,山西太晋高速公路有限公司注册成立,魏庆飞任董事长,开始以市场化运作方式筹集太原至晋城高速公路建设资金,首先建设长治—晋城段。9 月 24 日,成立山西凤凰山生态园筹建处。9 月 29 日,长晋高速公路举行开工奠基仪式。12 月 22 日,晋焦高速公路剪彩通车。

2003 年 1 月 8 日,晋城市商品公路开发总公司更名为山西省交通建设开发投资总公司长晋公路有限公司(简称长晋公司,之后,为区别于长晋高速公路公司,又简称长晋二级路公司、长晋商品路公司),该公司原领导班子成员一律自行免职,重新任命新的领导。1 月 16 日,总公司下发关于晋焦高速公路有限公司领导干部任职的通知,批复该公司机构设置方案。3 月 12 日,省高管局在晋焦高速公路设置路政支队。4 月 10 日,成立晋焦高速公路有限公司党总支、工会、团总支。6 月 9 日,韩文军任总公司副经理(正处待遇)。总公司与省国有资产经营公司合作成立山西凤凰山生态园有限公司,开展园区开发系列经营。6 月 29 日,长晋商品路公司团委成立。成立山西省交通建设开发投资总公司晋城公路养护中心(诺通公司前身),为晋城地区专门养护机构。9 月 22 日,山西太晋高速公路有限公司更名为山西长晋高速公路有限责任公司,同时成立山西太长高速公路有限责任公司。10 月 18 日,太长高速公路奠基开工。

2004 年 2 月,省精神文明建设指导委员会授予总公司 2002 ~ 2003 年度山西省文明单位称号。4 月 19 日,设立审计部。5 月 18 日,请示省厅成立山西龙湖生态园开发有限公司,对武乡关河水库一带进行联合开发。8 月 23 日,晋城公路养护中心改制为山西诺通公路养护有限公司。8 月 30 日,国贸部改制为山西诺盛国际贸易有限公司。9 月,省直机关精神文明建设指导委员会授予总公司 2003 ~2004 年度文明单位标兵称号。10 月 13 日,长晋高速公路与长晋二级公路两个公司实行整合,对外统称山西长晋高速公路有限责任公司(仍简称长晋公司)。11 月 16 日,长晋高速公路剪彩通车。

2005 年 3 月,国家人事部、交通部授予总公司经理魏庆飞全国交通系统劳动模范称号。4 月 30 日,魏庆飞获全国劳动模范称号。7 月 29 日,中共中央总书记胡锦涛沿半幅通车的太长高速公路赴武乡瞻仰八路军太行纪念馆和王家峪八路军总部旧址,返回途中视察该公路建设工程。10 月,省直机关精神文明建设指导委员会授予总公司文明单位标兵称号。11 月 8 日,太长高速公路剪彩通车,省委、省政府隆重举行山西三小时通达工程暨太原至长治高速公路通车仪式。

2006 年 1 月 13 日,张庆华任总公司副经理,田介平任纪委书记。7 月 27 日,“港洽会”期间,总公司与中国平安保险公司集团信托投资公司就转让太长、长晋、晋焦三条高速公路部分股权达成协议,并签署有关文件。9 月,省直机关精神文明建设指导委员会授予总公司文明单位标兵称号。10 月 11 日,撤销项目开发部,业务归实业发展分公司;原经营管理部调整为公路经营管理部,专管公路经营;成立多种经营开发部,负责除公路之外经营项目的开发管理。

2006 年末,总公司领导:魏庆飞、李平、李润喜、尚建军、贝瑜、韩文军、张庆华、田介平;内设机构:经理办公室、人力资源部、计划财务部、审计部、公路经营管理部、多种经营开发部、路桥管理部、交安委办公室(小车队);党群机构有:工会、政治部、机关党支部。

图 1-1-1　2006 年末的总公司领导合影(自左至右:韩文军、尚建军、李平、魏庆飞、贝瑜、李润喜、张庆华)

总公司下辖 15 个经营单位,其中公路经营单位 6 个,多种经营单位 9 个,共有职工 2886 人。年经营收入 13.5 亿元,其中,公路通行费收入 12 亿元,多种经营收入 1.5 亿元。

总公司1998年获市级文明单位称号,2001年获行业文明单位称号,2002年获省直文明单位标兵称号和山西省文明单位称号,连续5年保持行业文明单位标兵、山西省文明单位称号。

经理办公室

1993年4月15日设置,时称办公室,聘任申水旺为主任,白正义为副主任。1995年8月3日,总公司原机构全部撤销,重新设置时改称为经理办公室,日常仍称办公室,负责总公司机关日常工作的综合协调、文件收发、后勤服务、安全保卫等,编制6人(含司机),聘任田介平(主持工作)、李述武为副主任。1996年11月11日,田介平升任主任。1997年3月8日,李述武改任工程运输分公司副经理。4月21日,尤达文任副主任(正科待遇),李述武任公务车队队长。1999年4月27日,负责开发电子计算机应用软件,管理办公自动化系统,组织开展安全文明单位和安全文明小区"双创建"活动。5月23日,尤达文升任主任,张爱琴为副主任,田介平改任人事劳资教育处处长。2002年4月4日,总公司进行机构调整和人事制度改革,编制人员11人,重新聘任尤达文为主任,张爱琴为副主任,李述武为小车队队长,主要职能:负责筹备和召集会议、起草文件、管理文档和信息,调查研究、对外联络、信访接待、公务接待,年度目标责任的拟定、组织考核和汇总上报,公司资产的注册、登记、备案,管理公务车辆,管理、购置、发放办公用品和职工福利,负责安全保卫、消防卫生、综合治理等。2003年11月24日,免去尤达文主任职务(升任长晋商品路公司党总支副书记)。2004年5月10日,宗庆文任副主任(主持工作),张爱琴改任政治部主任。2005年11月4日,宗庆文升任主任,贾晋中任副主任(正科待遇)。2006年末,编制4人:主任、副主任各1人,职员2人。

人力资源部

1993年4月15日设置,时称人事劳资部。1995年8月3日,总公司重新设置机构时改为人事劳资教育处,负责干部任免、职工调配、劳动纪律、工资管理、职工教育及计划生育工作,编制2人,白正义任处长。1999年6月9日,田介平任处长,刘雅馨任副处长,免去白正义处长职务(调任新泽等六间高速公路有限公司副经理)。2002年4月4日,总公司调整内设机构,改称人力资源部,编制3人,聘任田介平为主任,刘雅馨为副主任,主要负责职工的录用 、招聘、调配、培训、储备、交流、推荐和考核干部、评聘和审核专业技术职务,管理员工人事档案,控制工资总额,负责工资审批、调整工作,负责缴纳总公司机关员工养老保险、住房公积金等"五险一金"、管理离退休人员。协助做好各部门、各单位目标责任制的制定、检查、考核工作,宏观管理实体单位用人情况,进行业务指导。2005年11月14日,免去刘雅馨副主任职务(调任机关党支部专职书记兼专职纪检员)。2006年10月11日,吕静伟任主任,免去田介平主任职务(升任公司纪委书记),年末,编制4人:主任1人,职员3人。

计划财务部

1993年4月15日设置,时称计划财务处。1994年4月9日,聘任李胜堂为主任,贝瑜为副主任。1995年8月3日,重新设置机构,仍称计划财务处,负责计划、统计、财会、内部审计工作,编制 3 人,贝瑜任副处长(主持工作)。1996 年 11 月 11 日,贝瑜升任处长。1999 年 4 月 27 日,负责对交通专项资金和其他建设资金的财务监督与管理,预防重大财务违纪问题,建立工程建设项目审计监督制度,加强年度财务审计监督,督促阳长、江武公司、路通公司等总公司所属合作企业按时上报财务、工程进度、外资到位情况等各类报表。6 月 9 日,任怀杰、王雅君任副处长。2002 年 4 月 4 日,总公司调整内设机构,划分职能,更名为计划财务部,编制 5 人,聘任贝瑜为主任兼山西阳长、江武公司副经理,任怀杰、王雅君为副主任,主要负责经济核算及经济活动分析,编制财务活动计划,编报财务收支状况和经营成果,科学安排资金,负责资金筹措及国有资产管理,负责总公司及所属实体财务和工程项目的审计,做好统计工作,监督所属单位财务收支执行政策,遵章守纪。2003 年 1 月 2 日,翟建峰任主任,免去贝瑜主任职务(升任总公司总会计师),王广英任主任会计师。2003 年 11 月 24 日,免去任怀杰副主任职务(改任晋焦公司副经理)。2004 年 4 月,审计业务交由新成立的审计部负责。5 月 10 日,免去王雅君副主任职务(调任长晋公司财务部部长)。6 月 1 日,王素(总公司审计部部长)兼任副主任。2005 年 11 月 4 日,邵素梅任副主任,马文琦任主任会计师。2006 年,主要职能为贯彻国家财经政策法规,真实反映公司财务状况及经营成果;建立健全财务管理、会计核算及内部会计控制制度;编制财务预算,监督财务计划执行,分析评价经营业绩;积极筹集融汇资金,科学有效拟定资金投向;审核所属单位用款计划,合理调配资金,监督资金使用情况;参与经济合同签订和工程预算、决算审核,监督合同执行;处理日常财会业务,完成各类财务数据填报,编制财务决算;协调财政、税务、银行、物价等外部关系,处理各类财务数据;组织开展财会人员培训,指导所属单位财会工作;加强会计信息化建设。年末,编制 6 人,其中主任 1 人,副主任 2 人(其中兼职 1 人),主任会计师 2 人,职员 2 人。

审 计 部

2004 年 4 月 19 日成立,编制 2 人,王素任主任。主要职责为协调、配合做好上级部门和社会审计部门对总公司及所属单位的审计工作,做好总公司及所属经营公司的内部审计工作,主要包括年度财务决算及有关经济活动、所属单位领导任期经济责任审计、建设项目预算和决算审计,提交审计报告,对被审计单位作出审计结论,对审计中发现的问题提出整改意见,并监督整改,保障企业经济活动健康运行。2005 年 11 月 4 日,李锦中任副主任。2006 年末,编制 2 人,其中主任 1 人(兼任财务部副主任),副主任 1 人。

公路经营管理部

其前身是经营管理部。2002 年 4 月 4 日,总公司重新设置机构时组建经营管理部,编制 2 人,聘任刘雁阳为主任。主要职能:负责总公司所属单位年度经营目标责任制的制定、落实和考核,及时督促、落实任务完成情况,监督检查经营、管理活动,全面负责经营质量及安全生产管理,协助搞好资本和资金运营管理。2006 年 10 月 11 日,经营管理部调整为公路经营管理部(同时新组建多种经营开发部),专门负责公路经营管理工作,聘任刘雁阳为主任,陈永强为副主任。主要职责为根据国家和地方有关公路通行费征收的政策法规,制定公路经营管理制度,制定分单位年度经营目标、收费指标及业务经费计划,并进行督促落实;建立健全所属公路系统信息和指挥、调度网络,收集汇总和分析信息,编制《公路信息月报》;管理机电设施设备、公路质量安全体系、高速公路服务区,处理社会对相关业务的投诉;负责收费系统人员业务培训和队伍建设。2006 年末,编制 4 人,其中主任、副主任各 1 人,职员 2 人。

多种经营开发部

2006 年 10 月 11 日,经营管理部调整为公路经营管理部,同时组建多种经营开发部,延续原经营管理部相关职能,主要负责除公路经营管理以外的各种经营项目的开发与经营管理,主任廖明煜。具体职责:拟定多种经营开发的远期规划和近期目标,审核多种经营开发项目,为所属经营单位制定年度工作目标,对多种经营项目进行调查研究和服务指导,搞好多种经营项目的开发与管理,并对多种经营单位的年度目标责任制完成情况进行考核。年末,编制 3 人,其中主任 1 人,副主任 1 人,职员 1 人。

路桥管理部

1998 年 12 月 14 日,成立路桥管理处,编制 2 人,王文明任处长,负责路通合作公司等所辖公路桥梁的路政和养护管理、协调地方关系、承办相关业务报批等。1999 年 1 月 25 日,成立路桥管理处养护中心。2002 年起,随着阳济公路的独资经管和晋长二级公路的接管,尤其是晋焦、长晋、太长高速公路的相继建成通车,路桥养护管理业务范围随之扩大(路政管理仍只管路通合作公司所辖公路)。2002 年 4 月,路桥管理处改称路桥管理部。2004 年 3 月 25 日,廖明煜任主任、路政管理支队队长(王文明调任长晋商品路公司副经理)。2006 年 10 月 11 日,李效广任主任、路政管理支队队长,免去廖明煜主任和支队长职务(改任多种经营开发部主任)。主要职责:制定所辖公路养护管理规章制度、管理办法、工作标准,确保养护管理正常开展;研究制定公路病害处置方案,组织公路日常养护和大、中修及专项养护工程的审核、向上申报、对下批复,组织较大养护工程的前期工作,检查施工质量,组织施工验收;组织公路养护质量检查评比,督促纠正存在问题;制定公路水毁抢修、病害防治、破冰除雪的紧急预案和处置方案,并负责组织实施;负责公路养护技术人员队伍建设,推进养护管理数字化,组织检测和管理公路路况资料。2006 年末,编制 2 人,其中主任 1 人,职员 1 人。

交安办公室

1997 年 4 月 21 日,在经理办公室设立公务车队,李述武任队长。2002 年 4 月 4 日,总公司重新调整机构、编制人员,公务车队仍挂靠经理办公室,改称小车队,李述武任队长。2003 年 1 月 2 日,省交通厅交通安全委员会在总公司设立交通安全领导组,领导组下设办公室(简称交安办),与小车队实行一套人马两块牌子,李述武任交安办常务副主任(主任由分管副经理李平兼任)兼小车队队长。2005 年初,交安办与小车队独立设置,李述武任主任、队长。工作职责:负责组织落实《交通安全责任制》,负责总公司及所属实体单位(主要为驻太原地区单位)车辆安全管理,制定和完善相关规章制度,对驾驶员进行安全教育,处理交通事故及其他相关事项:合理调度,科学安排,保证公务用车需要;管理和维护车辆,承办车辆年检、户籍等相关事项;2006 年末,共管理小车 34 辆,其中总公司机关 8 辆,所属实体单位 26 辆。共有人员 34 人(每车 1 人),其中交安办常务副主任(小车队队长)1 人,司机 33 人。

附 曾设机构

鉴于企业经营普遍的社会性、公司内部的特殊性和经营业务的时段性、产业结构的变化性，其管理机构也随之不断调整和变更。曾设机构，即公司根据当时经营管理需要在不同年份设立，2006 年末已不再存在的经营管理部门。

经营开发部

1993 年 4 月 15 日，总公司组建伊始设置，负责总公司经营开发相关工作，聘任周金虎为副经理（主持工作）。1995 年 8 月 3 日，重新统一设置机构时自行撤销。

工程技术部

1993 年 4 月 15 日，公司组建伊始设置。1994 年 4 月 9 日，王文明任副主任（主持工作）。1995 年 8 月 3 日，重新设置机构时继续保留，负责管理公路建设及其他基本建设工程，编制 5 人，王文明升任主任。1996 年 2 月 2 日，聘任任金彪（主持工作）、王克俭为副主任。同时，免去王文明主任职务（借调省厅工作）。3 月 6 日，任金彪升任主任，聘任王利发为副主任。1998 年 12 月 14 日，免去王利发副主任职务。2000 年 3 月 20 日，卢向阳、尹津香任副主任。2001 年 3 月 20 日，任金彪调任山西交通大酒店经理。2002 年 4 月 4 日，总公司重新统一设置机构时自行撤销。

物资经销部

1995 年 8 月 3 日重新设置机构时设置，负责建筑工程材料购销工作，编制 4 人，聘任王秀萍为经理。1996 年 2 月 20 日，撤销物资经销部（王秀萍改任交通工程机械租赁分公司领导组办公室副主任）。

投资管理处

1995 年 8 月 3 日设置，负责投资工作的立项、管理、资金回收，解决所发生的纠纷等，编制 4 人，郝新宇任处长。1996 年 2 月 2 日，周金虎任副处长。1997 年 4 月 21 日，该处撤销（周金虎改任机械租赁分公司副经理）。

忻州公路职工培训中心筹建处

全称山西省忻州公路职工培训中心筹建施工管理处。1995 年 10 月 2 日，受省厅委托负责组织建设忻州（顿村）公路职工培训中心，成立该筹建处，主任魏庆飞，副主任李平。1996 年 5 月 14 日，筹建处下设施工管理处、预算定额办、办公室。6 月 5 日，该项工程动工兴建。1997 年 5 月 9 日，向省厅呈送关于组建该中心经营班子的紧急报告。12 月，该工程竣工验收并移交经营单位后，该组织机构（该中心运营后改称山西省交通职工培训中心）随之撤销。

路桥融资部

1996 年 5 月 27 日，总公司党政领导联席会议决定成立，重点开展引资、融资，聘任李芳为副主任。1998 年 12 月 14 日，总公司调整内部机构时撤销，原有业务和人员归新成立的经营质量监察处。

经营质量监察处

1998 年 12 月 14 日，公司党政联席会议决定成立，接收被撤销后的路桥融资部的业务和人员，编制 4 人，廖明煜为负责人（主持工作）。负责组织制定总公司各项业务的工作目标，并进行考核、评比，负责业务质量管理、经济监察，管理对外合同及融资工作。1999 年 6

月9日,廖明煜任处长。2001年3月20日,刘雁阳任副处长,廖明煜改任阳济公路开发有限公司副经理。2002年4月,总公司调整机构时变更为经营管理部。

项目开发部

2002年4月4日成立,编制2人,主任卢向阳。2003年3月11日,卢向阳任实业发展分公司经理。2006年10月11日,项目开发部撤销。

此外,在曾设管理机构中,还有拟设置的资金筹集部、城市信用社筹备组等,因故未组建。

第二节　所属企业

分为两类,一是以资产为纽带,2006年末隶属于总公司的经营单位(含企业领导为厅管干部的经营公司),共有15家,其中公路经营单位6家,多种经营单位9家。二是由总公司组建或曾隶属总公司,2006年末已不存在或无隶属关系的实体单位。

一、公路经营单位

共有6个,其中高速公路经营单位4个(长晋公司同时管理长晋二级公路),其他公路经营单位2个。

山西阳长、江武高速公路有限责任公司

为了筹集资金,建设高速公路,充分发挥太(原)旧(关)高速公路良好效益,1996年7月13日,总公司请示省交通厅,拟以中外合作形式,由总公司与香港晋通公路建设投资有限公司、香港晋昌集团有限公司(均为港方)共同经营阳曲镇至长江村、长江村至武宿村两段高速公路(统称为太原东山过境高速公路,为108、208国道组成路段),并成立山西阳长高速公路有限公司(简称阳长公司)和山西江武高速公路有限公司(简称江武公司)。9月4日,省计划委员会批准成立阳长、江武公司。10月16日,阳长公司和江武公司通过注册。阳长、江武公司是山西省交通建设对外成功引资而最早组建的合作公司,驻地随总公司驻地变化而变化(当时驻太原市南内环街61号)。公司投资情况分别为:

阳长公司,投资总额24970万元。公司注册资金14970万元,其中山西出资11227万元,占75%;港方出资449.25万美元(折合人民币3743万元),占25%。

江武公司,投资总额为24507万元。公司注册资金14507万元,其中山西出资10880万元,占75%;港方出资436万美元(折合人民币3627万元),占25%。

阳长、江武两合作公司实行董事会领导下的总经理负责制,资金由晋港双方共同筹集。1996年7月9日,阳长、江武公司领导为:总公司方面,魏庆飞任两公司董事长,李平、任金彪为董事;香港方面,周安达源(晋通、晋昌两公司董事长)、钟永强任两公司董事。

根据合同约定,1997年3月6日,晋通公司和晋昌公司将872万美元分别汇入阳长公司、江武公司账户。5月7日,2400万美元银团贷款分别汇入阳长、江武公司账户,圆满完成港方资金投入。

1997年3月3日,总公司将阳曲镇—长江村高速公路12.46公里的土地使用权及路基、桥涵等工程(不含水泉沟大桥)计14492万元资产划归阳长公司,将长江村—武宿高速

公路13.77公里的土地使用权及路基、桥涵等工程（不含杨家峪、陈家峪大桥）计14507万元资产划归江武公司，由阳长、江武公司对阳长、江武两路（段）进行经营管理，期限8年。并按照双方的合作协议和公司章程办理其他事项。6月6日，山西省交通厅批复，将阳长、江武公司所辖东山过境高速公路委托山西省高速公路管理局太原处（后更名为山西太原高速公路有限公司），由其负责该路通行费的征收、养护和管理。阳长、江武公司董事长魏庆飞，副董事长周安达源（港方），公司财务部设在总公司，历任会计人员有吴晓花、张亚文、李盛、陆静、雷慧琴。

2006年末，阳长、江武公司财务部有工作人员2人：会计赵美英、出纳田学红。阳长、江武公路实行委托经营，独立核算，自负盈亏。

山西阳济公路开发有限公司

简称阳济公司，前身为阳济公路建设工程指挥部和阳城县商品公路开发公司。1979年10月，阳城县组建阳济公路建设指挥部，该公路开工建设，历时3年。之后，工程时断时续，基本处于停滞状态。1992年10月15日，阳城县再度组建阳济公路工程建设指挥部，下设办公室、征地拆迁科、工程计划科、质量监督科、安全保卫科5个职能部门。1993年3月，工程重新上马。是年3月20日，阳城县成立商品公路开发公司，主要负责为阳济公路筹措建设资金，指挥部负责组织施工。1995年末，阳济公路路基完工，部分路段完成铺装，全线简易通车。为了给后续工程筹集建设资金，在蛤蟆岭隧道北口设立收费站（蛤蟆岭收费站），于1996年初开始收费试运营。

1996年8月，阳城一带遭遇特大洪灾，该公路工程遭受重大损失，使本来就捉襟见肘、找米下锅的建设投资雪上加霜。9月18日，在阳济公路建设资金难以为继之时，根据省交通厅指示精神，总公司与阳城县商品公路开发公司签订合作建设经营阳济公路（山西段）项目合同，并联合组建山西阳济公路开发有限公司。阳济公司由省工商行政管理局登记注册，驻太原市南内环街61号（随总公司驻地）。该公司注册资金4500万元，其中总公司出资2500万元，占55.56%，阳城县商品公路开发公司出资2000万元，占44.44%。12月12日，该公司在太原（交通大厦）举行第一次股东会、监事会和第一、二次董事会，选举董事会和监事会。董事会共由7人组成，其中总公司4人：董事长魏庆飞，成员李平、刘玉怀、姚永福；阳城县3人：副董事长杨军茂，成员张兴林、张兴顺。同时，聘任姚永福为总经理；监事会由3人组成：总公司1人：监事会主任段二牛，阳城县2人：成员李春元、潘益善。12月20日，根据总经理姚永福提名，董事会聘任阳城县方面李义景、张建顺为副总经理。12月25日，山西阳济公路开发有限公司在太原（总公司驻地）挂牌办公。1997年3月25日，山西阳济公路开发公

图1-2-1　1996年12月，举行阳济公路开发有限公司挂牌仪式，总公司领导与阳城县领导合影（自左至右：段二牛、魏庆飞；阳城县县长王爱枝，政协副主席、交通局局长杨军茂）

司办事处在阳城县挂牌办公，址在阳城县汽车运输公司东楼，姚永福兼任办事处主任。7月19日，阳济公路剪彩通车，所属蚰蟆岭收费站正式营业。1998年12月8日，王沟收费站投入运营。

1999年7月，根据省交通厅决定，阳济公司经营管理业务主要由阳城县负责。2000年5月10日，省交通厅下发文件通知：阳济公路收回省厅统一管理，经营权移交总公司。为此，总公司再次出资3500万元，用于偿还阳城县在组织建设期间向该县干部职工的借款及其他欠款。6月末，总公司全面负责经营管理阳济公路。2002年1月29日至2月6日，阳城县完成该公路建设项目竣工决算财务移交，阳济公司接收工程建设全部债权债务。4月22日，阳济公路建设指挥部撤销，阳城县商品公路开发公司也不再涉及阳济公路经营管理业务，阳城县方面在阳济公司的董事会、监事会成员及副总经理等原有兼职人员（均为阳城县政府机关和交通局干部）所任职务自行解除。4月3日，廖明煜任经理，戴晋林任副经理，免去姚永福总经理职务。2004年3月25日，尚金明任经理，免去廖明煜经理职务、戴晋林副经理职务。5月10日，张李强任该公司党支部书记。8月10日，总公司党委批准阳济公路党支部成立。

2006年末，该公司设有党支部、工会小组等党群组织，内设6个职能单位：行政人事部、财务部、工程部、路政队、稽查队、征费部，下辖蚰蟆岭、王沟2个收费站，共有职工118人，其中公司领导3人：经理尚金明、副经理上官和平、党支部书记张李强。

山西路通合作有限公司

1997年初，总公司向省交通厅、经济贸易委员会、计划委员会等上级部门提交请示报告，拟以中外合资形式，由总公司与香港路劲公司属下的路丰、路杰、路进三家投资有限公司合作经营太原至榆次一级公路（太榆路）、榆次西外环公路（榆次路）和小店汾河公路桥（小店汾河桥），并成立三个相应合作有限公司。5月13日，山西路通太榆公路有限公司（太榆公司）、榆次公路有限公司（榆次公司）、小店汾河公路桥有限公司（小店公司）成立，统称为路通合作公司。6月6日0时，总公司人员分为两拨，一拨由李平带队，接收由太原市交通征稽分局管理的太榆路收费站，一拨由张庆华带队，接收由榆次市交通局管理的榆次西外环路收费站，当日上午8时，两收费站正式开始收费营业。

路通合作公司为中国法人单位，山西省交通建设开发总公司经理魏庆飞任合作公司董事长，香港路劲基建有限公司董事长单伟豹任合作公司副董事长。路通合作公司驻地随总公司驻地。其3个公司的情况分别为：

山西路通太榆公路有限公司。由总公司与香港路丰投资有限公司合作成立，投资总额20853.6万元，注册资金8341.4万元，其中总公司出资2919.5万元，占35%；港方出资5421.9万元，占65%，负责投资、经营和管理太榆超一级公路。该路于1993年10月建成，为108国道组成路段，北起太原市区南之许西村，经黄陵、武宿、鸣李、使赵，南至榆次市外环街口，长17公里。1997年5月18日，根据省交通厅（97）第82号文件通知，太榆超一级公路17公里的20853.6万元资产悉数划转给太榆公司，由太榆公司负责对太榆公路经营管理。以上资产包括道路、桥涵、收费站及沿线其他相关设施。

山西路通榆次公路有限公司。由总公司与香港路杰投资有限公司合作成立，投资总额16603万元，注册资金6641.2万元，其中总公司出资2324.4万元，占35%；港方出资4316.8万元，占65%，负责投资、经营和管理榆次市西外环公路。该公路为国道108线榆次市境内鸣李村至东长寿村段,长16.592公里,平微区一级公路标准。1997年5月18日,根据省厅(97)82号文件,榆次西外环路16.592公里公路的16603万元资产,包括道路、桥涵、收费站及沿线相关设施划转榆次公司,由榆次公司负责经营管理。

山西路通小店汾河公路桥有限公司。由总公司与香港路进投资有限公司合作成立。公司投资总额6530万元,注册资金3265万元,其中总公司出资2449万元,占75%;港方出资816万元,占25%。负责投资、经营和管理小店汾河桥及其附属设施。

山西路通合作有限公司的出资方式为,总公司以所占用土地、已建工程等实物作价投入,港方以现金投资,币种为人民币或同等值之外币。太榆路、榆次路、小店汾河公路桥投资不足部分,双方以注册资金之比例共同筹集。公司组织形式为有限责任公司,实行独立经营、独立核算、自负盈亏,议定合作经营期为23年。

山西路通合作公司的人事安排,根据双方议定,董事长、副总经理由总公司人士担任,副董事长、总经理由港方人士担任,内设职能部门的负责人由双方互派。1997年—2006年,路通合作公司董事长由魏庆飞担任,总经理人事几经变动(均由港方委派):1997年6月,叶永坚担任,2001年3月,张文华担任,2001年5月,丁槐清担任,2003年12月,陈振权担任,2006年2月,余运雄担任,同年5月,叶永坚担任。副总经理1997年至2006年10月由张庆华担任,此后由姚永福担任。合作公司党支部,2000年4月成立,张庆华任支部书记。2006年10月,冀晏璋任支部书记。

2006年末,路通公司内设行政人事部、财务部、工程部、征费部、稽查部5个职能部门,辖许西、杨村、小店汾河桥3个收费站,共有职工266人。公司领导:董事长魏庆飞(兼),总经理叶永坚,副经理姚永福,党支部书记冀晏璋,公司驻地随总公司。

山西晋焦高速公路有限公司

该公司的前身是晋焦高速公路建设指挥部和总公司与香港新世界基建有限公司合作成立的山西新泽等六间高速公路有限公司。

1997年6月5日,晋焦高速公路建设指挥部挂牌办公。指挥部由省交通厅与晋城市政府共同组建,省交通厅时任副厅长杨继刚任第一总指挥,晋城市人民政府时任副市长张和先任总指挥,晋城市交通局时任局长孟繁荣任常务副总指挥,指挥部其他领导及人员由晋城市政府和省交通厅及相关单位派员共同组成。10月9日,经中共晋城市委决定,指挥部成立临时党委。10月29日,晋焦高速公路正式奠基开工。

1998年5月27日,在省交通厅主持下,总公司与香港新世界基建有限公司(港方)就合作投资建设和经营晋焦高速公路达成协议,在太原举行签约仪式。6月,总公司与港方合作成立山西新泽等六间高速公路有限公司(六间有限公司即新泽、新丹、新南、新北、新井、新韩有限公司)。同时成立公司董事会,港方人士郑家纯、陈永德、苏锷及张展翔为董事会成员,其中郑家纯任董事长,总公司方面,魏庆飞、孟繁荣为董事会成员。白正义为总公司派驻代表、副总经理。该公司将晋焦高速公路由西向东依次划分为晋城—丹河桥—小南寨—北石瓮—井洼—谷坨稍—韩家寨(省界)6个建设区段,共同投资建设。该合作公司投资14.4亿元人民币(即晋焦高速公路概算投资),注册资金5.04亿元,其中总公司出资20160万元,占40%,港方出资30240万元,占60%(币种为人民币或同等值外币,该6家合作公司及投资情况详见表1-2-1)。

新泽等六间高速公路有限公司投资建设晋焦高速公路情况

表 1-2-1

港方属下英属维尔京群岛英文名称及可译中文名称	合作公司名称	所建路段	概算投资	注册资金	其中		省计委批复文号	省厅请示文号
					总公司 40%	港方 60%	晋计投外字(1998)	晋交项字(1998)
Rising Prosperity Limited（译名:倡裕有限公司）	山西新泽高速公路有限公司	晋城—丹河桥 9.41K	23700	8295	3318	4977	233 号、281 号	119 号
Merry Route Limited（译名:鹏程有限公司）	山西新丹高速公路有限公司	丹河桥—小南寨 4.44K	24900	8715	3486	5229	261 号、280 号	223 号
Miracle Moyement Limited（译名:鸿运有限公司）	山西新南高速公路有限公司	小南寨—北石翁 4.23K	23900	8365	3346	5019	276 号、288 号	224 号
Charming Melody Limitec（译名:喜韵有限公司）	山西新北高速公路有限公司	北石翁—井洼 5.27K	24300	8505	3402	5103	260 号、289 号	122 号
Rosefield DevelopmentLim.ted（译名:宏图发展有限公司）	山西新井高速公路有限公司	井洼—谷坨稍 4.95K	23000	8050	3220	4830	265 号、274 号	226 号
Wonderful Colour Limit⊐d（译名:缤纷有限公司）	山西新韩高速公路有限公司	谷坨稍—省界 3.27K	24200	8470	3388	5082	264 号、293 号	227 号
合计		31.57K	14.4	50400	20160	30240		
注	1. 以上金额统一为人民币，单位为万元；2. 港方公司译名为非法定名称，不涉及法律文件。							

该合作公司成立后,即作为晋焦高速公路工程建设的业主负责监督管理,晋焦高速公路建设指挥部则作为总承包方,负责组织工程建设,工程投资实行总承包。在合作建设中,港方实际出资5.63亿元人民币。

香港新世界有限责任公司,驻香港皇后大道中十八号新世界大厦第二期九楼,法定代表人郑家纯。

山西新泽等六间高速公路有限公司,由山西省工商行政管理局注册,驻太原市平阳路295号(总公司驻地)。

2001年4月初,港方正式提出撤资要求。4月29日,省政府和省交通厅批复同意港方撤资。2002年9月,总公司融资10亿元(人民币),收购港方全部股权,组建山西晋焦高速公路有限公司(简称晋焦公司)。11月8日,王锁胜主持晋焦公司工作。12月22日,晋焦高速公路剪彩通车,晋焦公司正式展开经营性运营。2003年1月16日,总公司下发晋焦公司领导干部任职通知:经理王锁胜,副经理白正义、任怀杰、邱引强,总工程师王利发,并批复该公司内部机构设置方案。4月10日,该公司成立党总支,书记王锁胜;成立工会委员会,主席白正义;成立团总支,书记韩晋。12月9日,该公司收费额达5508.4万元,提前22天完成5500万全年任务。2004年12月25日,该公司年收费额16181万元,超年计划8000万元的102%。2004年,晋焦公司获晋城市2002~2003年文明单位称号,2006年5月,获晋城市2004~2005年文明单位标兵称号,同月,张明任副经理。2008年7月,丹河收费站获全国青年文明号称号。

2006年末,晋焦公司内设7个职能部门,辖1个收费站:综合办公室、财务部、工程技术一部、工程技术二部、路政大队、清障救援大队、丹河超限运输检测点;丹河收费站。公司设党总支、工会委员会、团总支等党群组织,共有职工220人,公司领导:董事长魏庆飞(兼),其他领导6人。

2006年末晋焦公司领导任职情况 表1-2-2

姓　名	行政职务	党内职务
王锁胜	经理	总支书记
白正义	副经理	总支副书记(兼工会主席)
任怀杰	副经理	总支委员
邱引强	副经理	总支委员
王利发	总工程师	总支委员
张　明	副经理	

山西长晋高速公路有限责任公司

前身为山西太晋高速公路有限公司(简称太晋公司)。2001年,大(同)运(城)高速公路全面开工建设之际,太(原)晋(城)高速公路建设亦进入积极酝酿和筹备之中,省交通厅遂成立山西太晋高速公路有限公司,组织开展太晋高速公路工程建设前期工作,侍都贵任董事长。2002年8月5日,太晋公司举行第二届第一次董事会会议,通过太晋公司章程,推举魏庆飞为董事长兼总经理,侍都贵、张三宝为副董事长,王锁胜为董事。9月6日,太晋公司正式通过注册。9月29日,长(治)晋(城)高速公路举行开工奠基仪式,长治、晋城两个公路分局分别组建长治、晋城两个项目部,各自负责组织修筑境内段。

2003 年 9 月 22 日,省交通厅决定山西太晋高速公路有限公司更名为山西长晋高速公路有限责任公司(长晋高速路公司)。同时决定,原太晋高速公路有限公司领导班子成员职务一律免去,重新任命长晋高速路公司领导:董事长魏庆飞,副董事长张三宏、苗宏宇,纪检书记郝建军。2004 年 8 月 19 日,省交通厅党组任命:郭智锋任总经理,刘玉怀任党委书记。9 月下旬,长晋高速路公司驻地由太原(总公司驻地)迁至晋城,暂驻晋城市农业银行培训中心。10 月 13 日,总公司领导魏庆飞、李平赴晋城就长晋高速公路与长晋二级公路实行整合经营进行会议动员,宣布长晋高速公路与长晋二级公路实行整合经营,整合后对外统称山西长晋高速公路有限公司,对内按照人员统一使用,机构合理设置,组织管理统一,运营管理和核算相对独立的模式运营。同时宣布,整合后,长晋高速路公司作为法人单位对长晋二级路公司进行经营管理。2004 年 12 月,省交通厅厅直机关党委批准,长晋高速公路公司党委、纪委成立。2005 年 7 月 1 日,长晋高速路公司驻地从晋城市农业银行培训中心迁至长晋二级路公司驻地(晋城市中原街 1221 号)。7 月 15 日,再次召开该两公司整合动员会,开始进行内设机构整合,机关管理人员竞争上岗。整合后该公司内设 7 个职能部门、2 个后勤保障单位,9 个收费站(高速公路 7 个,二级公路 2 个)。

自 2002 年起,晋城商品路公司(长晋二级路公司)保持省级文明单位称号,2005 年两公司整合后,长晋高速公路公司继续为省级文明单位。

2006 年末,公司设党委、工会委员会、团委等党群组织,公司机关内设职能部(室)有:办公室、党委工作部、人力资源部、计划财务部、收费管理部、养护工程部、经营管理部;公司下属单位为:路政大队(管理高速公路)、路政一大队(管理二级公路)、稽查队、信息中心、清障救援中心、服务区物业管理处,后勤服务中心、小车队,下辖 9 个收费站,其中长晋高速公路为晋城、晋城东、金村、南义城、高平、长治县、长治南 7 个收费站;长晋二级公路为牛匠、换马桥 2 个收费站;长晋高速公路设高平 1 个服务区。共有职工 716 人,总公司经理魏庆飞兼任董事长,其他领导 11 人。

2006 年末长晋公司领导任职情况　　表 1-2-3

姓　名	行政职务	党内职务	两公司整合前职务
郭智锋	总经理	党委委员	高速公路公司总经理、党委委员
刘玉怀		党委书记	高速公路公司党委书记
王庆红	常务副经理		二级公路公司副经理(主持工作)
尤达文		党委副书记	二级公路公司党总支副书记
郝建军		纪委书记(兼团委书记)	高速公路公司纪委书记
李吉祥	总会计师	党委委员	高速公路公司总会计师、党委委员
张应魁	总会计师		二级公路公司总会计师
杨宗志	调研员		二级公路公司调研员
赵剑斌	经理助理		高速公路公司经理助理
王文明	经理助理		二级公路公司副经理
段星星	工会常务副主席		二级公路公司工会主席

2007 年 8 月，长晋高速公路公司与长晋二级公路公司重新剥离，实行独立运营。

山西太长高速公路有限责任公司

为了修建太原至晋城高速公路，全面完成“山西三小时高速通达工程”，2001 年，由省交通厅主持成立山西太晋高速公路有限公司。2003 年 9 月 22 日，山西太晋高速公路有限责任公司更名为山西长晋高速公路有限责任公司，专事长晋高速公路建设，同时成立山西太长高速公路有限责任公司（太长公司），山西省交通厅任命太长公司领导：董事长魏庆飞，副董事长赵善义、侍都贵、邓建国；总经理赵善义，副总经理冯建刚、张功胜。公司内设综合办公室、工程管理处、质量监察处、地方协调处、财务处、总工办、交通办 7 个职能部门。公司下设太原、北段、中段、南段 4 个项目部。太原项目部设在太原，北段项目部设在太谷县范村，中段项目部设在榆社县，南段项目部设在襄垣县夏店镇。

太长高速公路建设，共有参建单位 128 个，其中设计单位 6 个，施工单位 103 个，监理单位 19 个。施工单位中，路基构造物、煤矿采空区施工单位 42 个，路面工程施工单位 12 个，房建工程施工单位 7 个，交通工程施工单位 24，绿化工程施工单位 12 个，机电工程施工单位 6 个；监理单位中，路基施工监理单位 9 个，路面、交通安全设施、绿化施工监理单位 6 个，房建工程监理单位 2 个，机电工程项目监理单位 1 个，质量监督单位 1 个。

2004 年 1 月 5 日，张华、刘安民任太长公司副经理。2004 年 7 月 1 日，王振北任董事、总会计师。8 月 19 日，王玉亮任党委书记，张铮任党委副书记、纪委书记。12 月 29 日，厅直机关党委批准，中共山西太长高速公路有限责任公司党委成立，同时成立纪律检查委员会。2005 年 9 月，该公司组建公路通车后的经营管理内设机构。11 月 8 日，太长高速公路剪彩通车，该公司正式投入经营性运营。2006 年 4 月 1 日，张华、张功胜调任阳关高速公路有限公司总经理、党委书记。

2006 年末，该公司设党委、团委，机关内设 10 个行政管理职能部门，1 个服务性单位，分别为办公室、人力资源部、财务部、总工办公室、工程部、养护部、收费部、监控稽查部、经营开发部、路政大队，后勤中心。党委系统在公司机关和收费站、养护工区共设立 15 个基层支部（其中公司机关分为一、二、三支部）。公司下设 10 个基层单位：太谷、武乡、长治 3 个服务区和榆社、襄垣 2 个停车区；太原、太谷、榆社、襄垣、长治 5 个公路养护工区。全线设榆次、太谷、榆社、榆社南、武乡、王村、襄垣、屯留、长治西 9 个收费站。在基层单位中，长治、榆社北、榆次、太谷、路政三中队为省直青年文明号单位。共有职工 949 人，总公司经理魏庆飞兼任董事长、党委委员，其他领导 6 人。

2006 年末太长公司领导任职情况　　表 1-2-4

姓　　名	行政职务	党内职务
赵善义	总经理	党委委员
王玉亮		党委书记
冯建刚	副经理	党委委员
刘安民	副经理	纪委委员
王振北	总会计师	纪委委员
张　铮		党委副书记、纪委书记

山西诺通公路养护有限公司

山西诺通公路养护有限公司(简称诺通公司)的前身为晋城公路养护中心。2003 年 6 月,贯彻交通部关于公路养护市场化运作和社会化发展的要求,对长晋二级公路、阳济公路、晋焦高速公路的养护机构、人员和资产进行整合,以原长晋商品路公司养护工程部为基础,组建晋城公路养护中心,负责对晋城地区总公司所辖公路进行养护,并对外承揽业务。8 月 14 日,聘任养护中心领导:主任贺进刚,副主任王大勇、冯国发、李海宾。16 日,晋城公路养护中心举行成立挂牌仪式。该中心时为国有非独立法人实体,隶属总公司,内设工程管理部、养护管理部、材料机务部、综合办公室 4 个职能部门,固定资产 287 万元,暂驻晋城市中原西街(长晋商品路公司驻地)。2004 年 6 月 16 日,成立晋城公路养护中心党支部,贺进刚兼任支部书记。7 月 5 日,在总公司召开第一次股东会议,成立董事会,选举魏庆飞、李平、王锁胜、贝瑜、王庆红、尚金明、贺进刚为董事,廖明煜为监事。接着召开第一次董事会议,选举魏庆飞为董事长,聘任贺进刚为总经理。7 月 20 日,晋城公路养护中心改制为山西诺通公路养护有限公司,同时由非法人实体变更为具有独立法人资格的经营单位,公司领导职务由主任、副主任相应改称为经理、副经理,公司注册资金 500 万元,是年完成产值 1273 万元,利润 72 万元。2005 年 4 月 6 日,晋城公路养护中心党支部更名为山西诺通公路养护有限公司党支部,同月,驻地迁至晋城市文昌东街东端(租用泽州县路管所四楼、五楼)。是年,完成产值 2019 万元,实现利润 85 万元。2006 年 10 月,获公路养护工程一类、二类甲级、乙级、三类甲级、乙级五项施工资质。是年,完成产值 2949 万元,实现利润 91 万元。

2006 年末,公司共有职工 252 人,其中管理人员 55 人,机务人员 36 人,养护人员 161 人。公司内设综合办公室、工程管理部、养护管理部、材料机务部 4 个职能部门,下辖 9 个基层生产单位,分别为 7 个养护工区和 2 个服务性生产单位:长晋高速公路长治、高平、晋城 3 个养护工区,长晋二级公路高平、晋城 2 个养护工区,晋焦高速公路养护工区、阳济公路养护工区;二圣头机务工区、沥青混合料拌和站。党群组织设有党支部、工会小组、团支部等。公司领导:经理、党支部书记贺进刚,副经理王大勇、冯国发,李海宾。

二、多种经营单位

共有 9 个,经营业务包括工程建筑、公路养护、酒店服务、房地产开发、国际贸易、生态园开发等。

实业发展分公司

前身为交通工程机械租赁分公司(简称机械租赁公司)。1996 年 5 月 7 日,机械租赁公司成立,主要经营业务:一是为总公司清理 1995 年 3 月之前的外欠债务,二是经营桃园三巷二层小楼租赁业务,三是与上海彭浦橡胶公司合作经营橡胶支座销售,王秀萍任副经理。11 月 11 日,免去王秀萍副经理职务。1997 年 4 月 21 日,聘任冀晏璋任经理,周金虎为副经理。1997 年 6 月 2 日,马正伟任经理(冀晏璋改任工程分公司副经理)。1998 年 6 月,接手小店雷诺车队办公楼及其 15 亩场地的物业管理,为该公司经营物业管理之始。

1999 年 2 月 25 日,机械租赁公司更名为山西省交通建设开发总公司实业发展分公司(简称实业公司),经营业务在原机械租赁公司注册经营项目的基础上,新增交通运输及相关服务设施开发，马正伟继续任经理。2000年12月30日，李怀明任副经理。2001年4月，接手总公司办公楼、交通大酒店、职工住宅楼（平阳路93号）的物业管理。2002年8月，原实业公司人员除会计、出纳等少数人员外，多数归通建房地产有限公司。2003年3月11日，卢向阳任经理，孟莉莉任副经理，免去马正伟经理职务（改任通建房地产公司经理）、李怀明副经理职务（改任通建房地产公司副经理），同时，经营业务转向以物业管理为主，负责平阳路93号及其他总公司所属房产的物业管理。11月24日，张丽君任副经理。2005年11月14日，宋建芳任副经理。2006年9月5月，与山西移动通信有限公司达成协议，合作开发太原至晋城高速公路通信管道《省网络部管道》，租赁期20年，租赁费919.15万元。

2006年末，该公司内设综合办公室、财务部、工程部3个职能部门，职工13人，其中公司领导4人：经理卢向阳，副经理孟莉莉、张丽君、宋建芳。

工程分公司

全称山西省交通建设开发投资总公司工程分公司，前身为山西省交通建设开发总公司工程运输分公司。1996年10月25日，总公司经理办公会议研究成立山西省交通建设开发总公司工程运输公司（简称工程运输分公司）。11月15日，工程运输分公司经山西省工商行政管理局注册，注册资金100万元（总公司提供），与总公司同驻地，全民所有制企业，非法人单位（总公司承担法律责任），负责人马正伟。12月，受省交通厅委托，经营雷诺车15辆，为全省重点公路建设服务。为此，总公司即成立雷诺车队，由工程运输分公司具体负责经营管理。此时，工程运输分公司的机械设备有：雷诺车15辆、特种车4辆、仪器2台，公司内设机构有综合处、财务部、机械部、办公室，有职工25人，企业主营长途运输、土石方工程运输、承担公路建设工程，兼营汽车修理、配件服务等。1997年3月20日，马正伟任经理，李述武任副经理。5月28日，工程运输分公司更名为山西省交通建设开发总公司工程分公司（简称工程公司）。5月30日，尚建军任经理，马正伟改任机械租赁分公司经理。5月25日，聘任王亚龙为副经理。9月25日，工程分公司在太原市郊区小店镇北口处太茅公路西侧为雷诺车队购置建设用地9145平方米（15.8亩，原为山西汽车超力液压有限公司驻地，并建有厂房，留有部分设施），新建车队经营场舍。10月18日，该场舍（临街办公楼）开工兴建，建筑面积1529.58平方米，二层砖混结构。1998年9月11日，成立工程分公司第二项目部。1997至2001年，该公司参与公路工程建设，共完成工程造价2099.3628万元。1999年6月，获国家建设部工程施工总承包贰级资质。1999年至2003年，先后参与大（同）运（城）高速公路大同至新光武、新光武至原平、太原至祁县、祁县至临汾等路段和（北）京大（同）、运（城）三（门峡）高速公路工程建设，合计完成工程量总值2362万元。2003年1月2日，王亚龙升任工程分公司经理（尚建军升任总公司副经理），马继平任副经理，张桃芬任总会计师。8月22日，沈全福任副经理。先后参与长（治）晋（城）、运三高速公路和洗（马庄）朔（州）、大（同）五（台）公路等工程建设。2004年2月26日，总公司决定，将工程分公司部分固定资产进行转让或租赁，并委托中介机构对拟转让及租赁的固定资产进行评估，报省财政厅审批。4月，与山西诺信交通建设工程有限公司（诺信公司）实行一套人马、两块牌子、联合经营，两公司领导交叉任职。2006年末，该公司内设机构同于诺信公司内设机构，公司领导5人，在诺信公司均交叉任职，职务各异（详见附表：2006年末诺信公司与工程公司领导相互交叉任职情况）。

山西诺信交通建设工程有限公司

1999年3月17日，山西诺信交通建设工程有限公司（简称诺信公司）经省工商行政管理局注册成立，股份制企业，注册资金100万元，经营范围：土石方挖掘、石料加工、交通公路工程施工、道路养护、绿化服务、筑路工程机械租赁，批发零售建材、经销汽车及其配件等。5月10日，沈全福、任瑞清任副经理。2002年4月3日，姚永福任经理。6月，该公司重新整合，变更工商登记，注册资金增加为150万元。2003年8月，免去任瑞清副经理职务2004年6月，该公司再次增资扩股，新增自然人入股389万元。至此，注册资金增至539万元，其中总公司出资50万元，占9.3%，自然人入股489.3万元，占90.7%。与此同时，王亚龙任经理（姚永福调任龙湖公司副经理），该公司与工程公司实行两块牌子，一套人马，合署办公，联合经营，该两公司领导交叉担任不同职务。2005年2月，成功申办公路交通安全设施施工资质。2006年9月，成功申办公路养护工程施工资质，获二类甲级、乙级，三类甲级、乙级资质证书。12月，董事长由魏庆飞变更为王亚龙，郭卫东任经理。

2006年末，该公司下设办公室、财务部、综合处，机械部等4个职能部门，共有职工（含工程公司）34人，其中公司领导5人。

2006年末诺信公司与工程公司领导相互交叉任职情况　　表1-2-5

姓　　名	工程分公司职务	诺信公司职务
王亚龙	经理	董事长
郭卫东	副经理	经理
沈全福	党支部书记	副经理
马继平	副经理	副经理
张桃芬	总会计师	总会计师

山西交通大酒店（有限公司）

山西交通大酒店（有限公司）为总公司与其所属的山西诺信公司合资组建。山西交通大酒店以三星级标准配置，集食宿、餐饮、洗浴健身于一体的涉外服务经营单位，简称交通大酒店，内部俗称酒店，坐落于太原市平阳路与长风街交叉处西北角（平阳路93号），1996年7月1日动工建设，2001年4月投入运营。

2001年3月20日，总公司聘任任金彪为酒店经理，桑晋光任副经理。3月22日，任命逯林涛为党支部副书记。3月30日，山西交通大酒店（有限公司）正式成立。酒店实行独立核算，自负盈亏，独立承担法律民事责任，具有独立法人资格。4月3日，酒店正式开业。7月16日，张明任经理，任金彪改任总公司经理助理。2002年4月3日，桑晋光任党支部书记，逯林涛任副经理。2004年10月，被省交通厅命名为"文明示范窗口"单位。2005年11月14日，兰晓林任总会计师。12月21日，注册资金由1000万元增至1500万元。2006年4月18日，桑晋光任经理（张明调任晋焦公司副经理）。10月9日，逯林涛任党支部书记。酒店设有不同档次客房65套，大小会议室3个，可供130人食宿，并设有康体中心、商务中心等配套服务项目，是年营业收入779万元，上交税金43.8万元。

2006年末，酒店内设管理和经营部门10个，其中管理（亦称二线）部门6个：综合办公室、计财部、工程部、采供部、保安部,后勤服务中心;经营(亦称一线)部门4个:客房部、餐饮部、康体部、销售部,有中层干部及管理人员19人。共有职工160人,其中在册人员28人(待岗7人),临时职工132人。年末,酒店领导3人:经理桑晋光,党支部书记逯林涛,总会计师兰晓琳。

山西通建房地产开发有限公司

2001年9月11日,山西通建房地产开发有限公司(简称通建公司)成立,驻太原市平阳路269号(平阳公寓,总公司当时驻地),注册资金1000万元,主要经营房地产开发、交通工程、装修装饰、设计施工等。2002年2月,成功申领房地产四级企业资质。4月3日,聘任通建公司领导:经理马正伟,副经理李怀明,工程师王克俭,协理员尹津香。8月6日,与山西恒建实业有限公司(简称恒建公司)签订股权转让协议,总公司将原通建公司20%的股权(200万元)转让给恒建公司,组成新的责任有限公司,双方共同合作经营,仍沿用山西通建房地产开发有限公司名称。8月17日,该公司召开第一次会议,确定公司领导及机构设置:总公司人员马正伟出任董事长,恒建公司人员周键出任总经理;公司下设办公室、工程部、计核部、拆迁办、财务部5个职能部门。2005年5月,该公司达三级企业资质。2006年,该公司运营5年,先后开发建设了太原市桃园三巷商住楼、长治路小区(亦称万豪苑住宅小区)商住楼等项目,合计建筑面积40288平方米。

2006年末,该公司内设办公室、工程部、计核部、财务部4个职能部门,共有职工16人。公司领导2人:董事长马正伟,总经理周键。

山西诺盛国际贸易有限公司

前身为国际贸易部。随着全省高速公路的大规模开工建设,对国外先进机械设备的需求量也大量增加,唯因无外贸进出口经营权,使所需设备采购成本大,供应不及时,甚至质量无保证,影响交通发展。为适应全省交通建设形势和市场需要,2001年7月16日,总公司向省外经贸厅申请进出口经营权。8月10日,国家外经贸部正式批准,总公司获得进出口业务经营资格,遂向海关、外经贸厅、外管局等相关部门申请和办理注册登记一应手续。2002年2月23日,总公司正式决定成立国际贸易部(简称国贸部),负责开展经营交通设备及铬矿、铁矿等进出口业务,为非独立核算单位,财务由总公司财务处代管。4月3日,陈东燕任副经理(主持工作)。次年,进口额341万美元,出口业务尚未展开。2003年4月1日,总公司向省经贸委提交出口焦炭申请。2004年8月30日,国贸部改制为山西诺盛国际贸易有限公司(简称诺盛公司),具有独立法人资格。2005年11月14日,陈东燕任经理,梁明辉任副经理。是年末,经营机电产品出口创汇获省外经贸厅奖励。2006年,被中国农业银行山西省分行评为AA级信用度企业。

2006年末,该公司下设三个职能部门:办公室、业务一部、业务二部,共有职工11人,公司领导:董事长李平(总公司领导,兼),经理陈东燕,副经理梁明辉。

山西凤凰山生态植物园有限公司

2002年5月9日,请示省交通厅拟开发建设山西凤凰山生态植物园。9月24日,成立凤凰山生态园筹建处,拟与省国有资产经营公司合作成立山西凤凰山生态园有限责任公司。2003 年 7 月 28 日，该公司在忻州市工商局注册，定名为山西凤凰山生态植物园有限公司（简称凤凰山公司），为总公司与省国有资产经营公司共同组建，注册资金 607 万元，其中总公司以实物形式出资 307 万元，占 51% 股份；省国有资产经营公司以货币投资 300 万元，占 49% 股份，公司注册经营园林绿化、旅游开发，兼营餐饮、娱乐、苗木营销等。凤凰山生态植物园位于忻州市东北，定襄县温泉开发区。2003 年 11 月，召开第一次股东会议，成立董事会和监事会，通过企业章程，推举魏庆飞为董事长，刘春亮、李平、杨天平、王格平为董事，刘雁阳、肖建平为监事，杨天平为总经理，王格平为副总经理。2004 年 9 月 29 日，原太高速公路有限责任公司以 200 万元资金加以入股，该公司注册资金变更为 807 万元（股份比例随之变更）。同日，召开三方股东会议，新增胡慧恩、张建华、李涛为董事，新增刘有兴为监事。并召开监事会议，成立监事会，刘雁阳为监事长。2006 年，凤凰山公司成立园林绿化公司。

凤凰山公司人员实行聘用制，董事会、监事会人员大多为总公司、省国有资产公司和原太高速公路有限公司领导及相关人员兼任，其他人员多为临时性或季节性聘用。

2006 年末，凤凰山公司设有办公室、工程技术科、园林部、财务科、后勤科、治安科、百果园采摘基地等职能部门和业务机构，建有工会小组，职工 32 人，其中公司领导 3 人：总经理杨天平，副经理郭如伟，总工程师张明胜。

山西龙湖生态开发有限公司

为了适应公司多元化发展需要，不断扩大企业经营规模，提高企业经济效益和社会效益，2004 年 3 月 25 日，成立山西龙湖生态园筹备处，由总公司牵头，联合所属太长公司和诺信公司对武乡县的关河水库一带进行生态建设和旅游开发。筹备处主任原锐钊，副主任姚永福。5 月 18 日，山西龙湖生态开发有限公司成立（简称龙湖公司），注册资金 500 万元，其中总公司 300 万元，太长公司 150 万元，诺信公司 50 万元，分别占 60%、30%、10% 股份，法人代表魏庆飞，经营范围：环境生态开发建设、荒山荒坡植被恢复治理、植树造林、园林绿化等。山西龙湖生态园位于武乡县城东北约 2.5 公里，关河水库西岸。鸟瞰关河水库酷似一飞舞之巨龙，该生态园由此得名。

2006 年末，龙湖公司内设办公室、工程部、财务部、后勤部 4 个职能部门，共有职工 42 人，其中管理人员 10 人，后勤服务人员 4 人。公司领导：经理原锐钊，副经理李怀明、周金虎。

附　曾建（所属）实体

为总公司在不同年份成立和由其他方式划归而来，2006 年末已不再存在或无隶属关系的原有所属经营单位。

山西晋美高速公路有限公司

简称晋美公司，1993 年 4 月 6 日，总公司（中方）与美国万德福股份有限公司（美方）签订共同组建《山西晋美高速公路有限公司合同》，旨在为太旧高速公路筹集建设资金。4 月 17 日，晋美公司成立。在晋美公司全部股份中，根据合同约定，中方占 40%，美方占 60%，拟对太旧高速公路进行投资建设和经营管理。1994 年 2 月 26 日，总公司以文件形式函告美方：按照《合同》规定，美方应在合作公司营业执照签发 20 天内，将第一批 2.7 亿元人民币（同等值美元）汇入晋美公司账户，但美方多次承诺却迟迟未予兑现，并使《合同》无法继续履行。所以,即日起中方也将不再继续履行该《合同》。至此,晋美公司终止。

山西省交通物资公司

1994年1月28日,经理办公会议决定成立山西省交通物资公司,并先行成立筹备组。3月7日,总公司文件通知:山西省交通物资公司成立。该公司为全民所有制生产、经营、服务性企业,实行自主经营、独立核算、自负盈亏,具有法人资格,独立承担民事责任,隶属总公司。经营范围:组织供应建筑材料、普通机械、电器设备、化工原材料(不含化学危险品)汽车(不含小轿车)、机械设备租赁等业务,注册资金100万元(总公司拨款),驻太原市体育路3号。该公司成立后,基本未开展经营活动,1995年8月3日总公司重新整合机构时注销。

山西省交通通元物资公司

1994年1月28日,经理办公会议研究决定成立山西省交通通元物资公司筹备组。3月26日,总公司文件通知,该公司成立。为全民所有制生产、经营、服务性企业,实行自主经营、独立核算、自负盈亏,具有法人资格,独立承担民事责任,隶属总公司,经营范围、方式及注册资金、驻地等与山西省交通物资公司相同。3月28日,聘任石峰任经理,姚永福任副经理。该公司成立后,开展了部分经营活动,1995年8月3日总公司重新设置机构时注销。

山西省交通贸易公司

1994年1月28日,经理办公办会议决定成立山西省交通贸易公司筹备组。3月7日,总公司文件通知,该公司成立,其性质、隶属关系等与山西省交通物资公司相同,经营范围和方式为新增引进国外设备,组织供应建筑材料、机械、电器等,注册资金150万元,驻太原市新建南路新泽巷5号。1994年3月26日,聘任王秀萍任经理,郝新宇任副经理,李锦明为顾问。该公司成立后,开展了部分经营业务,1995年8月3日总公司重新设置机构时注销。

山西省龙光交通贸易公司

1994年1月28日,总公司经理办公会议决定成立山西省龙光交通贸易公司筹备组。3月7日,总公司文件通知,该公司成立,企业性质、经营范围及方式、隶属关系、驻地等与山西省交通贸易公司相同,注册资金100万元(总公司拨款)。该公司成立后,基本未开展经营活动,1995年8月3日总公司重新设置机构时注销。

山西交通旅行社

1996年2月5日,总公司党政联席会议决定成立,亦称交通旅行社有限公司,国有经济组织,隶属总公司,注册资金6万元,由总公司拨款,经营范围为组织国内旅游、批发零售服装鞋帽、文化用品、工艺美术品、旅游业务培训,实行独立核算,自负盈亏,具备法人资格,独立承担民事责任,法人代表魏庆飞,驻南环街61号(随总公司驻地)。2月21日,制定交通旅行社章程和财务管理制度。6月13日,聘任李瑛为常务副经理(主持工作)。1997年9月15日,总公司再次拨付24万元作为注册投入,交通旅行社注册资金达30万元。2000年3月20日,聘任孟宪智任副经理。4月5日,交通旅行社党支部成立,孟宪智任支部书记。2001年7月1日,孟宪智升任经理,李瑛改任副经理。2002年6月,交通旅行社对外转让。

机械租赁分公司

全称山西省交通建设开发总公司交通工程机械租赁分公司。1996年1月19日,省厅委托总公司对全省重点公路大中型专用机械设备进行统一经营管理。2月1日,为使国有资产保值、增值，总公司党政领导联席会议决定成立交通工程机械租赁分公司筹备领导组（同时撤销物资经销部），组长魏庆飞，副组长段二牛，成员李平、刘玉怀、张克周，下设办公室，主任冀晏璋，副主任王秀萍。4月16日，省交通厅批准《交通工程机械设备租赁分公司章程》、《经营实施办法》、《合同管理办法》、《机械设备管理办法》。5月7日，交通工程机械租赁分公司成立，聘任副经理2人：冀晏璋（常务，正科）、王秀萍（正科）。机械租赁分公司为全民所有制经营服务性企业，隶属总公司，不具备法人资格，由总公司承担民事责任，经营宗旨为确保省厅购置机械设备所用投资的回收，并实现经营利润，实行资金滚动发展，推进全省交通建设。经营范围：主营筑路工程机械租赁、承揽交通建设工程。兼营零售建材、普通机械。注册资金100万元，驻南内环街61号，注册资金及驻地均由总公司提供。11月11日，王秀萍改任政治处主任，冀晏璋升任经理，周金虎任副经理（正科）。1997年6月2日，马正伟任经理，冀晏璋改任工程运输分公司副经理（正科待遇）。1999年2月，成立实业发展分公司，该公司注销。

深圳唐都贸易有限责任公司

2000年3月10日，省交通厅召开深圳房产管理协调会议，决定将厅属单位在深圳的房产委托予总公司统一经营管理。4月25日，总公司决定成立深圳唐都贸易有限责任公司（原拟用深圳晋通有限公司名称）。7月31日，深圳唐都贸易有限责任公司注册成立。注册资金50万元，其中总公司出资45万元，所属诺信交通建设工程有限出资5万元。注册经营范围：国内商业、物资供销业。编制5人，由总经理、会计、出纳、业务员组成，驻深圳市爱国路10号金通大厦28层，全面负责经营管理省交通厅委托代管的房产（金通大厦28层5～10号6间房屋）。同时，该公司积极利用沿海开放城市各种优势，利用总公司在深圳华联交通实业联合公司的股份，拓展经营业务，服务交通建设。2003年4月，该公司注销。

晋城市商品公路开发总公司

前身为晋城市两路建设指挥部。2002年7月整建制划归总公司。

1990年，晋城市成立两路建设指挥部，主要负责组织建设长治至晋城二级汽车专用公路（简称长晋二级路），并拟建设晋城市区至晋城矿务局城市超一级公路（因故未实施）。1991年8月29日，长晋二级路奠基开工。1992年5月3日，为了筹集建设资金，晋城市将两路建设指挥部改制为晋城市商品公路开发总公司。之后，晋城市商品路公司向社会发放“晋城市交通建设债券”5000万元，有效弥补了长晋二级路的投资缺口。12月25日，晋长二级公路举行通车剪彩仪式，晋城市商品路公司开始对该路实施经营管理。该公司投入经营管理后，实行“滚动发展”方针，筹集资金8000余万元，先后完成了晋城市区泽州南路白水桥及其与长晋二级路的连接线、晋城市区中环路等建设工程。1996年，由晋城市政府牵头，以该公司为基础，成立工程建设指挥部，组织建设晋城至阳城高速公路，并展开晋焦、长晋高速公路前期工作。1992～2001年，该公司先后3次获省委、省政府重点工程建设先进单位、模范集体、模范单位称号，省劳动竞赛委员会2次记功表彰，连年被省精神文明建设指导委员会命名为山西省文明单位，评为精神文明建设先进企业，30余次受到晋城市表彰。2002年6月，该公司建有党总支、工会等党群组织，下辖牛匠、换马桥两个收费站，兴办有劳动服务公司、绿色汽车公司、汽车修理厂、加油站等经营实体。

2002年7月，晋城市商品路公司成建制划归总公司。该公司时任领导：总经理兼党总支书记王锁胜，副经理杨宗志、王庆红、李书文，党总支副书记兼工会主席裴海峰，总会计师张应魁，总工程师张功胜。

长晋公路有限公司

全称山西省交通建设开发投资总公司长晋公路有限公司，亦称长晋商品路公司、长晋二级路公司，前身为晋城市商品公路开发总公司。2002 年 7 月 12 日，省交通厅与晋城市政府在晋城召开协调会议，议定将晋城市商品公路开发总公司成建制划归总公司（保留原处级单位规格）。8 月 1 日，双方完成全部移交工作。11 月 8 日，总公司确定王庆红主持长晋公路有限公司工作，王锁胜重点负责晋焦高速公路公司工作。2003 年 1 月 8 日，晋城市商品公路开发总公司更名为山西省交通建设开发投资总公司长晋公路有限公司，原班子成员一律自行免职。新的公司领导为：经理、党总支书记王锁胜，副经理王庆红、张功胜，总会计师张应魁，调研员杨宗志（副处级）。6 月 9 日，尤达文任党总支副书记。2004 年 3 月 25 日，王文明任副经理。10 月 13 日，召开长晋高速公路公司和长晋二级公路公司整合动员大会，总公司领导魏庆飞、李平出席，宣布该两公司实行整合经营。2005 年 7 月 15 日，长晋高速公路公司迁入长晋二级路公司驻地，两公司正式进行整合（2007 年 8 月，该两公司重新剥离。

附　总公司专项工作领导机构名录

根据重点工作需要和形势要求，总公司历年来成立多个专项工作机构。属于临时性的，即随着该项工作的结束而自然撤销，长期性的专项工作机构，根据人事和情况变化，进行调整、充实。其中主要的有：

1993 年

8 月 19 日，职业道德建设领导组。

8 月 20 日，“二五”普法领导组。

9 月 14 日，税收财务物价大检查领导组。

9 月 15 日，职（称）改（革）领导组。

11 月 24 日，中心学习组（主要学习《邓小平文选》第三卷、建立社会主义市场经济理论等）。

1994 年

10 月 18 日，税收财务大检查领导小组。

1995 年

4 月 28 日，调整工资改革领导组成员。

4 月 28 日，调整职称改革领导组成员。

1996 年

2 月 12 日，学习“太旧精神”活动领导组。

10 月 31 日，专业技术人员考评组。

11 月 21 日，宿舍楼项目工程招标委员会。

11 月 26 日，建设工程项目执法监察领导组。

1997 年

1 月 18 日，消防、安全保卫领导组。

1 月 30 日，交通安全领导组。

2 月 23 日,精神文明建设领导组。

6 月 1 日,会计工作达标升级领导组。

6 月 3 日,职业道德建设领导组。

7 月 10 日,执法监察领导组(下设市场检查组和案件检查组)。

9 月 15 日,迎接交通部全国干线公路养护和管理大检查领导组。

9 月 28 日,劳动法律监督委员会;劳动争议调解委员会。

1998 年

1 月 18 日,人事档案管理工作领导组。

2 月 10 日,计划生育办公室。

3 月 20 日,安全生产管理委员会。

3 月 20 日,查岗工作领导组(重点检查安全防范措施实施方案落实情况和处防自卫能力)。

4 月 8 日,民事调解委员会。

4 月 10 日,调整综合治理领导组;调整消防工作领导组。

4 月 22 日,通联组(主要负责新闻报道和信息工作)。

4 月 23 日,反对官僚主义斗争领导组

6 月 10 日,档案鉴定组(鉴定保管期限已满的档案的保存价值)。

7 月 5 日,加强“GBM”工程实施工作领导组(负责迎接交通部 307 国道武宿立交桥至许坦段文明样板路检查验收工作)。

9 月 12 日,微机管理委员会,下设计算机开发小组。

9 月 18 日,学习邓小平理论领导组。

10 月 10 日,禁毒工作领导组(负责组织开展“百日禁毒大行动”)。

11 月 23 日,关心下一代工作领导组。

12 月 3 日,民主评议企业领导干部小组。

12 月 15 日,民主评议党员领导小组。

12 月 24 日,考评领导组(负责 1998 年度工作总结评比)。

1999 年

3 月 8 日,内部人事改革领导组。

3 月 29 日,专业技术初级职务评审委员会。

3 月 30 日,法治领导组。

4 月 8 日,工程项目自查自纠领导组。

4 月 14 日,内部人事制度改革实施情况检查验收组。

4 月 22 日,调整精神文明建设领导组。

又,调整普法领导组成员。

8 月 9 日,企业领导干部廉洁自律领导组成员。

9 月 10 日,百日安全无事故活动领导组(重点保障建国 50 周年和澳门回归安全生产)。

10 月 22 日,年终公路养护检查领导组。

10 月 26 日,财产清查工作领导组。

11 月 11 日,调整综合治理领导组成员;调整消防领导组成员;调整民事调解委员会

成员。

11 月 12 日,经营监察领导组。

11 月 15 日,民主评议企业领导干部委员会。

11 月 26 日,热爱公司、爱岗敬业、乐于奉献演讲赛评选委员会。

12 月 3 日,1999 年度党风廉政和综合治理工作检查组。

12 月 6 日,第二期工程技术管理人员培训领导组。

12 月 27 日,民主评议党员和评选优秀党员领导组。

12 月 29 日,年度工作年终考评领导组。

2000 年

3 月 20 日,安全管理年活动领导小组。

又,调整精神文明建设领导组。

6 月 25 日,防汛领导组。

7 月 12 日,政务公开行风评议领导组。

8 月 16 日,集体合同续签工作领导组。

8 月 22 日,2000 年全国质量月活动领导组。

10 月 9 日,普法依法治理领导组。

10 月 30 日,财产清查办公室。

12 月 4 日,民主评议企业领导干部委员会。

2001 年

4 月 18 日,第二次全国公路普查工作领导组。

4 月 26 日,安全管理年活动领导小组。

5 月 15 日,调整落实党风廉政建设责任制领导组。

5 月 29 日,地震应急防震减灾工作领导组。

5 月 31 日,纪念建党 80 周年党建知识竞赛领导组。

7 月 11 日,交通统计执法大检查自查工作领导组。

8 月 22 日,调整人事档案整理工作领导组。

11 月 8 日,财产清查工作领导组。

11 月 16 日,年终公路养护与管理检查组。

11 月 26 日,思想、作风、纪律三项整顿领导组。

12 月 10 日,法制宣传教育领导组(负责法制宣传教育和依法治企第四个五年规划相关工作)。

12 月 27 日,中层干部年度考核领导组;已聘任专业技术人员年度考核领导组。

2002 年

4 月 22 日,调整治理公路“三乱”领导组。

6 月 19 日,调整防汛领导组。

9 月 19 日,调整综治、消防领导组,调整民事调解委员会组成人员。

10 月 11 日,财产清查工作办公室。

10 月 22 日,晋焦高速公路运营筹备领导组。

10 月 28 日,十六大期间安全工作领导组。

11月18日，年度公路养护检查组。

11月23日，调整防震减灾工作领导组。

12月2日，调整安全生产领导组。

又，党风廉政建设工作年度检查领导组。

12月9日，年度民主评议党员活动领导组。

12月16日，加快信息化建设与办公自动化工作领导组。

2003年

1月2日，2002年度中层干部考核领导组、专业技术人员考核领导组。

又，调整安全委员会领导组。

2月13日，整顿收费站点工作领导组。

3月4日，调整党风廉政建设领导组。

又，调整精神文明建设领导组。

3月31日，公路文明服务月活动领导组。

4月11日，预防非典型肺炎领导组。

5月13日，强化预防控制非典型肺炎领导组。

5月20日，创建文明单位、文明路、文明窗口活动领导组。

5月27日，调整防汛领导组。

6月9日，上半年党风廉政建设责任制落实情况检查组。

6月26日，三讲一树（讲文明、讲卫生、讲科学、树新风）活动领导组。

7月15日，收支管理项目评审组。

7月31日，会计呼唤诚信大学习、大落实、大评比活动领导组。

8月6日，学习贯彻"三个代表"重要思想情况检查组。

8月18日，维护稳定工作领导组（负责做好困难企业军队转业干部稳定工作）。

8月22日，"三项治理"（清车、清房、制止奢侈浪费）领导组。

9月1日，关心下一代工作委员会（关工委）。

9月9日，群众重复上访问题专项治理工作领导组

9月24日，民主评议行风工作领导组（领导开展树立行业新风、创优发展环境活动）。

11月11日，年度民主评议党员活动领导组。

11月25日，调整防震减灾工作领导组成员。

11月28日，年度公路养护检查组。

11月28日，党风廉政建设责任制落实情况年度考核领导组

2004年

2月10日，禽流感防控工作领导组。

2月25日，调整消防安全领导组。

3月10日，理论学习中心组（重点学习邓小平理论、"三个代表"重要思想、十六大文件）。

4月6日，重大安全事故应急救援领导组。

4月8日，调整行风评议工作领导组。

4月20日，调整党风廉政建设领导组。

4 月 26 日,收费站创建文明示范窗口活动领导组。

6 月 30 日,调整保密工作领导组成员。

7 月 10 日,上半年党风廉政建设落实情况检查组。

7 月 19 日,解决拖欠工程款问题工作领导组。

8 月 4 日,调整维护稳定工作领导组(负责做好困难企业军队转业干部稳定工作)。

8 月 17 日,公路养护工培训工作领导组。

8 月 20 日,行政效能监察工作领导组。

9 月 23 日,弘扬“振超精神”、争创“三个一流”活动领导组。

10 月 18 日,2004 年度公路养护检查验收组。

11 月 10 日,调整综治、消防领导组;调整民事调解委员会。

11 月 22 日,年度财产清查工作办公室。

12 月 8 日,2005 年度公路养护与管理检查工作领导组。

12 月 9 日,年度民主评议党员活动领导组。

2005 年

4 月 1 日,争先创优活动领导组(负责组织开展争当五种模范、争创五型部门“五争五创”活动)。

4 月 21 日,防震减灾领导小组,下设办公室和综合联络组、震情监视组、灾情信息组、工程设施抢险组、义务抢险组、治安保卫组、后勤物资保障组。

5 月 13 日,调整精神文明建设领导组。

6 月 21 日,行风评议领导组更名为政风行风评议领导组,并调整领导组成员。

又,调整治理公路“三乱”工作领导组。

6 月 30 日,清产核资工作领导组。

7 月 7 日,青年文明号文化节活动领导组。

7 月 20 日,调整落实党风廉政建设领导组。

7 月 25 日,2005 年度文明路创建活动领导组。

8 月 8 日,迎接 2005 年全国干线公路养护与管理检查领导组。

8 月 23 日,新闻宣传工作站。

9 月 6 日,2005 年全国公路养护与管理迎检模拟检查组。

11 月 9 日,2005 年公路养护工作验收检查组。

11 月 17 日,实现公路基本无“三乱”专项行动领导组。

11 月 25 日,防控高致病性禽流感工作领导组。

12 月 7 日,调整安全生产领导组。

又,国有资产清产核资技术鉴定小组。

12 月 8 日,2005 年度民主评议党员活动领导组。

12 月 9 日,新闻宣传协调领导小组。

2006 年

1 月 4 日,调整政风行风评议工作领导组成员。

1 月 11 日,春运工作领导组。

4 月 28 日,治理商业贿赂领导组。

5 月 8 日，创建太晋文明长廊活动领导组。

6 月 8 日，调整治理公路“三乱”工作领导组成员。

6 月 15 日，清房善后工作组。

6 月 27 日，调整防汛工作领导组。

7 月 20 日，建设节约型企业领导组。

9 月 13 日。文明服务月活动领导组(负责组织开展和检查太长、长晋、晋焦高速公路迎接国庆黄金周系列活动)。

10 月 12 日，企业改革领导组。

11 月 3 日，《山西省交通建设开发投资总公司志》编纂委员会。

总公司及经营单位重大获奖名录　　附表 1-2-6

序号	获　奖
	总 公 司
1	1997 年，太原市：文明单位； 1998 ~ 2000 年，省直精神文明建设指导委员会：文明单位； 2000 年 2 月，省交通厅：交通安全先进单位； 2001 ~ 2006 年，省直精神文明建设指导委员会：文明单位标兵； 2002 ~ 2005 年，省精神文明建设指导委员会：文明单位； 2002 年 4 月，省劳动竞赛委员会：五一劳动奖状； 2005 ~ 2006 年，省交通厅党组：总公司党委：先进基层党组织； 2005 ~ 2006 年，省交通厅：山西省平安交通创建先进单位； 2005 ~ 2006 年，省交通厅：《山西交通年鉴》工作先进单位； 2003 ~ 2006 年，省交通厅：全省交通系统企业财务决算先进单位； 2003 年 5 月，省交通厅：五四红旗团组织； 2003 年，省交通厅：会计呼唤诚信活动优秀奖； 2005 ~ 2006 年，太原市地税局：依法诚信纳税先进单位； 2005 年 4 月，省交通厅：全省交通职业教育工作先进单位； 2006 年 11 月，省国税局、地税局：山西省纳税信用 A 级单位； 2005 ~ 2006 年，省交通厅：安全生产管理工作先进单位； 2001 ~ 2006 年，省交通厅：交通安全优秀单位(每年表彰一次)； 2006 年，省交通厅：精神文明先进单位；
	晋 焦 公 司
2	2004 年 1 月，晋城市委、市政府：2003 年度农村公路建设先进帮扶单位； 2004 年 3 月，晋城市政府：2003 年度纠风工作先进单位； 2004 年 4 月，省交通厅厅直机关团委：五四红旗团组织； 2004 年 6 月，省交通厅厅直机关党委：先进基层党组织； 2005 年 6 月，省交通厅党组：先进基层党组织； 2005 年 7 月，晋城市委、市政府、晋城军分区：双拥工作先进单位； 2006 年 3 月，晋城市政府：2005 年度政风行风评议优秀单位； 2006 年 5 月，省交通厅：2004 ~ 2005 年度政风行风评议先进集体； 2006 年 6 月，省交通厅厅直机关团委：五四红旗团组织： 2006 年 6 月，省交通厅党组：先进基层党组织。

续上表

序号	获　奖
	长 晋 公 司
3	2005 年 1 月，省交通厅：2004 年度安全生产管理工作先进单位； 2005 年 7 月，晋城市委、市政府、晋城军分区：双拥工作先进单位； 2005 年，晋城市：双拥工作先进单位；优质服务竞赛先进集体； 2006 年 5 月，省交通厅：2004～2005 年度政风行风评议先进集体； 2006 年 6 月，省交通厅党组：先进基层党组织； 2006 年 8 月，晋城市精神文明建设指导委员会：2004～2005 年度文明单位； 2006 年，省交通厅：全省交通系统文艺汇演二等奖。
	太 长 公 司
	2004 年 6 月，省交通厅厅直机关党委：先进基层党组织； 2005 年 4 月，省社会主义劳动竞赛委员会：集体一等功； 2005 年 6 月，省交通厅党组：先进基层党组织； 2005 年 10 月，省交通厅党组：党风廉政建设先进集体； 2006 年 1 月，省劳动竞赛委员会：山西省五一劳动奖状。
	阳长、江武公司
4	2005 年 12 月，太原市财政局：阳长公司、江武公司 2005 年度外商投资企业财务决算先进单位； 2006 年 12 月，太原市财政局：阳长公司企业财务快报先进单位。
	路 通 公 司
5	1998 年 3 月，太原市精神文明建设指导委员会：山西省创建文明行业示范单位； 1999～2006 年，太原市精神文明建设指导委员会：太原市文明单位； 1999 年，团省委：许西收费站：青年文明号； 2000～2006 年，团省委、省交通厅：青年文明号； 2003 年、2005 年、2006 年，外商投资企业协会：山西省外商投资经济效益优秀单位； 2005 年、2006 年，太原市地方税务局：依法诚信纳税先进单位。
	凤凰山公司
6	2004 年 9 月：山西省水土保持先进单位； 2006 年 11 月，定襄县委、县政府：2006 年太原招商会签约先进单位； 2006 年 12 月，国家旅游局：全国农业旅游示范点。
	晋城商品路公司
7	1993 年 5 月，省政府：重点工程建设先进单位； 1994 年 5 月，省劳动竞赛委员会：集体一等功； 1996 年 5 月，晋城市：五一劳动奖杯、最佳企业； 1997 年 5 月，晋城市：集体特等功； 1998 年 3 月，晋城市：文明单位； 1998 年 5 月，省委、省政府：模范集体； 1998 年 12 月，省精神文明建设指导委员会：山西省精神文明建设先进企业； 1999 年 12 月，省精神文明建设指导委员会：精神文明建设先进企业； 2000 年 4 月，省劳动竞赛委员会：集体三等功； 2000 年 12 月，省精神文明建设指导委员会：精神文明建设先进企业； 2001 年 4 月，省委、省政府：模范单位； 2003 年 7 月，省交通厅党组：先进基层党组织； 1997 年 7 月、1999 年 6 月、2001 年 7 月：晋城市委：先进基层党组织； 2003 年 4 月、2004 年 3 月、2005 年 3 月，晋城市委、市政府：先进企业； 2006 年 8 月，省精神文明建设指导委员会：2004～2005 年度文明单位。

第二章

产业开发

1992年5月，省交通厅申请成立山西省交通建设开发总公司，企业定位为“生产、经营、服务性企业”，宗旨是“按照全省交通发展战略、产业政策、行业规划的要求，运用市场机制和竞争机制，对交通建设进行开发、经营和管理，促进交通事业不断发展”。经营范围和方式是“承建国内外交通建设工程、内外资引进、涉外工程、劳务输出、合资办企业、开发推广新技术、开展技术咨询和技术服务、编制工程可行性研究报告、进行工程招标、编制标书、集资办交通以及有关的经营活动”，“实行自主经营、独立核算、自负盈亏，具有法人资格”。6月，省经济委员会（简称省经委）对省交通厅的申请报告予以批复。之后，省工商行政管理局为总公司核发的营业执照和《山西省建设开发总公司章程》（简称《章程》），对企业的经营范围有所扩大，增加了其他行业的经营项目。

按照《章程》，总公司的经营业务为八项：(1)委托、组织评审公路、桥梁、黄河航道、港口、运输客、货站场等重点工程项目的预可行性研究、工程可行性研究；(2)为重点工程建设组织、引进国内外资金，发行交通建设债券、股票，储存、管理、融通交通规费；(3)负责交通经营资金的发放，项目的评估，确定贷款额度、利率、回收偿还期限，参与项目经营管理，组织贷款的回收；(4)委托编制重点工程项目标书，组织招标，承揽国内外建设工程；(5)负责全省与外商交通项目的合作，以及合作项目的经营管理。组织劳务输出；(6)组织交通建设所需钢材、木材、水泥、沥青等类物资，负责重点公路工程筑路机具、运输设备的采购、管理和租赁；(7)开发房地产，开展多种经营；(8)为国内外交通投资者提供咨询服务，物色合作伙伴，介绍投资环境，提供有关信息。

1995年起，总公司多次向省交通厅和工商行政管理部门申请扩大经营范围，增加经营项目，延长产业链，力图发展优势产业和朝阳产业，培育新的经济增长点。2006年，总公司以经营收费公路为主业，多种经营项目包括工程建筑、公路养护、房地产开发、国际贸易、酒店服务、绿色生态开发、物业管理等，初步形成了优势互补、资源共享、相互促进、多元化发展的产业格局。

第一节 引资融资

引资融资是省交通厅成立省交通建设开发投资总公司最主要的初衷，也是总公司最重要的经营项目。公司成立以来，始终把为全省重点交通建设工程引资融资作为企业经营的首要任务，利用盘活路产、转让部分股权等多种方式引资融资，为促进全省公路交通事业快速发展发挥了独特作用。至 2007 年末,总公司共为全省重点公路建设引资融资 173.9 亿元。

一、引进外资

1992 年 5 月 5 日,省交通厅向省经委提交的关于成立山西省交通建设开发公司的申请报告,将"内、外资引进"、"合资办企业"、"集资办交通以及有关的经贸活动"列为重点经营项目。6 月 11 日,省经委对省交通厅关于成立总公司的申请报告作出同样的批复。1993 年 3 月,《山西省交通建设开发总公司章程》第二章明确规定,总公司的经营业务重点是为全省交通建设工程项目组织引进资金,并参与项目开发经营管理。4 月 1 日,总公司成立,6 日,即与美国万德福股份有限公司(美方)签订合同,合作成立山西晋美高速公路有限公司,拟共同投资合作建设并经营太原至旧关高速公路,旨在为太旧高速公路筹集建设资金,后因美方迟迟不予履行协议,此项引资于次年 2 月被迫终止。6 月 12 日,拟成立山西省交通建设股份有限公司,以募集方式为太原东山过境高速公路、武宿立交桥、太榆一级公路筹集建设资金,后无果而终。为了筹集公路建设资金,1994 年 1 月 5 日,向省厅提交与省体制改革委员会(体改委)共同成立山西太(原)阳(泉)高速公路有限公司的报告,8 月 19 日,成立城市信用社筹备组。1993 年至 1994 年,采取多种方式进行引资融资,然种种努力均无果而终。

1995 年,总公司新一届领导班子更新理念,调整思路,遵循客观经济规律,走市场化运作之路,以新的模式、新的机制为公路建设筹集资金。8 月 3 日,重新设置内部机构,专门设立投资管理处,明确引资融资工作职责。1996 年 5 月 27 日,成立路桥融资部,重点负责引资融资工作。9 月 4 日,与香港晋通公路建设投资有限公司、香港晋昌集团有限公司达成协议,分别成立阳长公司、江武公司,联合经营阳长、江武高速公路(太原东山过境高速公路),其中港方出资 3272 万美元(折合人民币 27158 万元),成为全省成功利用境外资金进行交通建设之先例。为进一步搞好引资融资工作,总公司还聘任香港润海集团董事长周安达源为驻港融资总代表。1997 年 4 月 16 日,举行总公司与香港路劲基建有限公司合作经营太榆公路、榆次西外环路、小店汾河公路桥项目签字仪式,其中港方出资(折合人民币)25979.29 万元。时任省委书记胡富国出席签字仪式。本次议定合作经营的公路,全部为已竣工项目,故总公司以既有路产作为实物投资,成为全省盘活路产、成功招商引资之良好开端,引资所得全部用于太原至原平高速公路等建设项目。1998 年 5 月 27 日,举行与香港新世界基建有限公司合作建设和经营晋焦高速公路的签约仪式。此项工程概算投资 14.4 亿元,其中,原定香港新世界基建有限公司投资占 60%,后因故港方实际投资 5925 万元美元(折合人民币 4.9 亿元)、人民币 7300 万元,合计 5.63 亿元人民币,为总公司当时单项最大一笔引资项目,为缓解晋焦高速公路工程建设投资难题发挥了重要作用。

二、银行信贷

在融资经营活动中,将银行信贷作为主要渠道。2002 ~ 2006 年,总公司以企业运作方式,向各级各类金融部门争取项目贷款,筹集资金并购港商股权,建设多条高速公路,为山西"十五"期间顺利完成"人"字型高速公路主骨架建设、圆满实现全省"三小时高速通达"工程发挥了重要作用,客观地彰显了总公司招商引资的独特作用。其中,向工商银行、光大银行、民生银行、国家开发银行、招商银行等金融部门融资 114.7 亿元,分别用于并购晋焦高速公路港方全部股权,用作汾阳至离石和长晋、太长高速公路建设投资,并提供贷款担保 41 亿元,支持全省公路建设,充分发挥了企业引资融资的平台作用。

2002～2006 年,总公司先后 7 次获得银行高速公路项目贷款。其中:2002 年 7 月 12 日,获中国民生银行太原分行项目贷款 7 亿元,用于长晋高速公路建设;9 月 27 日,获中国光大银行太原分行项目贷款 10 亿元,由省交通厅用于汾阳至离石高速公路建设;9 月,获省工商银行项目贷款 10 亿元,用于收购香港新世界基建有限公司在晋焦高速公路的所有股权(偿还港方投资本金及利息)及偿还晋焦公路工程其他欠款。2003 年 6 月 23 日,获国家开发银行山西省分行项目贷款 14.7 亿元,用于长晋高速公路建设;8 月 8 日,获中国华夏银行太原分行项目贷款 8 亿元,用于太长高速公路建设;9 月,获国家开发银行山西省分行项目贷款 55 亿元,为最大一笔贷款项目,用于太长高速公路建设。2004 年 3 月 25 日,获得深圳招商银行南山支行项目贷款 10 亿元,由省厅用于公路建设项目。

三、股份合作

股份合作是总公司引资融资的重要方式,主要分为与港商的股份合作和与集体和个人的股份合作两大类,其中与港商合作均为公路建设和经营项目。其中与港商成功合作建设、经营的项目有:成立阳长、江武公司,经营阳长、江武高速公路;成立路通合作公司,经营太榆公路、榆次西环路、小店汾河公路桥。该两合作项目, 2006 年运营正常,情况良好。合作建设而未进行经营的为晋焦高速公路。1998 年,总公司与香港新世界基建有限公司(港方)合作成立山西新泽等六间高速公路有限公司,6 月,港方开始注入资金,投入晋焦高速公路建设。2001 年 4 月,根据港方要求,省政府批准其撤资要求,后合作终止。合作未成功的为 1993 年 4 月总公司与美国万德福股份有限公司合作成立山西晋美高速公路有限公司,修建太旧高速公路,因美方始终未履行合同,该合作项目于次年 2 月被迫终止。

与当地合作建设和经营的项目有:

诺信公司　1999 年 3 月 17 日,成立山西诺信交通建设工程有限公司(诺信公司),为总公司所属股份制工程建筑企业,注册资金 100 万元,其中总公司股份占 70%,自然人股份占 30%。2002 年 6 月,该公司进行整合,变更登记,注册资金增至 150 万元,其中,总公司 70 万,占 46.7%,自然人 80 万,占 53.3%。2004 年 6 月,该公司再次增资扩股,注册资金增加为 539.3 万元。其中总公司出资 50 万元,占 9.3%,自然人入股 489 万元,占 90.7%。

长晋高速公路　2002 年 8 月 21 日,为山西长晋高速公路有限责任公司(时称山西太晋高速公路有限公司)筹集注册资本金 7.5 亿元,其中总公司出资 7.15 亿元,占 95.3%;长晋商品路公司出资 3500 万元,占 4.7%。

阳济公路　1996 年,总公司与阳城县合作筹集 4500 万元股本金,成立山西阳济公路开发有限公司,建设和经营阳济公路,其中总公司出资 2500 万元,占 55.56%,阳城县出资 2000 万元,占 44.44%。2000 年 5 月,根据省交通厅决定,总公司筹资收购阳城县股权,实行独资经营。

山西交通大酒店　2001 年 3 月 22 日,总公司与诺信公司合作成立山西交通大酒店(有限公司),注册资金 500 万元,2003 年、2005 年,每年又分别增资 500 万元。2006 年末,山西交通大酒店共有注册资金 1500 万元,其中总公司出资 1450 万元,诺信公司 50 万元,分别占

股份96.67%和3.33%。

房地产开发　2001年9月11日，总公司成立山西通建房地产开发有限公司，注册资金1000万元。2002年8月6日，将注册资金中20%股份(200万元)转让给山西恒建实业有限公司，组成新的山西通建房地产开发有限公司，共同进行房地产业开发经营。

绿色生态开发　凤凰山生态植物园开发，2003年7月28日，成立山西凤凰山生态植物园有限公司，总公司出资307万元，占51%；山西省国有资产经营公司出资300万元，占49%。2004年9月29日，山西原太高速公路有限公司出资200万元，成为新的股东。2006年末，山西凤凰山生态植物园有限公司，共有股东3家，注册资金807万元，股份比例分别为总公司38%，省国有资产经营公司37.2%，原太高速公路有限公司24.8%。龙湖生态园开发，2004年6月9日，成立山西龙湖生态开发有限公司，注册资金500万元，其中总公司出资300万元，太长公司出资150万元，诺信公司出资50万元，分别占有股份60%、30%、10%。

四、股权转让

2005年，太长、长晋、晋焦三条高速公路(亦称太焦高速公路)全部投入运营，2006年总公司响应山西省委、省政府关于扩大对外开放的号召，在省交通厅支持和指导下，积极开展太焦高速公路的股权转让工作。7月27日，“港洽会”期间，总公司与中国平安保险集团信托投资公司(简称平安公司)就太焦高速公路转让部分股权达成协议。按照协议，太焦高速公路转让股权41%，其中太长、长晋、晋焦三条高速公路股权具体分别转让30%、60%和60%。此次股权转让，按照评估价高于投资价，转让价高于评估价的原则，经过双方多轮磋商谈判，签订补充协议，本着双赢互利的原则，商定以评估价另加6%的溢价作为转让价。

2007年7月20日，举行“太长、长晋、晋焦高速公路部分股权交割仪式”，省交通厅厅长王晓林向平安公司和总公司颁发股权证书。太焦高速公路此次部分股权转让，共获得收入22.7565亿元，是全省继京(北京)大(大同)高速公路转让经营权，以BOT方式建设阳城至侯马高速公路之后，高速公路建设投融资体制改革的又一次成功实践，是国内保险资金首次融入交通领域，盘活了公路存量资产，拓宽了融资渠道，提高了融资能力，降低了政府负债。此次股权转让，使太焦高速公路的国有资产增值16.4亿元。股权转让所得收入，其中16亿元用于提前偿还国家开发银行和华夏银行贷款，其他拟用作新建高平至新乡高速公路的资本金。

第二节　路　业

路业开发是总公司经营项目的主导产业和支柱产业，其中包括为全省重点公路完成前期工作、筹集建设资金、组织和参与工程建设、公路养护、经营管理收费公路等。

一、主建工程

分为主持建设和以各种方式出资建设、维修的工程。主要有：

河曲黄河浮箱桥

坐落于晋、陕、蒙三省(自治区)交汇处，山西省河曲县楼子营镇太子滩村与内蒙古自治区准格尔旗马栅乡之间的黄河之上,为当地古渡口所在地和交通枢纽,亦称为太子滩黄河浮箱桥。

该桥是总公司1995年新班子上任后组织建设的第一项道路桥梁工程。是年3月,河曲县交通局向山西省交通厅和忻州市交通局提交关于申请资助架设河曲楼子营镇—准格尔旗马栅乡黄河浮桥的报告。同月,山西省交通厅领导批示同意资助,安排厅交通战备处和省公路局进行现场勘察,并作为交通战备工程规划设计,委托总公司负责建设。4月,总公司与河曲县共同组建河曲县太子滩黄河浮桥筹建领导组,副经理李平作为总公司代表任副组长,负责该桥建设相关事项。5月1日,浮箱桥动工。总公司聘任高级工程师胡大灿,委派工程技术部副主任王文明具体负责施工。该桥是年8月25日竣工,9月7日剪彩通车。试通车3个月,安全稳定合格,通过上级部门验收。

该桥总投资500万元,内蒙古准格尔旗与河曲县各出资250万元。其中,河曲县出资:省厅拨款资助150万元,该县集资70万元,贷款30万元。是年8月25日,河曲县成立太子滩黄河浮桥管理所,对该桥进行收费经营管理。收费标准:载货机动车辆以吨位核收,畜力车每车次3元,大牲畜及自行车每头(辆)2元,行人每人次1元。运营期间效益欠佳,仅可满足维修之需。

浮箱桥采用装备式金属战备浮箱,组成三排带式状,桥面宽7.2米,设计荷载汽—10级,通过能力1000车次/昼夜。黄河流凌和封冻期拆除,年运营约270天。桥体所用浮箱为空心薄壁钢结构,浮箱每节长5.6米,宽2.4米,高1.4米,艏艉部呈雪橇型,浮箱之间以卡码连接,3排15节为一组,全桥共由12组180节浮箱装配组合而成,内蒙准格尔旗与山西河曲各1/2,浮箱两端用跳板与引道连接,全桥总长392米,通航净宽为28米。桥随水势自行调节高低,安全稳定,性能良好,拆除方便,若遇船舶通航拆除,30分钟即可恢复使用。

该桥建成通车,对沟通两岸交流,方便当地百姓生产生活发挥了重要作用。2005年冬,该桥上游附近永久性大桥落成后,浮箱桥拆除。

图2-2-1 1995年9月7日,河曲太子滩黄河浮箱桥通车庆典

山西省交通职工培训中心

原称山西省公路职工培训中心,坐落于忻州市顿村温泉区,占地面积22300平方米,其

中建筑面积15891平方米，主要建筑有，客房130间（套），高级别墅楼2幢，大、中、小会议厅10个，大、小餐厅3个，园林风景小区7000平方米，具有集训、会议、疗养、旅游、康乐健身、现代化商务等多种服务功能。

1995年7月，省交通厅决定修建山西省公路职工培训中心，委托总公司承建。之后，总公司即着手前期工作：办理投资许可证、申请立项、与忻州市温泉度假村管理处商定相关事宜、办理建筑用地规划许可证等一应手续，进行工程招标等。1996年5月14日，总公司成立该中心筹建处及其相关职能机构。6月5日，该中心开工建设。1997年12月，工程全面告竣，并通过竣工验收，交付使用。

该中心建设工程分为土建和装饰两期工程。工程设计：土建设计由省建筑设计院完成，装饰设计由省建筑设计院、嘉禾装饰公司、香港精诚装饰有限公司联合完成。施工：一期（土建工程）由省第四、第五两家建筑公司中标建设；二期（装饰工程）由香港精诚利恒有限公司、广州越秀装饰有限公司、海南皇城装饰有限公司、山西安业装饰工程公司等四家单位中标，分段交叉施工。全部工程聘请山西华翔监理公司全程进行工程质量监理。

整个施工期间，总公司领导直接坐镇指挥，由业务骨干组成筹建领导班子，设立质量监理、施工管理、预结算管理、资金管理、材料管理、行政办公室等组织机构，实行分工合理、责任明确、制度健全、程序规范、严密把关的工程管理运行机制。施工采用现场办公、例会协调，重奖重罚、确保质量，倒排工期、指标分项等多种办法进行管理。设备材料采购实行“货比三家”，价格公平。付款实行每个环节签字把关，财务管理严格按制度办事。施工质量实行专项分片、专人责任包干。全体管理、施工人员以“太旧精神”为动力，夜以继日，任劳任怨，恪尽职守，攻坚克难，使工程建筑的质量和工期呈现四大特点：一是建材档次高，硬件建设达到和超过三星级标准。二是设备先进，大部分达到国内领先水平。三是功能齐全，具有培训、会议、旅游、疗养四大功能，适合多种消费需求。四是建设周期短，在确保质量的前提下，工期较预期的2年大为提前。

此项工程为总公司首次组织建设的第一项大的工程，实现了保证工期、保证质量、保证不突破预算的三保证目标，而且工期较预期缩短8个月，使公司经受了考验，赢得了信誉，为日后发展储备了无形资产。

晋焦高速公路

该路是山西省“人”字形高速公路主骨架“捺”的延伸，连接晋豫两省，是山西东南地区建设最早的出省高速公路，西起晋城市区东北之东上庄村，与凤台街相接，以互通式立交桥与207国道相交，在西蜀村以互通式立交桥与长晋高速公路相交，途经泽州县金村镇、柳口乡，在韩家寨村进入河南省焦作市，与焦作至郑州高速公路相接，全长48公里，其中晋城市境内32.052公里。于20世纪90年代初酝酿，1997年6月批准立项，8月22日成立晋焦高速公路建设指挥部，山西省交通厅时任副厅长杨继刚任第一总指挥，晋城市原副市长张和先任总指挥，晋城市交通局时任局长孟繁荣任常务副总指挥。10月29日奠基开工，2002年12月22日剪彩通车。

该路沿线山大沟深，地形地貌构造复杂，工程艰巨为国内外高等级公路建设所罕见。全线共有大桥10座，长3516延米，中桥1座，长56延米，小桥11座，长185延米，涵洞53座，互通式立交2处，天桥5座，隧道11处，单洞合计长20502米。沿线许多地段人迹罕至，为进入工地，共修建施工便道180公里，达该高速公路建设里程近三倍。全线最大纵坡

5%，最小平曲线250米，分离式双向四车道，路基宽为山岭区21.5米，重丘区23米，设计时速60～100公里，设计荷载汽车—超20级，挂车—120。

在上述构筑工程中，以丹河特大石拱桥为著。该桥位于该路K10+750处，横跨丹河峡谷，为8孔石桥，其中主孔146米，其跨度为世界之最。桥全长425.6米，高81.6米。隧道以牛郎河隧道为最，为两座单线隧道，分别长3952米和3893米，时为华北地区高速公路最长隧道。

该公路建设投资14.4亿元。工程建设初期，由省交通厅和晋城市政府负责。1997年末，在省交通厅主持下，省交通建设开发投资总公司（总公司）与香港新世界基建有限公司（港方）就合作建设和经营管理晋焦高速公路（山西段，下同）达成意向，双方签署合作意向书。1998年6月，总公司与港方合作成立山西新泽等六间（新泽、新丹、新南、新北、新井、新韩）高速公路有限公司，商定总公司以40%比例，投资5.76亿元，港方以60%比例，投资8.64亿元，共同建设晋焦高速公路。工程建设中，港方实际出资563506554元（人民币和港币折合人民币）。建设后期，港方提出撤资。2001年4月29日，省政府决定同意港方撤资要求，由总公司融资10亿元人民币，收购港方全部股权并偿还所有工程欠款，组建山西晋焦高速公路有限公司，对晋焦高速公路实行独资经营管理。该路设1个收费站，即丹河收费站。

2004年，通过两年运行，由山西省交通厅主持，组成竣工验收委员会，对晋焦高速公路进行竣工验收，该工程质量全面评定为优良工程，质量综合评定得分93.93分。2006年，该路年收费额17070.528万元。

长晋高速公路

长治至晋城高速公路，起于长治市下秦村，止于晋城市牛匠村，长93.045公里，途经长治市的长治县和晋城市的高平市、泽州县、城区，共2市（地）4个县级行政区，计27个乡镇108个行政村。路基宽24.5米，设计行车速度100公里/小时，路面采用4cmSBS改性沥青混凝土+5cm中粒式改性沥青混凝土+6cm粗粒式沥青混凝土，基层采用水稳碎石，底基层采用综合稳定土结构。平曲线最小半径：1026.27米/处，竖曲线最小半经，凸形7794.87米/处；凹形5389.414米/处，最大纵坡4.0%，最小坡长249米。设计荷载汽车—超20级，挂车—120。设计洪水频率：大桥1/300，其他1/100。构造物抗震裂度为6度。共有大桥11座2489.2米，中桥32座2007.6米，小桥54座1708.9米，涵洞226道，互通式立交7处，公铁立交4处，天桥46处。完成路基土石方2155万方，滑坡治理1.995公里，煤矿采空区处理7.154公里，防洪排水工程80万方。全线设长治南、长治县、高平、南义城、金村、晋城东、晋城7个收费站，一个服务区（高平服务区）。房屋建筑13255平方米，收费棚4222平方米，标志964块，标线115867平方米。2002年9月29日奠基开工，2004年11月16日剪彩通车，较计划工期提前1年完工。

该公路原设计概算21.712亿元，在建设过程中，由于国家土地政策调整，征用土地补偿费提高，防治"非典"重大疫情，加之沿线地质情况复杂，部分路段增加滑坡、采空区等不良地质治理工程，并对路面结构及其他工程的设计进行优化和补充，使工程种类及数量发生较大变化，以及建筑材料市场价格大幅提高等因素，工程实际投资22.27亿元。工程投资中，资本金7.5亿元，交通部补助3.26亿元，其余资金为银行贷款。

太长高速公路

太原至长治高速公路，北起小店互通式立交桥，与太原南过境高速公路相接，止于长治市下秦村,与长晋高速公路相接,长199.535公里,由北向南途经太原、晋中、长治3个市(地)的9个县(市、区),分别为:太原市小店区;晋中市榆次区、太谷县、榆社县;长治市武乡县、襄垣县、屯留县、潞城市、长治市郊区、城区,穿越23个乡镇121个行政村,双向四车道,设计荷载汽车—超20级,挂车—120,沥青混凝土路面。2003年10月18日奠基开工,2005年11月8日剪彩通车,总投资714411.92万元,平均每公里(养护里程)造价约3400万元。

图2-2-2 载歌载舞庆祝山西三小时通达工程暨太长高速公路通车

该公路设榆次、太谷、榆社北、榆社南、武乡、王村、襄垣、屯留、长治9个收费站;太谷、榆社、武乡、襄垣、长治5个服务区(停车区)。

主要设施:特大桥77座,计长19241延米;中桥31座,计长2107米;小桥104座,计长2168米;涵洞381道,互通式立交桥11处。公铁立交2处,分离式立交24处,天桥66座。隧道16座(连拱式10座、分离式6座),单洞合计长12725米。

工程建设中,全线划分为36个路基、构造物标段和6个采空区治理标段,9个监理标段。全部建设工程完成主要工程量:路基开挖土石方3248万方,填筑土石方2658万方,修筑防护及排水设施砌体150万方。另外,处理滑坡10处,处理煤矿采空区3处。

太长高速公路的建设,是山西省继大同—运城高速公路建设之后,投资最多、规模最大、线路最长的基础设施建设项目。在中共山西省委、省政府的领导下,沿线各级政府及其相关部门和广大人民群众,发扬太行老区光荣传统,大力支持太长高速公路工程建设。此项工程共占用土地18988亩,其中水地5915.7亩,旱地7647.16亩,荒地381.41亩,人工幼林、宜林地、灌木林地2883.36亩,苗圃、果园、菜地、坟地等2041.94亩,原有道路73.4亩,河滩地45.1亩。

作为太长高速公路工程建设的业主,山西省交通建设开发投资总公司以党的十六大精神为指导,把太长高速公路建设作为建设全面小康社会的具体任务,大力克服"非典"肆虐造成的负面影响,以"三年工期两年完,投资概算不突破,争创国优工程"为目标,精心组织,科学部署,勇于探索工程管理新路子,积极引进和运用新技术、新材料、新工艺,通过E—FIDIC的现代化网络管理,高效的内部运作机制,使太长高速公路工程建设实现了各项既定目标,工程各项技术指标状况良好。

太原—晋城高速公路,是国家规划建设的重要干线公路二连浩特—广州公路之一段,是国道208和207线的组成部分,是山西省"人"字型高速公路主骨架的"捺",也是山西省委、省政府制定的省会至市(地)三小时高速通达工程的收尾工程,北起太原南过境高速公路小店互通式立交桥,南至晋城市区西南牛匠村,全立交、全封闭、全控制出入,双向四车道,路线长293公里,总投资93.7亿元,由省交通建设开发投资总公司以市场化运作方式筹集资金负责组织建设和经营管理,为山西省交通建设史上由企业以市场化运作方式筹集资金最多、修建里程最长、工程最为宏大的公路建设工程。

该公路分为太原—长治和长治—晋城两段,分别由太长和长晋两个高速公路有限责任公司先后组织建设及经营管理,故称为太长高速公路和长晋高速公路。

2006年,根据省政府和省交通厅决定,对太长、长晋、晋焦三条高速公路部分股权进行转让,时将该三条高速公路合称为太焦(太原至焦作)高速公路。2007年7月20日,举行太长、长晋、晋焦高速公路股权交割仪式,至此,该三条高速公路由总公司与中国平安保险集团信托投资公司实行合资合作经营。

长晋二级公路

该公路为国道207线组成路段,1991年9月开工,1992年12月剪彩通车,起于长治市太行西路(长治液压配件厂),途经长治市城区、长治县,在高平市(隶属晋城市)神农镇(原团池乡)进入晋城市,经高平市、泽州县,止于晋城市城区尧头村,全长95.2公里,其中长治市境内35公里,晋城市境内60.2公里。

该公路晋城市境内段,20世纪80年代酝酿, 1991年9月1日奠基开工,1992年12月25日剪彩通车,时称晋长二级汽车专用公路,终点在泽州县牛匠村,长57.4公里。1993年向南延伸2.8公里至牛匠村,与原国道207线相接,里程达60.2公里,1994年通过国家交通部验收,综合评定为优良工程。主要构造设施有大桥1座长134米,中桥3座计长174米,小桥42座计长765米,涵洞162道,公铁立交2处,天桥5处。1993年至2002年7月,由晋城市商品公路开发总公司经营管理,2002年8月起,由山西省交通建设开发投资总公司经营管理。

长治至晋城在民国时期修建有白(祁县白圭镇)晋(晋城大口村—晋豫省界)汽车路,后改称为太(原)洛(阳)公路,新中国成立后多次进行改造,但仍难以适应交通需要。尤其是1985年晋东南地区实行市管县体制改革后,长治至晋城间修建一条较高等级公路显得更为迫切。1991年,经山西省政府批准,长治市与晋城市组织,各自修建境内段。该路段建成后,即列为国道207线路段(原太洛公路路段改为省道长晋线)。

长晋二级公路晋城段工程建设投资,省交通厅拨款6000万元,晋城市以发放交通建设债券办法筹资4200万元。根据当时发放交通建设债券和日后偿还债务的需要,晋城市将原成立的工程建设指挥部改制为商品公路开发总公司,负责对该段公路进行建设和经营管理、养护维修。

2002年7月,山西省交通厅与晋城市政府召开协调会议议定,省交通建设开发投资总公司成建制接收晋城市商品公路开发总公司,接管长晋二级公路晋城段经营业务。

2003年1月8日,晋城市商品公路开发总公司更名为山西省交通建设开发投资总公司长晋公路有限公司。2004年10月13日,长晋公路有限公司与山西长晋高速公路有限责任公司整合,统称山西长晋高速公路有限责任公司(简称长晋公司),负责经营管理长晋高速公路和长晋二级公路。2006年末,长晋二级公路由山西长晋高速公路有限责任公司管理,设有牛匠、换马桥两个收费站。

阳济公路

阳(城)济(源)公路,起于阳城县城东河大桥西端,止于河南省济源市,西北至东南走向,全长68公里。其中山西境内(全在阳城县)长44.6公里,沥青混凝土路面,途经阳城县凤城镇、白桑乡、蟒河镇、东冶镇,以友谊隧道二分之一处为界进入河南省,为山西东南重要的晋煤外运通道之一,始建于1979年,由于多种原因,该工程时干时停,停多干少。1993年3月最后一次开工建设,1997年7月19日剪彩通车。

该路分为三个技术等级,其中阳城县城至北安阳段7.5公里为平原微丘区一级,北安阳至东轩段15公里为平原微丘区二级,东轩至省界22.1公里为山岭重丘区二级。主要构筑设施有大桥4座,计长621米,中桥4座计长196米,小桥2座计长27米,涵洞154道,天桥3处,隧道5座计长1956米。

该公路全部工程投资21530万元,基本无可靠投资渠道,自1979年至1996年,主要由阳城县设法筹集,建设资金异常紧缺,有时甚至难以为继。为此,阳城县从1994年开始,要求全县干部职工每月从工资中暂借100元支持工程建设。1996年12月,山西省交通厅与阳城县议定,双方共同出资作为股本金,合作建设经营阳济公路。其中,省交通厅出资2500万元,占55.56%,委托省交通建设开发投资总公司负责,经理魏庆飞为董事长;阳城县出资2000万元,占44.44%,委托该县时任商品公路开发公司负责,经理(同任县交通局局长)杨军茂为副董事长,成立山西阳济公路开发有限公司(简称阳济公司),负责接收阳济公路建设所有债务,并负责组织工程建设。2000年6月,阳城县将阳济公路全部建设债务移交总公司,退出对阳济公路的经营管理,总公司再次出资3500万元用于偿还工程欠款,全面接收该公路建设债务,阳济公司作为其下属公司,对阳济公路进行全面经营管理。2006年末,该公路设蛤蟆岭、王沟两个收费站。

二、参建工程

总公司将参与工程建设,尤其是参与道路工程建设作为企业服务交通、建设交通的重要载体,作为企业经营活动的重要项目,作为企业提高经营效益的重要途径,先后组建了工程分公司、诺信公司等经营建设工程的实体单位。从1997年开始参与工程建设。是年4月,参与原太高速公路工程建设。11月,开始参与晋焦高速公路建设。1998年,参与引黄工程、朔黄铁路和运三高速公路工程建设。至2006年末,先后参与38项全省重点工程建设,完成建设投资30929.531万元。

工程分公司、诺信公司历年承建工程统计表 表2-2-1

序　号	工程名称	起始时间	合同价(万元)
1	原太高速公路土方工程	1997.5	300
2	杨村收费站收费厅	1998.8	85
3	晋祠路灯安装	1998.8	198
4	引黄工程土方工程	1999.9	140
5	溯黄铁路土方工程	1999.9	60
6	运三高速公路路基二合同段	1998.9	969
7	晋焦高速公路路基二(A)合同段	1999.7	757.3211
8	晋焦高速公路路面二合同段	1999.7	979.0417
9	晋焦高速公路防撞护栏	1999.7	1038.0928
10	京大高速公路隔离栅	1999.7	629
11	京大高速公路标线	1999.7	167
12	夏汾高速公路隔离栅第一合同段	2000.1	479.5098
13	太祁高速公路第七合同段土方工程	2000.11	345

续上表

序　号	工程名称	起始时间	合同价(万元)
14	大新高速公路交通安全设施第十合同段	2002.3	421.6746
15	洗朔线殷家庄至西坊城段改建工程第四合同段	2003.4	1825.3535
16	长晋高速公路第四合同段	2003.4	1900
17	长晋高速公路第十三合同段	2003.4	960
18	长晋高速公路第十四合同段	2003.4	1000
19	长晋高速公路交通工程护栏C标段	2004.4	700
20	长晋高速公路交通工程隔离栅D标段	2004.4	400
21	太长高速公路第十一标段	2003.11	2000
22	太长高速公路第二十五标段	2003.11	2000
23	太长高速公路第三十标段	2003.11	500
24	太长高速公路交通工程护栏三标段	2005.3	1500
25	太长高速公路交通工程护栏四标段	2005.3	1700
26	太长高速公路交通工程标志一标段	2005.3	400
27	太长高速公路交通工程标志三标段	2005.3	350
28	314省道阳曲至双山(省界)二级公路改建工程第十一合同段	2005.1	554.0039
29	康家会之西村段二级公路工程改建第A合同段	2003.8	756.4011
30	国道209线偏关界至岢岚县城段路面改造工程第四合同段	2003.12	442.1385
31	忻府区至顿村旅游公路二期工程施工第二合同段	2003.10	1087.68
32	省道平万线平鲁上称沟至口子上(偏关界)段公路改造工程第二合同段	2004.12	1111.5191
33	沁县段柳至南泉公路第二合同段	2005.6	345.3482
34	省道岢大线蔡家崖至岐道段二级公路路面第四合同段	2005.9	2260.0299
35	龙湖生态园区公路工程	2006.6	1731.0018
36	榆次西外环路、太榆一级路公路路面补强工程	2006.7	1033.665
37	岚县至古交公路工程第七合同段	2006.8	1863.7541
38	省道孙吴线小站之孙启庄段电煤集运公路工程第二合同段	2006.10	2439.9959
合　计			30929.531

2007年至2008年,该公司参加阳济公路、长晋二级公路、小店连接线一级公路、阳城至冀城高速公路、大同市神泉堡至南村煤炭运输公路等改造和建设工程,完成工程造价12594万元。

三、公路桥隧及互通设施

(一) 桥梁

省交通建设开发投资总公司全面管理的晋焦、长晋、太长3条高速公路和长晋、阳济2条二级公路,共有桥梁387座。其中,大桥103座,中桥71座、小桥213座。

晋焦高速公路大桥

共10座,长3516米,从晋城起,自西向东依次为:

1. 丹河特大石拱桥

亦称丹河大桥、丹河桥，位于晋城市泽州县金村镇西交河村南1公里许，晋焦高速公路K10+750处，东西走向，横跨丹河，共由8孔石拱组成，自西向东依次为2孔跨径各30米、1孔（主孔）跨径146米、5孔跨径各30米，其中主孔跨径146米，于2000年12月被上海大世界基尼斯总部认定为“世界上单孔跨径最大的石拱桥，也是单孔跨径大于100米的特大跨径石拱桥首先在高速公路使用”。

大桥全长425.6米，宽24.8米（人行道2×1.65米、防撞护栏2×0.38米、行车道2×9.62米、中央分隔带1.5米），高81.6米，桥下净空无通航要求，设计荷载汽车—超20级，挂车—120；抗震烈度6度。该大桥由交通部第一公路勘察设计院设计，晋焦高速公路建设指挥部丹河特大桥项目部负责修建，项目部下设晋城公路分局二处、中铁（中国铁路工程局）十七局四处、核工业中建十五处三个施工单位，其中主拱架由中铁十七局四处承建，砌体结构工程由晋城公路分局二处承建，拱上填料及桥面工程由核工业中建十五处承建，山西省交通建设工程监理总公司晋焦高速公路工程监理部监理。该桥主孔拱券采用变截面悬链线无铰石板拱，拱顶厚度2.5米，拱脚厚度3.5米，下部结构为扩大基础，重力式桥台，上部结构为全空腹式石砌板拱；其他7个桥孔（引桥）采用等截面空腹式悬链线石拱，拱券厚度1米，上部结构为全空腹式石砌板拱，下部为石砌重力式墩，钻孔灌注桩基础，桥台为石砌重力式台，扩大基础。拱腹填料为加气混凝土砌块，桥面为SMA+钢纤维混凝土复合式，排水设施为石雕龙头，人行道由机械切割石料砌成，两侧为石质仿古工艺石雕护板，护板雕有反映晋城地方历史事件、历代人物、名胜古迹等图案。该桥1997年10月开工，2000年9月建成，2002年12月投入使用。

图2-2-3 丹河特大石拱桥

2. 石涧沟大桥

位于泽州县柳口镇，晋焦高速公路K14+288处，分左右两幅设桥，右幅桥长143米，高40米，上部结构为1孔25米和3孔30米预应力钢筋混凝土空心板梁；左幅桥长126米，高42米，上部结构为4×25米预应力钢筋混凝土空心板梁。桥面净宽均为10米。下部结构采用钢筋混凝土薄壁空心墩和砌石重力式桥台，钻孔桩基础和扩大基础，设计荷载汽车—超20级，挂车—120，抗震烈度6度，桥下净空无通航要求。晋城公路分局勘察设计所设计，铁道部第十四局一处承建，山西省交通建设工程监理总公司晋焦高速公路工程监理部监理，1998年4月开工，1999年10月建成，2002年12月投入使用。

3. 千棚大桥

位于泽州县柳口镇，晋焦高速公路K15+105处，分左右两幅设桥，左幅桥长275米，高60米，右幅桥长262米，高50米，两桥净宽均为10米，上部结构为5×50米预应力钢筋混凝土T形梁，下部结构采用钢筋混凝土薄壁空心墩和石砌重力式台，扩大基础。主要技术标准：设计荷载汽车—超20级，挂车—120，抗震烈度6度，桥面净均为10米，桥下净空无通航要求。由交通部第一公路勘察设计院设计，铁道部第十四工程局一处承建，山西省交通建设工程监理总公司晋焦高速公路工程监理部监理,1998 年 5 月开工,2000 年 6 月完工,2002 年 12 月投入使用。

4. 东石瓮大桥

位于泽州县柳口镇,晋焦高速公路 K20 + 209 处,分左右两幅设桥,长均为 272 米,其中左线桥高 39 米,右线高 40 米,桥下净空无通航要求,桥面净宽均为 10 米,上部结构为 5 × 50 米预应力钢筋混凝土 T 形梁,下部结构采用钢筋混凝土薄壁空心墩和石砌重力式台,扩大基础。设计荷载:汽车—超 20 级,挂车—120,抗震烈度 6 度。交通部第一公路勘察设计院设计,山西省公路工程公司第三处承建,山西省交通建设工程监理总公司晋焦高速公路工程监理部监理,1998 年 4 月开工,2000 年 6 月完工,2002 年 12 月投入使用。

5. 谷坨稍 1 号大桥

位于泽州县柳口镇,晋焦高速公路 K27 + 771 处,长 165 米,高 42 米,桥下净空无通航要求,净宽 20 米,上部结构为 4 × 40 米预应力钢筋混凝土 I 形梁,下部结构采用钢筋混凝土薄壁空心墩和石砌重力式台,扩大基础和桩基础。设计荷载汽车—超 20 级,挂车—120,抗震烈度 6 度。交通部第一公路勘察设计院设计,铁道部第十八工程局和山西省公路局晋中分局工程三处共同承建,山西省交通建设工程监理总公司晋焦高速公路工程监理部监理,1998 年 6 月开工,2000 年 8 月建成,2002 年 12 月投入使用。

6. 谷坨稍 2 号大桥

位于泽州县柳口镇谷坨稍村,晋焦高速公路 K28 + 272 处,长 125 米,高 53 米,桥下净空无通航要求,桥面净宽 20 米,上部结构为 3 × 40 米钢筋预应力混凝土 I 形梁,下部结构采用钢筋混凝土薄壁空心墩和砌石重力式台,桩基础。设计荷载汽车—超 20 级,挂车—120,抗震烈度 6 度。交通部第一公路勘察设计院设计,铁道部第十八工程局二处和山西省公路局晋中分局工程三处共同承建,山西省交通建设工程监理总公司晋焦高速公路工程监理部监理。1998 年 6 月开工,2000 年 8 月建成,2002 年 12 月投入使用。

7. 韩家寨 0 号大桥

位于泽州县柳口镇,晋焦高速公路分离式路基左幅 K29 + 134 处,长 74 米,高 34 米,桥下净空无通航要求,净宽 10 米,单向 2 车道,上部结构为 1 × 50 板肋拱,下部结构采用石砌重力式桥台,扩大基础。设计荷载:汽车—超 20 级,挂车—120,抗震烈度 6 度。晋城公路分局勘察设计所设计,铁道部第十五工程局承建,山西省交通建设工程监理总公司晋焦高速公路工程监理部监理,1999 年 3 月 5 日开工,1999 年 7 月 29 日完工,2002 年 12 月投入使用。

8. 韩家寨 1 号大桥

位于泽州县柳口镇,晋焦高速公路 LK30 + 285 和 RK29 + 865 处,分左右两幅单独设桥。右幅桥长 142 米,高 43 米,上部结构为 4 × 40 米预应力钢筋混凝土 I 形梁;左幅桥长 188 米,高 45 米,桥面净宽均为 10 米,上部结构为 3 × 40 米预应力钢筋混凝土 I 形梁。下部结构采用钢筋混凝土薄壁空心墩和石砌重力式台,桥墩采用扩大基础,桥台采用钢筋混凝土趾板式基础,桥下净空无通航要求。设计荷载汽车—超 20 级,挂车—120;抗震烈度 6 度。交通部第一公路勘察设计院设计,铁道部第十五工程局承建,山西省交通建设工程监理总公司晋焦高速公路工程监理部监理,1998 年 4 月开工,1999 年 9 月完工,2002 年 12 月投入使用。

9. 韩家寨2号大桥

位于泽州县柳口镇，晋焦高速公路LK31+188和RK30+801处，分左右两幅设桥，左幅桥长210米，高35米，右幅桥长215米，高35米，桥下净空无通航要求，桥面净宽均为10米。上部结构为5×40米预应力钢筋混凝土工字梁，下部结构采用钢筋混凝土薄壁空心墩和重力式台，扩大基础。设计荷载汽车—超20级，挂车—120，抗震烈度6度。交通部第一勘察设计院设计，铁道部第十九工程局和铁道部第十七工程局三处共同承建，山西省交通建设工程监理总公司晋焦高速公路工程监理部监理。1998年4月开工，2000年9月完工，2002年12月投入使用。

10. 省界大桥

位于泽州县柳口镇韩家寨村，晋焦高速公路K31+970处，地处山西省晋城市和河南省焦作市两省、市交界处，长166米，高62米，桥下净空无通航要求，桥面净宽19米，上部结构为3×50米预应力钢筋混凝土T型梁桥，下部结构采用钢筋混凝土薄壁空心墩，砌石重力式桥台，扩大基础。设计荷载汽车—超20级，挂车—120，抗震烈度6度。交通部第一公路勘察设计院设计，由铁道部第十七工程局三处承建，山西省交通建设工程监理总公司晋焦高速公路工程监理部监理。1998年4月开工，2000年4月完工，2002年12月投入使用。

长晋高速公路大桥

共11座，计2489延米，自北向南依次为：

1. 漳河大桥

位于长晋高速公路K1+850处，跨越漳河，36孔跨径各25米，全长906米，净宽22米，桥下净空3.2米，上部结构为预应力钢筋混凝土连续箱梁，下部为多柱式墩台，设计荷载汽车—超20级，挂车—120，山西省交通规划勘察设计院设计，山西路桥第二工程有限公司施工，山西交科公路工程咨询监理有限公司监理，2002年12月开工，2004年6月30日建成，是年11月16日投入使用。

2. 黎都大桥

位于长晋高速公路K18+500处，跨越淘清河，7孔跨径各20米，全长146米，净宽22米，桥下净空3.5米，上部结构为预应力钢筋混凝土连续箱梁，下部为多柱式墩台，设计荷载汽车—超20级，挂车—120，山西省交通规划勘察设计院设计，中铁四局集团第一工程有限公司施工，山西交科公路工程咨询监理有限公司监理，2002年12月开工，2004年6月30建成，是年11月16日投入使用。

3. 跨二级路大桥

位于长晋高速公路K19+750处，跨越长晋二级公路，7孔跨径各25米，全长105米，净宽22米，上部结构为预应力钢筋混凝土连续箱梁，下部为多柱式墩台，桥下净空5米，设计荷载汽车—超20级，挂车—120，山西省交通规划勘察设计院设计，铁道部第四工程局集团第一工程有限公司施工，山西交科公路工程咨询监理有限公司监理，2002年12月开工，2004年6月5日建成，是年11月16日投入使用。

4. 淘清河大桥

位于长晋高速公路K22+130处，跨越淘清河，7孔跨径各25米，全长181米，净宽22米，上部结构为预应钢筋混凝土连续箱梁，下部为多柱式墩台，桥下净空3.5米，设计荷载汽车—超20级，挂车—120，山西省交通规划勘察设计院设计，铁道部第四工程局集团第一工程有限公司施工,山西交科公路工程咨询监理有限公司监理,2002 年 12 月开工,2004 年 6 月 30 日建成,是年 11 月 16 日投入使用。

5. 爱民大桥

位于长晋高速公路 K24 + 200 处,跨越水沟,5 孔跨径各 30 米,全长 157 米,净宽 22 米,上部结构为预应力钢筋混凝土连续箱梁,下部为多柱式墩台,桥下净空 4 米;设计荷载汽车—超 20 级,挂车—120,山西省交通规划勘察设计院设计,山西省晋中路桥建设集团有限公司施工,山西交科公路工程咨询监理有限公司监理,2002 年 12 月开工,2004 年 9 月 8 日建成,是年 11 月 16 日投入使用。

6. 八义大桥

位于长晋高速公路 K26 + 270 处,跨越水沟,7 孔跨径各 20 米,全长 146 米,净宽 22 米,上部结构为预应力钢筋混凝土连续箱梁,下部为多柱式墩台,桥下净空 4 米,设计荷载汽车—超 20 级,挂车—120,山西省交通规划勘察设计院设计,山西省晋中路桥建设集团有限公司施工,山西交科公路工程咨询监理有限公司监理,2002 年 12 月开工,2004 年 6 月 5 日建成,是年 11 月 16 日投入使用。

7. 神农大桥

位于长晋高速公路 K31 + 630 处,跨越水沟,7 孔跨径各 30 米,全长 213 米,净宽 22 米,上部结构为预应钢筋混凝土混凝土连续箱梁,下部为多柱式墩台,桥下净空 5 米,设计标准汽车—超 20 级,挂车—120,山西省交通规划勘察设计院设计,山西太行路桥集团有限公司施工,山西交科公路工程咨询监理有限公司监理,2002 年开工,2004 年 6 月 30 日建成,是年 11 月 16 投入使用。

8. 丹河大桥

位于长晋高速公路 K59 + 870 处,跨越丹河,5 孔跨径各 25 米,全长 133 米,净宽 22 米,上部结构为预应钢筋混凝土连续箱梁,下部为多柱式墩台,桥下净空 5 米,设计荷载汽车—超 20 级,挂车—120,山西省交通规划勘察设计院设计,核工业长沙中南建设工程集团公司施工,山西省交通建设工程监理总公司监理,2002 年 12 月开工,2004 年 1 月 5 日建成,是年 11 月 16 日投入使用。

9. 跨晋焦路大桥

位于长晋高速公路 K83 + 160 处,跨越晋焦高速公路,7 孔跨径各 34 米,全长 245.2 米,净宽 22 米,上部结构为预应力钢筋混凝土连续箱梁,下部为多柱式墩台,桥下净空 5 米,设计荷载汽车—超 20 级,挂车—120,山西省交通规划勘察设计院设计,山西运城路桥有限责任公司施工,山西省公路工程监理技术咨询总公司监理,2002 年 12 月开工,2004 年 6 月 18 日建成,是年 11 月 16 日投入使用。

10. 白水河跨铁路大桥

位于长晋高速公路 K88 + 410 处,跨越太(原)焦(作)铁路和白水河,4 孔跨径各 50 米,全长 212 米,净宽 22 米,上部结构为预应力钢筋混凝土连续箱梁,下部为多柱式墩台,桥下净空 8 米,设计荷载汽车—超 20 级,挂车—120,山西省交通规划勘察设计院设计,湖南衡阳公路桥梁建设有限公司施工,山西省公路工程监理技术咨询公司监理,2002 年 12 月开工,是年 6 月 30 日建成,是年 11 月 16 日投入使用。

11. 泽州互通大桥

位于长晋高速公路 K88 +850 处，为泽州互通跨越晋（城）济（源）高速公路大桥，1 孔跨径 45 米，上部结构为预应力钢筋混凝土简支箱梁，下部结构为重力式墩台，长 45 米，净宽 43.7 米，桥下净空 5 米，设计荷载汽车超—20 级，挂车—120，山西省交通规划勘察设计院设计，山西晋城路桥建设有限公司施工，山西省公路工程监理技术咨询公司监理，2002 年 12 月开工，2004 年 3 月 12 日建成，是年 11 月 16 日投入使用。

太长高速公路大桥

共 77 座，长 19241 延米，自北向南依次为：

1. 孙家寨大桥

位于太原市小店镇，太长高速公路 K779 +483 处，全长 148 米，跨越 208 国道，净宽 23.5 米，4 孔跨径各 35 米，桥下净空 13.6 米，上部结构为箱形梁，下部结构为双柱式墩，设计荷载汽车—超 20 级，挂车—120，山西省交通规划勘察设计院设计，太原路桥建设有限公司施工，山西省公路工程监理技术咨询公司监理，2003 年 10 月开工，2005 年 11 月 8 日投入使用。

2. 太榆退水渠大桥

位于太原市北格镇，太长高速公路 K781 +518 处，全长 106 米，净宽 23.5 米，5 孔跨径各 20 米，桥下净空 3.75 米，跨越农田灌溉渠，上部结构为箱形梁，下部结构为双柱式墩，设计荷载汽车—超 20 级，挂车—120，山西省交通规划勘察设计院设计，北京市海龙公路工程公司施工，山西省公路工程监理技术咨询公司监理，2003 年 10 月开工，2005 年 11 月 8 日投入使用。

3. 萧河大桥

位于榆次区东阳镇，太长高速公路 K790 +130 处，全长 517 米，净宽 23.5 米，17 孔跨径各 30 米，桥下净空 13.1 米，跨越萧河，上部结构为箱形梁，下部结构为双柱式墩，设计荷载为汽车—超 20 级，挂车—120，山西省交通规划勘察设计院设计，晋中路桥建设集团有限公司施工，山西省公路工程监理技术咨询公司监理，2003 年 10 月开工，2005 年 11 月 8 日投入使用。

4. 东阳公铁立交桥

位于榆次区东阳镇，太长高速公路 K798 +114 处，全长 219 米，净宽 23.5 米，6 孔跨径各 35 米，桥下净空 8 米，跨越道路，上部结构为箱形梁，下部结构为双柱式墩，设计荷载汽车—超 20 级，挂车—120，山西省交通勘测设计院设计，山西省路桥建设集团有限公司施工，山西省公路工程监理技术咨询公司监理，2003 年 10 月开工，2005 年 11 月 8 日投入使用。

5. 津水河大桥

位于太谷县范村镇，太长高速公路 K807 +125 处，全长 206 米，净宽 23.5 米，8 孔跨径各 25 米，桥下净空 8.8 米，跨越津水河，上部结构为箱形梁，下部结构为双柱式墩，设计荷载汽车—超 20 级，挂车—120，山西省交通规划勘察设计院设计，山西省路桥建设集团有限公司施工，山西省公路工程监理技术咨询公司监理，2003 年 10 月开工，2005 年 11 月 8 日投入使用。

6. 象峪河 1 号大桥

位于太谷县范村镇，太长高速公路 K811 +030 处，全长 206 米，净宽 22 米，8 孔跨径各

25 米，桥下净空 32 米，跨越象峪河，上部结构为箱形梁，下部结构为双柱式墩，设计荷载汽车—超 20 级，挂车—120，山西省交通规划勘察设计院设计，中国路桥集团一局三公司施工，山西晋达交通建设工程监理所监理，2003 年 10 月开工，2005 年 11 月 8 日投入使用。

7. 马坪沟大桥

位于太谷县范村镇，太长高速公路 K812 + 875 处，全长 367 米，净宽 22 米，12 孔跨径各 30 米，桥下净空 21 米，跨越马坪沟，上部结构为箱形梁，下部结构为双柱式墩，设计荷载汽车—超 20 级，挂车—120，山西省交通规划勘察设计院设计，中铁十七局集团第二工程有限公司施工，山西晋达交通建设工程监理所监理，2003 年 10 月开工，2005 年 11 月 8 日投入使用。

8. 湖王沟大桥

位于太谷县范村镇，太长高速公路 K813 + 419 处，全长 217 米，净宽 22 米，7 孔跨径各 30 米，桥下净空 19 米，跨越湖王沟，上部结构为箱形梁，下部结构为双柱式墩，设计荷载汽车—超 20 级，挂车—120，山西省交通规划勘察设计院设计，中铁十七局集团第二工程有限公司施工，山西晋达交通建设工程监理所监理，2003 年 10 月开工，2005 年 11 月 8 日投入使用。

9. 大背里大桥

位于太谷县范村镇，太长高速公路 K813 + 905 处，全长 337 米，净宽 22 米，11 孔跨径各 30 米，桥下净空 25 米，跨越沟壑，上部结构为箱形梁，下部结构为双壁式墩，设计荷载汽车—超 20 级，挂车—120，山西省交通规划勘察设计院设计，中铁十七局集团第二工程有限公司施工，山西晋达交通建设工程监理所监理，2003 年 10 月开工，2005 年 11 月 8 日投入使用。

10. 介板沟大桥

位于太谷县范村镇，太长高速公路 K814 + 620 处，全长 247 米，净宽 22 米，8 孔跨径各 30 米，桥下净空 17 米，跨越介板沟，上部结构为箱形梁，下部结构为双柱式墩，设计荷载汽车—超 20 级，挂车—120，山西省交通规划勘察设计院设计，锦州道桥工程有限责任公司施工，山西晋达交通建设工程监理所监理，2003 年 10 月开工，2005 年 11 月 8 日投入使用。

11. 麻皮沟大桥

位于太谷县范村镇，太长高速公路 K815 + 098 处，全长 427 米，净宽 22 米，14 孔跨径各 30 米，桥下净空 20 米，跨越麻皮沟，上部结构为箱形梁，下部结构为双柱式墩，设计荷载汽车—超 20 级，挂车—120，山西省交通规划勘察设计院设计，辽宁省锦州道桥工程有限责任公司施工，山西晋达交通建设工程监理所监理，2003 年 10 月开工，2005 年 11 月 8 日投入使用。

12. 桃沟大桥

位于太谷县范村镇，太长高速公路 K815 + 985 处，全长 157 米，净宽 22 米，5 孔跨径各 30 米，桥下净空 22 米，跨越地物为桃沟，上部结构为箱形梁，下部结构为双柱式墩，设计荷载为汽车—超 20 级，挂车—120，山西省交通规划勘察设计院设计，辽宁省锦州道桥工程有限责任公司施工，山西晋达交通建设工程监理所监理，2003 年 10 月开工，2005 年 11 月 8 日投入使用。

13. 寨沟大桥

位于太谷县范村镇，太长高速公路 K816 + 265 处，全长 288 米，净宽 22 米，7 孔跨径各 40 米，桥下净空 30 米，跨越寨沟，上部结构为 T 形梁，下部结构为双柱式墩，设计荷载汽车—超 20 级，挂车—120，山西省交通规划勘察设计院设计，辽宁省锦州道桥工程有限责任公司施工，山西晋达交通建设工程监理所监理，2003 年 10 月开工，2005 年 11 月 8 日投入使用。

14. 马沟大桥

位于太谷县范村镇，太长高速公路 K816 + 630 处，全长 328 米，净宽 22 米，8 孔跨径各 40 米，桥下净空 40 米，跨越马沟，上部结构为 T 形梁，下部结构为双柱式墩，设计荷载汽车—超 20 级，挂车—120，山西省交通规划勘察设计院设计，福建省厦门大成工程股份有限公司施工，山西晋达交通建设工程监理所监理，2003 年 10 月开工，2005 年 11 月 8 日投入使用。

15. 象峪河 2 号大桥

位于太谷县范村镇，太长高速公路 K817 + 570 处，全长 368 米，净宽 22 米，9 孔跨径各 40 米，桥下净空 46 米，跨越地物为象峪河，上部结构为 T 形梁，下部结构为双柱式墩，设计荷载为汽车—超 20 级挂车—120，山西省交通规划勘察设计院设计，福建省厦门大成工程股份有限公司施工，山西晋达交通建设工程监理所监理，2003 年 10 月开工，2005 年 11 月 8 日投入使用。

16. 象峪河 3 号大桥

位于太谷县范村镇，太长高速公路 K818 + 378 处，全长 157 米，净宽 22 米，5 孔跨径各 30 米，桥下净空 12.85 米，跨越象峪河，上部结构为箱形梁，下部结构为双柱式墩，设计荷载为汽车—超 20 级，挂车—120，山西省交通规划勘察设计院设计，福建省厦门大成工程股份有限公司施工，山西晋达交通建设工程监理所监理，2003 年 10 月开工，2005 年 11 月 8 日投入使用。

17. 象峪河 4 号大桥

位于太谷县范村镇，太长高速公路 K819 + 646 处，全长 246 米，净宽 22 米，8 孔跨径各 30 米，桥下净空 17 米，跨越象峪河，上部结构为箱形梁，下部结构为双柱式墩，设计荷载汽车—超 20 级，挂车—120，山西省交通规划勘察设计院设计，中铁十一局集团有限公司施工，山西交科公路工程咨询监理有限公司监理，2003 年 10 月开工，2005 年 11 月 8 日投入使用。

18. 象峪河 5 号大桥

位于太谷县范村镇，太长高速公路 K820 + 436 处，全长 217 米，净宽 22 米，6 孔跨径各 35 米，桥下净空 12 米，跨越象峪河，上部结构为箱形梁，下部结构为双柱式墩，设计荷载汽车—超 20 级，挂车—120，山西省交通规划勘察设计院设计，中铁十一局集团有限公司施工，山西交科公路工程咨询监理有限公司监理，2003 年 10 月开工，2005 年 11 月 8 日投入使用。

19. 象峪河 6 号大桥

位于太谷县范村镇，太长高速公路 K820 + 752 处，全长 321 米，净宽 22 米，9 孔跨径各 35 米，桥下净空 19 米，跨越象峪河，上部结构为箱形梁，下部结构为双柱式墩，设计荷载汽车—超 20 级，挂车—120，山西省交通规划勘察设计院设计，中铁十一局集团有限公司施工，山西交科公路工程咨询监理有限公司监理，2003 年 10 月开工，2005 年 11 月 8 日投入使用。

20. 象峪河 7 号大桥

位于太谷县范村镇，太长高速公路 K821 +145 处，全长 246 米，净宽 22 米，8 孔跨径各 30 米，桥下净空 15 米，跨越象峪河，上部结构为箱形梁，下部结构为双柱式墩，设计荷载汽车—超 20 级，挂车—120，山西省交通规划勘察设计院设计，中铁十一局集团有限公司施工，山西交科公路工程咨询监理有限公司监理，2003 年 10 月开工，2005 年 11 月 8 日投入使用。

21. 范家岭高架桥

位于太谷县范村镇，太长高速公路 K821 +658 处，全长 306 米，净宽 22 米，10 孔跨径各 30 米，桥下净空 15 米，跨越范家岭，上部结构为箱形梁，下部结构为双柱式墩，设计荷载汽车—超 20 级，挂车—120，山西省交通规划勘察设计院设计，中铁十七局集团有限公司施工，山西交科公路工程咨询监理有限公司监理，2003 年 10 月开工，2005 年 11 月 8 日投入使用。

22. 滨河 1 号大桥

位于太谷县范村镇，太长高速公路 K822 +455 处，全长 278 米，净宽 22 米，9 孔跨径各 30 米，桥下净空 22 米，跨越滨河，上部结构为箱形梁，下部结构为双柱式墩，设计荷载汽车—超 20 级，挂车—120，山西省交通规划勘察设计院设计，中铁十七局集团有限公司施工，山西交科公路工程咨询监理有限公司监理，2003 年 10 月开工，2005 年 11 月 8 日投入使用。

23. 象峪河高架桥

位于太谷县范村镇，太长高速公路 K822 +736 处，全长 217 米，净宽 22 米，7 孔跨径各 30 米，桥下净空 22 米，跨越象峪河，上部结构为箱形梁，下部结构为双柱式墩，设计荷载汽车—超 20 级，挂车—120，山西省交通规划勘察设计院设计，中铁十七局集团有限公司施工，山西交科公路工程咨询监理有限公司监理，2003 年 10 月开工，2005 年 11 月 8 日投入使用。

24. 滨河 2 号大桥

位于太谷县范村镇，太长高速公路 K823 +481 处，全长 729 米，净宽 22 米，24 孔跨径各 30 米，桥下净空 28 米，跨越滨河，上部结构为箱形梁，下部结构为双柱式墩，设计荷载汽车—超 20 级，挂车—120，山西省交通规划勘察设计院设计，中铁十七局集团有限公司施工，山西交科公路工程咨询监理有限公司监理，2003 年 10 月开工，2005 年 11 月 8 日投入使用。

25. 大沟 1 号大桥

位于太谷县范村镇，太长高速公路 K823 +913 处，全长 367 米，净宽 22 米，12 孔跨径各 30 米，桥下净空 16.7 米，跨越大沟，上部结构为箱形梁，下部结构为双柱式墩，设计荷载汽车—超 20 级，挂车—120，山西省交通规划勘察设计院设计，中铁二十局集团有限公司施工，山西交科公路工程咨询监理有限公司监理，2003 年 10 月开工，2005 年 11 月 8 日投入使用。

26. 滨河 3 号桥

位于太谷县范村镇，太长高速公路 K826 +098 处，全长 281 米，净宽 22 米，11 孔跨径各

25 米,桥下净空 25 米,跨越滨河,上部结构为箱形梁,下部结构为双柱式墩,设计荷载汽车—超 20 级,挂车—120,山西省交通规划勘察设计院设计,中铁六局集团公司太原铁路建设有限公司施工,山西交科公路工程咨询监理有限公司监理,2003 年 10 月开工, 2005 年 11 月 8 日投入使用。

27. 后沟大桥

位于太谷县范村镇,太长高速公路 K826 + 358 处,全长 184 米,净宽 22 米,7 孔跨径各 25 米,桥下净空 27 米,跨越后沟,上部结构为箱形梁,下部结构为双柱式墩,设计荷载汽车—超 20 级,挂车—120,山西省交通规划勘察设计院设计,中铁六局集团公司太原铁路建设有限公司施工,山西交科公路工程咨询监理有限公司监理,2003 年 10 月开工,2005 年 11 月 8 日投入使用。

28. 象峪河 8 号大桥

位于太谷县范村镇,太长高速公路 K826 + 868 处,全长 155 米,净宽 22 米,6 孔跨径各 24 米,桥下净空 18.8 米,跨越象峪河,上部结构为箱形梁,下部结构为双柱式墩,设计荷载汽车—超 20 级,挂车—120,山西省交通规划勘察设计院设计,中铁六局集团公司太原铁路建设有限公司施工,山西交科公路工程咨询监理有限公司监理,2003 年 10 月开工,2005 年 11 月 8 日投入使用。

29. 象峪河 9 号大桥

位于太谷县范村镇,太长高速公路 K827 + 175 处,全长 408 米,净宽 22 米,16 孔跨径各 26 米,桥下净空 14.9 米,跨越象峪河,上部结构为箱形梁,下部结构为双柱式墩,设计荷载汽车—超 20 级,挂车—120,山西省交通规划勘察设计院设计,中铁六局集团公司太原铁路建设有限公司施工,山西交科公路工程咨询监理有限公司监理,2003 年 10 月开工, 2005 年 11 月 8 日投入使用。

30. 砚瓦沟大桥

位于太谷县范村镇,太长高速公路 K827 + 865 处,全长 303 米,净宽 22 米,10 孔跨径各 30 米,桥下净空 23.2 米,跨越砚瓦沟,上部结构为箱形梁,下部结构为双柱式墩,设计荷载汽车—超 20 级,挂车—120,山西省交通规划勘察设计院设计,中铁六局集团公司太原铁路建设有限公司施工,山西交科公路工程咨询监理有限公司监理,2003 年 10 月开工,2005 年 11 月 8 日投入使用。

31. 官上河 1 号大桥

位于榆社县社城镇,太长高速公路 K832 + 331 处,全长 486 米,净宽 22 米,16 孔跨径各 30 米,桥下净空 10.9 米,跨越官上河,上部结构为箱形梁,下部结构为双柱式墩,设计荷载汽车—超 20 级,挂车—120,山西省交通规划勘察设计院设计,中铁三局集团有限公司施工,黑龙江省公路工程监理咨询公司监理, 2003 年 10 月开工,2005 年 11 月 8 日投入使用。

32. 滨河 4 号大桥

位于榆社县社城镇,太长高速公路 K833 + 340 处,全长 366 米,净宽 22 米,12 孔跨径各 30 米,桥下净空 10.1 米,跨越滨河,上部结构为箱形梁,下部结构为双柱式墩,设计荷载汽车—超 20 级,挂车—120,山西省交通规划勘察设计院设计,山西路桥第二工程有限公司施工,黑龙江省公路工程监理咨询公司监理,2003 年 10 月开工,2005 年 11 月 8 日投入使用。

33. 官上河 2 号大桥

位于榆社县社城镇,太长高速公路 K834 + 745 处,全长 246 米,净宽 22 米,8 孔跨径各 30 米,桥下净空 25.7 米,跨越官上河,上部结构为箱形梁,下部结构为双柱式墩,设计荷载为汽车—超 20 级,挂车—120,山西省交通规划勘察设计院设计,山西路桥第二工程有限公司施工,黑龙江省公路工程监理咨询公司监理,2003 年 10 月开工,2005 年 11 月 8 日投入使用。

34. 官上河 3 号大桥

位于榆社县社城镇,太长高速公路 K837 + 067 处,全长 156 米,净宽 22 米,5 孔跨径各 30 米,桥下净空 22.5 米,跨越官上河,上部结构为箱形梁,下部结构为双柱式墩,设计荷载为汽车—超 20 级,挂车—120,山西省交通规划勘察设计院设计,山西路桥第二工程有限公司施工,黑龙江省公路工程监理咨询公司监理,2003 年 10 月开工,2005 年 11 月 8 日投入使用。

35. 官上河 4 号大桥

位于榆社县社城镇,太长高速公路 K837 + 445 处,全长 246 米,净宽 22 米,8 孔跨径各 30 米,桥下净空 15 米,跨越官上河,上部结构为箱形梁,下部结构为双柱式墩,设计荷载为汽车—超 20 级,挂车—120,山西省交通规划勘察设计院设计,山西路桥第二工程有限公司施工,黑龙江省公路工程监理咨询公司监理,2003 年 10 月开工,2005 年 11 月 8 日投入使用。

36. 舌道沟大桥

位于榆社县社城镇,太长高速公路 K840 + 493 处,全长 205 米,净宽 22 米,8 孔跨径各 25 米,桥下净空 23.6 米,跨越季节性河流,上部结构为箱形梁,下部结构为双柱式墩,设计荷载为汽车—超 20 级,挂车—120,山西省交通规划勘察设计院设计,中铁十八局集团第四工程有限公司施工,黑龙江省公路工程监理咨询公司监理,2003 年 10 月开工,2005 年 11 月 8 日投入使用。

37. 武源河大桥

位于榆社县社城镇,太长高速公路 K855 + 285 处,全长 181 米,净宽 22 米,7 孔跨径各 25 米,桥下净空 7.7 米,跨越武源河,上部结构为箱形梁,下部结构为双柱式墩,设计荷载为汽车—超 20 级,挂车—120,山西省交通规划勘察设计院设计,山西运城路桥有限责任公司施工,黑龙江省公路工程监理咨询公司监理,2003 年 10 月开工,2005 年 11 月 8 日投入使用。

38. 南社大桥

位于榆社县箕城镇,太长高速公路 K860 + 275 处,全长 105.5 米,净宽 22 米,5 孔跨径各 20 米,桥下净空 8 米,跨越季节性河流,上部结构为箱形梁,下部结构为双柱式墩,设计荷载为汽车—超 20 级,挂车—120,山西省交通规划勘察设计院设计,山西平阳路桥有限公司施工,山东潍坊市交通工程监理中心监理,2003 年 10 月开工, 2005 年 11 月 8 日投入使用。

39. 桥房沟大桥

位于榆社县箕城镇,太长高速公路 K861 + 120 处,全长 135.9 米,净宽 22 米,4 孔跨径各 30 米,桥下净空 8 米,跨越桥房沟,上部结构为箱形梁,下部结构为双柱式墩,设计荷载为汽车—超 20 级,挂车—120,山西省交通规划勘察计院设计,山西平阳路桥有限公司施工,山东潍坊市交通工程监理中心监理,2003 年 10 月开工,2005 年 11 月 8 日投入使用。

40. 羊坡沟大桥

位于榆社县箕城镇,太长高速公路 K862 + 887 处,全长 130.3 米,净宽 22 米,4 孔跨径各 30 米,桥下净空 8 米,跨越季节性河流,上部结构为箱形梁,下部结构为双柱式墩,设计荷载汽车—超 20 级,挂车—120,山西省交通规划勘察设计院设计,北京市政集团总公司施工,山东潍坊市交通工程监理中心监理,2003 年 10 月开工, 2005 年 11 月 8 日投入使用。

41. 下西山 1 号大桥

位于榆社县箕城镇,太长高速公路 K863 + 407 处,全长 157 米,净宽 22 米,5 孔跨径各 30 米,桥下净空 13.5 米,跨越季节性河流,上部结构为箱形梁,下部结构为双柱式墩,设计荷载为汽车—超 20 级,挂车—120,山西省交通规划勘察设计院设计,北京市政集团总公司施工,山东潍坊市交通工程监理中心监理,2003 年 10 月开工, 2005 年 11 月 8 日投入使用。

42. 下西山 2 号大桥

位于榆社县箕城镇,太长高速公路 K864 + 026 处,全长 187 米,净宽 22 米,6 孔跨径各 30 米,桥下净空 11.7 米,跨越季节性河流,上部结构为箱形梁,下部结构为双柱式墩,设计荷载汽车—超 20 级,挂车—120,山西省交通规划勘察设计院设计,北京市政集团总公司施工,山东潍坊市交通工程监理中心监理,2003 年 10 月开工,2005 年 11 月 8 日投入使用。

43. 木瓜沟大桥

位于榆社县郝北镇,太长高速公路 K865 + 725 处,全长 187 米,净宽 22 米,6 孔跨径各 30 米,桥下净空 17.9 米,跨越季节性河流,上部结构为箱形梁,下部结构为双柱式墩,设计荷载为汽车—超 20 级,挂车—120,山西省交通规划勘察设计院设计,北京市政集团总公司施工,山东潍坊市交通工程监理中心监理,2003 年 10 月开工, 2005 年 11 月 8 日投入使用。

44. 小杜余沟大桥

位于榆社县郝北镇,太长高速公路 K868 + 655 处,全长 276 米,净宽 22 米,9 孔跨径各 30 米,桥下净空 18.6 米,跨越小杜余沟,上部结构为箱形梁,下部结构为双柱式墩,设计荷载为汽车—超 20 级,挂车—120,山西省交通规划勘察设计院设计,北京市政集团总公司施工,山东潍坊市交通工程监理中心监理,2003 年 10 月开工, 2005 年 11 月 8 日投入使用。

45. 南王村大桥

位于榆社县郝北镇,太长高速公路 K869 + 890 处,全长 157 米,净宽 22 米,5 孔跨径各 30 米,桥下净空 14.7 米,跨越季节性河流,上部结构为箱形梁,下部结构为双柱式墩,设计荷载汽车—超 20 级,挂车—120,山西省交通规划勘察设计院设计,北京市政集团总公司施工,山东潍坊市交通工程监理中心监理,2003 年 10 月开工, 2005 年 11 月 8 日投入使用。

46. 西河大桥

位于榆社县郝北镇,太长高速公路 K873 + 190 处,全长 230 米,净宽 22 米,8 孔跨径各 28 米,桥下净空 8.4 米,跨越西河,上部结构为箱形梁,下部结构为双柱式墩,设计荷载汽车—超 20 级,挂车—120,山西省交通规划勘察设计院设计,山西太行路桥有限公司施工,山东潍坊市交通工程监理中心监理,2003 年 10 月开工,2005 年 11 月 8 日投入使用。

47. 吴家庄大桥

位于武乡县丰州镇,太长高速公路 K885 + 010 处,全长 247 米,净宽 22 米,8 孔跨径各 30 米,桥下净空 10 米,跨越季节性河流,上部结构为箱形梁,下部结构为双柱式墩,设计荷载为汽车—超 20 级,挂车—120,山西省交通规划勘察设计院设计,山西运城路桥有限责任公司施工,山东烟台市方正公路工程监理咨询有限公司监理, 2003 年 10 月开工,2005 年 11 月 8 日投入使用。

48. 黄渠沟大桥

位于武乡县丰州镇,太长高速公路 K886 + 210 处,全长 127 米,净宽 22 米,4 孔跨径各 30 米,桥下净空 5.9 米,跨越黄渠沟,上部结构为箱形梁,下部结构为双柱式墩,设计荷载为汽车—超 20 级,挂车—120,山西省交通规划勘察设计院设计,山西运城路桥有限责任公司施工,山东烟台市方正公路工程监理咨询有限公司监理,2003 年 10 月开工,2005 年 11 月 8 日投入使用。

49. 后子坪大桥

位于武乡县丰州镇,太长高速公路 K887 + 460 处,全长 157 米,净宽 22 米,5 孔跨径各 30 米,桥下净空 14.7 米,跨越季节性河流,上部结构为箱形梁,下部结构为双柱式墩,设计荷载为汽车—超 20 级,挂车—120,山西省交通规划勘察设计院设计,山西路桥第二工程有限公司施工,山东烟台市方正公路工程监理咨询有限公司监理,2003 年 10 月开工,2005 年 11 月 8 日投入使用。

50. 南沟大桥

位于武乡县丰州镇,太长高速公路 K888 + 410 处,全长 187 米,净宽 22 米,6 孔跨径各 30 米,桥下净空 30.7 米,跨越南沟,上部结构为箱形梁,下部结构为双柱式墩,设计荷载为汽车—超 20 级,挂车—120,山西省交通规划勘察设计院设计,山西路桥第二工程有限公司施工,山东烟台市方正公路工程监理咨询有限公司监理,2003 年 10 月开工,2005 年 11 月 8 日投入使用。

51. 涅河大桥

位于武乡县丰州镇,太长高速公路 K892 + 470 处,全长 727 米,净宽 22 米,24 孔跨径各 30 米,桥下净空 30.5 米,跨越涅河,上部结构为箱形梁,下部结构为双柱式墩,设计荷载为汽车—超 20 级,挂车—120,山西省交通规划勘察设计院设计,山西路桥第一工程有限公司施工,山东烟台市方正公路工程监理咨询有限公司监理,2003 年 10 月开工,2005 年 11 月 8 日投入使用。

52. 合尖垴大桥

位于武乡县丰州镇,太长高速公路 K894 + 180 处,全长 186 米,净宽 22 米,6 孔跨径各 30 米,桥下净空 20 米,跨越合尖垴,上部结构为箱形梁,下部结构为双柱式墩,设计荷载汽车—超 20 级,挂车—120,山西省交通规划勘察设计院设计,山西路桥第一工程有限公司施工,山东烟台市方正公路工程监理咨询有限公司监理,2003 年 10 月开工,2005 年 11 月 8 日投入使用。

53. 曹村大桥

位于武乡县丰州镇,太长高速公路 K897 + 150 处,全长 517 米,净宽 22 米,17 孔跨径各 30 米,桥下净空 20 米,跨越季节性河流,上部结构为箱形梁,下部结构为双柱式墩,设计荷载为汽车—20 级,挂车—120,山西省交通规划勘察勘测设计院设计,山西路桥第一工程有限公司施工,山东烟台市方正公路工程监理咨询有限公司监理,2003 年 10 月开工,2005 年 11 月 8 日投入使用。

54. 白杨沟大桥

位于襄垣县王村镇，太长高速公路 K906 +080 处，全长 157 米，净宽 22 米，5 孔跨径各 30 米，桥下净空 21.6 米，跨越白杨沟，上部结构为箱形梁，下部结构为双柱式墩，设计荷载汽车—超 20 级，挂车—120，山西省交通规划勘察设计院设计，中铁十七局集团第六工程有限公司施工，吉林省公路工程监理有限责任公司监理，2003 年 10 月开工，2005 年 11 月 8 日投入使用。

55. 寨头大桥

位于襄垣县王村镇，太长高速公路 K907 +940 处，全长 126 米，净宽 22 米，4 孔跨径各 30 米，桥下净空 23.1 米，跨越寨头沟，上部结构为箱形梁，下部结构为双柱式墩，设计荷载为汽车—超 20 级，挂车—120，山西省交通规划勘察设计院设计，中铁十七局集团第六工程有限公司施工，吉林省公路工程监理有限责任公司监理，2003 年 10 月开工，2005 年 11 月 8 日投入使用。

56. 王村大桥

位于襄垣县王村镇，太长高速公路 K912 +200 处，全长 508 米，净宽 22 米，孔数为 10 孔，跨径为 50 米，桥下净空 42 米，跨越沟壑，上部结构为 T 形梁，下部结构为双壁墩，设计荷载汽车—超 20 级，挂车—120，山西省交通规划勘察设计院设计，中铁十九局集团有限公司施工，吉林省公路工程监理有限责任公司监理，2003 年 10 月开工，2005 年 11 月 8 日投入使用。

57. 史属河大桥

位于襄垣县王村镇，太长高速公路 K913 +630 处，全长 336 米，净宽 22 米，11 孔跨径各 30 米，桥下净空 15 米，跨越史属河，上部结构为箱形梁，下部结构为双柱式墩，设计荷载为汽车—超 20 级，挂车—120，山西省交通规划勘察设计院设计，中铁十九局集团有限公司施工，吉林省公路工程监理有限责任公司监理，2003 年 10 月开工，2005 年 11 月 8 日投入使用。

58. 油后角沟大桥

位于襄垣县王村镇，太长高速公路 K915 +580，全长 127 米，净宽 22 米，4 孔跨径各 30 米，桥下净空 12 米，跨越油后角沟，上部结构为箱形梁，下部结构为双柱式墩，设计荷载为汽车—超 20 级，挂车—120，山西省交通规划勘察设计院设计，中铁十五局集团有限公司施工，吉林省公路工程监理有限责任公司监理，2003 年 10 开工，2005 年 11 月 8 日投入使用。

59. 甘露岩大桥

位于襄垣县王村镇，太长高速公路 918 +530 处，全长 187 米，净宽 22 米，6 孔跨径各 30 米，桥下净空 36.4 米，跨越甘露岩，上部结构为箱形梁，下部结构为双柱式墩，设计荷载汽车—超 20 级，挂车—120，山西省交通规划勘察设计院设计设计，中铁十五局集团有限公司施工，吉林省公路工程监理有限责任公司监理，2003 年 10 月开工，2005 年 11 月 8 日投入使用。

60. 韩家沟大桥

位于襄垣县王村镇，太长高速公路 K919 +590 处，全长 157 米，净宽 22 米，5 孔跨径各 30 米，桥下净空 34.5 米，跨越韩家沟，上部结构为箱形梁，下部结构为双柱式墩，设计荷载汽车—超 20 级，挂车—120，山西省交通规划勘察设计院设计，中铁十五局集团有限公司施工,吉林省公路工程监理有限责任公司监理,2003 年 10 月开工,2005 年 11 月 8 日投入使用。

61. 庙街大桥

位于襄垣县王村镇,太长高速公路 K921 +660 处,全长 217 米,净宽 22 米,7 孔跨径各 30 米,桥下净空 34.5 米,跨越庙街,上部结构为箱形梁,下部结构为双柱式墩,设计荷载汽车—超 20 级,挂车—120,中交通力公路勘察设计工程有限公司设计,晋城路桥建设有限公司施工,吉林省公路工程监理有限责任公司监理,2003 年 10 月开工,2005 年 11 月 8 日投入使用。

62. 湖家沟大桥

位于襄垣县夏店镇,太长高速公路 K927 +190 处,全长 217 米,净宽 22 米,7 孔跨径各 30 米,桥下净空 16 米,跨越湖家沟,上部结构为箱形梁,下部结构为双柱式墩,设计荷载为汽车—超 20 级,挂车—120,中交通力公路勘察设计工程有限公司设计,晋城路桥建设有限公司施工,吉林省公路工程监理有限责任公司监理,2003 年 10 月开工,2005 年 11 月 8 日投入使用。

63. 马喊水库大桥

位于襄垣县夏店镇,太长高速公路 K928 +420 处,全长 157 米,净宽 22 米,5 孔跨径各 30 米,桥下净空 16 米,跨越马喊水库,上部结构为箱形梁,下部结构为双柱式墩,设计荷载汽车—超 20 级,挂车—120,中交通力公路勘察设计工程有限公司设计,晋城路桥建设有限公司施工,吉林省公路工程监理有限责任公司监理,2003 年 10 月开工,2005 年 11 月 8 日投入使用。

64. 夏店跨铁路桥

位于襄垣县夏店镇,太长高速公路 K930 +070 处,全长 127 米,净宽 22 米,4 孔跨径各 30 米,桥下净空 8 米,跨越铁路,上部结构为 T 形梁,下部结构为双柱式墩,设计荷载汽车—超 20 级,挂车—120,中交通力公路勘察设计工程有限公司设计,安徽宿州路桥工程公司施工,太原市华宝通工程监理有限公司监理,2003 年 10 月开工,2005 年 11 月 8 日投入使用。

65. 分离式立交大桥

位于襄垣县夏店镇,太长高速公路 K930 +400 处,全长 127 米,净宽 22 米,4 孔跨径各 30 米,桥下净空 5 米,跨越国道 208 线,上部结构为箱形梁,下部结构为双柱式墩,设计荷载汽车—超 20 级,挂车—120,中交通力公路勘察设计工程有限公司设计,安徽宿州路桥工程公司施工,太原市华宝通工程监理有限公司监理,2003 年 10 月开工,2005 年 11 月 8 日投入使用。

66. 浊漳西源大桥

位于襄垣县夏店镇,太长高速公路 K932 +380 处,全长 367 米,净宽 23.5 米,13 孔跨径各 20 米,桥下净空 11.4 米,跨越浊漳河,上部结构为空心板梁,下部结构为多柱式墩,设计荷载汽车—超 20 级,挂车—120,中交通力公路勘察设计工程有限公司设计,安徽宿州路桥工程公司施工,太原市华宝通工程监理有限公司监理,2003 年 10 月开工,2005 年 11 月 8 日投入使用。

67. 苏村大桥

位于襄垣县夏店镇,太长高速公路 K934 +450 处,全长 207 米,净宽 23.5 米, 8 孔跨径各 25 米,桥下净空 14 米,跨越乡村路,上部结构为箱形梁,下部结构为双柱式墩,设计荷载汽车—超20级，挂车—120，中交通力公路勘察设计工程有限公司设计，安徽宿州路桥工程公司施工，太原市华宝通工程监理有限公司监理，2003年10月18日开工，2005年11月8日投入使用。

68. 戴家庄大桥

位于襄垣县侯堡镇，太长高速公路K938+820处，全长157米，净宽23.5米，5孔跨径各30米，桥下净空12米，跨越乡村路，上部结构为箱形梁，下部结构为双柱式墩，设计荷载汽车—超20级，挂车—120，中交通力公路勘察设计工程有限公司设计，路桥集团第一公路工程局第五工程公司施工，太原市华宝通工程监理有限公司监理，2003年10月开工，2005年11月8日投入使用。

69. 闫村大桥

位于襄垣县侯堡镇，太长高速公路K941+850处，全长217米，净宽23.5米，7孔跨径各30米，桥下净空12米，跨越乡村路，上部结构为箱形梁，下部结构为双柱式墩，设计荷载汽车—超20级，挂车—120，中交通力公路勘察设计工程有限公司设计，路桥集团第一公路工程局第五工程公司施工，太原市华宝通工程监理有限公司监理，2003年10月开工，2005年11月8日投入使用。

70. 常村公铁立交桥

位于屯留县上村镇，太长高速公路K946+840处，全长178米，净宽23.5米，共4孔，跨径分别为35米+51米+51米+35米，跨越常村铁路专用线，上部结构为T形梁，下部结构为双柱式墩，桥下净空10米，设计荷载为汽车—超20级，挂车—120，中交通力公路勘察设计工程有限公司设计，山西路桥建设集团有限公司施工，太原市华宝通工程监理有限公司监理，2003年10月开工，2005年11月8日投入使用。

71. 水浒庄大桥

位于屯留县上村镇，太长高速公路K947+220处，全长125米，净宽23.5米，6孔跨径各25米，桥下净空9米，跨越乡村路，上部结构为箱形梁，下部结构为双柱式墩，设计荷载汽车—超20级，挂车—120，中交通力公路勘察设计工程有限公司设计，山西路桥建设集团有限公司施工，太原市华宝通工程监理有限公司监理，2003年10月开工，2005年11月8日投入使用。

72. 降河大桥

位于屯留县上村镇，太长高速公路K956+740处，全长277米，净宽23.5米，9孔跨径各30米，桥下净空39米，跨越降河，上部结构为箱形梁，下部结构为双柱式墩，设计荷载汽车—超20级，挂车—120，中交通力公路勘察设计工程有限公司设计，北京海龙公路工程公司施工，山西交通建设工程监理总公司监理，2003年10开工，2005年11月8日投入使用。

73. 高头寺现浇桥

位于屯留县上村镇，太长高速公路K961+720处，全长107米，跨越乡村路，上部结构为箱形梁，下部结构为双柱式墩，净宽23.5米，跨径组合为30米+40米+30米，桥下净空5米，设计荷载汽车—超20级，挂车120，中交通力公路勘察设计工程有限公司设计，中铁十五局集团五公司施工，山西交通建设工程监理总公司监理，2003年10月开工，2005年11月8日投入使用。

74. 西分离跨线桥

位于屯留县上村镇,太长高速公路 K962 +960 处,全长 106 米,净宽 23.5 米,4 孔跨径各 25 米,桥下净空 5 米,跨越乡村路,上部结构为箱形梁,下部结构为双柱式墩,设计荷载为汽车—超 20 级,挂车—120,中交通力公路勘察设计工程有限公司设计,中铁十五局集团五公司施工,山西交通建设工程监理总公司监理,2003 年 10 月开工,2005 年 11 月 8 日投入。

75. 岚水河大桥

位于长治市郊区李高乡,太长高速公路 K966 +860 处,全长 156 米,净宽 23.5 米,7 孔跨径各 20 米,桥下净空 5 米,跨越岚水河,上部结构为空心板梁,下部结构为双柱式墩,设计荷载汽车—超 20 级,挂车—120,中交通力公路勘察设计工程有限公司设计,山西纵横路桥公司施工,山西交通建设工程监理总公司监理,2003 年 10 月 18 日开工,2005 年 11 月 8 日投入使用。

76. 浊漳河大桥

位于长治市郊区李高乡,太长高速公路 K968 +240 处,全长 397 米,净宽 23.5 米,13 孔跨径各 30 米,桥下净空 5 米,跨越浊漳河,上部结构为空心板梁,下部结构为双柱式墩,设计荷载汽车—超 20 级,挂车—120,中交通力公路勘察设计工程有限公司设计,山西纵横路桥公司施工,山西交通建设工程监理总公司监理,2003 年 10 月 18 日开工,2005 年 11 月 8 日投入使用。

77. 长邯连接线漳河大桥

位于潞城市史廻镇,太长高速公路 K958 +550 处,全长 227 米,净宽 23.5 米,11 孔跨径各 20 米,桥下净空 13.9 米,跨越漳河,上部结构为空心板梁,下部结构为双柱式墩,设计荷载汽车—超 20 级,挂车—120,中交通力公路勘察设计工程有限公司设计,山西路桥集团一公司施工,山西交通建设工程监理总公司监理,2003 年 10 月 18 日开工,2005 年 11 月 8 日投入使用。

长晋二级公路大桥

丹河大桥

国道 207 线长晋二级公路(晋城市境内段)唯一一座大型桥梁,位于高平市河西镇刘庄村北,长晋二级公路 K1257 +297 处,为 10 孔跨径各 13 米钢筋混凝土空心板桥,长 133.54 米,桥面宽 12 米,净高 11 米,设计荷载汽车—超 20 级,挂车—100,下部为三柱式墩台,钻孔灌注桩基础,埋置深度 23.64 米,基础采用直径 1.2 米钻孔灌注桩。1992 年建设,是年末投入使用。2005 年,进行桥面维修加固,2006 年,使用状况良好。

阳济公路大桥

共 4 座,长 620.68 米。由阳城县城起依次为:

1. 东河悬空高架桥

位于阳济公路起点,阳城县城东隅,获泽河西岸,沿河而建(非跨越获泽河),南北走向,南端与县城南环路相接,与东河大桥(西端)、新阳东街相交,长 245.6 米,为 14 孔跨径各 16 米、1 孔跨径 13 米预应力钢筋混凝土板桥,桥面净宽 20 米,高 11 米,铁道部第四勘探设计院设计,太原市市政工程公司施工,投资 10811854 元,设计洪水频率 1/100,设计荷载汽车—20 级,挂车—100,1993 年 3 月开工,1997 年竣工,是年 7 月投入使用,2006 年,状况良好。

2. 苊底大桥

又称苊底桥,位于阳城县白桑乡苊底村北,阳济公路 K9 +450 处,跨越获泽河,全长

103.32 米,桥面宽 13.5 米,高 11 米,为 3 孔跨径各 25 米双曲拱桥,桥下无通航要求,山西交通规划勘察设计院设计,晋城公路分局第二工程处承建,设计荷载汽车—20 级,挂车—100,设计洪水频率 1/100,投资 2178400.81 元。1993 年开工,1996 年建成,1997 年 7 月投入使用,2006 年,状况良好。

3. 王沟大桥

位于阳城县白桑乡瓜底村南,阳济公路 K10 + 398 米处,跨越深沟,全长 184.74. 米,高 40 米,宽 13.5 米,为 6 孔跨径各 30 米预应力钢筋混凝土 T 形桥梁,设计荷载汽车—20 级,挂车—100,铁三局设计处设计,中铁第三工程分局承建,投资 6343102.38 元,1996 年 10 月建成,1997 年 7 月投入使用,2006 年,状况良好。

4. 涧坪大桥

位于阳城县蟒河镇涧坪村东,阳济公路 K17 + 257 处,横跨涧河(当地称涧坪河),单孔跨径 54 米双曲拱,空腹式、钢筋混凝土和水泥料石混合结构,桥长 87 米,高 28.5 米,矢高 9 米,桥面宽 9 米(行车道 7.5 米,两侧悬臂式人行道 1.5 米),桥拱两端扎于河两岸崖石之上,设计荷载汽车—20 级,挂—100,为阳济公路跨径最大的石拱桥。

涧河为季节性河流,洪水来势凶猛,该桥址处地貌复杂,是阳济公路的咽喉路段。此处历史上曾六次建桥,均建而复塌(遗迹尚存),故流传着“强龙不备鞍、河神不好惹、涧坪河上建不成桥”的说法,当地交通历来极为不便。

1977 年,阳城县革命委员会将涧坪大桥作为酝酿建设的阳济公路的构造工程,作出建桥决定,是年 10 月 22 日动工,由该县供销社和应朝铁厂筹资,县农田水利建设指挥部第五分部组织 300 余民工修建,共动用土石方 7200 立方米,投工 92750 个,投资 16.06 万元,1978 年 7 月建成并投入使用。1996 年,该桥作为阳济公路控制性工程,对桥面进行改造,经山西省公路设计院反复测试,桥梁承受荷载强度性能优良。2006 年,使用状况良好。

工程建设中,广大建设者提出在党中央“抓纲治国”战略决策指引下,发扬自力更生、艰苦奋斗,一不怕苦、二不怕死的革命精神,群策群力攻难关,土法上马巧施工的行动口号,用木料搭起 28 米高的拱架,制作绞磨缆索起吊简易设备代替大型吊装机械,克服技术力量不足、地形复杂等诸多困难,终使大桥告竣。

公路中、小桥梁统计

省交通建设开发投资总公司所辖 5 条公路共有中桥 71 座,计长 4541 米;小桥 213 座,计长 4854 米。附

2006 年末公路中小桥梁统计表 表 2-2-2

线路名称	中桥		小桥	
	座数	总长(米)	座数	总长(米)
晋焦高速公路	1	56	11	185
长晋高速公路	32	2008	54	1709
太长高速公路	31	2107	104	2168
长晋二级公路	3	174	42	765
阳济公路	4	196	2	27
合计	71	4541	213	4854

注:长晋二级公路为晋城境内段。

（二）隧道

总公司管辖的公路中，晋焦、太长、阳济 3 条公路具有隧道设施。该 3 条公路共有隧道 32 座，共长 35183 米。其中，晋焦高速公路 11 座，长 20502 米；太长高速公路 16 座，长 12725 米；阳济公路 5 座，长 1956 米。

晋焦高速公路隧道

1. 天子岭隧道

地处晋焦高速公路 K13 +027 ~ K14 +128 处，右洞长 1042 米，左洞长 1098 米，净宽 8.5 米，净高 6.8 米，限高 5 米，单向 2 车道。结构形式：隧道内为曲墙式复合衬砌，初期支护采用锚杆喷设混凝土与钢拱架（或隔栅钢架）支护，二次衬砌采用全断面整体式浇注钢筋混凝土或素混凝土衬砌。设计时速为 60 公里/小时，洞内两侧有检修道，右侧宽 0.75 米，左侧宽 0.5 米，洞内无监控设备，配备有灭火器材。采用机械通风，高压钠灯照明，洞内地下排水。中国第一公路勘察设计院设计，中国华冶二公司承建，山西省交通建设工程监理总公司晋焦高速公路工程监理总部监理。1998 年 4 月开工，2000 年 7 月竣工，2002 年 12 月投入使用，山西晋焦高速公路有限公司负责管理。

2. 小南寨隧道

地处晋焦高速公路 K14 +420 ~ K14 +850 处，左洞长 405 米，右洞长度 385 米，净宽为 8.5 米，净高 6.8 米，限高 5 米，单向 2 车道。结构形式：隧道内为曲墙式复合衬砌，初期支护采用锚杆喷设混凝土与钢拱架（或隔栅钢架）支护，二次衬砌采用全断面整体式浇注钢筋混凝土或素混凝土衬砌。设计时速为 60 公里/小时，洞内两侧有检修道，右侧宽 0.75 米，左侧宽 0.5 米，洞内无监控设备，采用高压钠灯照明，无消防设施。洞内自然通风，地下排水。中国第一公路勘察设计院设计，中国华冶二公司承建，山西省交通建设工程监理总公司晋焦高速公路工程监理总部监理。1998 年 5 月开工，2000 年 3 月竣工，2002 年 12 月投入使用，山西晋焦高速公路有限公司负责管理。

3. 寺阴隧道

地处晋焦高速公路 K15 +985 ~ K16 +977 处，左洞长 963 米，右洞长 937 米，净宽 8.5 米，净高 6.8 米，限高 5 米，单向 2 车道。结构形式：隧道内为曲墙式复合衬砌，初期支护采用锚杆喷设混凝土与钢拱架（或隔栅钢架）支护，二次衬砌采用全断面整体式浇注钢筋混凝土或素混凝土衬砌。洞内无监控设备，设计时速为 60 公里小时，两侧有检修道，右侧宽 0.75 米，左侧宽 0.5 米，安装有灭火器等消防设施，采用机械通风，高压钠灯照明，地下排水。中国第一公路勘察设计院设计，武警交通独立支队与武警交通二总队承建，山西省交通建设工程监理总公司晋焦高速公路工程监理总部监理。1998 年 1 月开工，2000 年 8 月竣工，2002 年 12 月投入使用，山西晋焦高速公路有限公司负责管理。

4. 北石瓮隧道

地处晋焦高速公路 K17 +180 ~ K17 +600 处，左洞长 420 米，右洞长 301 米，净宽 8.5 米，净高 6.8 米，限高 5 米，单向 2 车道。结构形式：隧道内为曲墙式复合衬砌，初期支护采用锚杆喷设混凝土与钢拱架（或隔栅钢架）支护，二次衬砌采用全断面整体式浇注钢筋混凝土或素混凝土衬砌。在隧道衬砌防水中，使用第三代软式透水管、PE23OS 排水板、土工布、橡胶防水板、防水材料。洞内设计时速为 60 公里/小时，两侧设检修道，右侧宽 0.75 米，左侧宽 0.5 米，无监控设备，采用高压钠灯照明，无消防设施，自然通风，地下排水。中国第一公路勘察设计院设计,铁道部第十八工程局四处承建,山西省交通建设工程监理总公司晋焦高速公路工程监理总部监理。1996年3月开工,2000年4月竣工,2002年12月投入使用,山西晋焦高速公路有限公司负责管理。

5. 东石瓮隧道

地处晋焦高速公路K17+810~K19+813处,右洞长2003米,左洞长1921米,净宽8.5米,净高6.8米,限高5米,单向2车道。结构形式:隧道内为曲墙式复合衬砌,初期支护采用锚杆喷设混凝土与钢拱架(或隔栅钢架)支护,二次衬砌采用全断面整体式浇注钢筋混凝土或素混凝土衬砌。洞内设计时速为60公里/小时,两侧设检修道,右侧宽0.75米,左侧宽0.5米,有监控设备,有感温光纤自动报警系统、手动报警系统、消防栓、灭火器、隧道广播等设施,采用机械通风,高压钠灯照明,地下排水。中国第一公路勘察设计院设计,铁道部第十八工程局四处承建,山西省交通建设工程监理总公司晋焦高速公路工程监理总部监理。1998年3月开工,2000年4月竣工,2002年12月投入使用,山西晋焦高速公路有限公司负责管理。

6. 牛郎河隧道

晋焦高速公路最长的隧道,地处K21+857~K25+850处,右洞长3952米,左洞长3893米,洞内净宽8.5米,净高为6.8米,限高5米,单向2车道。结构形式:隧道内为曲墙式复合衬砌,初期支护采用锚杆喷设混凝土与钢拱架(或隔栅钢架)支护,二次衬砌采用全断面整体式浇注钢筋混凝土或素混凝土衬砌。洞内设计时速为60公里/小时,两侧设有检修道,右侧宽度为0.75米,左侧宽度为0.5米,行车道右侧有紧急停车带,宽度为2.5米,设置有监控设备,有感温光纤自动报警系统、手动报警系统、消防栓、灭火器、隧道广播等设施。采用机械通风,高压钠灯照明,地下排水。中国第一公路勘察设计院设计,铁道部第十七工程局五处和铁道部隧道工程局第一工程处承建,山西省交通建设工程监理总公司晋焦高速公路工程监理总部监理。1997年12月开工,1999年12月竣工,2002年12月投入使用,山西晋焦高速公路有限公司负责管理。

7. 韩家寨1号隧道

地处晋焦高速公路K28+685~K29+780处,左洞长193米,右洞长965米,净宽8.5米,净高6.8米,限高5米,单向2车道。结构形式:隧道内为曲墙式复合衬砌,初期支护采用锚杆喷设混凝土与钢拱架(或隔栅钢架)支护,二次衬砌采用全断面整体式浇注钢筋混凝土或素混凝土衬砌。洞内设计时速60公里/小时,两侧设有检修道,右侧宽0.75米,左侧宽0.5米,无监控设备,采用高压钠灯照明,设灭火器等消防设施,机械通风,地下排水。中国第一公路勘察设计院设计,铁道部第十五工程局承建,山西省交通建设工程监理总公司晋焦高速公路工程监理总部监理。1999年开工,2001年竣工,2002年12月投入使用,山西晋焦高速公路有限公司负责管理。

8. 韩家寨2号隧道

地处晋焦高速公路分离式路基左幅K29+252~K29+500处,长248米,净宽8.5米,净高6.8米,限高5米,单向2车道。结构形式:隧道内为曲墙式复合衬砌,初期支护采用锚杆喷设混凝土与钢拱架(或隔栅钢架)支护,二次衬砌采用全断面整体式浇注钢筋混凝土或素混凝土衬砌。洞内设计时速为60公里/小时,两侧设检修道,右侧宽0.75米,左侧宽0.5米,无监控设备,无消防设施,采用自然通风,高压钠灯照明,地下排水。1999年开工,2001

年竣工,2002 年 12 月投入使用,山西晋焦高速公路有限公司负责管理。

9. 韩家寨 3 号隧道

地处晋焦高速公路分离式路基左幅 K29 + 865 ~ K30 + 020 处 ,长 155 米,净宽 8.5 米,净高 6.8 米,限高 5 米,单向 2 车道。结构形式:隧道内为曲墙式复合衬砌,初期支护采用锚杆喷设混凝土与钢拱架(或隔栅钢架)支护,二次衬砌采用全断面整体式浇注钢筋混凝土或素混凝土衬砌。设计时速为 60 公里/小时,洞内两侧设检修道,右侧宽 0.75 米,左侧宽 0.5 米,无监控设备,无消防设施,采用自然通风和自然照明,地下排水。中国第一公路勘察设计院设计,铁道部第十五工程局承建,山西省交通建设工程监理总公司晋焦高速公路工程监理总部监理。1998 年 10 月开工,1999 年 11 竣工,2002 年 12 月投入使用,山西晋焦高速公路有限公司负责管理。

10. 韩家寨 4 号隧道

地处晋焦高速公路 K30 + 415 ~ K31 + 063 处,左洞长 648 米,右洞长 683 米,净宽 8.5 米,净高 6.8 米,限高 5 米,单向 2 车道。结构形式:隧道内为曲墙式复合衬砌,初期支护采用锚杆喷设混凝土与钢拱架(或隔栅钢架)支护,二次衬砌采用全断面整体式浇注钢筋混凝土或素混凝土衬砌。洞内设计时速为 60 公里/小时,两侧有检修道,右侧宽 0.75 米,左侧宽 0.5 米,无监控设备,采用高压钠灯照明,备有灭火器材,自然通风,洞内地下排水。中国第一公路勘察设计院设计,铁道部第十九工程局承建,山西省交通建设工程监理总公司晋焦高速公路工程监理总部监理。1998 年 5 月开工,2000 年 8 月竣工,2002 年 12 月投入使用,山西晋焦高速公路有限公司负责管理。

11. 韩家寨 5 号隧道

又称省界隧道,地处晋焦高速公路 K31 + 630 —K31 + 775 处,山西省晋城市与河南省焦作市交界处,左右洞长均为 145 米,净宽 8.5 米,净高 6.8 米,限高 5 米,单向 2 车道。结构形式:隧道内为曲墙式复合衬砌,初期支护采用锚杆喷设混凝土与钢拱架(或隔栅钢架)支护,二次衬砌采用自制钢拱架和组合模板立模人工浇注混凝土施工。洞内设计时速为 60 公里/小时,两侧设检修道,右侧宽 0.5 米,左侧宽 0.5 米,未设置监控设备、照明设施和消防设施,自然通风,地下排水。中国第一公路勘察设计院设计,铁道部第十七工程局三处承建,山西省交通建设工程监理总公司晋焦高速公路工程监理总部监理。1998 年 5 月开工,1999 年 11 月竣工,2002 年 12 月投入使用,山西晋焦高速公路有限公司负责管理。

太长高速公路隧道

共 16 座,其中连拱式隧道 10 座,分离式隧道 6 座。由北向南依次为:

1. 葫芦山隧道

位于太谷县王公乡南窑村南,太长高速公路 K815 + 530 处,为连拱式隧道,长均为 385 米,净宽 9.75 米,其中行车道 7.5 米,限高 5 米,洞内采用曲墙式复合衬砌,初期支护与二次衬砌之间设置防水层,洞内安装有报警、监控、录像、照明等设施。由山西省交通规划勘察设计院设计,中铁十七局集团第二工程有限公司承建,山西晋达交通建设工程监理所监理。

2. 长堰岭 1 号隧道

位于太谷县范村镇岭儿上村东,太长高速公路 K816 + 886 处,为连拱式隧道,长均为 262 米,净宽 9.7 米,其中行车道 7.5 米,限高 5 米,洞内采用曲墙式复合衬砌,中墙采用钢筋混凝土结构,中墙顶部采用锚杆进行加固并用素混凝土回填,初期支护与二次衬砌之间设置防水层,洞内安装有报警、监控、录像、照明等设施。山西省交通规划勘察设计院设计,辽宁省锦州道桥工程有限责任公司承建,山西晋达交通建设工程监理所监理。

3. 长堰岭 2 号隧道

位于太谷县范村镇岭儿上村东,太长高速公路 K817 + 290 处,为连拱式隧道,长均为 113 米,净宽 9.75 米,其中行车道 7.5 米,限高 5 米,洞内采用曲墙式复合衬砌,内轮廓线为单心圆形式,中墙采用曲中墙,洞内安装有报警、监控、录像、照明等设施。山西省交通规划勘察设计院设计,辽宁省锦州道桥工程有限责任公司承建,山西晋达交通建设工程监理所监理。

4. 郝家庄隧道

位于太谷县范村镇郝家庄村西北,太长高速公路 K818 + 510 处,为连拱式隧道,长均为 203 米,净宽 9.75 米,其中行车道 7.5 米,限高 5 米,洞内采用复合式衬砌,仰拱均采用钢筋混凝土结构,两洞中墙采用 C15 片石混凝土回填。洞内安装有报警、监控、录像、照明等设施。山西省交通规划勘察设计院设计,厦门市大成工程股份有限公司承建,山西晋达交通建设工程监理所监理。

5. 范家岭 1 号隧道

位于太谷县范村镇范家岭村西南,太长高速公路 K821 + 885 处,为连拱式隧道,长均为 250 米,净宽 9.75 米,其中行车道 7.5 米,限高 5 米,采用二次衬砌独立成环的曲墙式断面,隧道内轮廓采用单心圆形式,中墙采用曲中式。洞内安装有报警、监控、录像、照明等设施。山西省交通勘测设计院设计,中铁十一局集团有限公司承建,山西交科公路工程咨询监理有限公司监理。

6. 范家岭 2 号隧道

位于太谷县范村镇范家岭村西北,太长高速公路 K824 + 750 处,为连拱式隧道,长均为 145 米,净宽 9.75 米,行车道 7.5 米,限高 5 米,采用二次衬砌独立成环的曲墙式断面,隧道内轮廓采用单心圆形式,中墙采用曲中墙。洞内安装有报警、监控、录像、照明等设施。由山西省交通规划勘察设计院设计,中铁十七局集团有限公司承建,山西交科公路工程咨询监理有限公司监理。

7. 范家岭 3 号隧道

位于太谷县范村镇范家岭村西南,太长高速公路 K824 + 965 处,为连拱式隧道,长均为 240 米,净宽 9.75 米,行车道 7.5 米,限高 5 米,采用二次衬砌独立成环的曲墙式断面,隧道内轮廓采用单心圆形式,中墙采用曲中式。洞内安装有报警、监控、录像、照明等设施。山西省交通规划勘察设计院设计,中铁十七局集团有限公司承建,山西交科公路工程咨询监理有限公司监理。

8. 石堡寨 1 号隧道

位于太谷县范村镇石堡寨村西北,太长高速公路 K825 + 335 处,为连拱式隧道,长均为 237 米,净宽 9.75 米,行车道 7.5 米,限高 5 米,隧道采用二次衬砌独立成环的曲墙式断面,洞身衬砌采用复合式衬砌。洞内安装有报警、监控、录像、照明等设施。山西省交通规划勘察设计院设计,中铁二十局集团有限公司承建,山西交科公路工程咨询监理有限公司监理。

9. 石堡寨 2 号隧道

位于太谷县范村镇石堡寨村西北,太长高速公路 K825 + 697 处,为连拱式隧道,长均为

300 米，净宽 9.75 米，其中行车道 7.5 米，限高 5 米，采用二次衬砌独立成环的曲墙式断面，洞身衬砌采用复合式衬砌。洞内安装有报警、监控、录像、照明等设施。山西省交通规划勘察设计院设计，中铁二十局集团有限公司承建，山西交科公路工程咨询监理有限公司监理。

10. 石堡寨 3 号隧道

位于太谷县砚瓦沟村北，太长高速公路 K828 + 315 处，为左线分离式单洞隧道，长 130 米，净宽 9.75 米，其中行车道 7.5 米，限高 5 米，洞身衬砌采用曲墙式复合衬砌，内轮廓线为单心圆形式，中墙采用曲中式，隧道口设置有长度不等的明洞，明洞采用钢筋混凝土结构。隧道内安装有报警、监控、录像、照明等设施。山西省交通规划勘察设计院设计，太原铁路建设集团有限公司承建，山西交科公路工程咨询监理有限公司监理。

11. 榆岭 1 号隧道

位于太谷县砚瓦沟村东南，太长高速公路 K828 + 520 处，为分离式隧道，左线洞长 810 米，右线洞长 745 米，净宽 9.75 米，行车道 7.5 米，限高 5 米，隧道洞身衬砌采用曲墙式复合衬砌，内轮廓线为单心圆形式，中墙采用曲中式，隧道洞口设置有长度不等的明洞，明洞采用钢筋混凝土结构。洞内安装有报警、监控、录像、照明等设施。由山西省交通规划勘察设计院设计，太原铁路建设集团有限公司承建，山西交科公路工程咨询监理有限公司监理。

12. 榆岭 2 号隧道

位于太谷县砚瓦沟村南，太长高速公路 K829 + 410 处，为分离式隧道，左线洞长 1620 米，右线洞长 1640 米，净宽 9.75 米，其中行车道 7.5 米，限高 5 米，洞身采用曲墙式复合衬砌，内轮廓线为单心圆形式，中墙采用曲中式，洞口设置有长度不等的明洞，明洞采用钢筋混凝土结构。洞内安装有报警、监控、录像、照明等设施。山西省交通规划勘察设计院设计，太原铁路建设集团有限公司及中国建筑第五工程局共同承建，山西交科公路工程咨询监理有限公司监理。

13. 官上 1 号隧道

位于榆社县新庄村东，太长高速公路 K835 + 435 处，为连拱式隧道，长均为 290 米，净宽 9.75 米，其中行车道 7.5 米，限高 5 米，洞身采用曲墙式复合衬砌，内轮廓线为单心圆形式，中墙采用曲中式，洞口设置有长度不等的明洞，明洞采用钢筋混凝土结构。洞内安装有报警、监控、录像、照明等设施。山西省交通勘测设计院设计，山西路桥第二工程有限公司承建，黑龙江省公路工程监理咨询公司监理。

14. 兴盛垴隧道

位于武乡县兴盛垴村南，太长高速公路 K899 + 770 处，为分离式隧道，长均为 565 米，净宽 9.75 米，其中行车道 7.5 米，限高 5 米，洞身采用曲墙式复合衬砌，内轮廓线为单心圆形式，中墙采用曲中式，隧道口设置有长度不等的明洞，明洞采用钢筋混凝土结构。洞内安装有报警、监控、录像、照明等设施。山西省交通规划勘察设计院设计，中铁十二局集团第三工程有限公司承建，山东烟台市方正公路工程监理咨询有限公司监理。

15. 史属隧道

位于襄垣县史属村西北，太长高速公路 K915 + 000 处，为分离式隧道，长均为 235 米，净宽 9.75 米，其中行车道 7.5 米，限高 5 米，洞身采用曲墙式复合衬砌，内轮廓线为单心圆形式，中墙采用曲中式，洞口设置有长度不等的明洞，明洞采用钢筋混凝土结构。洞内安装有报警、监控、录像、照明等设施。由山西省交通规划勘察设计院设计，中铁十九局集团有限公司承建,吉林省公路工程监理有限责任公司监理。

16. 甘露岩隧道

位于襄垣县西岭村西南,太长高速公路 K917 +450 处,为分离式隧道,长均为 665 米,净宽 9.75 米,其中行车道 7.5 米,限高 5 米,洞身采用曲墙式复合衬砌,内轮廓线为单心圆形式,中墙采用曲中式,隧道洞口设置有长度不等的明洞,明洞采用钢筋混凝土结构。洞内安装有报警、监控、录像、照明等设施。山西省交通规划勘察设计院设计,中铁十五局集团有限公司承建,吉林省公路工程监理有限责任公司监理。

阳济公路隧道

共 5 座,自阳城县城起,由西北向东南依次为:

1. 东掌隧道

位于阳城县东冶镇郭庄村,阳济公路 K25 +546.6 处。洞内为直墙式拱形,以水泥料石衬砌,全长 130 米,净高 6.5 米,净宽 7.5 米,1993 年再次开工后测设施工,山西省交通规划勘察设计院设计,铁道部第四勘察设计院承建, 1997 年 7 月投入使用,2006 年,洞内部分地段拱顶及侧墙进行衬砌加固。

2. 螺旋凹隧道

坐落于阳城县东冶镇江河村,阳济公路 K27 +244.7 处,全长 79.1 米,净高 6.5 米,净宽 7.5 米。当地地形复杂,路线为深路堑、大开挖,洞内为直墙式拱形,以水泥料石衬砌。1993 年再次开工后测设施工,由山西省交通规划勘察设计院设计,安徽金寨梅山镇建筑安装公司承建。1997 年 7 月投入使用,2006 年状况良好。

3. 蛤蟆岭隧道

坐落于阳城县东冶镇窑头村南,阳济公路 K33 +533.3 米处,因穿越蛤蟆岭而得名,20 世纪 80 年代修建的路基原为盘山越岭,1993 年再次开工后改为隧道穿越,洞内为直墙式拱形,以水泥料石衬砌,全长 972.5 米,为该公路最长隧道,净高 6.5 米,净宽 7.5 米,山西省交通规划勘察设计院设计,铁道部第十七工程局第四工程处承建,1997 年 7 月投入使用,2006 年状况良好。

4. 汾沟隧道

坐落于阳城县东冶镇孤山村南,阳济公路 K42 +020.4 处,洞内为直墙式拱形,以水泥料石衬砌,全长 107 米,净高 6.5 米,净宽 7.5 米。1982 年开凿,1985 年凿通,1986 年衬砌,山西省交通规划勘察设计院设计,浙江省苍南县陈庭铁包工队承建。1997 年 7 月正式投入使用,2006 年状况良好。

5. 友谊隧道

坐落于山西省阳城县与河南省济源市交界处,故名。1982 年开工,由浙江省苍南县陈庭铁施工队开凿,1985 年 4 月凿通。1986 年 6 月,开始整形加工和衬砌,洞内为水泥料石砌筑,直墙式拱形,由浙江省苍南县陈庭铁施工队和济源公路工程公司共同施工。1996 年,进行衬砌加固和路面铺装。1997 年 7 月,正式投入使用。隧道全长 667 米,其中阳城县境内 330 米,济源市境内 337 米,高 7.5 米,宽 7.5 米,2006 年状况良好。

山西省与河南省以该隧道所穿越之山脊为界,跨越两省。阳城县与济源市原商定,隧道工程双方各负责 50%。1979 年,阳济公路首先由阳城县动工兴建,为了尽快通车,阳城县承担了隧道全部开凿工程。

（三）互通

总公司全面经营管理的晋焦、长晋、太长高速公路，共有互通式立交 20 座。

晋焦高速公路互通

共有 2 座，自西向东依次为：

1. 东上庄互通

位于晋城市东上庄村北，晋焦高速公路起点，全苜蓿叶型，与晋城市凤台街东端相接，与 207 国道（长晋二级公路）立交互通，跨晋焦高速公路桥西端与县道晋城至张路口公路相通，是太原、长治方向和中原地区从焦作进入晋城市区的门户，也是晋城市区东北隅的交通枢纽。新建 207 国道桥跨越晋焦高速公路，桥长 97.36 公里，上部结构为三孔（跨径分别为 22 米、37 米、22 米）预应力钢筋混凝土连续箱梁，厚 180 厘米，下部结构为柱式墩、肋式台，共 24 根，直径 1.5 米，高 38.8 米，其中地下预埋 31 米，桥台基础采用摩擦桩。桥梁施工采用满堂红支架现浇，下部结构以方模现浇，基础为钻孔灌注，设计抗震烈度为 6 度。该互通为全苜蓿叶型，匝道 8 条，交通部第一公路勘察设计院设计，山西省公路局第二工程公司三处施工，造价 3300 万元，1998 年 4 月 20 日开工，1999 年 9 月 30 日竣工，2002 年 12 月投入使用。

2. 丹河互通

位于泽州县金村镇西交河村南，晋焦高速公路 K10 + 150 处，与丹河桥收费广场相连，喇叭型，匝道 6 条，最小平曲线半径 38.169 米，最大纵坡 5.234%，改性沥青混凝土路面，设计时速 30 公里/小时，通过匝道与晋城至张路口公路及珏山、青莲寺旅游公路相通。晋城公路分局勘探设计所设计，丹河大桥项目部施工，1997 年 11 月 10 日开工，2000 年 9 月 20 日竣工，2002 年投入使用。状况良好。

此外，该公路另有一处与长晋高速公路立交互通，位于东上庄互通稍东。从晋城市区经东上庄互通进入晋焦高速公路，东行至西蜀，由此互通经晋城东收费站进入长晋高速公路。互通处有长晋高速公路跨晋焦高速公路大桥。

长晋高速公路互通

共有互通立交 7 处，自北向南依次：

1. 长治南互通

位于长治市下秦村，为单喇叭 A 型互通，4 条匝道，计长 2340 米，与国道 207 线相通，长治市区南车辆由此出入，山西省交通规划勘察设计院设计，山西路桥第二工程有限公司承建，山西交科公路工程咨询监理有限公司监理。2002 年 12 月开工建设，2004 年 11 月投入使用。

2. 长治县互通

位于长治县韩店，为单喇叭 A 型互通，4 条匝道，计长 2028 米，与国道 207 线相通，由山西省交通规划勘察设计院设计，辽宁省路桥建设总公司承建，山西交科公路工程咨询监理有限公司监理。2002 年 12 月开工建设，2004 年 11 月投入使用。

3. 高平互通

位于高平市川起村，为单喇叭 A 型互通，4 条匝道，计长 2694 米，与国道 207 线、省道曲（沃）辉（河南省辉县市）线相通，由山西交通规划勘察设计院设计，中国第十三冶金建设公司承建，山西省交通建设工程监理总公司监理。2002 年 12 月开工建设，2004 年 11 月投入使用。

4. 南义城互通

位于泽州县南义城村，为单喇叭 A 型互通，4 条匝道，计长 2511 米，与国道 207 线相通，由山西省交通规划勘察设计院设计，中铁十二局集团第四工程有限公司承建，山西省公路工程监理技术咨询公司监理。2002 年 12 月开工建设，2004 年 11 月投入使用。

5. 金村互通

位于泽州县崔庄村，为单喇叭 A 型互通，4 条匝道，计长 2437 米，与国道 207 线、省道晋(城)陵(川)公路相通，由山西交通规划勘察设计院设计，贵州省公路工程总公司承建，山西省公路工程监理技术咨询公司监理。2002 年 12 月开工建设，2004 年 11 月投入使用。

6. 晋城东互通

位于晋城市西蜀村，为双喇叭型互通，6 条匝道，计长 4190 米，与晋焦高速公路相通，由山西省交通规划勘察设计院设计，山西运城路桥有限责任公司承建，山西省公路工程监理技术咨询公司监理。2002 年 12 月开工建设，2004 年 11 月投入使用。

7. 泽州互通

位于泽州县圪塔村，长晋高速公路 K88 +950 处，与晋城市区泽州路南端和晋城—济源高速公路起点(两路连接处)立交互通，为晋城市区南及晋济高速公路车辆出入长晋高速公路之地，苜蓿叶型，8 条匝道，计长 5065 米，由山西省交通规划勘察设计院设计，山西晋城路桥建设集团有限公司承建，山西省公路工程监理技术咨询公司监理。2002 年 12 月开工建设，2004 年 11 月投入使用。

太长高速公路互通

共有 11 处，自北向南依次为：

1. 小店互通

位于太原市小店区小店镇，太长高速公路 K769 +616 处，全苜蓿叶型，9 条匝道，计 3.441 公里，与滨河东路、208 国道、小店康宁街相通。山西省交通勘测设计院设计，太原路桥建设有限公司承建，山西省公路工程监理技术咨询公司监理。2003 年 10 月开工建设，2005 年 11 月 8 日投入使用。

2. 小店南互通

位于太原市北格镇流涧村与梁家庄村之间，太长高速公路 K782 +638 处。单喇叭式 A 型，匝道 4 条，计 2.594 公里，与小店—牛家口二级公路相通。山西省交通规划勘察设计院设计，北京市海龙公路工程公司承建，山西省公路工程监理技术咨询公司监理。2003 年 10 月开工建设，2005 年 11 月 8 日建成(2006 年末未使用)。

3. 榆次互通

位于榆次区东阳镇以北，距榆次区 13 公里许，太长高速公路 K797 +312 处，单喇叭式 A 型，匝道 4 条，计 2.987 公里，与 108 国道相通。山西省交通规划勘察设计院设计，晋中路桥建设集团有限公司承建，山西省公路工程监理技术咨询公司监理。2003 年 10 月开工建设，2005 年 11 月 8 日投入使用。

4. 太谷互通

位于太谷县范村镇，太长高速公路 K809 +790 处，单喇叭式 A 型，匝道 5 条，计 2.076 公里，与 108 国道、孟范公路、榆黄公路相通。山西省交通规划勘察设计院设计，山西省路桥建设集团有限公司承建,山西省公路工程监理技术咨询公司监理。2003 年 10 月开工建设,2005 年 11 月 8 日投入使用。

5. 榆社北互通

位于榆社县箕城镇泥河口村,太长高速公路 K858 +850 处,单喇叭式 A 型,匝道 5 条,计 2.1 公里。山西省交通规划勘察设计院设计,山西平阳路桥有限公司承建,山东潍坊市交通工程监理中心监理。2003 年 10 月开工建设,2005 年 11 月 8 日投入使用。

6. 榆社南互通

位于榆社县箕城镇南马会村,太长高速公路 K872 +162 处,单喇叭式 A 型,匝道 5 条,计 2.086 公里。山西省交通规划勘察设计院设计,山西太行路桥有限公司承建,山东潍坊市交通工程监理中心监理。2003 年 10 月开工建设,2005 年 11 月 8 日投入使用。

7. 武乡互通

位于武乡县丰洲镇,太长高速公路 K891 +652 处,半苜蓿叶型,匝道 6 条,计 3.46 公里。山西省交通规划勘察设计院设计,山西路桥第二工程有限公司承建,山东烟台市方正公路工程监理咨询有限公司监理。2003 年 10 月开工建设,2005 年 11 月 8 日投入使用。

8. 王村互通

位于襄垣县王村镇,太长高速公路 K912 +001 处,半苜蓿叶型,匝道 6 条,计 2.29 公里。山西省交通规划勘察设计院设计,中铁十七局集团第六工程有限公司承建,吉林省公路工程监理有限责任公司监理。2003 年 10 月开工建设,2005 年 11 月 8 日投入使用。

9. 襄垣互通

位于襄垣县夏店镇,太长高速公路 K931 +252 处,208 国道西侧,襄垣县、长治市区车辆多由此出入。单喇叭式 B 型,匝道 4 条,计 2.786 公里。中交通力公路勘察设计工程有限公司设计,安徽宿州路桥工程公司承建,太原市华宝通工程监理有限公司监理。2003 年 10 月开工建设,2005 年 11 月 8 日投入使用。

10. 屯留互通

位于屯留县上村镇,太长高速公路 K950 +161 处,主线与 309 国道相交。双喇叭型,匝道 4 条,计 3.17 公里。中交通力公路勘察设计工程有限公司设计,山西路桥建设集团有限公司承建,太原市华宝通工程监理有限公司监理。2003 年 10 月开工建设,2005 年 11 月 8 日投入使用。

11. 长治互通

位于长治市区西,屯留县李高乡,太长高速公路 K963 +439 处,单喇叭 A 型,匝道 4 条,计 2.786 公里。长治市区西北方向车辆多由此出入太长高速公路,主干道往南与长晋高速公路相接。中交通力公路勘察设计工程有限公司设计,长春市政建设集团有限公司承建,山西省交通建设工程监理总公司监理。2003 年 10 月开工建设,2005 年 11 月 8 日投入使用。

第三节　通行费征收

通行费征收是总公司的重要经营业务,也是经营收入中的支柱项目。1996 年 10 月,阳长、江武高速公路作为首条(段)合作经营的高速公路投入运营,开始收取通行费。1997年

6 月，路通合作公司许西、杨村收费站开始收费运营，为总公司最早投入运营的合资经营的普通公路。7 月，阳济公路投入运营，为总公司在晋城地区经营的首条公路。2002 年 12 月，晋焦高速公路作为首条独资经营的高速公路投入运营。2006 年末，总公司共管理经营收费公路 13 条(段)1507 公里，其中高速公路 3 条 361 公里，普通公路 5 条(段)1146 公里。

一、经营路段

晋焦高速公路

晋城—焦作高速公路(山西境内段)，长 31.5 公里，设 1 个收费站(丹河收费站)，山西晋焦高速公路有限公司经营，2002 年 12 月 22 日开始运营，2003 年，即运营第一年收费 6135.909 万元。2004 年收费 16181.224 万元，为年计划任务 8000 万元 202%。至 2006 年末，历年收费总额 66264.8 万元，其中 2006 年当年收费 17402.2 万元，为全省平均单位里程收费额最高的路段。

长晋高速公路

长治—晋城高速公路，长 93 公里，山西长晋高速公路有限责任公司经营，自北至南设长治南、长治县、高平、南义城、金村、晋城东、晋城 7 个收费站，其中晋城东收费站为该路车流量和收费额最大的收费站，2004 年 11 月 16 日开始运营，通车剪彩当天即开始收费，2005 年，即公路开始运营当年实现收支平衡、略有盈余，该两项成为当时高速公路经营和管理的范例。至 2006 年，历年收费总额 38374.36 万元，其中 2006 年收费 16983.9 万元。

太长高速公路

太原—长治高速公路，长 212 公里(含与长邯高速公路连接线 12 公里)，山西太长高速公路有限责任公司经营，自北向南设榆次、太谷、榆社北、榆社南、武乡、王村、襄垣、屯留、长治 9 个收费站，2005 年 11 月 8 日投入运营，2006 年 8 月 27 日，日收费额达 150 万元，至 11 月 7 日，收费 3.53 亿元，提前 53 天超额完成 3.5 亿元全年任务。是年，收费额为 44332.5 万元，较年计划多收 26.66%。2007 年，收费达 9.74 亿元，较上年增长 121.36%。

阳长、江武高速公路

又称太原东山过境高速公路，由阳曲—长江村和长江村—武宿村两段高速公路组成，长 26.23 公里，1996 年 10 月通车运营，时设阳曲、杨家峪、松庄、郑村 4 个收费站(其中阳曲和郑村 2 个收费站随后撤销)，由阳长、江武公司委托山西省高速公路管理局太原处(后更名为山西太原高速公路有限公司)收费、管理和养护。2005 年 12 月，增设丈子头、长风两个收费站。至 2006 年，历年收费总额为 30291.1 万元，2006 年收费 7589.546 万元。

太榆公路

太原—榆次一级公路，北起太原市许西村，南至榆次市使赵村，为国道 108 线(北京 - 昆明公路)组成路段，途经武宿机场，与太原、榆次两市区街道相接，长 17 公里，总公司与香港路劲基建有限公司(港方)合作成立的山西路通太榆公路有限公司经营。该合作公司总投资 20853.6 万元。其中总公司出资 7298.8 万元，占 35%；港方出资 13554.8 万元，占 65%，设许西 1 个收费站，1997 年 6 月开始运营，至 2006 年历年收费 32366 万元，2006 年当年收费 4005 万元。

榆次公路

又称榆次西外环公路，为国道 108 线(北京至昆明公路)组成路段，北起鸣李村，南至东长寿村，长 16.6 公里，总公司与香港路劲基建有限公司（港方）合作成立的山西路通榆次公路有限公司经营。该合作公司总投资 16603 万元，其中总公司出资 5811 万元，占 35%；港方出资 10792 万元，占 65%。设杨村 1 个收费站，1997 年 6 月开始运营，至 2006 年历年收费 13893 万元，2006 年当年收费 2447.4675 万元。

小店汾河桥

全称小店汾河公路桥，为省道黄陵至古交公路重要桥梁，坐落于太原市小店区与晋源区之间汾河之上，桥长 320 米，引道长 5 公里，连接 108、208、308 三条国道，由总公司与香港路劲基建有限公司（港方）合作成立的山西路通小店汾河公路桥有限公司经营管理。该合作公司总投资 6530 万元，其中总公司出资占 75%；（港方）出资占 25%。在晋源区庞家寨设收费站 1 个（即小店汾河桥收费站），1998 年 12 月投入运营，至 2006 年历年收取通行费 1796.877 万元。

阳济公路

阳城—济源公路（山西境内段），长 44.6 公里，设王沟、蛤蟆岭两个收费站，山西阳济公路开发有限公司经营。1996 年 12 月，蛤蟆岭收费站开始试运营，1997 年 7 月，阳济公路剪彩通车后正式开始运营，当时为总公司与阳城县共同经营。1998 年 12 月，王沟收费站开始运营。2000 年 5 月，总公司实行独资经营。该公路为重要晋煤外运通道之一，多以货运车辆为主，至 2006 年，历年收费总额 17419.9208 万元，2006 年当年收费 2594.8965 万元。

长晋二级公路

原称长晋二级汽车专用公路，全长 94 公里，其中晋城市境内 60.2 公里，设换马桥、牛匠两个收费站，1993 年开始运营，原晋城市商品公路开发总公司经营。2002 年 7 月，晋城市商品公路开发总公司成建制划归总公司，该路（段）同时划归总公司经营管理。2004 年，通行费收入达 3511.6175 万元，为该路段收费额最高年份。2005 年，该公路与长晋高速公路实行整合经营，统一由山西长晋高速公路有限责任公司经营管理，实行分别核算。至 2006 年，历年收取通行费 17738 万元，其中 2006 年收费 2115.65 万元。

大运二级公路

大同—运城二级公路，为国道 208 线组成部分，长 726 公里，设落里湾、下王庄、阳曲、小店、禹都 5 个收费站。1999 年，省交通厅将该路资产（债务）划拨给总公司，由总公司经营，负责收取通行费、偿还债务并进行养护管理。与此同时，总公司将该路委托给省交通征费稽查局负责征收通行费。2006 年，收费额 8559 万元。

东长二级公路

东观—长治二级公路，国道 208 线组成部分，长 162 公里，设永安、常村两个收费站。1999 年，省交通厅将该路资产（债务）划拨给总公司，由总公司经营（相同于大运二级公路经营模式），总公司随即委托省交通征费稽查局负责收取通行费。2006 年，收费额 2958 万元。

汾柳二级公路

省道汾阳—柳林二级公路，为国道 340 线组成路段，长 126 公里，设高阳、柳沟两个收费站。1999 年，省交通厅将该路资产（债务）划拨给总公司，由总公司负责经营（相同于大运二级公路经营模式），总公司随即委托省交通征费稽查局负责征收通行费。2006 年，收费额 6970 万元。

二、收费站

2006年末,总公司经营管理公路13条(段)1507公里,共设有收费站37个。其中高速公路收费站21个,一、二级国、省道干线公路收费站16个。按经营单位分,太长公司9个,长晋公司9个(其中二级公路2个),晋焦公司1个,阳济公司2个,路通公司3个,委托太原高速公路有限公司经营的阳长、江武公路4个,委托省交通征费稽查局经营的大运二级公路5个,东长、汾柳公路各2个。

(一)太长高速公路收费站

共9个,均为2005年11月8日开始运营,隶属太长公司,由北向南依次为:

榆次收费站

坐落于晋中市榆次区东阳镇北社村,K797+364处,设置7个收费车道。2006年,日均车流量1084车次,年末有职工47人,年收费4359.32万元。

图2-3-1　太长高速公路榆次收费站

太谷收费站

坐落于太谷县范村镇范村,K810+025处,设置6个收费车道。2006年,日均车流量1010车次,年末有职工56人,年收费4681.19万元。

榆社收费站

坐落于榆社县箕城镇峡口村,K858+822处,设置4个收费车道。2006年,日均车流量907车次,年末有职工49人,年收费2730.76万元。

榆社南收费站

坐落于榆社县箕城镇马会村,K872+189处,设4个收费车道。2006年,日均车流量84车次,年末有职工38人,年收费171.88万元

武乡收费站

坐落于武乡县丰州镇东村,K891+521处,设5个收费车道。2006年,日均车流量712车次,年末共有职工47人,年收费1705.48万元。

王村收费站

坐落于襄垣县王村镇工村,K911+982处,设4个收费车道。2006年,日均车流量183车次,年末有职工39人,年收费330.76万元。

襄垣收费站

坐落于襄垣县夏店镇范家岭村，K931 +312 处，设 6 个收费车道。2006 年，日均车流量 926 车次，年末有职工 55 人，年收费 2378.99 万元。

屯留收费站

坐落于屯留县上村镇西泼村，K949 +473 处，设 8 个收费车道。2006 年，日均车流量 797 车次，年末有职工 69 人，年收费 3011.18 万元。

长治收费站

为太长高速公路最大的收费站，坐落于长治市屯留县康庄工业园区（泽庄村），K963 +367 处，设 10 个收费车道。2006 年，日均车流量 1244 车次，年末有职工 66 人，年收费 2312.14 万元。

（二）长晋高速公路收费站

共 7 个，隶属长晋公司，均于 2004 年 11 月 16 日投入运营，由北向南依次为：

长治南收费站

坐落于长治市郊区堠庄乡下秦村，K0 +525 处，设 2 进 3 出共 5 个收费车道，至 2006 年历年共收费 11654.28 万元。2006 年，日均车流量 1890 车次，年末有职工 60 人，年收费 4448.17 万元。

长治县收费站

坐落于长治县韩店镇池里村，K15 +813 处，设 2 进 2 出共 4 个收费车道，至 2006 年历年共收费 3555.07 万元。2006 年，日均车流量 645 车次，年末有职工 50 人，年收费 1579.49 万元。

高平收费站

坐落于高平市城南办事处西南庄村，K49 +601 处，设 2 进 3 出共 5 个收费车道。2005 年 2 月，共青团晋城市委授予青年文明号称号，至 2006 年历年共收费 6932.98 万元。2006 年，日均车流量 2226 车次，年末有职工 57 人，年收费 2719.07 万元。

南义城收费站

坐落于泽州县北义城镇南义城村，K66 +807 处，设置 2 进 2 出共 4 个收费车道，至 2006 年历年共收费 1636.11 万元。2006 年，日均车流量 661 车次，年末有职工 52 人，年收费 566.78 万元。

金村收费站

坐落于泽州县金村镇崔庄村，K75 +922 处，设 2 进 3 出共 5 个收费车道，至 2006 年历年共收费 4369.31 万元。2006 年，日均车流量 1213 车次，年末有职工 54 人，年收费 1611.35 万元。

晋城东收费站

长晋高速公路最大的收费站，坐落于泽州县金村镇西蜀村，K82 +708 处，设 4 进 7 出共 11 个收费车道。2005 年 2 月，共青团晋城市委授予青年文明号称号。至 2006 年历年共收费 28016.9 万元。2006 年，日均车流量 3240 车次，年末有职工 75 人，年收费 12322.32 万元。（见图 2-3-2）

晋城收费站

坐落于晋城市城区钟家庄办事处圪塔村，K89 +032 处，设 4 进 5 出共 9 个收费车道。

2005 年 2 月,共青团晋城市委授予青年文明号称号,10 月,省交通厅授予“文明示范窗口”称号,至 2006 年历年共收费 7424.71 万元。2006 年,日均车流量 3488 车次,年末有职工 80 人,年收费 2922 .52 万元。

图 2-3-2　长晋高速公路晋城东收费站

(三)晋焦高速公路收费站

丹河收费站

晋焦高速公路唯一的收费站,也是太焦高速公路最大的收费站,坐落于世界最大石拱桥丹河特大石拱桥西端,泽州县金村镇西交河村,K10 + 750 处,占地面积 1531.62 平方米,共设 18 个收费车道,其中主线 16 个(上行线 7 个,下行线 9 个),通往珏山、青莲寺和晋城至张路口公路的 2 个匝道各 1 个,2002 年 12 月投入运营。2003 - 2005 年,先后获共青团山西省委青年文明号称号和晋城市五星级文明单位、最佳五星级文明单位、青年文明号等荣誉称号,2006 年 6 月,被省交通厅评为全省交通系统行业精神文明建设先进单位。至 2006 年,历年共收费 66264.8 万元。2006 年,日均车流量 6576 车次,年末共有职工 117 人,其中女职工 67 人,大专以上学历 27 人,共产党员 15 人,年收费 17402.2 万元。

图 2-3-3　晋焦高速公路丹河收费站

(四)长晋二级公路收费站

共设 2 个,1993 年 2 月开始运营,由南向北依次为:

换马桥收费站

坐落于高平市三甲乡三甲村，K1237 +250 处，设置 4 个收费车道。1998 年 12 月，省交通厅授予文明示范窗口称号，至 2006 年历年共收费 15359 万元。2006 年，日均车流量 1656 车次，年末有职工 45 人，年收费 1510.88 万元。

牛匠收费站

坐落于泽州县南村镇牛匠村，K1287 +800 处，设 4 个收费车道，至 2006 年历年共收费 12397 万元。2006 年，日均车流量 3859 车次，年收费 624.2 万元，年末有职工 48 人。

（五）阳济公路收费站

共设 2 个，由北向南依次为：

王沟收费站

坐落于阳城县蟒河镇西凡村，K12 +586 处，1998 年 12 月开始运营，设 4 个收费车道，至 2006 年历年共收费 8012.73 万元。2006 年，日均车流量 1526 车次，年收费 1232.54 万元。年末有职工 33 人。

图 2-3-4　阳济公路王沟收费站

蛤蟆岭收费站

坐落于阳城县东冶镇田庄村，蛤蟆岭隧道北口，K36 +225 处，1996 年 12 月开始试运营，1997 年 7 月阳济公路剪彩通车后正式投入使用，设 4 个收费道，至 2006 年历年共收费 9407.19 万元。2006 年，日均车流量 1510 车次，年收费 1362.36 万元，年末有职工 32 人，

（六）路通公司收费站

与香港路劲基建有限公司合作经营管理，共 3 个收费站，分设于 3 条不同线路。

许西收费站

坐落于太榆公路（108 国道太原至榆次段），小店区许西村，设 6 个收费车道，1997 年 6 月开始运营，至 2006 年历年共收费 32366 万元。2006 年，日均车流量 19895 车次，年收费 4005.16 万元，年末有职工 79 人。

杨村收费站

坐落于榆次西外环路（108 国道榆次段），晋中市榆次区杨村，设 4 个收费车道，1997 年 6 月投入运营，至 2006 年历年共收费 13893.23 万元。2006 年，日均车流量 8009 车次，年收费 2447.47 万元，年末有职工 91 人。

小店汾河桥收费站

坐落于省道黄陵至古交公路,太原市小店区至晋源区之间,晋源区庞家寨村,设4个收费车道,1999年投入运营,至2006年历年共收费1796.9万元。2006年,日均车流量620车次,年收费120.34万元,年末有职工34人。

(七)托管经营公路收费站

委托经营管理的4条(段)公路,有收费站13个。按线路分别为:

阳长、江武公路(太原东山过境高速公路)4个:丈子头收费站、杨家峪收费站、松庄收费站、长风收费站。

大运二级公路5个:落里湾收费站、下王庄收费站、阳曲收费站、小店收费站、禹都收费站。

东长二级公路2个:永安收费站、常村收费站。

汾柳二级公路2个:高阳收费站、柳沟收费站。

三、经营方式

2006年末,总公司所属公路的经营管理方式分为三种,即独资经营、合作经营、托管经营。

独资经营

亦为独资直接经营,即公路资产属于总公司所有,由总公司直接经营管理。此种公路,一是由总公司独家筹集资金建设和经营的公路,如长晋高速公路、太长高速公路;二是总公司与其他单位合作建设,或者由其他单位建设,建成后或经营过程中,总公司出资收购所有股权进行经营的公路,如晋焦高速公路、阳济公路。此类经营形式,由总公司所属的公路经营单位负责收取车辆通行费、负责养护和进行管理等一应工作,其收费机构、人员、场地、设施等全部隶属总公司。2006年末,独资直接经营的公路有,太长高速公路、长晋高速公路、晋焦高速公路及阳济公路、长晋二级公路。

合作经营

亦称合资合作经营,即总公司与其他法人企业单位(多为港商)以一定比例共同筹集资金,至2006年末继续合作经营管理。1996年10月,总公司与香港晋通公路建设投资有限公司合作成立山西阳长高速公路有限公司,经营阳长高速公路;与香港晋昌集团有限公司合作成立山西江武高速公路有限公司,经营江武公路(1997年,阳长、江武公路委托省高速公路管理局具体负责收费和养护管理,称为托管经营)。1997年6月,与香港路劲基建有限公司合作经营太榆公路、榆次西外环公路、小店汾河公路桥。2006年末,总公司与上述的港方企业合作经营公路5条(段)65公里(含小店汾河公路桥),设置收费站7个,年收费额14161.6万元。其中,阳长、江武高速公路亦为托管经营公路。

托管经营

亦称委托经营,即以总公司作为甲方,将自己拥有全部或部分产权之公路的收费和养护管理等相关业务,以合同的形式委托给其他部门、单位(乙方),总公司只实行宏观管理。1997年,经省交通厅批准,总公司委托省高速公路管理局(乙方)经营东山过境高速公路(阳长、江武高速公路),具体负责车辆通行费征收和养护管理业务。乙方负责保证公路畅通完好,完成通行费征收计划任务,按时足额向甲方上解通行费收入款项(存入阳长、江武公司账户),报送收入和经费支出月报表;甲方按合同为(乙方)拨付相关经费,提供经营服务，进行监督管理。1999 年，省交通厅将大（同）运（城）、东（观）长（治）、汾（阳）柳（林）3 条二级公路的资产（债务）划拨给总公司，总公司（甲方）随即将该 3 条公路的收费、养护及其他业务委托给省交通征费稽查局（乙方），甲、乙双方的权利、义务与东山过境高速公路委托经营模式相仿。2006 年末，此种经营形式的大运、东长、汾柳 3 条二级公路，长 1014 公路，设收费站 9 个，是年收费 18487 万元。阳长、江武高速公路，亦为合作经营公路。

第四节　多种经营

即本公司内部区别于公路经营之外的各种经营项目。根据总公司章程和工商行政管理部门核准的经营项目，为了扩大企业规模，提升经营效益，总公司主动适应国家建立社会主义市场经济新形势，认真研究国家产业政策导向，在立足交通，服务交通，经营交通，开发交通的同时，大力实施多元化经营发展战略，不断延长产业链，积极寻求新的经济增长点。1995 年 4 月 6 日，总公司以当年 1 号文件向省厅提交报告，要求增加经营项目，围绕交通建设实行市场化经营，开发新的经营领域。4 月 21 日，向省工商行政管理局提交关于扩大经营范围的申请报告，履行营业范围变更手续。5 月 30 日，开始在太原市桃园三巷修建商业用房，以租赁经营形式新增经营项目。8 月 13 日，总公司确定“清理、生存、服务、发展”的阶段性四大任务，一切以提升经济效益为中心，重新调整机关内设机构，寻求新的经营项目，成立物资经销部和综合经营部等，开始筹划经营工程机械设备的销售和租赁，并新增建筑材料销售和货物运输等。1996 年 1 月，成立工程机械设备租赁公司，进一步扩大经营规模。2 月，组建交通旅行社，经营国内旅游和相关服务项目。6 月，承揽山西交通职工培训中心建设工程。10 月 25 日，再次通过工商行政管理部门变更经营范围，新增货物运输、汽车修理配件等经营项目。1998 年起，在积极投身大规模公路建设和公路经营管理的同时，坚持大力发展多种经营，大力巩固和扩大原有经营规模，积极增加新的经营项目。2001 年，再次向省交通厅和省工商行政管理局请示增加经营项目，先后组建了国际贸易部和通建房地产公司，开展国际贸易和房地产开发业务。同年 4 月，山西交通大酒店开始投入运营。2002 年，开始在忻州开发凤凰山生态植物园，2004 年在武乡进行龙湖生态园区开发。2006 年 10 月，成立多种经营开发部，专事多种经营开发和管理。是年末，总公司有工程建筑、公路养护、房地产开发、国际贸易、酒店服务、生态园区开发等 6 项多种经营业务，建有 9 个多种经营实体，年收入达 1.5 亿元。

一、酒店服务

1996 年 7 月 1 日，总公司在平阳路修建山西交通大酒店。10 月 25 日，省工商行政管理局批准总公司新增餐饮食宿经营业务。2000 年 9 月，开展酒店开业前的筹备工作。10 月，组织酒店员工培训。2001 年 3 月 30 日，山西交通大酒店（有限公司）成立，4 月 3 日，历经 7 个月筹备，山西交通大酒店开始营业。

在筹备开业期间，山西交通大酒店特聘请山西大酒店高级管理人员对员工进行培训，参照山西大酒店的服务模式和管理办法，建立健全管理制度，完善服务设施，硬件和软件建设多方面接受山西大酒店的业务指导。

酒店设施设备以三星级标准配置，集食宿、餐饮、洗浴、健身、娱乐于一体，具备涉外服务资格。2002年11月13日,圆满完成对总政歌舞团的接待任务,服务水平和服务质量受到艺术家好评。当时,省厅举行全省高速公路通车里程达0公里庆祝活动,被邀请的艺术家有克里木夫妇、马玉涛、李小娜、蔡国庆、谭晶、卓林等。2003年7月,酒店为提高涉外接待能力,组织员工进行英语业余培训。9月4日,酒店前台装置外事登记专用电脑,与太原市公安局联网工作。9月27日,省城军民迎国庆暨大运腾飞交响音乐会期间,圆满完成对谢莉斯、王洁实等老一辈知名演唱家的接待工作,并深得好评。10月11~16日,圆满完成对中央京剧二团团长于魁智及其他著名京剧表演艺术家李胜素、杨连毅一行的接待工作,为了表达对酒店接待工作的肯定和谢意,剧团演职人员与酒店员工一起举办了小型慰问演出联谊会。2004年10月,酒店被省厅誉为文明示范窗口单位。2005年12月21日,酒店注册资金由1000万元增至1500万元。2006年6月,为提高服务水平,充分满足旅客精神文化需求,酒店安装无线上网接收器,在客房安装有线电视数字机顶盒。8月,配合太原市"天眼工程",酒店与公安部门实现了治安监控联网。

图2-4-1　山西交通大酒店良好服务设施

2006年末,酒店设有不同规格和档次客房65套,大小会议室3个,可供130人食宿,置有歌舞、美容及康体中心、商务中心等配套服务设施,包括住宿、餐饮、会议、洗浴、健身等各类项目,是年接待旅客9.59万人次,其中外宾31人次,年收入780万元。全年房间起租18429间,起租率达82.3%,接待会议176次,客房收入365万元,占酒店总收入46.8%,年上交税金43.8万元。

二、国际贸易

2001年7月17日,总公司向省外经贸厅提交关于申请进出口经营权的请示,要求赋予总公司对外贸易经营业务资质。8月10日,省外经贸厅转发国家外贸部[2001]1320号文件通知:同意总公司经营进出口业务。总公司即成立国际贸易部(简称国贸部),经营对外贸易。9月25日,总公司向省厅提交关于开展外贸业务经营方案的报告。经营方案确定的外贸业务为:服务交通建设,进口筑路工程所需材料、设备和工程测量仪器等;利用山西能源重化工基地优势,自营进口或代理进口铁矿砂、氧化铝、锰矿砂等,开展进料和来料加工;出口焦炭、生铁、钢材等。贸易业务以进口为主,出口为辅,力求扩大代理业务范围。

获得对外贸易经营资质之后,总公司领导对此项经营业务高度关注,予以大力支持,所属国贸部积极开展业务,收到良好效益。2002年,与永济电力铁合金厂签订代理进口铬矿协议,与瑞士客户签订10000吨铬矿进口合同,实现贸易额67万美元,利润20万元,与BHP公司签订3船铁矿砂进口合同。至2003年,完成贸易额8000万元。2004年8月,国际贸易部改制为山西诺盛国际贸易有限公司(简称诺盛公司)。9月,总公司经理魏庆飞亲赴96届广州出口商品交易会,12月,总公司党委副书记李润喜带领诺盛公司领导参加"2004上海巴基斯坦—中国商务论坛"。是年,实现贸易额逾亿元,达到1.25亿元。2005年9月16日,总公司党委书记李平作为诺盛公司董事长,参加2005中国山西跨国采购洽谈会签约仪式。9月28日,诺盛公司经理陈东燕赴印度参加印度铁矿石研讨会。是年,与襄汾鸿达钢铁集团有限公司签订铁矿砂进料加工业务协议。是年末,诺盛公司年贸易达2亿元,生铁出口业务受到省外经贸厅表彰,获得奖金4万元。在经营过程中,诺盛公司不断扩大经营领域,在进行国际贸易业务的同时兼顾国内贸易业务。2006年,铁矿、铬矿、生铁等国内、外贸易额达2.2亿元。

2001年至2006年,诺盛公司贸易经营业务涉及15个国家,经营产品以金属、铁矿砂、铁合金矿、交通基建工程设备为主。其中,进口业务主要有:从澳大利亚、印度进口铁矿砂75万吨;从印度、巴基斯坦进口铬矿4万吨;从俄罗斯进口镍板、镍豆计120吨;从德国进口水泥罐车6台、泵车1台;从意大利进口水泥拌和设备3台。出口业务主要有:出口至日本、韩国、印尼、泰国、巴基斯坦生铁共计4万吨。国内贸易方面:从上海宝钢进铁矿砂6000吨,从临钢进钢坯销售给包钢5000吨;自襄汾鸿达进生铁销售给马鞍山钢铁厂、芜湖钢厂、太钢集团共计7万吨。

2001~2006年,诺盛公司经营进出口业务,累计贸易额达7亿元人民币。

三、房地产开发

房地产开发是总公司成立之初就列入《山西省交通建设开发总公司章程》的经营项目。2001年11月,成立山西通建房地产开发有限公司(简称通建公司),从事房地产开发经营业务。2002年8月,本着强强联合、优势互补的原则,与山西恒建房地产开发有限公司联合,重组通建房地产开发有限公司。是年9月至2005年,对桃园三巷10号院内危旧房屋进行拆迁改造。2003年1月至2006年11月,对长治路小区(又称万豪苑住宅小区)住宅楼进行开发。至2006年末,共完成建筑面积40288平方米,其中桃园三巷商住楼项目建筑面积13363平方米,长治路小区商住楼项目建筑面积26925平方米,两个项目共占地16亩。

(一)开发项目

1.桃园三巷商住楼开发

桃园三巷商住楼开发为省交通厅委托开发项目,也是通建公司成立后开发的首个项目工程。该项目位于太原市桃园三巷与惠民北巷交汇处西南侧,占地面积6.4亩,建筑面积13363平方米,为地下1层、地上9层,总高度28.7米的高层建筑。在地上9层建筑中,1~2层为商业用房,3~9层为单元式住宅,项目投资3000万元。

该项目为危旧房屋改造工程。2002年9月14日至2003年4月5日,完成桃园三巷10号院内北楼、平房及厅后勤中心临时建筑房屋拆迁,涉及搬迁53户。2004年7月8日,完成东楼拆迁,涉及拆迁65户,面积达4500平方米。由于拆迁情况的复杂性,此项工作历尽艰难。与拆迁工程同步,项目前期工作亦在有序开展。

2003年9月23日,该项目破土动工,11月23日,土方和桩基工程完工,共打桩基1949根(帷幕桩331根、工程高桩856根、工程低桩607根、灌注桩8根、设计变更147根)。2004年4月1日,主体项目工程开工,8月15日,西边四个单元封顶。2005年3月13日,房建恢复施工,4 月 15 日东单元封顶。

此次开发的最大难点在于拆迁。由于被拆迁的危旧房屋住户数量多,且历史遗留问题多,一些住户的要求难以满足,致使拆迁工程步履维艰,新建工程频繁受阻。在此情况下,通建公司千方百计化解矛盾,历尽艰辛保障施工,终于完成全部开发任务,并获得拆迁户与业主好评。

2. 长治路小区底商住宅楼开发

长治路小区(万豪苑住宅小区)住宅楼开发项目,位于太原市绒绒街与体育西路交汇口西北角,体育西路 339 号,占地面积 10 亩,通建公司承担 C、D 和 F 座商业、住宅楼的建筑工程,总建筑面积 26925 平方米,项目投资 5000 万元。

C 座楼,东西长 47.4 米,南北宽 17.9 米,建筑面积 12440 平方米,地下二层分别为人防(人民防空)层和管廊层,地上 15 层,1 ~2 层为商铺, 3 ~15 层为单元式住宅,共 3 个单元,每单元一梯二户,建筑高度 44.3 米。

D 座楼,东西长 45.8 米,南北宽 17 米,建筑面积 12898 平方米,地下 2 层分别为人防层和管廊层,地上 15 层,1 ~2 层为商铺,3 ~15 层为单元式住宅,单元为一梯二户,总建筑高度 44.9 米。

F 座楼,南北长 52.9 米,东西宽 10.5 米,总面积 1587 平方米,为商业用房,地下 1 层,高 3 米,地上 2 层,高 3.6 米,建筑高度 7.8 米。建筑耐火等级为二级,钢筋混凝土框架结构,建筑抗震设防类别为丙类,抗震设防烈度 8 度。2006 年 7 月 22 日开工, 12 月告峻。

前期工作,主要分为三项:(1)2003 年 1 月 15 日,通建公司与长治路小区的土地出售方签订购地合同;5 月,向太原市规划局报送《长治路小区整体规划方案》;9 月,长治路小区项目立项报告经太原市发展与改革委员会批准。(2)2004 年 3 月,向太原市规划局提交《关于申请长治路小区项目 C 座、D 座和 F 座商住楼规划修改方案》的报告;5 月,单体报建获市规划局批准;6 月,办理《消防审核意见书》,9 月,获得 D 座《建筑规划许可证》、《太原市施工临时用水证》;11 月,获得《施工许可证》。(3)2005 年 2 月 1 日,获得长治路小区项目 C 座、D 座和 F 座 3 座楼的《建筑工地施工许可证》。之后,即向气象局申办防雷装置审批手续、向其他有关部门申报园林审批手续和园林保证金手续;

项目实施和执行:主体工程:(1)土方和桩基工程,2004 年 11 月 5 日开始, 28 日结束,共打工程桩 1378 根,其中 D 座楼 667 根,C 座楼 711 根。(2)主体建设:土建部分: 2005 年 3 月 13 日,C 座楼和 D 座楼工程开挖土方,11 月 20 日和 11 月 26 日,主体先后封顶。2006 年 1 月 16 日,主体和基础通过验收。2006 年 3 月 15 日,开始内墙砌筑、墙体抹灰及楼梯扶手、踏步、地面工程建筑。10 月 12 日,该两座楼完工。

F 座楼建设,2006 年 7 月 2 日开工,9 月 16 日主体封顶, 10 月份全面竣工,11 月 23 日,主体通过验收。

该小区开发整个配套工程于 2006 年 6 月全部完工。

(二)项目管理

工程招标:2002 年,通建公司成立工程招标领导组,负责桃园三巷商住楼工程和长治路小区项目招标工作。招标组成立后,先后对工程设计单位、监理单位、土方和桩基施工单位以及工程建设单位分别进行招标。之外,招标组还对商品混凝土供货商和电梯安装厂家进行了招标。

招投标工作中,坚持按程序办事,根据《中华人民共和国建筑法》、《中华人民共和国合同法》、《中华人民共和国招标投标法》等有关法律法规,规定合同双方的权利和义务,合同双方配备熟悉合同文件、具有高度责任心和事业心的合同管理人员从事招投标工作。

工程质量管理:①组织监理部人员认真制定监理规划、监理细则、旁站监理方案,以规范监理工作。②对进场建筑材料、半成品、构置配件、机械设备进行报验,审核质量证明、合格证需进行复试的按规定见证取样送检,认定合格后方可用于工程。③检查施工前准备工作和施工过程,看是否按施工规范、施工组织设计执行,混凝土的浇筑必须经现场工程师验收,总监工程师签发浇灌令方可浇筑。④施工过程中进行巡视和平行检查,发现存在质量隐患或可能造成质量事故的问题,严格要求其及时整改,并经复查符合规定后,方可继续施工。⑤施工过程中,在关键部位、关键工序实行有关人员现场跟班监督,及时发现和处理质量问题,如实准确地做好施工记录。凡有关人员未在旁站监理记录上签字的,不得进行下一道工序施工。⑥严格执行隐蔽工程报验签证制度,要求施工单位在自检、互检和专检的基础上,设置专人进行验收签字认可,对未经验收或验收不合格的工序,严禁进行下一道工序施工。⑦坚持监理例会制度。每周一次,由总监主持召开,专门研究解决施工中的存在问题,提出具体措施,做好例会纪要,并认真组织落实。

工程成本管理:通建公司工程招标领导组负责对桃园三巷商住楼项目工程和长治路小区项目工程施工单位进行招标,对工程所用建筑材料进行价格调研,对建材品种进行市场调查,对该两项目的建筑材料实行严格招标购买。

工程结算:每当一项工程完工之后,均按照合同书要求,对施工单位的工程量和使用建筑材料及时进行审核和结算。在审核施工单位所使用的建筑材料时,再次对工程所用的建筑材料的价格和品种进行市场调查。

(三)房产销售

桃园三巷商住楼,为省交通厅委托承建项目,实行按协议回迁和按计划统一销售两种方式进行处置。2006 年末,处置和销售完毕。

长治路小区项目楼盘销售。2005 年 4 月,通建公司与山西浩斯房地产商务有限公司就销售问题达成意向。2006 年 2 月 24 日,双方进行洽谈,确认该项目商品房的认购书和预售房手续。2006 年 2 月 25 日,该项目所建商品房开始预售。此后,通建公司又相继办理了长治路小区的门牌号和按揭手续,获得该小区房产《预售许可证》。2006 年末,长治路小区项目楼盘全部成交。

四、生态园区开发

总公司的生态园区开发始于 2002 年。为了实施多元化经营战略,提升企业的社会效益和经济效益,根据国家的产业政策,响应山西省人民政府关于整合大运高速公路经济资源,建设大运经济带的号召,开始筹划绿色生态系统开发经营项目,并与定襄县达成建设和开发凤凰山生态植物园的意向。5 月 9 日,总公司请示省交通厅,拟建设山西凤凰山生态植物园。9 月 24 日,成立凤凰山生态植物园筹建处。2003 年 7 月 28 日,山西凤凰山生态植物园有限公司(凤凰山公司)成立,公司注册资金 607 万元,其中总公司以实物形式出资 307 万元,占 51% 股份,省国有资产经营公司(省国资公司)出资 300 万元,占 49% 股份,共同合作对凤凰山生态植物园进行开发经营。2004 年 9 月,山西原太高速公路有限公司(原太公司)

出资200万元,公司注册资金增至807万元,企业股份分别为总公司38.04%,省国资公司37.16%,原太公司24.8%。

其间,当地政府积极开展前期工作,上级领导予以极大关注。2002年4月8日,定襄县人民政府召开凤凰山生态植物园建设协调会,要求相关部门全力配合,积极办理土地、林权转让等一应手续,为植物园开发创造良好环境,准予园区实行封闭式管理。4月14日,时任副省长杜五安、省交通厅厅长王晓林及忻州市、定襄县的领导赴园址考察。之后,即抽调交通、水利、林业、农业、果树园艺栽培等技术人员进行园区测绘规划等前期工作。与此同时,5月30日,聘请清华大学建筑设计院周榕博士一行对园区的控制性规划等关键问题予以指导。6月11日,全国人大常委会环境保护委员会原主任白清才赴园区视察。

2004年,再次扩大绿色生态开发经营规模,依托在建的太长高速公路和武乡县的红色旅游资源、关河水库等自然资源,筹划在武乡开发经营龙湖生态园区。3月4日,成立山西龙湖生态园筹备处,负责该生态园筹建事项。6月9日,山西龙湖生态开发有限公司(龙湖公司)注册成立,注册资金500万元,其中总公司出资300万元,所属太长公司出资150万元,诺信公司出资50万元,对龙湖生态园区进行开发。

2006年末,凤凰山生态植物园和龙湖生态园两个生态园区开发态势良好。

凤凰山生态植物园

凤凰山生态植物园位于忻州、定襄、原平三县(市)交界处的定襄县汤头村温泉区,北倚凤凰山故名。园区距大运高速公路出入口6.5公里,距五台山佛教圣地120公里,距忻州市区28公里,面积397公顷,自2002年4月开始开发。

园内资源尤以温泉为著:水源距地面60余米,出水温度57℃,且水质优良,含有29种有益矿物质和阴阳游离气体,《中国地质科学院测试中心报告》称:各项指标均优于国家标准。尤以氡、锶、溴、偏硅酸、偏硼酸为最,堪称“华北第一泉”,人体浴后肌肤光滑,怡神爽身,经络畅通,保健养颜,具有良好强身健体和治疗效果。

为了解决园区开发项目资金紧缺问题,凤凰山公司将项目简介翻译成外文,精心制作宣传资料,先后派员参加厦门第十届国际投资洽谈会和省内举办的多个招商引资贸易洽谈会,与韩国、日本、美国、新加坡等国及香港、台湾地区10余家投资者取得联系,多家投资商先后前来实地考察,并与韩国自由水中开发公司达成合作开发经营协议,注册成立了中外合资的山西凤凰山生态旅游度假城有限公司(2006年末,相关后续事项正在办理之中)。

2006年末,园区内完成园林植树和荒山绿化159种200万株,百果园采摘园20个品系83个品种10万株,牡丹、芍药等花卉30余种20余万株,建苗圃7公顷。完成其他基础设施:建成园区循环公路14.7公里,钻探配套深井3眼,提水泵站1处,千方蓄水池5个,节能灌溉线路40公里,可灌溉面积333公顷;架设高压电线路6公里,通讯塔1座,荒滩造地36公顷,封山育林带20公里,初步达到了“山水坡统一治理,乔灌木立体种植,主景点加快建设,美香化全面体现”的目标。园区建设中直接吸纳当地农民218人,间接提供劳动就业岗位1248个,收到良好社会效益。至2006年,园区累计完成开发投资4000万元。

凤凰山生态植物园开发获得多项表彰奖励,被山西省政府命名为山西省循环经济试点园区。2006年12月27日,经国家旅游局批准,被全国工农业旅游示范评定委员会评定为全国农业旅游示范点。凤凰山公司获得多项荣誉称号:忻州市旅游局授予农业旅游先进单位称号,省水土保持委员会授予水土保持先进集体称号,忻州市精神文明建设指导委员会

图 2-4-2 凤凰山植物园开发规划图

授予文明单位称号。凤凰山公司经理杨天平被誉为全省小流域治理状元。

龙湖生态园

位于武乡县城东，东傍山西六大水库之一的关河水库，西依太长高速公路，面积 5377.6 亩。园区因鸟瞰关河水库酷似一舞动之巨龙故名，2004 年开始筹划开发。

为了积极依托武乡县独特的红色旅游资源和太行山自然风光，发挥太长高速公路便捷舒适的交通优势，进一步优化产业结构，总公司积极倡导和筹划对龙湖生态园进行开发经营。2004 年 3 月 4 日，总公司拟定成立山西龙湖生态园筹备处，启动园区开发。5 月 18 日，请示省交通厅成立山西龙湖生态开发有限公司，与所属太长高速公路公司和诺信工程公司，联合开发龙湖生态园。6 月 9 日，山西龙湖生态园有限公司注册成立，注册资金 500 万元，其中总公司、太长高速公路公司、诺信工程有限公司出资额分别占 60%、30% 和 10%，魏庆飞为法人代表。9 月，北京炎黄联合建筑设计有限公司完成园区总体规划和修建详细规划。2005 年 4 月 5 日，长治市发展计划委员会批准生态园综合开发项目立项。8 月 30 日，总公司与下关村、东关村就土地流转、荒山拍卖及地表附着物补偿和下关村移民拆迁补偿问题正式签订协议。2006 年 12 月 1 日，山西省政府和长治市政府下发文件，批准该园区开发项目一期工程征购建设用地。

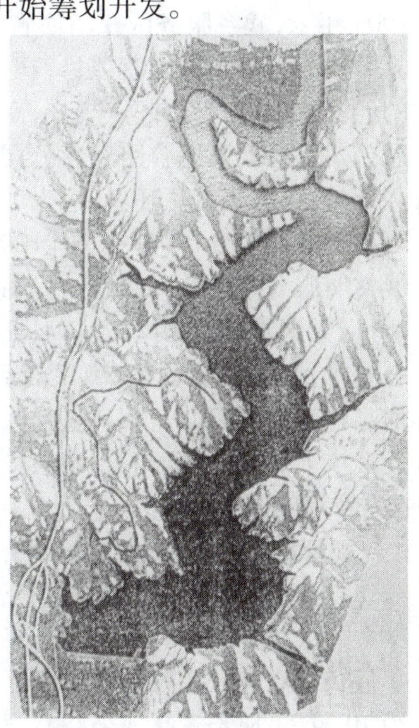

图 2-4-3 龙湖生态园鸟瞰

园区规划以水景生态园、游乐园、商务会展及休闲度假村为旅游开发的三大思想基础，建设黄土地貌山水景观、绿色生态、休闲度假旅游胜地。整个园区分为三个区域开发建设：A 区建设龙湖游乐园、乡土植物园、度假会议中心；B 区建设百草园、林荫陶然园、滨湖景观林、天然土林园、垂钓乐园、龙湖滑雪场、四季花果园；C 区建设高档健身运动房、张家沟民俗度假村、生态经济林、岩生植物园。

2006年末,园区开发完成道路绿化1.3公里,园区栽植侧柏、河南桧1047株;荒山植树38526株,有油松、刺槐及其他乔木类14个树种;完成经济林植树120亩,其中栽植桃、李、杏、樱桃等树种10000株,嫁接7个树种19个品种的果树4000余株;在湖岸、道旁、地震台等地带营造景观林600亩,栽植银杏、合欢、旱柳、山桃、山杏、侧柏等树种9700余株。基础设施建设,完成园区道路建设主线5.5公里,支线4.7公里,工程投资2020万元。完成A区1#高位400立方蓄水池建设;1#300米深井,出水量40立方/小时,达国家饮用水标准。完成A区给水、绿化管线铺设6094米。完成A区电力线路架设和315千伏安变压器安装,保证园区各项建设施工用电。另,移民新村需安置村民56户,完成主体工程,占地35亩。

五、服务区经营

经营服务

2004年11月16日,长晋高速公路剪彩通车,该路高平服务区同时运营,为总公司有服务区经营之始。2005年11月8日,太长高速公路剪彩通车,该路的太谷、武乡、长治3个服务区,以及榆社、襄垣2个停车区(同属服务区性质,唯无住宿等服务项目,区间规模较小)同时投入运营。至此,总公司所辖高速公路共有服务区4个,停车区2个。2005年末,高平服务区运营第一年即被省高速公路管理局评为四星级服务区(高速公路服务区最高星级)。2006年末,武乡服务区获山西省交通厅文明示范窗口称号。

作为一项新的经营项目,在服务区规划建设中即认真总结其他高速公路服务区建设中的经验教训,力求高起点规划,高质量施工,人性化部局,首先打好硬件基础。投入运营后,总公司及所属高速公路经营公司积极引导,严格管理,各服务区坚持以高品位服务、高效益经营为目标,坚持从环境、卫生、文明、服务、效益五个方面抓起,创特色、创品牌、争一流,不断提升经营服务和管理水平。2006年国庆节黄金周期间,由总公司组织,各服务区普遍开展文明服务月活动,在服务区普遍实行酒店化管理,航空式服务,要求卫生达到无纸屑、无痰迹、无烟头、无树叶、无坑槽、无滴漏、无乱放、无破损的“八无”标准;区内超市竭力满足顾客要求,增加商品种类,确保商品质量,严格明码标价;餐厅严把卫生关,提高饭菜质量,增加品种花样,做到色、香、味俱佳,保证质优量足温度适宜;美化环境,整治绿化区,卫生间增设残疾人专用坐便器等,从整体上提升服务区的服务档次和质量。本次活动中,太长高速公路各服务区(停车区)受到前往视察的省领导高度赞扬,认为普遍达到星级标准。

服务区简介

1.长晋高速公路服务区

高平服务区

长晋高速公路唯一的服务区,坐落于高平市河西镇,长晋高速公路52公里处,占地面积约70亩,隶属长晋高速公路有限责任公司。2004年8月,将服务区经营项目分为加油站和餐厅、超市等两大块,实行承包经营,并在太原进行公开招标,年平均承包金额488万元。其中加油站由中国石化晋城石油分公司承包,年承包金额260万元。餐厅、住宿、超市、汽修厂等,由浙江桐乡市金马针织有限责任公司承包,年承包金额228万元。2004年11月,服务区餐厅、超市开始试营业,2005年1月1日,加油站投入运营,8月1日,其他业务投入运营。

运营伊始,由于经营收益欠佳,承包方便千方百计压缩成本,从而一度出现了服务不到位、收益不断下滑的不良循环局面。对此,长晋公司重新确立制度化、规范化和双赢互利、共同发展的管理思路，把2005年作为服务区的基础管理年，建立健全各类规章制度，用制度规范管理。对服务区部分基础设施进行改造，优化服务硬件；对承包方在经营上扶持，在业务上帮助，在管理上引导。把2006年作为规范提高年，健全完善制度，加强监督检查，严格日检、月检制度，发现问题要求及时整改，规范经营，优化服务，进而实现人性化管理，特色化服务，经营与服务质量持续提高。

与此同时，该服务区新增和改造服务设施设备，主要有：更换卫生间地砖、新增音控工作间、垃圾池、餐厅超市保温双层门；客房设施设备增加了卫星电视、衣架、电热水器、洗漱用具、顾客指南、消防示意图；服务区进出道口、停车区和配电房、蓄水池等重要地段设置监控录像设备；改造服务区地下通道，使之富于古典艺术建筑风格；安装10组通道灯箱标牌，宣传富有爱心的企业文化；设置服务咨询台，增加轮椅、急救药箱、旅游路线咨询、公用电话及传真打印复印等服务设备，实行全天候服务；安装音响视频接收设备、球类及多种健身器材；东西两区主楼加层，缓解住房紧张，改善住房状况。此举为改善服务区经营条件发挥了重要作用，为经营者破解了诸多难题。

2005年5月26日，国家交通部时任部长张春贤一行，在省委常委、常务副省长范堆相，省交通厅厅长王晓林等陪同下视察高平服务区，对服务区的服务状况给予充分肯定。2006年，该服务区主要经营业务为汽车加油及修理配件、超市、餐饮、食宿等，免费服务项目有公厕、停车场、健身器材、信息咨询、轮椅出借等。2005年初，月营业额不足50万元。2006年末，月营业额达近400万元，服务区消费者达70万余人次，过往车辆50万余车次，营业额累计达8000万余元。服务区有职工99人，其中管理人员9人，服务人员90人。服务区为四星级服务区，达到山西省高速公路服务区最高星级。

2007年4月，全国高速公路协会授予该服务区加油站：2006年度中国高速公路服务区优秀加油站称号。

2. 太长高速公路服务区（停车区）

共有5个，由北向南依次为：

太谷服务区

坐落于太谷县范村镇，为太长高速公路由北向南第一个服务区，占地面积198亩，2005年11月8日投入运营，经营项目：加油站，由中国石化晋中石油分公司租赁经营；餐厅、住宿、超市、汽车修理等，由河北省怀来县官厅服务区餐厅承包经营。2006年，被评为三星级服务区。

榆社停车区

坐落于榆社县社成镇，位于太谷服务区和武乡服务区之间，占地面积33亩，2006年5月投入运营，经营项目：加油站，由中国石化晋中石油分公司承包经营；餐饮、超市、汽车修理等，由浙江省嘉兴凯通投资有限公司承包经营，是年末被评为二星级服务区。太长高速公路榆社养护工区同驻服务区内。

武乡服务区

坐落于武乡县城东隅，关河水库（龙湖生态园开发区）西侧，占地面积240亩，2005年12月投入运营，主要经营项目：加油站，由中国石油长治天然气股份有限公司承包经营；餐饮、住宿、超市、汽车修理等，由浙江省桐乡市房产开发有限责任公司承包经营。武乡县是全国著名的红色旅游地，具有抗战期间的八路军太行纪念馆、王家峪八路军总部旧址等一批重要革命纪念地，服务区及周边遍布红色旅游宣传广告标语，区内建筑有具有武乡特色的传统窑洞小院，也有具有现代化气息的别墅厅堂。2006年，被评为三星级服务区。

襄垣停车区

坐落于襄垣县夏店镇马喊村，位于武乡服务区和长治服务区之间，占地面积20亩，2006年3月投入运营，经营项目：加油站由中国石油长治天然气股份有限公司承包经营；餐饮、超市等由浙江省嘉兴凯通投资有限公司承包经营。2006年末被评为二星级服务区。

图2-4-4　太长高速公路武乡服务区一角

长治服务区

坐落于长治市区西北，屯留县史村，康庄工业园区西，占地面积140亩，为太晋高速公路最大的服务区。长治市自古为晋东南政治经济文化和交通的中心，服务区稍南，太长高速公路与长晋高速公路相接，是中原地区从晋东南进入山西高速抵达太原，乃至大同、内蒙等地的必经之地，长治—邯郸和拟建的长治—临汾高速公路在此交汇。该服务区2006年3月投入运营，主要经营项目，加油站由中国石油长治天然气股份有限公司承包经营；餐饮、住宿、超市、汽车修理，由河北省怀来县官厅服务区餐厅承包经营。2006年，被评为三星级服务区。

六、货物运输

1993年制定的《山西省交通建设开发总公司章程》中列入的经营项目。1996年10月25日，根据省工商行政管理局批准，变更经营范围，新增公路运输业务，总公司成立工程运输分公司，经营公路长途运输和服务于公路建设工程、专事建筑施工的短途运输。12月，省交通厅购置法国产设计载重15吨的雷诺牌大型货运汽车15辆，委托总公司经营管理，总公司即成立雷诺车队，归工程运输分公司具体经营管理。1997年，工程运输分公司更名为工程分公司，货物运输随之归工程分公司经营。为了更好发挥雷诺车的运输效益，总公司随后又购置挖掘机、推土机 、装载机等配套机具，先后在太原滨河西路和原太、京大、大运等多条高速公路建设工程从事运输业务。2006年，货物运输均为服务于建设工程的附属性业务。

七、旅游服务

1996年，在旅游业蓬勃兴起的形势下，总公司为拓展经营领域，开始经营旅游服务业。2月5日，总公司拨款6万元作为注册资金，成立山西交通旅行社，经营国内旅行业务，并兼营与旅游相关的日用百货、文化用品、工艺美术品销售，开展旅游业务培训。为了尽快顺利开展经营业务，总公司面向社会招聘旅游服务的专业人才，赢得时任山西省晋阳旅行社副经理李瑛前来应聘。6月3日，总公司聘任李瑛为山西交通旅行社常务副经理（主持工作）。1997年9月，总公司再次拨款24万元，作为注册资金，山西交通旅行社注册资金达30万元。1998年，总公司对山西交通旅行社财务进行审计。审计报告称：1996~1998年，山西交通旅行社运营近3年,共实现利润48997.82元,其中1996年1646.37元、1997年17406.89元、1998年29944.56元,在旅游市场激烈竞争的情况下,经济效益逐年上升。在所获得的利润中,上交所得税3429.59元,盈余公积金2141.05元,净利润43427.18元。

2002年6月,山西交通旅行社对外转让,旅游经营业务终止。

第五节　资产重组

总公司将资产重组作为有效激发企业活力,充分发挥人员和机构的潜力,使资本、资源、设施、设备等企业资产效益最大化的重要举措,不断根据市场动态和服务交通建设的经营需要,按照企业自身发展实际,以科学发展观统领全局,及时进行资产重组和资源整合。

一、组建企业

将组建所属经营公司作为资产重组的最基本手段,总公司以单独和与其他法人单位、个人合作等方式,不失时机组建经营实体,并根据市场变化和经营状况,对所建经营单位及时进行变更、改制和淘汰。

1993年至1994年,为了筹集公路建设资金,总公司与美国万德福股份有限公司成立了山西晋美高速公路有限公司,后因美方不予履行合同,该公司于次年被迫终止运营。拟以总公司为发起人,组建山西省交通建设股份有限公司,后因故搁浅。拟与省体改委共同成立山西太阳高速公路股份有限公司,后因故未组建。为了改变经营被动局面,先后组建了山西省交通物资公司、山西省交通贸易公司、山西省龙光交通贸易公司、山西省交通通元物资公司,有的经营欠佳,有的无果而终。

1995年8月,公司重新设置内部机构,整顿经营实体。同时,积极开展市场调查和科学预测,坚持以服从和服务于交通建设为经营重点,大力组建涉路企业;在此基础上,以国家的产业政策导向为主要依据,以获取最佳经济效益为基本目标,以积极承担企业的社会责任为远大追求,积极组建公路企业和多种经营实体:1996年,先后组建了交通工程机械设备租赁分公司(后变更为实业发展分公司)、交通旅行社(有限公司)、阳长、江武高速公路有限公司、工程运输分公司(工程公司前身)、山西阳济公路开发有限公司、雷诺车队等经营公司(实体)。1997年至2000年,重点对已建实体单位进行精心经营,同时组建有路通合作公司、新泽等六间高速公路有限公司、诺信交通建设工程有限公司、深圳唐都贸易有限公司等经营单位。2001年起,在适时组建公路经营企业的同时,组建多个多种经营实体。2001年,组建山西交通大酒店(有限公司)、国际贸易部(后改制为山西诺信国际贸易有限公司)、通建房地产开发有限公司。2002年,组建凤凰山生态植物园有限公司。2003年,组建晋城公路养护中心(后改制为诺通公路养护有限公司)。2004年,组建龙湖生态开发有限公司。

1996~2006年,总公司所组建的经营单位中,山西交通旅行社(有限公司)对外转让、深圳晋通有限公司注销,其他运营正常,效益良好。其中,太长、长晋2个高速公路公司,由省交通厅主持组建,公司领导由省交通厅党组任命,经营业务归总公司管理。

二、并购公司

根据企业经营发展需要,总公司借东风抓机遇,适时兼并、收购自己具有部分股权的合作公司和原无隶属关系的经营单位，以此壮大企业规模，提升经营效益，扩大融资盘子。

1996～2006 年，总公司并购的公司有：

山西晋焦高速公路建设期间组建的新泽等六间高速公路有限公司。1998 年 6 月，总公司与香港新世界基建有限公司合作成立，对内分为新泽、新丹、新南、新北、新井、新韩 6 个高速公路有限公司，统称山西新泽等六间高速公路有限公司，拟总公司以 40% 股份，港方以 60% 股份合作建设并经营晋焦高速公路。2001 年 4 月，因港方撤资，总公司筹资 10 亿元收购全部股权，组建山西晋焦高速公路有限公司。

山西阳济公路开发有限公司（阳济公司）。1996 年 12 月，总公司与阳城县以分别投资 2500 万元和 2000 万元、占 55.56% 和 44.44 的股份，共同组建该公司，合作建设和经营阳济公路。2000 年 5 月，总公司再次出资 3500 万元，用于偿还阳济公路工程欠款，并接收阳城县在阳济公路建设的所有债务，阳济公司成为总公司所属的独资经营单位。

晋城市商品公路开发总公司（商品路公司），原隶属晋城市，负责经营管理长晋二级公路（晋城段）。2002 年 7 月 12 日，根据省交通厅与晋城市政府协调会议纪要，商品路公司成建制（包括人、财、物）划归总公司，总公司接收商品路公司所有债权债务。2003 年 1 月，商品路公司更名为山西省交通建设开发投资总公司长晋公路有限公司（简称长晋商品路公司）。

三、整合经营

2004 年 6 月，根据企业经营业务和单位人员状况，总公司对所属诺信交通建设工程有限公司和工程分公司进行整合，两个公司实行“两块牌子，一套人马”，合署办公，两公司领导相互交叉担任不同职务，内部实行统一核算。同年 10 月，为了充分利用原有人力、物力资源，方便经营，提升效益，总公司将长晋二级路公司与长晋高速公路公司进行整合，统称山西长晋高速公路有限责任公司。整合后的公司实行“人员统一使用，机构合理设置，组织管理统一，运营相对独立”的经营模式。

长晋商品路公司，自 1993 年管理长晋二级公路，运营 10 多年来，物质文明建设和精神文明建设均具有一定竞争力和影响力，在经营管理长晋二级公路的实践中，锻炼了一批收费公路的经营管理人才。在筹备长晋高速公路建设方面，该公司做了大量前期工作。并在筹集长晋高速公路公司注册资金时，出资 3500 万元，成为股东之一。为此，总公司在组建长晋高速公路公司时，成批抽调了该公司的骨干力量。至整合之前，两公司均已有一套职能机构，但人员配备均有所欠缺。为了切实提高经营效益和工作效率，决定对两公司实行整合。整合经营后，人力资源和职能机构实现了优化组合。办公设施设备及信息资源得到了充分利用，实现了资源共享，节约了经营管理成本。长晋高速公路和长晋二级公路大体呈平行状，且相距较近，实行整合经营，有效避免了该两路经营中的恶性竞争，实现了优势互补，经营效益良好。

2007 年 8 月，鉴于总公司向中国平安保险集团信托投资公司转让太焦高速公路部分股权，长晋高速公路公司与长晋二级公路公司重新剥离。

第三章

管　理

总公司将企业管理作为公司长期生存，健康发展，提升效益，塑造形象，打造品牌，占领市场的重要保证和战略性工作，从设置机构、完善制度、健全机制、规范运行各个方面着手，长期狠抓企业经营管理，逐步形成具有自身特色和行业特点的管理模式。

根据以服务和参与公路交通建设为主，以发展相关产业和优势产业为辅的经营特点，总公司将经营管理分为公路经营管理和多种经营管理两大块。为了强化经营管理，始终对领导班子成员实行明确职责，分工把关，将合理设置机关职能部门、严密划分部门职责作为重要依托，不断完善各项规章制度，健全经营管理运行机制，把经营管理贯穿于企业生产全过程。

总公司把科学设置机关内部机构，健全部门工作职责作为搞好企业管理的重要手段，注重在企业发展过程中，随着企业发展的需要不断进行调整。1993 年 4 月，总公司设置办公室、计划财务部、工程技术部、经营开发部和人事劳资部“四部一室”。1995 年 8 月，重新设置职能机构，健全部门职责。重新设置的机关职能部门为：经理办公室、政治处、人事劳资教育处、计划财务处、工程技术部、物资经销部、投资管理处。之后，根据经营管理实际需要，机关职能部门多次进行充实调整，主要的有：1998 年 12 月，设立经营质量监察处、路桥管理处（后更名为路桥管理部，专事公路养护管理、维护路产路权等）。1999 年 11 月，成立经营质量监察领导组，并制定《经营质量监察制度》。2002 年 4 月，成立经营管理部，专事经营管理工作。2004 年 4 月，成立审计部，以强化审计工作职能。2006 年，经营管理部变更为公路经营管理部，另行成立多种经营开发部，从组织机构上保障经营管理工作富有成效。

第一节　公路经营管理

一、收费法规

1996 年 6 月，总公司与香港路劲基建有限公司合作成立的山西路通太榆路公司、榆次路公司开始运营，按照《山西省收费公路管理条例》（1995 年 1 月 1 日起施行）收取车辆通行费。之后，凡投入运营的公路经营公司，均严格按照当时既有的相关法规，实行依法收费、合法经营。2003 年 9 月 17 日，山西省人民政府发布《山西省高速公路管理暂行办法》，所辖收费公路按照该《办法》进行收费。2004 年 11 月，贯彻国务院颁布的《收费公路管理条例》。2005 年 7 月 1 日，贯彻实施《山西省公路车辆通行费收取办法》。2006 年 3 月 1 日，贯彻山西省人民政府颁布的《山西省高速公路管理条例》，按照新的《条例》开展收费业务。2006年末，收费公路所依据的法规有：国务院《收费公路管理条例》、《山西省收费公路管理条例》、《山西省公路车辆通行费收取办法》、《山西省高速公路管理条例》、《山西省高速公路货运车辆计重收费标准》等。

二、收费管理

收取公路通行费，是经营公路的重要业务，也是公路经营管理的核心内容和总公司进行经营管理的工作重点。对公路经营单位的收费业务，主要是以目标责任制的形式进行管理，通过目标责任制对各公路经营单位进行全方位考核和多层面管理。

1. 设定收费年度目标

按照收支两条线政策规定，确定年度通行费收入和三项费用两大指标，三项费用包括收费支出、养护绿化支出、管理费用。管理费用包括路政管理和治理超限车辆的基本经费。

核定原则：核定通行费收入年度目标，参照基数为前三年的收费任务完成情况，预测当年可能发生的情况变化因素。情况变化因素主要包括：公路收费的重大政策性变化、当地经济发展情况、客、货运输市场情况、新建公路对车辆分流造成的影响情况等，以此来制定各公路经营单位的年度通行费收入计划指标。

参照基数的办法，以2006年为例，核定是年的收费计划指标，即参照是年之前的三年收费任务完成情况，由近及远，参照不同的比例，其中2005年占50%，2004年占30%，2003年20%。在综合三年收费情况的基础上，再对以上所述的情况变化因素进行预测，经过综合分析和科学预测后，方可核定出2006年的费收计划。

2. 核定三项费用

坚持收费标准统一的原则、坚持平衡的原则。

（1）收费支出，以收费站为核定单位，按照人头费和专项业务费两大类，根据开放的车道数，确定人员和设备配置情况进行核定。

（2）养护费支出，分为道路日常养护费和交通设施日常维护（主要为隧道维护）费两大块。道路日常养护费用，根据养护里程确定费用基数，实行定额包干；交通设施日常维护费，主要根据人头费，电力总负荷和检修费用进行确定。

（3）管理费用，按照人头费用和专项业务两大类，根据各经营公司机关人员的定编数进行核定。

三、收费稽查

收费稽查主要由人员稽查，即稽查机构组织人员稽查和电子监控两部分组成。

稽查机构和人员设置。总公司及各公路经营单位均有设置，唯名称不尽统一，分别称为收费稽查部、收费稽查大队、稽查队等，与经营公司的收费业务部门同等级别，人员设置由所在经营公司根据情况确定，受所在经营公司直接领导，专事收费稽查工作。稽查方式实行：实时稽查、事后稽查、现场稽查、抽样稽查、路径稽查、上门稽查、专项稽查等。

电子监控。为收费稽查的重要手段，晋焦、长晋、太长三条高速公路的电子监控系统与通车运营同时起用，其他公路的电子监控系统设置时间各异。以时间先后为序，所辖公路（收费站）设置电子监控系统具体时间分别为：

路通公司许西收费站,1997 年 6 月。

晋焦高速公路,2002 年 12 月。

阳济公路,2004 年 3 月。

长晋二级公路,2004 年 3 月。

长晋高速公路,2004 年 11 月。

路通公司杨村收费站,2005 年 8 月。

太长高速公路,2005 年 11 月。

各公路经营单位在收费稽查工作中,由分管领导直接领导,所设置的稽查部门具体实施,与电子监控系统形成多层次、全方位、立体化的稽查网络。

稽查工作主要内容。主要有 11 个方面:①收费人员的着装、仪表和文明服务情况;②车道收费业务操作流程;③出入口特情操作规范;④收费站收费业务操作规范;⑤收费监控中心收费业务操作规范;⑥各单位 IC 卡管理情况;⑦车辆领卡、缴费情况;⑧通行费存缴情况;⑨各类报表填报及统计分析情况;⑩各单位对收费政策的落实情况;⑪各单位对收费设备的操作、保养情况。总之,凡与收费工作相关的人和物均为收费稽查对象,凡与收费工作相关的业务要求均属稽查内容。

四、信息化建设

总公司将构建信息网络作为提升服务形象,提高管理水平和运营效率,避免人为操作在管理上出现漏洞,使整个系统资源得以充分利用的重要举措,着力建设以交通电子政务为主体的交通信息化管理和决策支持系统、以交通智能化系统为核心的数字交通系统。

2006 年,所辖太长、长晋、晋焦高速公路,与全省、全国其他高速公路配置相同的光网络,同时在 SDH 基础上构建高速 IP 网络交换平台,实行高速公路联网收费。是年末,该网络仅限路内使用,网络资源尚未得到充分利用。所辖普通公路收费站无上传路由通道,尚需借用电信专线传递信息。

五、服务区管理

总公司由公路经营管理部负责,长晋、太长高速公路公司对所经营公路服务区实施管理。所辖高速公路共有 4 个服务区、2 个停车区,其中,长晋高速公路 1 个(高平服务区);太长高速公路 3 个服务区,2 个停车区(亦统称服务区)。服务区均实行对外承包经营,高速公路经营公司设立专门管理机构,并派物业管理人员,对服务区按统一的行业标准进行管理和指导服务。

服务区管理,主要有 11 项内容:①星级考核评分。针对餐厅、客房、加油站、车辆修理、超市等各经营场所进行考核打分,最后依据得分情况评定所得星级,并实行奖优罚劣,动态管理。②新项目开发控制程序。针对新项目的开发和可性行进行评估和审批。③服务区经营管理控制程序。④广告经营控制。⑤经营管理工作职责。⑥物业管理办法。⑦物业安全管理制度。⑧设施、设备管理办法。⑨安全生产操作规范。⑩保洁、保安管理规范。⑪保洁、保安日常工作程序。

公路经营公司把提升服务质量和提高经济效益作为服务区管理的重要目的,热忱为经营户服务,为广大顾客着想。在对高平服务区的管理中,针对经营户一度认为承包费高,承包信心不足,并试图以削减成本、降低质量的方式维持经营的情况,长晋公司以换位思考方式为承包商释疑解难,从硬件建设入手改善经营条件,要求和引导经营户在软件建设上做文章,使服务质量和经营效益得到同步提高。

安全管理是服务区管理的首要工作,总公司制定高速公路服务区管理制度,要求服务区必须制定详尽的安全保卫工作制度、岗位责任制度、应对紧急情况预案。各服务区成立以服务区主要负责人为组长的安全工作领导组,承担安全第一责任。在硬件建设方面,服务区的各项设施设备,均按照消防、安全部门的标准要求配置和检修,保证时常完好可用。软件建设方面,服务区配备有保安人员,经常性对全体员工进行安全教育,力求防患于未然。

第二节　多种经营管理

立足交通、服务交通,一业为主、多元化发展,是总公司坚持科学发展观,实施可持续发展的重要战略思想。在此思想指导下,坚持将发展作为第一要务,坚持以管理规范发展、服务发展、保障发展、促进发展。2006 年末,多种经营管理涉及工程建设、公路养护、餐饮食宿、对外贸易、房地产开发、生态园区开发等 6 个门类 9 家实体单位。

一、开发规划

1993 年 3 月,制定《山西省交通建设开发总公司章程》,将多种经营列入经营范围。按照章程规定,总公司在直接从事和服务交通建设、经营公路的同时,开展多种经营业务。总公司《章程》规划经营的多种经营项目主要有工程建设、筑路机械租赁、物资贸易、房地产开发、旅游服务等。在公司经营过程中,先后于 1996 年、2001 年、2006 年全国制定新的五年发展规划(2006 年之前称为五发展计划)时,根据省交通厅制定的交通发展五年计划,结合企业实际和市场形势,及时制定发展计划,进行产业结构调整。“十五”期间,总公司先后组建了 6 个经营实体,产业涉及酒店服务、房地产业、进出口贸易、绿色生态开发及公路养护等,营业额由 2000 年的 1955 万元发展到 2005 年的 1.25 亿元。

2006 年,总公司提出发展公路经营、公路养护、工程建设、房地产开发、国际贸易、绿色生态开发、酒店服务等“七大产业群”的总要求,努力实现企业全面、快速、协调和可持续发展。是年,总公司多种经营年度收入达 1.5 亿元。

二、年度目标

各个经营公司(实体)的年度目标,根据其历年,尤其是上一年的经营状况和市场趋势,先由经营管理职能部门提出初步意见,再由总公司经理办公会议研究确定,并制定统一的目标责任书,在每年的年度工作会议上,由总公司领导与各经营单位领导共同签字确认。年度经营目标包括:

(一)经济目标

(1)实现产值,根据业务分为完成营业收入、实现贸易额、实现利润、完成建设投资,费用开支控制;

(2)上交总公司折旧费;

(3)上缴管理费、设施设备折旧费和投资回报等。

(4)向总公司归还欠款。

(二)管理目标

经过历年不断完善,至2006年,管理目标列为15项:

(1)根据《安全生产责任书》各项要求,实现安全生产,杜绝发生1.5万元以上责任事故。

(2)严格执行国家有关政策法规和总公司各项规章制度,依法经营,完善经营机制。

(3)严格贸易惯例,明确职责,积极拓展经营领域,实现良好的经济效益和社会效益。

(4)财务管理账目清楚,不得虚列成本、瞒报收入、虚盈实亏,对总公司的所有投资及向总公司的借款,一律实行有偿使用,按同期银行贷款计息。

(5)坚持资金安全第一的原则,各项资金回收100%。

(6)项目借款实行专款专用,所有借款按合同兑现,投资严格按总公司投资《管理办法》执行,借款按总公司《借款管理办法》执行。

(7)国有资产保值率达100%,购置固定财产必须经总公司批准,否则将予以没收。

(8)所承揽的工程规范运作,确保质量,实行工程项目经理责任制,工程项目收益率达20%以上。

(9)不断提高经营管理和服务水平,加强制度建设,树立品牌形象。

(10)开拓房地产建设项目,完成一定的建筑面积。

(11)所有工程建设项目实现概算、资金、工程三不突破。据此做好项目设计、评审、概算等前期工作;完善和规范项目施工招标制度;建立工程项目责任制度;建立工程质量控制、监督体系,完善相关规章制度,严格办事程序,确保工程质量。工程优良率达90%,合格率达100%。

(12)规范股份制运作机制,完善公司法人治理结构,根据市场变化及时调整企业内部管理机制,完成年度开发资金筹集任务。

(13)依法按照国家土地有关政策,做好建设用地征用的相关工作。

(14)按照市场化运作模式加大绿色生态园区建设力度,扩大宣传,广泛吸收外来投资。

(15)积极开展文明单位创建活动,全年不出现违法违纪现象。

(三)其他目标

(1)借款利息、年上交总公司投资回报款按月考核、按月上交。

(2)单位领导班子实行年薪制。年薪总额=基础年薪+效益年薪。年薪标准按总公司《实体年薪制试行办法》执行。基础年薪按年薪总额的70%每月考核发放,效益年薪按30%与经营指标挂钩,年终考核兑现。

(四)激励奖惩

(1)经济指标综合值得分在81分(含81分)至95分(含95分)者,其中:81分,领导班子个人兑现效益年薪6%;82分,兑现效益年薪12%;依此类推,按每得1分兑现6%的比例递增。

(2)经济指标综合值得分在95分(含95分)以上,完成利润指标,全体职工(不含实行年薪制的领导班子成员)年终可增发一个月标准工资。实行单位年终奖励制度,具体奖励方案由总公司进行审批。

(3)出现虚列成本,瞒报收入,虚盈实亏,一经查证落实,扣除20分,并对有关责任人依据有关规定给予严肃处理。

(4)发生一般安全责任事故,直接损失3万元以内,一次扣5分;发生重大安全责任事故,直接损失3万元以上,一次扣20分。

(5)其他管理指标不达标,视具体情况扣1至5分;发生重大管理责任事件,给企业造成重大经济损失,实行一票否决。

(6)经济指标综合值在90分以下,单位不得发放年终奖。

三、责任制考核

随着多种经营实体的发展壮大,对其目标责任制考核办法也得到不断完善。2006年,目标责任考核内容,主要有五个方面:《经营责任书》、《精神文明建设目标责任书》、《党风廉政建设目标责任书》、《安全生产责任书》、《综合治理、消防工作目标责任书》。

目标责任百分考核挂钩办法:《经营责任书》以月考核,按月兑现,年终总考核;《精神文明建设目标责任书》、《党风廉政建设目标责任书》、《安全生产责任书》、《综合治理、消防工作目标责任书》以年度进行考核。年终整体考核中,《经营责任书》占考核分值的70%;《精神文明建设目标责任书》占10%;《党风廉政建设目标责任书》占10%;《安全生产责任书》、《综合治理、消防工作目标责任书》占10%。

《经营责任书》百分考核挂钩办法:经营目标责任实行以月考核,按月兑现,其中经济目标占60%,管理目标占35%,发展目标占5%。经济目标中,营收、利润、上交投资回报各占指标的20%。管理目标中,按照年度目标中管理目标(前述的15项内容),其中前三项占考核指标的15%,其他项占考核指标的20%。其他目标(依托现有产业,确定本公司近期发展规划并实施,建立学习型企业,完成职工培训计划等)占考核指标的5%。

考核工作中,月份考核以《经营责任书》为主,以各单位月分解指标为主要内容,以年薪管理办法与经营责任书考核内容为依据,与各项经济指标挂钩考核。年度考核为综合性考核,各项考核以百分为满分,各分项指标按不同分值挂钩考核。

附件

2006年度考核细则

1　经济目标考核内容(60分):

1.1　营收分解指标完成情况(20分)

a)按计划完成分解指标得满分。

b)每超计划1%奖0.5分,最高奖40分。

c)亏计划1%扣1分,最多扣20分。

1.2　利润指标完成情况(20分)

a)按计划完成分解指标得满分。

b)每超计划1%奖0.5分,最高奖40分。

c)亏计划1%扣1分,最多扣20分。

1.3　上缴各项费用分解指标完成情况(利息、借款、投资回报等)(20分)

a)按计划完成分解指标得满分。

b)每亏计划1%扣1分,最多扣20分。

2　管理目标、发展目标考核内容(40分):

2.1　开拓业务、引资、融资分解指标完成情况(10分)

a)按计划完成分解指标得满分。

b)每超计划1%奖1分。

c)每亏计划1%扣1分。

2.2　完善法人治理结构、树立公司形象分解指标完成情况(5分)

a)按计划完成分解指标得满分。

b)有创新奖加分。

c)完不成扣分。

2.3　内部管理制度建设指标完成情况(3分)

a)按计划完成分解指标得满分。

b)有创新奖加分。

2.4　对外业务承揽指标完成情况(8分)

a)按计划完成分解指标得满分。

b)每超计划1%奖1分。

c)亏计划1%扣1分。

2.5　清欠、纠纷等重大事项分解指标完成情况(5分)

a)按计划完成分解指标得满分。

b)每超计划1%奖1分。

c)亏计划1%扣1分。

2.6　员工培训、领导培训分解指标完成情况(2分)

有计划、有安排、有落实得满分。

2.7　精神文明建设分解指标完成情况(5分)

a)有计划、有安排、有落实得满分。

b)受奖加分。

2.8　领导交办的其他工作分解指标完成情况(2分)

a)有安排、有落实得满分。

b)受奖加分。

四、指导服务

主要分为两种形式,一是公司领导和主管部门深入调查研究,掌握第一手资料,及时解决问题。二是实行例会制度,自1999年8月起,每月5日召开一次经营例会。当月5日,即召开第一次经营例会,总公司领导及各单位、部门主要负责人参加。此种经营例会制度效果良好,得到长期坚持。2006年,根据省交通厅提出的关于开展管理创新年活动的要求,为了使企业在基础管理、文化建设等方面有大的突破和提高,总公司将每月一次的综合性经营例会,分为每月5日召开多种经营例会,8日召开公路经营例会,以全面和详细了解各单位经营状况,认真总结和相互学习、借鉴成功经验,集中解决各经营单位存在的共性问题,加强对经营单位的针对性指导。与此同时,公司领导及经营管理部门,经常性深入实地调查研究,对个性问题现场解决或当即提出解决办法,对共性问题综合分析,统筹解决。

第三节 财务管理

总公司将财务管理作为企业经营管理的核心内容,自成立之始即设有财务管理职能部门,并不断强化,及时健全所属单位财务管理机制,不断完善财务管理制度,有效促进了企业经济效益的提高,为企业健康发展提供了有力保障。

一、管理制度

1993 年,即公司成立之初,为规范企业财务行为,建立健全财务管理制度,根据《企业会计准则》、《企业会计通则》及有关财经法规,结合公司经营特点,先后制定《财务管理制度》、《财务收支管理办法》。1995 年 6 月 28 日,严格执行国家的法律法规和统一的财务会计制度,根据企业经营管理特点和要求,制定和下发《山西省交通建设开发总公司企业财务管理办法(试行)》。该《管理办法》包括财务部门人员岗位责任制及 18 项基础管理制度。主要内容:会计机构设置、人员配备、岗位职责权限、不相容职务的相互分离、会计人员交接、会计核算要求、账务处理程序、会计工作内部稽核、财务审批程序、财产清查、财务分析、发票管理、会计档案管理等。这些管理制度在长期的贯彻实施中,对全面规范各项会计工作,保证财务会计工作规范运行发挥了重要作用。与此同时,在具体实践中,对此一系列《办法》进行不断地补充、修订和完善。1999 年,先后下发总公司《财务会计报表管理办法》、《计划财务处工作条例》、《财务管理办法》等管理制度。2006 年,财务管理执行的主要制度有《会计核算制度》、《会计处理程序制度》、《财产清查制度》、《会计人员交接制度》、《财务审批制度》、《货币资金管理制度》、《发票管理制度》、《公路经营公司营业收支管理办法》等。

二、会计核算

严格遵守《中华人民共和国会计法》,根据实际发生的经济业务进行会计核算,填制会计凭证,登记会计账簿,编制财务会计报告。核算内容包括:(1)款项和有价证券的收付;(2)财物的收发、增减和使用;(3)债权债务的发生和结算;(4)资本、基金的增减;(5)收入、支出、费用、成本的计算;(6)财务成果的计算和处理;(7)需要办理会计手续、进行会计核算的其他事项。按照国家统一的会计制度规定,对原始凭证进行审核,对不真实、不合法的原始凭证不予接受,对记载不准确、不完整者予以退回。以经过审核的会计凭证为依据,登记明细账、日记账、总账和其他辅助账簿,并确保证证相符、账证相符、账表相符、账实相符。财务会计报告根据经过审核的会计账簿记录和有关会计资料编制,保证真实、完整。

三、计划管理

总公司接受省交通厅管理,每年向省交通厅上报各类项目计划和年度营业收支计划。对所属单位实行以目标责任制为重要手段进行管理,并不断完善管理运行机制。1998 年,总公司与各经营单位签订经营目标责任书,确定本单位年度的收入、利润计划及成本控制计划,年终进行考核评比,将考评结果与各经营单位员工的年终奖金挂钩,各公司增收节支成效显著。2002 年 7 月,开始对晋城商品路公司的财务计划进行管理,2002 年 12 月,晋焦高速公路通车,加之之后长晋高速公路与太长高速公路相继开工建设及通车运营,总公司财务计划管理的工作面随之延伸扩大,工作力度亦随之加大。自此,总公司每年根据省厅核定下达的各项计划,配合相关部门开展财务预算工作,根据行业特点,针对性地进行计划管理。2003 年,对各经营公司实行会计月报表及相关管理明细表报送制度,规范统一会计报表格式,细化和明确会计报表填写内容,以便总公司及时了解和掌握各所属单位的财务计划实施情况和经济运行状况,对所属经营单位的财务年度计划执行情况进行监督,分析差异的形成原因,及时纠正偏差,为实施奖惩提供依据。通过计划目标控制考核,促进各单位不断提高经济效益。

四、会计控制

2003 年 7 月 15 日,下发总公司《公路经营公司营业收支管理办法(试行)》,从财务收支、资金运作、管理程序、监督检查等方面,全面规范公路经营单位的资金管理与财务管理,以适应总公司的管理需要。2005 年 5 月 7 日,对上述管理办法进行修订,将资金管理作为重点内容进一步进行规范。该管理办法的全面实施,保障了各公路经营单位的营业收支活动规范运行。

为了提高财务管理水平,保证各项会计信息真实可靠,保障资产安全, 2004 年 12 月 20 日,总公司下发《关于建立和完善内部会计控制制度的通知》,要求各单位以资金为纽带,以业务流程为链条,认真分析,精心设计,并要“写你所做的,做你所写的”,确保各项制度建设健全有效,防止流于形式。对此,总公司及所属单位领导高度重视,积极组织本单位进行内控建设。与此同时,所属各公司结合自身实际,在充分考虑重要性和成本效益性原则的基础上,制定各自的内部控制制度,制度在层面上涵盖全体员工、范围上覆盖各项业务和管理活动,包括货币资金、销售与收款、采购与付款、工程项目、对外投资、信贷担保等方面。此项制度的全面实施,加强了各公司堵塞漏洞、控制风险的能力,提高了全公司的整体管理水平。

为了扶持多种经营单位加快发展,总公司决定对其实行有偿资金支持,同时进行有效控制和监督。2003 年至 2006 年,先后对诺盛公司(国际贸易部)、通建房地产公司、交通大酒店、诺信工程公司、凤凰山植物生态有限公司、龙湖生态园有限公司等单位进行资金支持,均收到良好的社会效益和经济效益。

五、会计监督

将会计监督作为总公司对所属实体经营活动进行管理的核心手段,在制度上不断健全,在实践中不断强化。1999 年,总公司财务处按季度下发经营实体主要经济指标分解表,对各单位经营目标责任制情况实行动态管理和跟踪监督,并按年度对其经营目标责任制完成情况进行审计,将审计结果作为年终奖惩兑现的依据。2006 年,会计监督内容主要为 4 个方面。①在岗位设置上,实行记账人员、经济业务事项和会计事项的审批人员、具体经办人员、财物保管人员的职责相互分离、权限相互制约。②重大对外投资、对外担保、项目投资、资产处置、资金调度和其他重要经济事项，按内控制度要求，严格规范决策，按程序执行，履行会计监督职能。③严格进行财产清查，确保各项资产安全、完整。④定期审核所属公司的财务报告。

六、会计委派

将选好用好财会管理人员作为搞好企业财务管理、保障企业安全健康运行的关键环节，自 1999 年起，对总公司及所属实体、经营项目的会计人员实行委派制和轮岗交流制。会计委派以提高会计人员的业务素质、政策水平为前提，经常性邀请财务专家授课，定期不定期组织人员到国家会计学院等权威性教育培训基地参加培训学习，鼓励财会人员参加会计资格考试、执业资格考试，系统学习财务会计业务知识和相关法律法规，总公司根据经营业务的不同特点，每年针对性地对所属各公司财务人员进行业务培训，加强财会工作人员的职业道德教育，从人员数量和质量上充分保证企业财务管理需要，为会计委派奠定基础。2006 年，总公司财务部共编制 8 人，在学历上，有财会专业研究生 1 人，大专以上学历 7 人；在专业技术职务上，有高级会计师 1 人、中级会计师 7 人，其中具备国际注册内部审计师资格 2 人，获注册会计师资格 3 人，获注册证券师资格、注册税务师资格，注册资产评估师资格各 1 人（含一人多项技术职务）。所属经营公司的 42 名财务人员中，80% 以上具有大专以上学历，其中有高级会计师 2 人、中级技术职称 22 人，注册会计师资格 1 人、注册税务师资格 2 人。以此为基础，对所属单位会计人员实行委派制，促使财会人员在全公司范围内有序流动。2008 年 3 月，总公司对交通大酒店和通建、诺信、路通、长晋、晋焦等 5 个所属公司的 7 名总会计师和财务部门负责人进行一次性交流。

第四节　审 计 监 督

分为外部审计监督和内部审计监督。外部审计为政府审计部门、上级行业主管部门、社会审计单位对总公司的审计监督；内部审计为总公司内部自行进行的审计监督。2004 年 3 月之前，总公司审计监督由财务部门自行负责，主要是对所属单位进行审计监督。4 月，成立审计部，从机构上保证了审计工作的独立性。

一、外部审计

政府审计机关、上级业务主管部门和社会审计单位对总公司及所属经营单位和重大项目的审计，一般由省审计厅、省交通厅和其他社会审计部门进行，总公司审计（财务）部门协调配合。在进行外部审计工作中，公司审计（财务）部门大力提供方便，虚心接受上级审计部门的监督和指导，切实搞好协调配合。着重与外部审计部门在内部控制、揭示和防止舞弊、提出改进建议、相互利用审计成果四个方面加强合作。

上级审计部门对总公司的审计，主要有年度审计、建设项目审计、领导干部经济责任审计三项内容。其中，领导干部任期经济责任审计，包括上级审计机关对厅管行政主要领导干部的届中审计、届满审计、离任审计和年度工作目标经济责任审计，主要为年度经济目标责任审计。各项审计均以上级要求和安排进行。其中离任审计，1995 年 3 月至 2006 年，总公司无主要行政领导变更，故无总公司领导离任经济审计。总公司所属经营单位领导的离任经济责任审计，2004 年 3 月之前为总公司财务部负责，4 月成立审计部之后，即由审计部负责。

外部审计主要是对总公司主办的重大建设工程的项目审计。审计建设项目的建设程序执行、建设项目实施、项目建设进度计划执行、概算执行、建设资金来源与使用是否合法，有无转移挪用和损失浪费、审计建设成本与财务收支核算，审计与固定资产投资项目有关的各项税费的缴纳情况、审查土地征用及其补偿费、安置补助费的支付情况。与此同时，还对环境保护、施工单位、监理单位、工程质量、建筑材料与设备购置等情况进行审计。

2002～2006 年，重点对总公司承建的晋焦、长晋等重点公路工程建设和公路大中修工程的投资项目竣工决算进行审计监督（2008 年，太长高速公路通车运营业已 3 年，项目竣工决算正在进行之中）。在对晋焦、长晋高速公路项目的竣工审计中，着重对竣工决算编制依据、项目建设及概算执行情况、交付使用财产和在建工程、转出投资和应核销投资及应核销其他支出、尾工工程、结余资金、基建收入、投资包干结余、竣工决算报表、投资效益评价进行了审计。

2002～2006 年主要工程项目审计情况（单位：万元） 表 3-4-1

工程项目	审计单位	审计时间	审计资产总额	备注
晋焦高速公路	山西中强审计事务所	2002 年	163839	
长晋高速公路	山西方华会计师事务所	2006 年	222704	
太长高速公路	山西方华会计师事务所			审计之中

二、内部审计

2004 年 3 月以前，总公司无专门审计机构，审计工作由财务部门负责，主要为总公司对所属经营实体单位的财务会计审计监督。1998 年，总公司财务部门对所属单位交通旅行社的财务管理、会计核算进行审计，有效规范了该单位的会计核算工作。为充分适应企业迅速发展壮大的形势需要，健全与完善内部管理机制与约束机制，强化内部财务审计监督，2004 年 4 月 19 日，总公司成立审计部，配备两名具备注册会计师资格及国际内部审计师资格的人员从事内部审计工作，从组织上保证内部审计工作的独立性，以进一步强化审计监督职能。2004 年 8 月 16 日，根据《中华人民共和国审计法》、国家《审计署关于内部审计工作的规定》等相关法律、法规，制定下发总公司《内部审计工作规定（试行）》，从内部审计的机构设置、人员配备、审计范围、工作职权、审计程序等方面作出规定，实现内部审计工作有章可循。

总公司的内部审计工作，重点对所属单位进行经济责任审计，包括经营目标审计、经理（法人代表）离任经济责任审计、财务收支审计、内部控制审计、投资情况审核、大中修工程项目审核、专项审计、财务调查等，对财务收支及经济活动的真实性、合法性、经营效益实施审计监督和评价，促进各经营单位遵守财经法规，加强经济管理，完善内控制度，推进公司经营持续健康发展，促进各经营单位内部约束机制的建立与完善，保障资产资金的安全完整，有效防范资金风险，防止舞弊。

总公司在内部审计工作中，以审查内部监督制度的健全性、完善性和有效性、资金来源的正确性和收入的完整性、各项支出的合规性和效益性、资产和财物管理的安全性、债权债务总体情况、重大经济事项决策的制定和执行情况为主要任务和基本目的，通过内部审计监督,为总公司领导提供可靠的经济活动监督信息,有效发挥内部审计的预警作用。

日常审计

根据省交通厅审计中心制定的年度审计计划,按照《内部审计工作规定》,参照国际内部审计师协会颁布的《内部审计实务标准》,总公司审计部于每年初制定内部审计计划,确定当年度内部审计工作目标和审计工作重点,作出具体安排,并按照总公司领导的临时安排,统筹安排和认真做好日常内部审计工作。

任期责任审计

总公司把对所属单位领导的任期经济责任审计,即对各经营实体单位主要领导干部在一定时期和某一任职期间履行经济责任的审计监督,作为防治腐败、强化监督约束机制的一项重要措施,作为对领导干部进行考核、任用、监督和促进党风廉政建设的重要手段。公司审计部(2004 年 4 月之前为财务处、财务部)重点对所属单位领导干部在任职期间的经济责任目标完成情况、财务收支目标完成情况、遵守国家财经法规和总公司财务制度情况、国有资产管理和保值增值情况和领导干部个人在任职期间遵纪守法、廉洁自律情况等进行严格审计。

对被审计单位的会计凭证、账簿,报表、财产物资及其经济活动的全面审计结束时,审计部门负责出具审计报告,向总公司领导报告,并向被审计单位及领导干部进行通报。

2004 年 4 月和 2006 年 4 月,总公司审计部先后对时任阳济公司经理廖明煜、交通大酒店经理张明进行责任审计。

2004～2006 年所属经营单位领导离任审计情况 表 3-4-2

离任领导	审计时间	审计资产总额	备注
阳济公司 经理廖明煜	2004 年	16583 万元	审计结论良好,廖明煜 改任总公司经营管理部主任
交通大酒 店经理张明	2006 年	696 万元	审计结论良好,张明 改任晋焦公司副经理

项目审计

即由总公司审计部配合中介机构完成的对具有一定规模的建设项目审计,主要包括建设(含公路大、中修)项目建设程序执行情况审计、建设项目实施情况审计、建设项目竣工决算审计,除上述三项外,建设工程项目的审计还负责对投资项目的过程评价、效益进行评价、影响评价和项目持续能力评价,通称为投资项目的后评价。2004 年总公司审计部成立后,主要是对一定规模的公路大、中修工程进行审计。

对总公司所属单位歇业的财务收支审计,也是内部审计工作的一项重要内容。2005 年,总公司责成审计部对深圳唐都有限公司进行审计。2006 年,责成审计部对山西诺诚建材公司进行审计。

监督整改

在审计实施阶段结束后,审计人员对被审计的事项和单位作出审计结论,首先草拟审计报告,与被审计的单位和单位领导核实情况,然后提交正式的审计报告。根据审计报告结论中所列存在问题,要求被审计的单位和单位领导积极进行整改,审计部负责监督。

第五节　人事管理

总公司把人事管理作为企业管理中一项根本性的工作，自总公司成立伊始即设立人事管理机构，1993年称人事劳资部，1995年改称人事劳资教育处，2002年4月改为人力资源部，其管理的内涵由最初的人事劳资教育逐步向人力资源开发转变，经过不断地完善和逐步与市场接轨，形成了适合公司发展需要的人力资源管理模式。

一、人力资源

1993年3月，按照省交通厅安排，总公司组建时首先使用交通厅机关的“削编消肿”（削减编制、消除臃肿）人员，其次，根据经营管理需要，面向社会招收人员。10月6日，根据总公司章程，对试用期满6个月的人员进行全面考核，条件合格者正式录用。

1995年，总公司对劳动用工实行合同管理，制定《关于实行全员劳动合同制的实施方案》。该方案根据国家法律、法规，打破干部与工人，固定职工与合同制职工的身份界限，通过签订劳动合同规范用工管理，对企业和职工双方的权利和义务进行保障和制约，建立与现代企业制度相适应的劳动用工制度，保障职工与企业的合法权益，并形成了一种长效机制。1996年，下发《人事劳资教育管理办法》，将管理人员的终身制改为选聘制，以公开、平等、竞争、择优的原则，对管理人员进行考核聘用，对包括落聘人员在内的全体员工的安置、工资管理、奖金分配、各类假期及假期的工资待遇、职工教育等作出具体规定。1999年3月，对所属实体、合作公司用工进行整顿，下发《内部人事制度改革实施方案》，实行全员聘用、竞争上岗、谁用谁聘、分级分类、动态管理，用人单位严格按照权限办事，与员工签订用工合同，总公司只负责办理总公司机关员工及所属实体经理、副经理和财会人员的聘用手续。2001年4月，下发《人档分离有偿服务办法》，形成以总公司为中心的内部人才市场，解决员工的能力、岗位、档案三者不相对应的问题。公司所聘员工不分新员工或老员工，一律实行人员使用与档案分离的管理办法，用人单位只考虑所聘人员的思想道德、文化水准、职业技能、业务水平、年龄及身体状况是否适应岗位需要，不再将人事档案是否在总公司相联系。2002年4月，下发《总公司机构调整与人事制度改革实施方案（试行）》。对公司职能部门进行重新定编、划分职责，实行人员聘用制度和岗位管理制度。规定机关中层干部由总公司聘用，一般员工由部门负责人提出聘用意见，人力资源部审批。同时，针对公司具体情况，提出职工内部退养规定。

公路经营公司员工招聘：2002年，晋焦高速公路有限公司根据总公司定岗、定编的具体规定，公开招聘收费人员。招聘本着公开、公平、择优和优先选用交通厅属单位职工的原则进行，设定招聘程序，规定女收费员不超30%。招聘结束后，即实行全员劳动合同制，人事关系由属地人才市场代管，员工实行岗位管理，管理人员实行聘任制。

2004年10月，长晋高速公司着手组建职工队伍，中层管理人员主要从同行业单位选用，着重选用具备一定实践经验者；收费员、治超员（治理超限超载运输员工）等一线员工，在晋城、长治两地面向社会公开招聘，设置资格审查、体检、笔试、面试、政审五项程序，千余人报名，实际录用300人。路政人员由省高管局和长晋高速公路公司共同把关，实行网上公开招聘，并与晋城、长治两地人才市场联系，初选具备参考条件者60余人，从中录用18人。

对录用人员的使用，实行有岗必竞，有进必考，严格程序，好中选优。

2005 年 9 月，山西太长高速公路有限责任公司开始招聘员工。一是录用建设期间工作人员，二是由总公司协助太长公司招聘收费人员，招聘工作分榆次和长治两个工作地进行，招聘分为笔试、面试、体检三项程序。本次招聘共有千余人应聘，实际录用 400 余人。

2003 年起，总公司先后数次举办人才招聘会，面向社会公开招聘交通大酒店的管理、财会和办公室文字材料等重要岗位人员，并不间断地补充后续人才。2005 年，与山西大学联系，引入部分学业对口的实习生进行岗位实习，实习生的引入，活跃了公司气氛，同时也为公司发现人才、运用人才提供了渠道，为选人用人拓展了思路。

路通合作公司路政管理人员招聘。2001 年 5 月，成立山西省交通厅太榆路路政管理支队，对该支队定岗、定编，规定路政管理人员的录用、培训、考核原则和标准。该支队人、财、物的日常管理隶属总公司，机构及路政执法业务受省交通厅直接领导。

二、人事档案

人事档案是企业档案管理的有机组成部分，曾集中纳入人力资源部（人事劳资处）管理，业务接受总公司领导和上级有关部门检查指导。2001 年，开始实行人力资源部管理与社会人才市场代管并行的管理办法。人事档案管理的任务是贯彻党和国家人事档案工作的方针政策，制定企业人事档案工作规章制度，负责接收、保管、收集、鉴别、整理、转递、提供利用各类员工的人事档案。

人事档案管理，分为总公司领导干部档案管理和一般职工档案管理两类。总公司领导的人事档案，正本由省交通厅人事部门保管，副本由总公司人力资源部保管。人力资源部负责办理人事档案的接收、传递手续。查阅、借阅人事档案，按照《人事档案查（借）阅制度》办理。

总公司其他人员的档案，原则上由总公司人力资源部负责管理。2001 年 4 月，实行人档分离管理办法，人事档案在总公司保存的员工，与总公司签订职工档案管理协议书，并交纳一定的档案管理费，总公司代为管理。人事档案不在总公司的员工，则实行自愿的原则，可由属地人才市场或原工作单位管理，也可转为总公司管理。2002 年，晋焦公司实行人档分离管理办法，员工人事档案由所在地人才市场代管。之后，长晋公司、太长公司组建后，人事档案管理普遍推行了以上多种模式。

三、职工教育

职工教育分为职业技能教育、学历教育、政治思想教育三大方面。

1997 年，制定职工教育培训计划，对干部（公司领导、中层干部及新聘大中专毕业生）培训提出新的要求，对专业技术人员及管理人员定期进行专业知识培训。同年，贯彻科教兴国、科教兴晋、科教兴企发展战略，制定“九五”职工教育规划，提出“九五”主要培训任务：完成领导干部的岗位任职资格培训；抓好中层干部的岗位培训，普及计算机应用知识，提高现代化办公效率；抓好员工学历教育；开展岗前、岗位、专业技术、经营管理培训；保证教育经费，实行专款专用。“十五”期间，总公司职工教育工作以提高全员文化素质、业务技能，促进企业管理现代化为目标，坚持职工教育必须为交通建设服务的方向，采取多专业、多渠道、多层次、多形式的培训方式，进行自主培训。有计划、有组织培养各类人才，使人才的拥有量及技能构成能够满足需求。

1998 年,根据办公现代化形势需要,总公司举办计算机培训班,利用业余时间,分别对 Dos 操作系统、Win 95 中文操作系统、Excel 97 电子表格、Word 97 文字处理软件等内容进行培训,使员工系统掌握计算机基础应用知识,能够熟练操作,逐步将计算机应用于公司职能部门的实际工作之中,提高工作质量和办事效率。

2002 年,根据上级关于加强和规范干部学历、学位管理工作的通知和《山西省检查清理干部学历学位实施方案》,总公司成立专门机构,按照第一学历的鉴定标准和第二学历的认定依据,认真组织,对包括下属单位在内的员工的学历、学位进行清理。

2004 年,根据《山西省公路养护工程市场准入暂行规定实施细则》,为提高人员素质,适应公路养护市场竞争及公路管养分离的需要,总公司举办培训班,对养护岗位工作人员进行分级培训,并颁发执业资格证书。同年,根据省统计局《关于统计人员继续教育工作安排的通知》,总公司组织下属单位统计人员参加省厅举办的统计人员继续教育培训,实现了统计人员持证上岗。

2005 年,为提升员工综合素质,总公司重点推进员工职业道德教育,通过采取多种方式将职工职业道德培训作为员工在职教育培训的必修课,将收费站等“窗口”单位员工职业道德教育作为经常性和战略性工作,重点抓好。

四、职称评聘

1996 年,总公司成立专业技术人员考评组,根据《山西省企事业单位专业技术人员考核工作暂行办法》,制定专业技术人员考评办法及考评条件,组织对公司的经济、财会、工程、政工四个系列的专业技术人员进行考试、考核和评审、申报工作。1999 年 3 月,总公司成立经济专业和工程专业两个初级技术职务评审委员会,负责经济专业和工程专业初级技术职务资格评审工作。

专业技术人员实行评聘分离的管理模式,按照专业技术资格条件开展评审,在评价人才方面,突出重水平、重能力、重业绩、重贡献,强化聘后管理,营造优秀人才脱颖而出的良好环境。坚持个人申报、社会评审、单位聘任的评聘程序,全面加强专业技术职务的评审和聘任管理。

1996 年以来,专业技术职务人员评聘条件,学历要求为:高级专业技术职务任职资格大学本科及以上学历;中级专业技术职务任职资格大学专科及以上学历。学历的认可,以申报时本人持有的国家教育行政部门和国务院学位委员会承认、与本人从事专业相同或相近的毕业文凭或学位证书原件为准。近年取得的成人教育专业学历,若为专业相近学历,须在取得学历满 3 年后方可按有效学历对待。

任职年限要求:申报评审高级专业技术职务任职资格,要求任当时职务时间须满 5 年;任当时职务期间取得的合格学历及以上学历,任职须满 7 年;不符合上述任职条件,为破格申报评审。申报评审中级专业技术职务任职资格,任当时职务(助师级)前取得国家相应规定的合格学历,任现职须满 4 年;任当时职务期间取得的合格学历,任职须满 6 年。中级专业技术职务任职资格一般不搞破格评审。申报评审初级(助师级),任当时职务时间要求满 4 年。

专业技术职务聘任。1996 年 6 月,总公司聘任第一批专业技术职务人员 20 人,其中,中级技术职务8人,初级12人。是年9月,省交通厅聘任经理魏庆飞为高级经济师(同年5月获得资格)。同年10月,聘任副经理李平为高级政工师(同年7月获得资格)。1997年9月,省交通厅聘任副经理刘玉怀为高级经济师(同年8月获得资格)。2004年4月,省交通厅聘任贝瑜为高级会计师(同年3月获得资格)。2006年5月,总公司聘任173人专业技术职务,为聘任人数最多的一次。其中,总公司24人,所属经营单位149人。在总公司被聘任的24人中,有经济系列8人,政工系列6人,会计系列7人,工程系列3人;以专业技术职务等级分,有高级4人(高级经济师魏庆飞,高级政工师李平、张爱琴,高级会计师贝瑜),中级15人,初级5人。

五、绩效考核

2001年,总公司对机关职能部门和职工实行百分制定期(分别为按月、季度、年度)考核,成立考核领导工作机构,考核内容包括德、能、勤、绩四个方面,其中年终考核分为个人述职、民主测评、个别谈话、结果反馈四个环节,主要考核职业道德水平、团队协作精神、组织协调能力、理解创新能力、发现和解决问题能力、指导和培养下级的能力、管理形象和员工满意度等,同时结合部门责任目标完成情况以及党风廉政建设、精神文明建设中的表现等进行全面考核。2003年,在对3月份的考核中,各职能部门考核得分相同,难以起到鼓励先进、激励后进的作用,总公司即对考核组进行通报批评,并酌情扣除相关责任人数额不等的效益工资。

2007年10月,百分制考核改为绩效考核,总公司成立绩效考核领导组,经理魏庆飞任组长,分管副经理韩文军任常务副组长,公司其他领导任副组长,领导组下设绩效考核组,具体负责绩效考核日常工作,对总公司中层干部和所属经营单位的绩效进行考核。绩效考核分为月度考核、半年考核和年度考核,内容包括公司综合经济效益、目标责任制完成情况、服务质量和工作效能、履职情况、个人工作态度、工作能力和工作业绩等。考核结果作为评比先进、竞争上岗和后备干部推荐的依据,直接与个人的奖金和绩效工资挂钩,总公司及领导干部的绩效考核,由省交通厅统一组织,以年度在年终进行。

六、员工薪酬

1993年,总公司出台《岗位结构工资试行方案》。岗位工资结构为:岗位结构工资=基础工资+岗位工资+效益(效率)工资+工资性津贴。这种工资结构将职工的生活保障、历史贡献、岗位责任、劳动强度、贡献大小等因素综合起来,实行原等级工资和新的岗位工资双轨运行。原等级工资作为档案工资,用于职工正常升级、退休、离休、外调、转为劳保的工资依据。

1995年,经公司职工大会讨论通过、上级主管部门批准,制定和实行《动态工资实施方案》。动态工资逐步建立了适应企业特点的工资制度和正常的工资增长机制,职工在严格考核的基础上进行升级,体现了效率优先、兼顾公平的原则。调整工资首先按照调资文件对所有正式参调人员工资进行套改,由原来标准对应到新的标准,执行统一的动态工资标准。然后,对节余的增资量,结合职工思想品质、劳动态度、工作质量、完成任务等情况,在严格考核的基础上用于职工工资晋级。动态工资将劳动报酬引入竞争机制,打破平均主义,合理拉开差距,体现多劳多得的政策。1996年,下发《奖金分配办法》,规定:奖金由出勤奖和效益奖构成,奖金分配主要与部门的工作责任目标考核和职工个人出勤复合挂钩,进行全面考核。效益奖与部门当月分解工作责任目标挂钩,出勤奖与职工个人考勤挂钩,全面考核,按月兑现。

2003年1月,下发《总公司机关岗位工资实施方案(试行)》。新的岗位工资实施方案,以岗位工资取代原来的岗位技能工资,简化了工资结构,以"以岗定薪,以责定薪,岗动薪动"为原则。由基础工资+岗位工资+工龄工资+效益工资构成。实行岗位工资后,岗位工资与岗位技能工资实行双轨运行,其中原岗位技能工资按照国家有关政策办理正常升级手续,其工资标准主要作为档案记载及养老保险等交费基数的依据。同月,下发《人事管理补充规定(试行)》,规定企业特聘人员的工资待遇,按照市场价位确定。员工病假根据工龄确定医疗期,按国家规定享受医疗期工资待遇。3月,对所属单位经营管理者试行年薪制的分配管理办法,经营管理者年薪根据公司规格及责任大小确定,由基础年薪和效益年薪两部分构成,原有的各种补贴、津贴、长期驻外地补助以及加班工资等均不再另行发放。效益年薪按年终经营目标责任书完成情况,经审计、考核后兑现发放,发放总额费用不占经营目标责任书所考核的管理费用。9月,下发《晋城公路养护中心人事管理暂行规定》,确定该公司实行同岗同酬,岗动薪动的薪酬动态管理机制。

2004年,总公司首先对龙湖公司、长晋高速公路公司员工实行岗位工资提出指导意见,然后在经营单位普遍试行岗位工资。2005年,相继对晋焦公司、阳济公司以及整合后的长晋公司的岗位工资提出指导意见,至此公司下属单位已基本实施岗位工资。

与此同时,完善劳动用工制度,明确各地区最低工资标准,要求所属单位,尤其是批量使用农民工的单位,对最低工资情况及劳动合同签订情况进行自查,明确最低工资所含项目,规定最低工资不含加班费和各项福利。

七、劳动保护

1. 用工结构及劳动强度

所属公司,尤其是工程施工人员、交通大酒店服务人员和公路收费站的收费人员,聘用时严格审核其身份证件,杜绝使用童工。总公司经常对所属单位用工合法性进行检查或抽查。2006年,总公司及所属公司劳动者的年龄结构,以中青年为主,25~35岁占总人数的70%。

工作时间,严格执行国家相关规定,一周不超过40小时。属于24小时全天候的服务性单位:交通大酒店,实行轮班制,综合计算工时;公路收费站人员,实行四班三运转的轮班方式,每天工作时间均为8小时;公路养护工,因特殊情况超时工作,一般根据本人意见,或安排同等时间的轮休,或按规定计发加班工资。女工劳动保护,严格依法行事,禁止安排女工在"三期"内从事超强度、超负荷工作。

2. 安全保护设施和装备配备

始终将职工健康安全作为发展生产的前提,作为坚持以人为本经营理念的首要内容,每年均与所属公司签订《安全生产目标责任书》,重点对工程作业中可能存在的不安全因素进行排查,对工程施工人员、公路养护人员、机械操作人员等岗位和工种人员进行专门安全培训。严格按照安全规章制度办事,施工现场按规定设置标识,施工人员配备反光标志服、安全帽及雨具、手套、毛巾等。办公区配备灭火器具,定期检查,保持性能完好。定期组织全体员工进行消防安全常识培训和警示教育,切实提高员工的防范意识和自救能力。注重为职工提供适宜的工作环境和劳动条件,全方位加强劳动安全保护,防止和杜绝职业病和工伤事故。

八、社会保险

1993 年,参加太原市城镇职工基本养老保险和女工生育保险。1995 年,参加太原市失业保险。1997 年 1 月,办理员工住房公积金。2002 年 4 月,参加太原市城镇职工基本医疗保险。2005 年 1 月,参加太原市工伤保险。同时,所属单位各项社会保险制度体系业已同步建立。

1993 年 11 月 17 日,实行《职工医疗费用管理试行办法》。《办法》将医疗费的报销分为三种:①按实际支出全额报销。包括离退休人员医疗费、在职职工住院医疗费、因公受伤治疗费、女职工计划内生育住院费。②按比例报销。职工供养的无收入的直系亲属,住院费按 40% 报销。③门诊费定额包干。按工龄长短,分为 1 ~ 9 年、10 ~ 20 年、21 ~ 30 年、31 年以上四个档次,每月分别发给 10 元、15 元、20 元、25 元,至此职工非住院发生的医疗费不再予以报销。其次还规定,职工独生子女医疗费,每月每位职工 5 元,夫妻双方同在本公司者合并计发。对于因打架斗殴、美容整形及购买保健用品等费用不予报销。职工就诊实行定点,在指定医院治疗。该办法从 1993 年 9 月起实行,沿用至 2002 年 3 月。

2002 年 4 月,实施新的《医疗保险制度管理办法》,原《办法》废止,公司员工参加城镇职工基本医疗保险,企业不再为职工发放医疗补助,也不再为职工报销住院医药费。职工按指定医院住院后,根据药品分类,统一由工作单位所在地社会保险中心结算报销。实行医疗保险制度,职工自己持医保卡,凭卡就医购药,住院治疗,出院时以本人住院费额度,按规定比例付清个人负担部分,其余费用由医保中心同就诊医院结算。之后实行的《城镇职工大病医疗保险》,作为基本医疗保险的有效补充,缓解了就诊员工的心理压力和经济负担,受到普遍欢迎。

第六节 行 政 后 勤

一、房建设施

总公司成立之初,曾一度被称为无资金、无项目、无场所的“三无”企业,其中之“无场所”,即总公司自 1993 年成立至 2001 年 3 月的 8 年间,无自有的办公房产,均以租借的方式解决办公场所问题,驻地处于迁徙不定状态:1993 年 4 月,总公司成立伊始,暂驻太原市桃园路新泽巷 5 号,租用省交通厅招待所房间。1995 年 9 月 1 日,驻地搬至南内环街 61 号,租用省汽车运输总公司房屋。1997 年 6 月 26 日,搬至平阳路 293 号,租用平阳公寓(亦称体改宾馆)房间。1998 年 9 月,搬至长治路 88 号,租用长安大厦房间。2001 年 4 月,迁入平阳路 93 号,至此结束了无场所的历史。

为了解决“无场所”问题,1995 年 11 月 22 日,总公司召开经理办公会议,专题研究并作出决定:购买太原市亲贤乡政府院南 4.5 亩土地,修建综合办公楼和职工住宅楼,从根本上解决公司长期生存问题。1996 年 6 月 10 日,平阳路 93(曾为 269 号、249 号)号职工住宅楼动工兴建。7月1日,综合办公楼动工兴建。原计划临街(平阳路)建综合楼,即底层为商业区,上层为办公区,后院南边和北边建职工住宅楼(北边已在建)。开工后,公司审时度势,重新对修建方案进行审定,根据太原向南扩展的城市规划和本区段社会经济发展趋势,认为所购土地具有较大增值空间,餐饮服务业为优势产业。为此,重新决定将综合楼改变为酒店布局,将南边空地建为办公楼。2001年4月,总公司驻地经过3次搬迁之后,与山西交通大酒店开业庆典同步,搬至平阳路93号。入驻时,公司将大厅以隔断板相隔,实行"香港式"办公布局,以提高办事效率,改变机关作风,充分发挥房建设施的良好效用。

修建平阳路93号交通大酒店和综合办公楼,正值总公司经济极度困窘之际,加之民房拆迁和安置补偿工作的复杂性,使工程建设异常艰难。为此,总公司千方百计优化设计,想方设法筹措资金,以底层为框架结构、上层运用砖混结构的灵活建筑方式进行施工,精打细算节约投资,忍辱负重处理施工难题,将土地征用费和房屋建筑费捆绑起来,承包给土地所有单位杨家堡村委会,以土洋结合办法处理地基开挖过程中遇到的大量流沙等地质问题,终使该项工程全面竣工,为公司长远发展提供了重要条件。

图3-6-1　1996年4月18日,总公司经理魏庆飞与香港晋通、晋昌公司董事长周安达源在南内环街61号签订协议

图3-6-2　1998年2月,总公司在平阳路293号平阳公寓举行1997年度总结表彰暨1998年元宵节联欢会

图3-6-3　平阳路93号总公司办公驻地大门

图3-6-4　平阳路93号总公司经理办公室

图 3-6-5 平阳路 93 号总公司六楼会议室

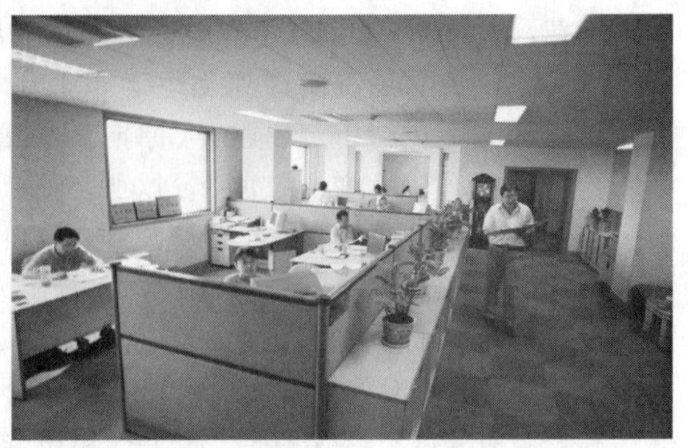

图 3-6-6 平阳路 93 号总公司机关香港式办公布局

二、办公自动化

总公司成立之初,办公设施极为简陋,通讯主要靠少量的程控电话,文印设备为旧式机械打字机和油墨印刷机。1998 年 7 月 31 日 ~8 月 2 日,举办首期计算机培训班。经理魏庆飞在培训班开班仪式上指出:公司普及应用计算机,是企业经营管理的历史性转折,标志着公司经营管理从粗放型向集约型的转变。要把普及计算机操作作为企业实现科教兴企的战略目标和重要突破口,推进公司管理科学化、现代化。要认真学习计算机操作技术,尤其是部门领导,要尽快掌握计算机应用技能,否则,就会被时代淘汰。

此次培训班,总公司机关全体人员和驻太原地区经营实体管理人员参加培训,培训班结合当时国内外计算机应用软件发展状况,讲授计算机发展史、Dos 操作系统、Win 95 中文操作系统、Excel 97 电子表格、Word 97 电子表格、Word 97 文字处理软件等内容。此次培训,使被培训者对计算机系统有了一定了解,能够进行简单操作,尤其是通过计算机生成文件、报告及统计报表,更使广大员工充分认识到了实现办公自动化的重要性和优越性。9 月 12 日,总公司成立微机管理委员会,经理魏庆飞任主任,委员会下设计算机开发小组,进一步研究计算机的开发应用。同日,下发关于加强微机管理的实施意见(暂行)的通知。意见指出,随着公司的日益发展壮大和 21 世纪信息爆炸时代的到来,实行微机管理和办公自动化,已成为公司迫在眉睫需要解决的重大课题。实行微机管理,旨在充分发挥计算机数据管理、文件操作、数据分析、图形制作、报表打印等功能作用,富有成效地完成对企业经营管理和部门、单位决策分析数据的处理,达到公司微机统一管理,提高办事效率,加强信息传递,减轻劳动强度,使各项管理更为科学化、数据化、标准化。当时微机配置范围为公司领导和总公司机关办公室、政治处、工会、计财处、工程部、融资部和下属单位工程分公司、交通旅行社、租赁分公司、阳长、江武公司,每个单位 1 台,统一由总公司配发,同时安排阳济公司与阳城县协商解决。发放时,按微机培训分组编号,各部门、各单位指派主机人员到办公室进行财产登记和性能鉴定。

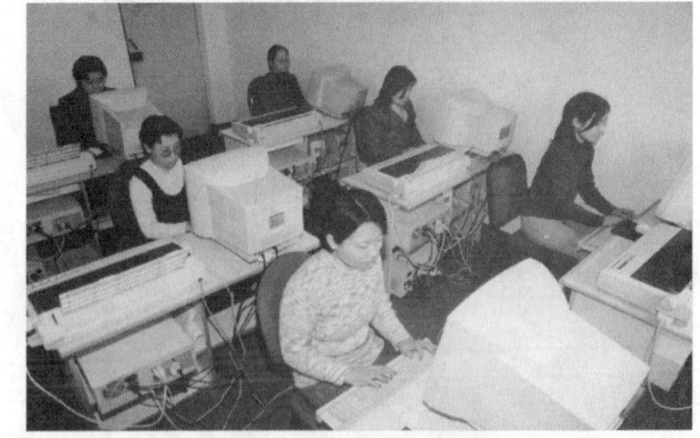

图 3-6-7 总公司首期电脑操作技术培训

微机管理实施意见规定,全公司的微机在总公司微机管理委员会管理下,统一开发利用,实行百分考核领导负责制。各部门、各单位一把手直接负责本部门、单位的微机管理,指派专人具体管理,并与总公司微机管理委员会联系,做到随叫随到,底清数明。同时规定实行百分考核,得分在75分以上为合格,85分以上为优秀。得分75分以下者,该部门、单位职工不得领取年终奖,得分75分以下且分数排名最后者,该部门、单位一把手就地免职。各部门、单位得分85分以上,排队第一名者,由总公司奖给单位一把手500元,每名职工200元。

自1998年起,以计算机推广使用为标志,各种现代化办公设备迅速得到广泛应用。2002年12月16日,总公司成立信息化建设与办公自动化工作领导组,经理魏庆飞任组长,下发《关于加快信息化建设与办公自动化的若干意见》,《意见》提出,信息化建设和办公室自动化是以计算机科学、信息科学、地理空间科学、管理科学、行为科学和网络通信技术等现代科学技术为支撑,以提高综合业务管理水平和辅助决策为目的的综合性人机信息系统。以办公信息化应用系统的开发、信息资源建设、信息网络建设、信息处理技术和产品研制、信息化法规和标准制定、信息化人才培养等六个方面为主要内容,开展信息化建设,加快办公自动化进程,并制定了5年工作目标。

2006年末,全公司办公自动化已达一定水平,硬件上电脑及与之相配套的设备基本普及,软件上网络传输系统和通讯手段达到广泛应用。其中总公司机关办公人员基本上均配有电脑,公司领导及每个部、室均装置固定(内线、外线)程控电话,文件传输全面实行电子网络系统化,手机作为个人普通通讯工具,亦广泛用于办公通信联络,公司则根据不同情况酌情给予话费补贴。

2006年末总公司机关办公自动化主要设备统计 表3-6-1

设备名称	单位	数量	备考
电脑	台	36	
传真机	台	2	
扫描仪	台	1	
打印机、复印机	台	12	
电话	部	46	
其他	部	6	数码摄像录像机等
合计		103	

三、档案管理

1998年1月18日,根据省交通厅要求,公司成立人事档案管理领导组,以实现人事档案管理制度化、标准化、科学化。3月28日,根据省档案局和省交通厅关于档案升级达标的要求,总公司成立综合档案室,负责对总公司组建以来在党群工作、行政管理、企业经营过程中形成的文书档案和会计、基建、设备、声像、实物等档案进行统一整理归档。31日,制定《档案工作发展规划和一九九八年档案工作目标计划》,提出1998年综合档案管理达到国家二级标准的工作目标。要求需要归档的文件材料必须归档,归档的文件材料必须完整并符合归档要求,必须准确真实地反映公司生产、服务和基建等各项工作的历史过程。把档案管理工作列入公司工作目标责任制,列入各部门、各单位工作职责范畴,作为年度工作考核内容,加快档案工作现代化进程,逐步应用计算机技术、先进保管设施,实现档案管理办公自动化。接受国家档案行政管理部门和交通部门档案管理业务指导,定期编制和不断完善检索工具,加强档案编研工作,遵守《保密法》和档案保密制度,搞好文件信息的开发利用。3 月 29 日,下发关于资料完整归档的通知,要求各处、室、单位,凡在各家保存的文件、资料、照片、磁带等,全部移交总公司综合档案室统一归档保存。4 月 11 日,下发档案人员"四参加"制度和档案工作"三纳入"制度。"四参加"为国、省档案行政管理部门规定的档案人员要参加鉴定验收会、参加工程竣工验收会、参加设备开箱验收会、参加产品定型鉴定会;"三纳入"为档案工作纳入企业计划、纳入领导工作议事日程、纳入企业职工的经济责任制及岗位责任制。要求"四参加"、"三纳入"制度要得到切实贯彻执行。6 月 10 日,成立档案鉴定组,段二牛任组长,田介平任副组长,负责对总公司保管期限已满的档案的继续保存价值进行鉴定,提出处理意见。6 月 11 日,向各单位印发国家档案局、国家经委、国家计委、国家对外经济贸易合作部等单位联合发布的《国营企业档案管理暂行规定》、《外商投资企业档案管理暂行规定》。7 月 19 日,下发总公司《档案管理(试行)办法》(共六章二十六条),根据《中华人民共和国档案法》、《国营企业档案管理暂行规定》和省交通厅《山西省交通系统档案管理暂行办法》,对总公司档案管理机构及其职责、文件材料的形成与归档、档案的接收与管理、利用与公布等作出明确规定。7 月 25 日,下发文件,要求所属单位认真贯彻实施《山西省企事业档案标准》。

10 月 25 日,总公司档案管理工作顺利通过国家二级标准验收。当日下午,省档案局、省交通厅组成档案工作目标管理认定考评组,对总公司档案工作进行评审验收。认定结论:档案工作起点高,要求严,整体质量良好,达到国家二级标准最高分。

2006 年,公司的行政、党务、工会、人事、财务、科技等工作的文书、声像、实物资料实现全部归档。总公司档案管理继续保持国家二级标准。

四、后勤保障

总公司后勤保障主要包括机关办公后勤工作、公务车辆管理和基础设施维护三个方面。分别由总公司办公室、小车队和实业发展分公司负责。

机关办公后勤

机关办公后勤工作,主要由经理办公室负责。包括召集组织会议、公文处理、机关后勤服务管理、公务接待等。1995 年后,各类规章制度不断健全和完善。2006 年,关于机关办公后勤保障的规章制度主要有:公文处理办法、内部请示制度、会议制度、印章管理和使用制度、档案管理制度、公务接待制度、值班制度、保密制度、环境卫生制度、办公用品管理制度、通信器材使用管理制度、文印管理制度等。

公文处理,总公司实行分别把关、分口办理。按行文内容,分为行政、党务和工会、共青团四个类别。按文件流向,分为外来文和自行文(包括上行文和下行文)两种,即各类外来的和本单位(包括机关职能部门以公司名义发出的)产生的文书。公文处理的主要工作为各类文书的收发、分办、传递、催办、核稿把关、呈批、缮印、用印、立卷、归档等项目和程序。1994 年之前,公文处理统一由总公司办公室负责。1995 年 8 月,总公司成立政治处,负责处理党务和工会、共青团工作文件。1997 年 4 月,工会组织成立,工会工作文件由工会组织自行处理。2000 年 3 月,团支部升格为团总支,团青工作文件以团组织名义收发处理(团总支书记先后由总公司办公室、政治部、工会人员兼职)。2006 年,以总公司名义发布的行政文件种类主要有:山西省交通建设开发投资总公司文件、山西省交通建设开发投资总公司便函,党务文件为:中共山西省交通建设开发投资总公司委员会文件,工会文件为:山西省交通建设开发投资总公司工会文件,共青团工作文件无专门的文件头,唯在发文时临时制作。各类收发文的处理程序,统一以总公司《公文处理办法》运转。公务文件和各级各类财务所使用的印章,实行统一管理制度,分别使用保管。企业在各种经营活动过程中形成的文件、声像、实物等各类资料,按照《档案管理制度》,实行统一归档,属于国家机密和企业经营秘密的,严格按照保密制度执行。

办公用品管理,包括办公用品的采购、保管、发放等工作。办公用品分为固定资产和低值易耗品。固定资产类办公用品,包括电脑、通讯器械等贵重物品的报批、购置和使用,严格按照总公司固定资产管理相关规定程序办理,实行内部请示制度,统一编号,动态管理。低值易耗办公用品,先由机关职能部门按月填写《办公生活用品申请表》,办公室保管人员统一汇总,根据原有库存确定需采购的品种和数量,填写《办公用品采购表》,经办公室负责人审核后,进行采购、入库、登记,并按月盘点,填写《办公生活用品月报表》。领取和使用,实行日常消耗品人头经费总额控制制度,即以部门为单位,根据人数、业务消耗、上年度领用量等因素核定本年度基数,办公室按照部门领取时填写的《办公用品领取表》发放,并进行经常性检查,防止浪费。

公务接待,由办公室管理和承办。实行一要热情,二要节俭的原则。拟接待对象为上级国家机关、业务主管部门检查指导工作的领导及离、退休干部:外省、市因公前来公司的处级以上领导干部;与公司有合作关系和前来商洽业务的单位领导,以及以上各级各类领导干部的随行人员。接待工作按照《接待工作制度》,以不同的级别、不同的情况,执行具体的食宿标准规定,并厉行节约,严禁一客多陪。接待经费由计划财务部门单列,办公室统一管理使用,经领导统一审批签字报销。

以公司名义召开的会议,由公司办公室负责组织召集。1995 年,实行周例会制度,即每周一上午公司领导召开碰头会,并印发会议纪要,总结上周工作,安排本周任务。1998 年 8 月,实行月例会制度,根据是年 7 月 27 日决定,每月 5 日(遇节假日顺延)召开经营例会,各经营单位负责人参加。2006 年 11 月,新增加管理例会,每月 3 日召开,总公司职能部门负责人参加,同时将原来的月经营例会分为多种经营例会和公路经营例会,分别于每月 5 日和 8 日召开。以上例会均产生情况通报,发至各经营单位和机关职能部门。公司年度工作会议自 1995 年以来,坚持每年召开一次,于年初召开,主要任务是对上年工作进行总结,表彰先进,对当年工作进行安排部署。

除上述工作外,公司的门卫值班、环境卫生等,均由办公室统一协调和管理,实业发展分公司负责组织实施。

公务车辆管理

由公司机关小车队(交通安全领导组办公室)负责。工作范围分为对总公司机关车辆的管理和对所属实体单位车辆的管理,业务范围分为交通安全管理、车辆日常保养和维修管理、车辆调度管理、驾驶员管理四个方面。

交通安全管理。为小车队及交通安全领导组办公室自始至终坚持认真履行的一项重要工作职责。2003 年 1 月 2 日,总公司成立交通安全领导组,接受省交通厅交通安全委员会领导,领导组在小车队设办公室,先后制定有交通事故应急预案、车辆消防预案,并不断健全安全行车规章制度,对车辆可能发生的轻微事故、一般事故和重、特大事故的处置程序、措施、善后工作作出详尽规定。《预案》规定,如发生交通事故,除按程序进行处理外,还要由交通安全领导组牵头,组织分析事故原因,分清责任,按照事故责任对当事人进行处理和教育,并对事故情况进行通报,要求其他人从中吸取教训,全面增强交通安全意识。与此同时,车辆全部参加各类保险,以有效防范事故风险。2005 年,实行《交通安全责任制》,对所属单位的交通安全统一管理,强化安全行车警示教育。2006 年,交通安全规章制度还有汽车修理及车辆保险管理办法、机关车辆和驾驶员安全生产管理制度、交通安全管理例会制度等。

车辆日常保养和维修管理。本着保持车况完好,确保行车安全,杜绝浪费,节约开支,保证维修保养质量的原则,由车队会同有关人员对修理厂家进行考察,要求所指定厂家必须具有良好信誉,并与厂家签订修理协议,保证修理时间和修理质量。车辆修理须经过一定程序:本车司机提出申请、车队队长鉴定、出具修车单、厂家凭单修理、司机验证签字,然后车队队长在发票上签字,报公司领导审批后方可报销。大额费用修理,尚需事先请示公司领导。

车辆调度管理。1995 年,制定《公务车辆管理办法》,规定公务车辆由总公司办公室统一管理,实行统一调度。2005 年,小车队从办公室分出,车辆调度由小车队全面负责,车队队长全盘调度,一是实行科学调度,周密安排,最大限度提高车辆利用率,确保企业各项工作用车。二是要求驾驶员保持待命状态,严格服从调度,车辆保持良好状态,确保行车安全。三是市内办事提倡和鼓励乘公共汽车出行。小车队购置一定数量公交 LC 卡,因公乘公共汽车在市内办事,在小车队登记领卡,月底由小车队负责落实奖励(每人/次 5 元),从而有效解决车辆紧张状况,节省开支,保证公务用车需要。

物业管理

由总公司所属实业发展分公司负责。主要负责办公区、职工宿舍区供电、供水、供暖等设施的维修、改造,进行节能减排(节约能源,减少污染排放)管理;负责办公楼设备的购置、调配、维修和管理;负责办公区卫生保洁及垃圾清运;负责门卫安全和传达室值班等管理工作。

门卫安全为物业管理的一项重要内容。2001 年 4 月总公司机关迁至平阳路 93 号(交通大酒店)后,门卫由 2 人值班,时间为上午 7 点 30 分至中午 12 时,下午 14 时 30 分至 18 时。2005 年 6 月,门卫值班增至 3 人,包括办公楼卫生保洁,值班时间改为上午 7 时 30 分至晚上 22 时 30 分,实行 13 小时内不间断值班(节假日略作调整)。门卫对外来人员实行查验登记制度,讲究礼貌接待,文明服务,实行严格登记制度,确保总公司办公驻地安全。

第七节 企业文化

总公司把企业文化建设作为增强企业经营发展软实力的战略性工作来抓,坚持在企业经营管理长期实践中凝炼和提升,不断地由无形到有形,由自发到自觉,化虚为实,化实升虚,形成的共同价值观念、道德信仰、行为规范、理想追求,越来越表现为企业的整体形象和核心竞争力。

1995 年,公司突破传统经营囿圈,在健全经营机制过程中渗入企业文化建设内容。1996 年,公司广泛开展"学习太旧英模、弘扬太旧精神"活动,弘扬艰苦奋斗、勤俭创业、团结协作、顽强拼搏、愈挫愈勇的精神理念,组织新员工进行以"爱企敬业、岗位奉献"为主题的演讲比赛,进一步凝聚全体员工的向心力和战斗力。1997 年,公司与香港路劲基建有限公司合作经营太榆公路、榆次公路,积极借鉴、吸纳港方简约化、现代化管理方式,坚定诚信为本、互利共赢经营理念，坚持走以诚信为立企之本，以共赢为合作之基础的发展道路。

1998 年 3 月 2 日，总公司党支部在部署年度精神文明建设工作时提出，要建设富有特色的企业文明和企业文化，积极开展创建文明单位和文明科室系列活动，为总公司最早明确提出企业文化建设概念。2002 年，中共十六大报告专门就文化建设和文化体制改革进行重点论述，提出要深刻认识文化建设的战略意义，推动社会主义文化的发展繁荣。至此，企业文化建设作为社会主义文化建设的组成部分，从理论上得到明确，在实践中正式提上重要议程，列为企业精神文明建设的重要内容。

2004 年，公司将企业文化建设作为一项相对独立的系统性工程，列入年度发展计划，明确提出，加强企业形象建设，既注重外在，又丰富内涵，硬件建设与软件建设双管齐下，以提炼企业精神和塑造企业形象为重点打造企业品牌。是年，公司设计企业标识（亦称司徽——公司徽章），建立企业视觉识别系统，寓团结协作、合作共赢、和谐发展的文化理念，于企业的投资管理、公路经营、多元发展三大经营业务之中。2005 年，把塑造企业形象、规范企业行为，提高职工素质、提升经营理念作为企业文化建设的主要内容，把职工的主创性和企业的引导作用有机结合起来。是年 11 月，公司组织制作的大型宣传画册《动脉》完成。《动脉》直观、系统地再现了企业发展壮大的脉络，展示了企业对社会的责任和贡献，体现了企业发展的思维、思想、思路和战略要义。画册以视觉报告的形式，主体分为三大版块：A 卷，作为总公司的宏观读本，记录企业改革的驱动，合作的结晶；B 卷，作为所属经营单位的分解读本，记录资本的力量，发展的奇迹；C 卷，以战略的思维，回眸过去深刻的脚步，瞻望未来“动脉”的延伸。画册分设两个特别刊登栏目，以经理魏庆飞、党委书记李平联合署名的《构筑和谐　创造速度　跨越发展——我们的发展观》，对企业发展进行全方位、多角度和前瞻性的诠释；以总公司名义发布的企业公告，从四个方面展示了公司的战略和实力，公告了企业始终不渝坚持的在合作中发展，在发展中共赢的经营理念。整个画册充满企业文化要素，形成了企业文化建设的一项重要成果。

2006 年，公司把“十一五”发展的第一年确定为管理创新年，把工作重点从开发建设转移到强化经营管理上来，实行既要快速发展，更要稳健发展的科学发展观，以理念创新、机制创新、文化创新为主要内容，全面创新管理模式，强化经营管理、业务管理、形象管理，达到基础管理和工作过程的整体优化，实现企业从经验管理向科学管理、文化管理的转变。为开阔企业文化视野，借鉴好的经验和做法，是年 12 月 8 日，总公司党委书记李平、办公室主任宗庆文、晋焦公司副总经理张明专程应邀参加由苏州市政府主办、苏嘉杭高速公路公司协办的高速公路企业文化建设论坛，对苏嘉杭高速公路公司企业文化建设进行深入考察，就沿海发达地区与内陆地区高速公路企业文化建设进行交流，苏嘉杭高速公路公司与总公司及太长、长晋、晋焦公司结成友好往来单位，建立了互访制度。

2007 年，企业文化建设进入新阶段。公司把是年作为“管理创新年和文化建设年”，进一步加深对企业文化建设重要性的认识，将文化建设作为企业参与现代化市场竞争的战略性工程，力求以文化创新不断提高企业的凝聚力、竞争力，促进企业持续快速发展。3 月 26 日，成立企业文化建设领导组，经理魏庆飞任组长，党委书记李平任常务副组长，领导组下设办公室，具体负责制定和完善公司企业文化建设纲要、企业文化建设发展规划及实施方案，组织企业文化建设活动，与有关部门和单位建立业务指导和协作关系，组织协调所属单位企业文化建设，制定企业加强企业文化建设的主要任务。4 月 14 ~ 17 日，总公司组织公路经营单位分管领导和具体工作人员11人参加中国交通企业协会在黄山举办的交通企业文化建设培训师培训班学习，参加人员有：总公司李平、宗庆文，太长公司张铮、元丰社，长晋公司刘玉怀、申永庆，晋焦公司白正义、王更苗，阳济公司张李强，路通公司姚永福，诺通公司贺进刚。参训人员全部获得培训师资格证，成为推动全公司企业文化建设的骨干。6月，在总公司机关和8个实体单位同步建立质量、环境、职业健康安全三标一体化管理体系，企业文化建设开始以制度化形式纳入各项经营管理之中，企业精神文化、行为文化、形象文化体系开始建立。根据《企业文化建设实施纲要》，企业文化建设坚持以人为本、讲求实效、重在领导、系统运作、突出特色的原则，开展企业核心价值观和企业精神、企业使命、企业愿景等价值理念的提炼与讨论，通过每月一次的知名专家学者大型讲座，丰富职工的精神文化生活，提升职工对企业文化建设的认知感和思想境界，形成以文化立企兴企、塑形塑魂，以文化特色彰显企业特色的良好创建氛围。

2008年，认真贯彻党的十七大提出的要站在历史的高度，部署和推动社会主义文化大发展大繁荣的总目标，把企业文化建设作为推动企业全面协调可持续发展的战略工程来抓，深化文化立企兴企共识，制定具体目标，健全工作机构，加大调研、提炼力度，完善文化兴企纲要，逐步建立具有系统性、特色性、实践性、人文性的企业文化建设体系。一是建立和完善制度体系，增强全员创建意识，建立健全精神文化、行为文化、形象文化体系，翔实内容，明确标准，由浅入深，持之以恒。二是以建立企业核心价值体系为重点，凝练企业使命、企业愿景等价值理念，编制《企业文化建设手册》，使企业文化的价值观深入人心。三是建立超越利润最大化的社会目标，把奉行人的价值高于物的价值、共同的价值高于个人的价值、社会价值高于企业利润价值的理念，作为企业基业长青的精神文化基础，作为企业追求的终极目标和最高境界。以改革创新、艰苦奋斗、自强不息、百折不挠的企业精神，凝聚力量、鼓舞斗志、引领风尚，不断增强广大员工热爱企业、忠诚企业、奉献企业的信念，提升企业文化软实力，提高企业核心竞争力，打造充满竞争活力的品牌企业。

通过连年建设，企业文化逐步沉淀和凝练出一些具有较高层次和相对稳定性的生产经营理念和价值观，形成了自己特有的企业精神和崇尚目标，且已作为理论的形式在实践中得到不断升华，逐步成为公司发展的精神文化。

2005年，公司制作的画册《动脉》，将企业理念、企业发展观、企业公告、企业关键语表述为：

企业理念

核心理念

企业使命——以市场、资本、人才的力量构建社会发展动脉。

企业目标——筑路为主，多元发展，打造最有竞争力的国企品牌。

核心价值观——市场为根，资本为本；合作为根，项目为本；人才为根，发展为本。

企业精神——敬业，拼搏，团结，奉献。

精神理念

精神理念——奉献国家，贡献社会，敬献历史。

文化理念——发展就是硬道理，培养、塑造、弘扬企业现代竞争力。

人才理念——认同企业，忠诚职守；创新工作，创造业绩。

成功理念——贡献社会,推动企业;成就自己,凝聚团队。

行为理念

管理理念——中国化,科学化;人性化,目标化;简约化,业绩化;时代化,未来化。

发展理念——与时俱进,改革创新;求真务实,跨越发展。

经营理念——团结进取,科学现代;精简高效,诚信共赢。

合作理念——多元合作,共成共赢。

企业发展观

构筑和谐:创造有利于事业发展的和谐环境,并以"和谐"作为事业的至高目标去追求。

创造速度:作为交通建设开发投资为主业的企业,我们创造的是关于速度的事业;同时,我们要以科学的发展观,要用市场的方式,创造国企现代化的速度。

跨越发展:第一指强势发展,第二指强速发展,第三指多元发展。

附:

构筑和谐　创造速度　跨越发展

——我们的发展观

山西省交通建设开发投资总公司经理　　魏庆飞
山西省交通建设开发投资总公司党委书记　　李　平

追溯公司的历史,"发展"是最简捷、最准确的概述。无论是追求企业每个细节的进步,还是队伍的壮大、效益的攀升和观念的变化,一切的一切,我们都是围绕市场、围绕竞争展开的。因此,要想发展,思想、战略、策划、准备是必要的。每分每秒是否处于扎实的工作状态,是决定发展的内在关键,这就是任何机会都属于有准备、勤奋上进的人的道理,这也是:不积小流无以成江海,不积跬步无以至千里。

说到发展,近年来,对公路交通建设来说,其发展的环境的确超常、优越,不论是政策形势,还是目标战略,都清楚地为企业提供了巨大的想象和运作空间,这种充满智慧、大度、包容、活力和创造力的氛围,使交通事业如日中天、迅猛发展,也为开发、投资企业跻身于高等级公路投资建设,创造了良好的有利于发展的外部环境。珍惜这样一个大的发展环境,既是我们的需要,也是责任。

应当说,我们的发展历程中,充满了挑战、喜悦,也有许多难以言表的苦痛;当我们把所有的热情、情感倾注于企业,并与之同呼吸、共命运,今天的成功就属必然。但我们要不以物喜,不以己悲,始终保持良好的心态和正确的得失感,因为,这是我们"执企"的关键态度。如果要对我们的过去做出评价,那么,概括起来就是——

以积极的态度挑战自己、要求自己,但从不挑剔别人或市场;把市场、效率作为我们追求的第一目标,舍弃不掉拥有的,就不能得到想要的,有所为、有所不为,勇于放弃,敢于冒险,敢于创新,永不言败;诚信为人,广交朋友,总是与环境和谐相处;努力地创造自由、愉悦的工作空间,采用亲情化的激励方式;让每个人都做自己能做和做好的事情,竞争的最高境界是“不竞争”，用行为而不是金钱做广告，打“无我”战略，树精神品牌；让机关最小化、实体最大化，把工作压力、忧患意识永远作为企业的教育目标，勤于思考，大胆实践、居安思危，如履薄冰；有大气度，处处以企业利益为重，积极忠诚，情血相融。

资产多了，企业大了，不标志能力水平的同步提高，综合实力的提高有赖于全体员工的不懈努力。要把企业可持续发展的文章做好，要把科学的发展观印入我们的大脑，付诸于我们的实践，仍然是长期、艰苦的工作任务。我们永远信奉和谐、诚信、共赢、合作、互助、交流这样的精神和行为原则，与社会互动而积极地创造我们的发展环境；我们要永远注重文明、文化的建设，永远强素质、重形象、创品牌，把物质、精神、政治文明同步来抓；我们始终要立足于交通、服务于交通，把蛋糕做大、做香，合理地分配给每一个创造者、贡献者，通过构筑和谐，为社会的大发展创造速度，以求得我们和社会的多元化的跨越发展。我们还有许许多多文章要做，进一步清理发展思路、创新发展模式、提升发展水平，是我们回馈社会、回馈交通的要务。我们还有很长很长的路要走，每个员工、每个管理者都要有这样的认识。发展的终极点是每个人都能为事业尽职尽责，我们要倾其全力把接力棒传到后人手里。我们的成就和荣誉里，将充满着人生中最具价值的尊重、承认和自豪。

企业要发展，要持续进步。我们除了观念要新、步伐要快之外，和所有合作者携手共创、同诚共赢，是我们发自肺腑的愿望。

愿我们的发展和我们的路一样快速、优质、平坦。

(2005 年　载于画册《动脉》)

企 业 公 告

战略公告

以投资作为发展事业的主要通道，坚持服务交通、开发公路事业的基本点，全面启动开发、投资业务。

实力公告

拥有交通建设开发投资方面的实战经验；一个真正意义上的高质量的现代化企业领导班子；一支精锐的企业团队；稳定广泛且有实力又值得信赖的社会资源。

10 年的强势经营和信誉合作，锻造了极强的在资本、人才、设备、项目等方面的运作和掌控能力。

拥有 201 亿元人民币的庞大资产，同时，有 10 多个行业的投资、开发、建设、管理、经营的丰富经验。

合作公告

渴望与有实力、有信誉、有业绩的品牌企业合作。

渴望在交通建设开发和经济热点的大项目方面，与省级、国家级和国际级的企业及财团合作。

合作方式是灵活的，但必须是合法的，合作的过程必须是同心同力并快乐的，合作的结果必须是推进社会进步并共赢的。

让我们在合作中发展，在发展中共赢。

共赢公告

共赢概念：共同实现荣誉、成就和利润！

共赢条件:公平竞争,平等合作,科学运营,合法取利!
共赢结果:一起享受荣誉、成就和利润!
共赢境界:资源共享,构筑和谐,创造速度,跨越发展!

企业关键语

决策层以诚为本,管理层以知为本,执行层以勤为本。
胆识等于认识加务实。
靠科学管理把企业做好,靠科技管理把企业做强,靠资本运作把企业做大。
我们很小,所以"我们"一定得合作。
做正确的事比正确地做更重要。
要盘活资产,必须先盘活人;用好现有人才,稳住关键人才,吸引急需人才,储备未来人才。
管理无定式,目标无止境。
如果能使企业的每一个细胞都活跃起来,就能创造全新的事业。
心态决定状态,沟通产生效率,竞争赢得市场,融合创造力量。
管理的艺术就是把内部平衡和外部适应和谐地综合起来。

(摘自总公司 2005 年编辑的画册《动脉》)

第八节 综合治理

全称社会治安综合治理,简称综治工作,为企业经营管理的一项重要内容,在省交通厅综合治理办公室的直接指导下开展工作,总公司设立综治工作领导机构,具体工作由经理办公室负责。综治工作坚持打防并举、标本兼治,重在治本的方针和条块结合、以块为主的属地管理原则,实行谁主管谁负责的"一把手"负责制和一票否决制,确保了综治工作的有效开展,为保障企业经营发展起到了重要作用。

总公司成立之初,综治工作的主要任务是完善制度建设,加强内部治安防范和消防安全管理。在企业经营管理中,公司不断加大综治工作力度,使综治工作逐步纳入制度化、规范化轨道,与全局工作同规划、同部署、同检查、同奖惩。

1995 年,公司调整综治、消防领导组成员,组长为经理魏庆飞、副组长为党支部书记段二牛,成员由其他副经理和部室负责人组成,并配备专职保卫干事一名,具体办事机构设在经理办公室,以后随着公司的人事变动和发展壮大,领导机构多次作出相应调整和充实,并逐步形成了以总公司为中心,各实体单位及基层站、所为网络的综治防控组织体系。总公司每年根据形势发展和省交通厅相关要求,制定年度综治工作要点,并同所属各经营单位签订综治目标责任书。

自 2000 年起,总公司逐步形成了以公路产业为主、多种经营为辅的经营发展格局,综治工作覆盖面随之扩大。2001 年,综治工作重点加强企业内部治安管理,积极开展创建安全文明单位活动。2002 年至 2003 年,综治工作以反"法轮功"、反盗窃为突破口,重点强化内部治安管理。2004 年,综治工作进一步扎实有效开展,受到上级充分肯定,省交通厅在《关于 2004 年度社会治安综合治理工作考核验收情况的通报》中指出:省交通建设开发投资总公司严把安全关,制定了一套安全防范措施。在工程建设中,对施工现场入口处、机械设备、爆破及易燃品实行了严格管理,实行专人专管,对从事爆破等特种作业人员进行了专业培训,对安全生产管理人员和关键岗位作业人员实行考核合格后方可上岗的制度,工程建设中未出现一起安全事故。是年,公司党委书记李平被省交通厅评为2004年度社会治安综合治理先进个人。

2005年,全省综治工作重点为开展创建"平安三晋"活动和矛盾纠纷排查调处工作。省交通厅决定部署全省交通系统开展平安交通创建活动,并将2005年确定为平安创建活动年。总公司积极响应上级号召,制定《山西省交通建设开发投资总公司创建平安交通实施方案》,积极开展平安单位创建活动,认真组织开展社会治安综合治理宣传月活动,大力做好"五一"、"十一"黄金周和元旦、春节期间安全稳定工作。对重点部门、重点部位进行物防、技防建设,绘制了各楼层的技防、物防平面图,规范各项安全管理工作措施,对公司监控系统进行升级改造。太长高速公路公司在创建平安工地活动中,积极配合地方公安机关打掉一个干扰工程建设、制造恶性事件、带有黑社会性质的犯罪团伙,确保了太长高速公路按时建成通车。晋焦、长晋高速公路公司积极与驻地军警加强合作,开展军企、警企共建平安大道活动。10月,长晋公司协助当地公安部门破获一起盗车案件,受到了当地群众和司乘人员广泛好评。是年,总公司被省交通厅评为平安交通创建工作先进单位,魏庆飞、张庆华、宋建芳被评为先进个人;被太原市小店区平阳路街道社会治安综合治理委员会评为平安单位。

2006年,公司综治工作继续以开展创建平安交通活动为载体,以构建"打、防、控"一体化的治安防护体系为重点,按照落实科学发展观和构建社会主义和谐社会的总体要求,深入开展矛盾纠纷排查年活动,取得明显成效。龙湖生态园在开发建设中,认真做好村民搬迁中的思想工作,把搬迁村民转变成园区职工,身份的转变,解除了村民的后顾之忧,双方达到了和谐相处,避免了潜在矛盾的发生。省交通厅在年度厅属单位治安综合治理工作考核验收工作中,对总公司的综治工作给予较高评价,总公司再次被省交通厅评为平安交通创建工作先进单位,张庆华、逯林涛、张亚文被评为创建工作先进个人;被小店区平阳路街道社会治安综合治理委员会评为综治工作标兵单位。

公司社会治安综合治理工作,始终以抓源头、重预防为工作重点,加强制度建设、强化责任意识、健全联动机制、完善防控体系,促进社会治安综合治理各项任务和措施全面落实,连年保持了无政治、刑事案件和无火灾、无治安事故发生,无群体性、非正常性上访事件发生的良好局面,为企业又快又好发展创造了稳定和谐环境。并形成了五大特点,即领导重视、资金保障、制度先行、坚持不懈、重在基层,实现了"三大转变",即由注重加强内部稳定向共同营造社会和谐稳定环境转变;由单一化、条块化结合机制向立体化、多方联动防控体系转变;由单纯依靠行政制度协调解决纠纷矛盾向依靠法律、行政综合手段协调解决转变。

第九节 路业管理

路业管理是总公司经营管理的主要内容,包括公路养护、路政(路产路权维护)、行车安全三个方面。

一、公路养护

养护体制

1997年8月,总公司与香港路劲基建有限公司合作经营太榆公路、榆次西外环公路,工程技术部具体负责养护管理。日常养护由路通公司支付经费，以协议形式委托榆次新大实业公司承担。1998 年 7 月 30 日，总公司设置公路养护处。12 月 14 日，路桥管理处负责公路养护管理。之后，对收费公路建设和经营实行一路一公司的管理体制，总公司对该路及小店汾河公路桥的费收和养护实行一体化经营管理模式，统一由路通公司负责，受总公司路桥部管理。

2002 年 5 月 30 日，总公司对阳济公路的养护资产和人员进行整合，成立阳济公路养护中心，隶属总公司路桥管理处，率先在阳济公路试行“管养分离”的专业化养护经营模式。阳济公路养护中心实行独立核算，自主经营。

2003 年 6 月，交通部颁布《公路养护工程市场准入暂行规定》和《公路养护工程施工招投标管理暂行规定》，使公路养护进入了市场化运作阶段。是年 8 月 14 日，通过阳济公路养护中心的成功运行，加之晋焦高速公路已经投入运营，长晋高速公路即将运营，总公司将晋焦高速公路、长晋商品路两个公司和阳济公路养护中心的养护机构、人员和设备进行整合，以长晋商品路公司的养护工程部为基础，组建晋城公路养护中心，养护中心隶属总公司，为非独立法人经营实体，负责对晋焦高速公路、长晋二级公路、阳济公路进行专业化养护。2004 年 8 月 23 日，晋城公路养护中心改制为山西诺通公路养护有限公司（诺通公司），由非独立法人单位变更为法人单位，隶属总公司。是年 11 月，长晋高速公路运营后，其养护业务归诺通公司负责。

2006 年末，诺通公司下设长晋高速公路长治养护工区、高平养护工区、晋城养护工区；晋焦高速公路养护工区；长晋二级公路高平养护工区、晋城养护工区；阳济公路养护工区，全面负责总公司所辖晋城地区的长晋、晋焦高速公路和长晋二级公路、阳济公路的养护业务，养护里程 240.1 公里。诺通公司所拥有大型养护设备，部分为该公司组建时总公司从其他公司划拨而来，部分为经营过程中陆续购买。

太长高速公路养护管理。2005 年太长高速公路建成通车，养护管理业务由太长公司统一负责。太长公司内部机构设有养护部，下辖太原、太谷、榆社、襄垣、长治 5 个养护工区，养护里程 223.74 公里。

养护设备

1997 年，公司具有公路养护业务伊始，养护设备仅为洒水车、空筒压路机、起重机等常用机械，机械化水平较低。2002 年之后，随着养护机构的独立设置，尤其是长晋二级公路划归总公司管理和晋焦、长晋、太长高速公路相继建成通车，公路的机械化、半机械化养护水平迅速提高，基本实现了养护工程的运输、拌和、碾压、洒水布料、平整铲推路面以及清扫、除雪等养护作业机械化。

2004 年，购置综合清扫车 3 台、多功能除雪机械 2 台，公路日常清扫机械化开始逐步取代人工操作，养护作业的安全性和效率、质量不断提高。2006 年，一次性投资 914 万元，购置 LB2000 型沥青拌和设备、铣刨机、双钢轮压路机和胶轮压路机，首先应用于晋焦高速公路推移路面处治工程，使施工效率大大提高。是年，购买鞍山森远沥青混合料再生修补车，开始对破损不太严重的路面进行及时修补。沥青混合料再生修补车运用再生料的性能，将高速公路铣刨下的废旧沥青混合料再生利用，减少了新沥青混合料的使用量，降低了公路养护成本。经测算，每增加 1 元的预防性养护投入，可降低其 8 倍的大中修投入，并使路面养护周期大为延长。

2006年末公路养护主要机械设备统计表 表3-9-1

使用单位	机械名称	数量及单位	备注
诺通公司	铣刨机	1台	
	综合清扫车	3台	
	沥青拌和设备	1套	LB2000
	沥青拌和设备	1套	SLB15
	多功能养护车	1台	
	多功能除雪王	2台	
	除雪铲	8台	
	山猫牌多功能养护车	3台	
	护栏清洗车	1台	
	压路机	3台	
	装载机	1台	
	洒水车	2台	
	沥青混合料再生车	1台	
	打夯机	8台	
	割灌机	11台	
	移动式照明灯	1台	
	升降机	1台	
	标线机	1台	
	钻孔机	1台	
	吹风机	7台	
	小松绿篱机	3台	
	清缝机	2台	
	灌缝机	1台	
	喷药机	1台	
	柴油发电机组	8台	
	自卸车	1台	
	江铃工具养护车	4台	共78台(辆、套)
太长公司	发电焊机	5台	
	升降机	2台	
	单轮振动压路机	2台	
	装载机	5台	
	斯太尔自卸车	8台	
	洒水车	10台	
	切割机	5台	
	打夯机	5台	
	除雪铲	18台	
	高杆照明站	5台	
	剪草机	5台	
	灌缝机	1台	共71台(辆、套)

2007年购进的多功能灌缝车，具有科技含量高、可操作性强、施工作业安全可靠、路面裂缝密封效果好、耐久性强、工作效率高、环境污染小等特点，在长晋、晋焦两条高速公路上投入使用，养护效果良好。

诺通公司公路养护设备组图

图3-9-1　LB2000型沥青拌和站

图3-9-2　路面铣刨机

图3-9-3　胶轮压路机

图3-9-4　钢轮压路机

图3-9-5　山猫牌多功能养护机

图3-9-6　沥青混合料再生修补车

养护经费

总公司以保证公路养护质量、确保安全畅通为前提，严格按照国家交通部关于公路养护的相关规定安排养护经费计划。对公路养护经费的支出和管理，日常养护经费实行定额包干，大中修养护实行项目申报审批。运行方式为，总公司对口公路经营单位，根据不同路况和不同考核等级，按照相关定额规定，将日常养护经费养护拨付于公路经营单位账户，由公路经营单位统筹安排。属于管养一体化者，实行自行安排项目，自行支付经费；属于管养分离者，由公路经营单位提出养护要求，具有专业养护资质的养护单位（晋城地区为总公司所属的诺通公路养护有限公司）负责实施，公路经营单位负责监督验收，经费支付方式由双方商定。对于大中修养护及改造、水毁等较大项目实行申报审批制，由公路经营单位提交项目报告，经路桥管理部等相关部门实地勘测，最后由总公司决定。项目实施实行招投标管理，以提高养护经费效益，确保养护工程质量。

日常养护

公路日常养护实行"统一领导，分级管理"。总公司路桥管理部负责年度养护质量计划的审核及定期监督检查，各公路经营管理公司负责制定养护计划及日常指导、检查、考核，专业养护公司（部门）负责组织维修保养作业。

公路养护质量要求：路基稳定无沉陷、无冲刷、无碎落，防护排水系统完善无破损；路面平整无跳车，无抛撒、无杂物，行车舒适、安全；桥梁隧道完好，各项功能发挥正常；构筑设施齐全、功能完善；路容路貌整洁美观，绿化苗木长势良好无缺株，修剪整齐、大方。

日常养护质量统计月报。由专业养护单位负责逐项统计，逐公里进行质量自检评定，填写相关表格，经公路经营公司现场检查认可，每月 26 日报总公司路桥管理部审核。

公路养护质量季度检查考核。按照《公路维修保养和专项、大修工程考核评分办法》，总公司路桥管理部按季度对所辖公路养护工程质量进行检查、考核，督促相关单位改进工作，完善维修保养。

公路养护质量综合评价。所属公路养护质量分为优、良、次、差四个等级，以里程为单位，按五项养护质量内容评定，总分为 100 分（路面 50 分，路基构造物 20 分，桥涵隧道、沿线设施、绿化各 10 分）。其中优等：单位里程总分 90 分以上（含 90 分，下同），且路面 45 分以上，路基构造物 15 分以上，其他三项每项不低于 6 分；良等：单位里程 75 分以上，且路面 38 分以上；次等：单位里程 60 分以上；总分不足 60 分者为差等。上述优、良等路中，四种分数和总分数均必须达到标准要求。以优、良等路里程占实际评定养护里程的百分比，即"好路率"作为评定养护质量的主要指标：

$$\text{好路率} = \frac{\text{优等路里程} + \text{良等路里程}}{\text{实际评定的养护里程}} \times 100\%$$

大中修（专项）工程

根据公路养护工程的时令特点，公路病害出现集中在 3 ~ 4 月春融和 7 ~ 8 月多雨季节。每年由各公路经营公司提出大中修和专项工程立项申请，报总公司路桥管理部。路桥部审核后报公司经理办公会议确定立项与否。

工程立项后，单项工程项目概算投资超过 200 万元者，由总公司负责组织，公路经营公司参与，进行招投标；单项工程项目概算 30 ~ 200 万元者，由工程所在经营公司负责组织工程招投标，总公司组织专家参加评标。单项工程项目概算低于 30 万元及紧急抢险工程，以议标方式选用工程队,费用按照计划批复的金额包干使用。

总公司每半年组织一次对所属公路养护管理的检查、考核。按照养护施工技术规范要求及施工合同承诺,要求工程质量达到优良标准,现场抽检数据符合《公路工程质量检验评定标准》。

大中修项目工程竣工验收,总公司路桥管理部与工程所属公路经营公司分别将立项、项目实施管理、工程竣工验收资料进行归档备案。项目工程结束,按照先审计、后决算程序进行竣工验收。审计工作以总公司审计部为主,路桥管理部配合实施,或依据《山西省交通建设项目委托审计管理暂行办法》,聘请社会中介机构进行审计。通过审计的工程项目,以审计报告为依据进行决算。

总公司所属公路 2004~2006 年大中修及专项工程 表 3-9-2

年份	养护工程项目	备考
2004 年	阳济公路蛤蟆岭隧道排水加固	
	晋焦高速公路路面推移,先铣刨后加铺治理	
	晋焦高速公路边坡治理(挂设 FN 柔性防护网加预应力锚索、锚杆、喷射混凝土)	
	长晋二级公路部分路段混凝土路面破板重新制作	
	太榆公路路面稀浆封层	
2005 年	晋焦高速公路路面推移,以先铣刨后加铺方案治理	
	晋焦高速公路边坡治理(挂设 FN 柔性防护网加预应力锚索、锚杆、喷射混凝土处治),紧急避险车道的设置, K27 +500 段边坡塌方落石紧急抢险处理	
	阳济公路路面多普封层处理路面龟网裂、稀浆封层; K23 +000 ~ K25 +500 段大面积水毁抢修(7 月 17 日发生水毁)。	
	长晋高速公路部分桥头跳车及采空区沉陷治理;部分路段水毁及边坡防护工程	
	太榆路、榆次西外环路部分路段铣刨加铺、路面微表处、挖补坑槽	
	长晋二级公路部分路段混凝土路面破板重新制作,部分路段新板制作 + 片石混凝土或双层水泥稳定碎石处治;丹河大桥桥面维修加固;问题涵洞开挖重现设计施工,投资 1511 万元	
2006 年	晋焦高速公路路面推移先铣刨后加铺治理, 6 处边坡治理(挂设 FN 柔性防护网加预应力锚索、锚杆、喷射混凝土或水泥砂浆处治)	
	长晋高速公路部分桥头沉陷及采空区沉陷加铺治理;收费站计重收费系统安装。投资 780 余万元。	
	长晋二级公路部分路段混凝土路面破板重新制作,新板制作 + 片石混凝土结构处治;排水不畅路段设施增补、维修。投资 500 万元	
	阳济公路东掌隧道部分地段拱顶及侧墙钢筋网片 + 钢拱架 + 喷射混凝土衬砌加固;路面多普封层处理路面龟网裂、稀浆封层;部分路段翻浆挖补处理	
	太榆路、榆次西外环路部分路段铣刨加铺、路面微表处、挖补坑槽;潇河大桥桥头搭板及伸缩缝更换加固处治,合计投资 1060 万元	
	2004 ~2006 年,太榆路、榆次西外环路部分路段大中修	2007 年续修
	2005 ~2006 年, 长晋二级路分段大修	
	2004 ~2006 年,阳济公路部分路段大修	2007 年续修

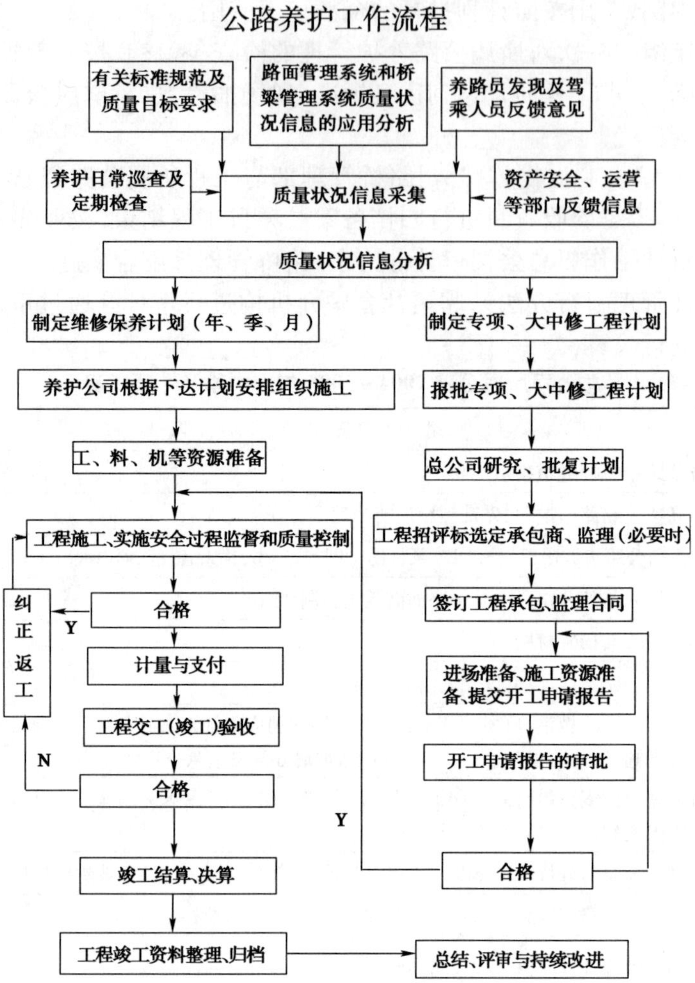

公路养护工作流程

有关标准规范及质量目标要求
路面管理系统和桥梁管理系统质量状况信息的应用分析
养路员发现及驾乘人员反馈意见
养护日常巡查及定期检查
质量状况信息采集
资产安全、运营等部门反馈信息
质量状况信息分析
制定维修保养计划（年、季、月）
制定专项、大中修工程计划
养护公司根据下达计划安排组织施工
报批专项、大中修工程计划
工、料、机等资源准备
总公司研究、批复计划
工程施工、实施安全过程监督和质量控制
工程招评标选定承包商、监理（必要时）
纠正返工
合格
Y
计量与支付
签订工程承包、监理合同
进场准备、施工资源准备、提交开工申请报告
工程交工(竣工)验收
N
合格
开工申请报告的审批
Y
合格
竣工结算、决算
工程竣工资料整理、归档
总结、评审与持续改进

图 3-9-7　公路养护工作流程

危桥(隧道)改造

总公司所辖公路路龄普遍相对较短,危桥(隧道)改造也相应较少。主要的有:2006 年 11 月,总公司投资 20 万元,责成诺通公路养护公司对阳济公路东掌隧道进行局部加固处理,消除拱顶落石隐患。2007 年,总公司投资 77.8 万元,由诺通公路养护公司对长晋二级公路东仓河桥进行改造,更换损毁梁板 32 块,对桥面进行重新铺装。

防汛抢险

根据历年气候,上级将每年的 6 ~9 月份确定为汛期,其中主汛期为 7 月 15 日 ~8 月 15 日。据此,总公司每年在汛期来临之前,即成立防汛抢险工作领导机构,制定和完善《应急抢险预案》,对防汛抢险工作进行安排部署,尤其对公路及各类建筑工程等野外场所和野外作业部门,明确领导责任制和分工负责制,制定科学的防范措施和周密的应急抢险预案,坚持预防为主,防治结合方针,力争小雨、中雨不发生水毁,大雨、暴雨水毁损失降至最低,确保各类野外场所和野外作业安全度汛,确保公路安全畅通。

防汛工作,公路经营公司和公路养护单位将加强路况调查、摸清底数作为搞好防汛工作的重要环节,首先在汛期来临之前对高填深挖路基、各项构造物、濒临河道路段及防护排水系统等，进行全面彻底检查，及时发现各种隐患，全面予以处治，做到日常养护与防治病害相结合。其次是根据所辖公路防汛抢险实际需要，制订破冰除雪防滑工作预案和防汛抢险工作预案，严阵以待，防患于未然。

按照洪水对公路及其构造设施的毁坏程度，公路水毁分为四类等级，据以制定相应措施进行抢修：

小型水毁：小到中雨造成的急流槽、边沟、排水沟、锥坡等造成的水毁，单处（项）恢复投资在 5000 元以下。养护工区（养护公司）按照有关养护维修的要求自行进行修复。

一般水毁。中到大雨造成的路基、构造物等发生的大面积塌陷，但未造成中断交通的病害。养护部门勘察现场，分析原因，及时组织力量修复。

较大水毁：中到大雨造成的部分路段、构造物等大面积毁坏，但仍可维持交通。养护部门难以靠自己力量抢修时，将及时上报公路经营公司防汛领导组，由经营公司防汛领导组尽快组织协调突击队全力抢修，力争公路尽早实现安全畅通。

大型水毁：大到暴雨造成的公路已经出现或可能出现中断交通的各项严重水毁。公路经营公司将迅速上报省交通厅及总公司防汛领导组办公室，由各有关方面成立现场指挥部，根据现场指挥部确定的抢修方案，组织紧急抢修力量，全力保障和尽快恢复通车。

2003 ~ 2006 年，总公司所辖公路发生的较大水毁有：长晋二级公路背阴路段两侧边坡滑塌、阳济公路东掌隧道出口处水毁、晋焦高速公路高边坡岩石大量塌落、太长高速公路榆社至武乡段边坡滑塌、长晋高速公路边坡、护面墙、排水系统严重水毁等。灾情发生后，各公路经营单位和养护部门快速反应，火速行动，按照应急抢险预案全力抢修，得到及时修复，使灾害减至最小，损失降至最低。

防灾减灾

总公司将所属公路防灾减灾和抢险救灾列为进行公路经营管理的重要内容，立足防范，不断完善基础设施建设，健全事故抢险紧急预案，强化抢险救灾能力，形成了防治结合的良好机制，有效防止了一些事故的发生，也使所发事故的损失大为降低。近年来，所进行的重点抢险救灾工作有：

（1）2004 年 5 月 11 日开始，晋城地区连降大雨，5 月 14 日凌晨 3 时左右，晋焦高速公路出现多处边坡落石。下行线 K27 + 500 处发生大面积塌方，造成交通中断，险情不断扩大。灾情发生后，诺通公路养护公司迅速成立抢险救灾组，全力以赴清理塌方，疏通道路。14 日上午，省高管局、省交通建设开发投资总公司领导赶赴现场查看灾情并指挥抢险。17 日下午 4 时，该公路恢复正常通车。

（2）2004 年 5 月 27 日凌晨 1 时许，受降雨影响，晋焦高速公路 K27 + 580 处再次塌方，最大石块重达 50 多吨，路面砸毁严重，交通受阻。灾情发生后，相关部门即对该公路实行交通管制，诺通公路养护公司进行突击抢修。5 月 28 日中午时分恢复通车。

（3）2005 年 7 月 6 日凌晨 4 时 15 分，受降雨影响，晋焦高速公路 K27 + 580 处发生山体滑坡，约 2000 余方落石堆满路面，造成交通中断。获知灾情后，诺通公路养护公司负责人迅速赶赴现场，紧急调动人员和机械设备，连夜冒雨进行抢险。次日中午，完成单幅路面的塌方清理，在最短时间内逐步实现通车。

（4）2005 年 7 月 17 日夜晚至 18 日上午，阳城县普降大雨，阳济公路遭受自 1997 年通车以来最为严重水毁，自 K16 – K26 处起，近 10 公里路段路面石块滚落，滑塌严重，车辆受阻。其中,K23+050处,400米长沥青路面面层被卷走,堤坝被冲毁,路基多处出现重大缺口;K24+100处,近70米长高挡墙被洪水冲垮;K25+800处受灾最为严重,路面中线出现50多米长纵向裂缝,路基持续塌方。针对巨大险情,诺通公路养护公司与阳济公司通力合作实施抢修,使灾害损失降至最小。

图3-9-8 晋焦高速公路边坡大塌方

安全保障

总公司把搞好安全保障作为保障行车安全,实行以人为本经营的重要举措,因路制宜进行安保工程建设。2004年,根据晋焦高速公路运行过程中部分路段出现多起因车辆刹车失灵而引发事故的情况,进行深入分析和现场勘察,投资40余万元,在K9+000和K27+000处修建紧急避险车道两处,该项工程由诺通公路养护公司组织实施。2004年12月,根据阳济公路过村路段交通事故频发的情况,在阳济公路K4+400~K5+800段设置中央隔离墩,以保证北安阳村过村路段交通安全。

二、公路绿化

总公司所辖公路大多地处暖温带半干旱大陆性气候区域,公路所建地带多处山大沟深,地质复杂,不少地段石头裸露、土层瘠薄,公路绿化投资大、难度大,不宜绿化路段占相当部分。总公司将公路绿化列为公路经营和养护管理的重要议程,作为国有企业在保护环境方面应承担的社会责任,将公路绿化所需经费明确列入公路养护经费之中,将绿化美化列为公路养护的重要内容。尤其是1997年经营管理高速公路以来,自公路建设期间起即将公路绿化美化经费列入总体计划之中,作为公路建设施工的重要组成部分,与公路建设其他项目一起投资、一起实施、一起监理和验收。

公路投入运营后,公路绿化即由所属公路经营公司一并负责,按照全省交通、公路部门的统一规划,根据当地政府具体安排,紧密结合绿化路段的地质、气候条件,精心选择树种,选择绿化单位,以合同形式明确规定成活率,要求路政、养护人员在履行本职的同时,对通道绿化美化的树木花草加以看管和维护。与此同时,总公司将建设"绿色通道"作为公路经营管理的重要任务,将畅、洁、绿、美四项要素一并作为公路养护质量检查、评比内容。

高速公路绿化,一般分为5个方面。

(1)高速公路中央隔离带绿化。以常绿树木、常绿灌木整形球状为主,按模块单元重复布置,间隔组合形成节奏变化,其间点缀红黄色系花卉,要求整洁大方,注重防眩效果,形成视觉亮点,有效缓解司乘人员视觉疲劳。

(2)上、下边坡绿化。选择耐旱、生长快,适应性强的植物品种,力求当年形成草绿覆盖地表、墙表效果,具有固土、稳定边坡,防止水土流失及提升生态效益的多重作用。

(3)互通区域绿化。互通式立交多处于地方性的"窗口"地段,公路经营单位和互通式立交所在地政府,均把互通立交区域绿化作为展示自身形象的绿化和美化重点。互通绿化美化植物乔木灌木有序混交,高低错落有致,色块配置协调,力求三季有花,四季常青。具体品种选择以乡土树种为主,花草以宿根为主,以可适应当地气候的外来植物为辅。

(4)服务区及收费站绿化,充分照顾停车后人们的观赏情趣,围绕建筑物进行空间划分和植物配置,主要栽植花卉灌木和高大乔木,并适当配置经济花果树种,有的还植有模纹花坛。

(5)此外,在高速公路的挖方路段碎落台和土方斜坡拱形骨架护坡,亦以不同色相、不同形态植物进行绿化美化,而且景观层次丰富,具有带状效果。

一般的绿化工程及绿化维护管理工作,列入于公路日常养护之中,草坪、花卉及树木的修剪、浇水、病虫害防治、清理绿化带杂物、杂草等,均属公路日常养护工作范畴。由公路养护单位作为公路日常养护项目一并完成,其经费由公路经营单位在拨付公路日常养护经费时一并支付。

2006 年,山西全省实施"六大造林"工程,要求高速公路沿线土地栽植树木要达到 8 排,树种无统一要求。至此,高速公路通道绿化规模更为扩大,景象更为壮观。

太长高速公路绿化

太长高速公路长 200 公里,包括公路中央分隔带、上下边坡、隧道口、互通、碎落台等区域绿化,选用 50 余种苗木、花卉,主要工程有边坡穴栽紫穗槐 176 万平方米,馒头柳 3.7 万株,绿篱条桧 111 万株,草坪 16 万平方米,金叶女贞 29 万株,通道绿化栽植白毛杨和垂柳等树种 42683 棵。至 2006 年末,该公路重要区段绿化工程基本完成,合计绿化面积 300 万平方米,总投资 3390 万元。

长晋高速公路绿化

长晋高速公路长 93 公里,2004 年开始实施绿化工程和沿线防护林带工程,以"春有花、夏有荫、秋有果、冬有绿"为绿化美化目标,努力构建高速公路绿化"四季风景"。2005 年后,以公路通道绿化工程为重点进行绿化。2006 年末,该公路重点栽(种)植各类乔木108.3 万株,灌木 222 万株,百米宽防护林带工程已初具规模,针阔混交、乔灌结合、三季有花、四季常绿的生态景观绿化目标正在实现,总投资达 2800 万余元。

晋焦高速公路绿化

晋焦高速公路(山西段)绿化,坚持以人为本,路与两侧景观和谐统一的理念。全线 32 公里,绿化面积 28 万平方米,其中中央隔离带树种以蜀桧为主,具有良好防眩效果。收费站及隧道口实行大面积密植,以丛植为主,力求创造良好生态群落,追求生态效果与视觉效果相得益彰,树种有黄杨、剑麻、大桧柏、红叶李、洒金柏、金叶女贞、红叶小檗等,路侧绿化带注重保护边坡、防止水土流失、优化生态环境、丰富观赏的综合效果,树种有蜀桧、垂柳、紫穗槐、爬山虎、迎春花等。东上庄互通立交桥以雪松为主,绿化 8 万平方米,四季常青,三季有花,形成了山西东南门户的靓丽风景。

三、路产路权维护

2001 年 5 月 31 日,山西省交通厅太榆公路路政管理支队(简称太榆路政支队)成立,为总公司所辖公路成立最早的路政管理专门机构。该支队根据省交通厅［2001］181 号文件批准成立,人、财、物的日常管理隶属总公司,财务单列,机构及路政执法工作受省交通厅直接领导,与总公司内设机构路桥管理处实行一套人马、两块牌子,依法对太榆公路、榆次西外环路、小店汾河公路桥三个路段实行路政管理。同年,阳济公路成立路政管理站,对内称路政队,为阳城县交通局派驻机构。

2003 年 3 月 11 日,根据省高速公路管理局文件要求,设置山西省高速公路管理局晋焦高速公路路政管理大队(晋焦路政大队)。5 月 6 日,省高速公路管理局首次公开招聘 160 名路政人员,其中晋焦高速公路公司限额 11 名(男 10、女 1)。同年,长晋二级公路设置路政管理机构,隶属晋城市交通局,称为晋城市交通局路政管理处一大队,简称路政一大队。

2004 年 11 月,长晋高速公路通车运营,2005 年 11 月,太长高速公路通车运营。与此同时,该两高速公路随即设置路政管理机构,隶属省高速公路管理局,全称山西省高速公路管理局长晋公路路政大队、山西省高速公路管理局太长公路路政大队。

2006 年,所属公路均设立和驻有路政机构,负责路产路权维护管理。与此同时,为了切实搞好公路路产路权维护,阳济公司、晋城商品路公司等公路经营单位大力派员协助路政管理工作。

2006 年末所属公路路政机构设置情况　　表 3-9-3

路线名称	路政机构	隶属单位
太榆、榆次公路	山西省交通厅太榆公路路政管理支队	省交通厅
阳济公路	阳城县交通局阳济公路路政管理站	阳城县交通局
长晋二级公路	晋城市交通局路政处一大队	晋城市交通局
晋焦高速公路	山西省高速公路管理局晋焦高速公路路政管理大队	省高速公路管理局
长晋高速公路	山西省高速公路管理局长晋高速公路路政管理大队,下设晋城中队、长治中队	省高速公路管理局
太长高速公路	山西省高速公路管理局太长高速公路路政管理大队,下设路政一中队、路政二中队、路政三中队	省高速公路管理局

第十节　安全生产

总公司在经营管理活动中,坚持把安全作为发展的前提,把预防作为安全的前提,把健全规章制度作为企业经营管理的重要内容,牢固树立安全为天、以人为本的经营理念,坚持安全为了生产,生产必须安全的经营思想,从安全生产教育入手,大力开展督促检查,消除隐患,立足防范,保障生产安全。

一、规章制度

1997 年 1 月,总公司先后成立消防、安全领导组和交通安全领导组,从建立机构和健全制度两个方面双管齐下,保障生产安全。1998 年 3 月,成立安全生产管理委员会,安全生产委员会下设办公室,重点负责建立健全各项安全生产管理制度,实施安全生产监督管理。2003 年 9 月 18 日,为使本年度全国安全生产月和反“三违”月活动扎实开展并富有成效,总公司制定《安全生产责任追究规定》,明确责任,防止和减少安全生产事故,维护公司正常工作秩序。《规定》对安全生产领导组织机构和相关责任人的安全生产职责进行了界定,并对追究事故的相关责任作出明确规定。2004 年 4 月 6 日,根据《中华人民共和国安全生产法》和《山西省重大安全事故应急救援预案》等相关文件,总公司制定《重大安全事故应急救援预案》,应对突发性重大安全事故,高效有序地组织事故应急救援,最大限度减少人员伤亡和财产损失。《预案》对预防范围、事权和职责进行划分,就事故报告制度和应急反应措施作出详尽细规定。6 月 28 日,为了加强安全生产管理工作,保障职工生命财产安全和企业经营正常开展,制定《安全管理暂行规定》,进一步明确安全生产的组织机构、工作职责、安全管理人员、安全管理目标、安全培训教育、安全例会、安全活动、安全档案、统计报告、安全工作装备及经费、安全检查及奖惩等相关规定,并制定《安全检查暂行办法》,坚持从源头上强化安全生产管理,促进安全生产管理检查工作的规范化、制度化,坚持分级负责、重点监督、注重实效、狠抓落实,坚持谁检查、谁签字、谁负责的原则,强化安全生产检查。《办法》对检查人员的组成、检查内容、检查方法与检查形式等作了详实规定。

2006 年 12 月 15 日,贯彻落实党的十六届五中全会提出的安全发展战略,坚持"安全第一、预防为主、综合治理"的工作方针,围绕企业健康发展和构建和谐企业的总体目标,制定 2006 ~ 2010 年《安全生产"十一五"规划》,提出:安全生产是社会文明和进步的重要标志,是科学发展观和构建和谐社会的重要内容,是企业有序运营和健康发展的重要保障。该规划就其间 5 年的安全生产工作在指导思想、规划目标、主要任务、重点工程及实施措施等方面进行具体部署。是年,制定《公路管理办法》,根据《中华人民共和国安全生产法》,结合各公路经营单位管理实际,坚持安全第一、预防为主的安全管理原则,就公路作业人员的安全保障措施、路政巡查及事故处理、清障救援、超限检测、养护作业、机电系统、收费站、服务区、非生产作业车辆上路等方面的安全管理作出明确规定,切实从制度层面加大安全生产的保障和管理力度。

二、安全活动

安全生产管理年活动。2000 ~ 2002 年,连年开展安全生产管理年活动,活动以落实安全生产分级责任制为核心,以贯彻落实党和国家领导人关于安全生产工作的指示和批示为动力,强化安全生产意识,加强安全生产管理,健全和完善安全管理机制,提高安全管理水平,确保生产安全,推动企业经营健康发展。通过开展活动,员工安全意识明显提高、安全管理机制明显强化、安全管理措施明显到位,安全生产活动更加丰富多彩,扎实有效。

全国安全生产月和反"三违"月活动。2003 ~ 2006 年,每年 6 月开展。此项活动贯彻党中央、国务院关于安全生产工作的方针政策,落实省交通厅有关安全工作的文件精神,按照企业当年生产经营需要,针对性地确定活动的重点内容,制定与此相适应的活动方案,推动每年的安全生产月活动和反三违月活动有效开展,以提高全体职工的安全生产意识和安全管理水平为重点,进一步普及安全知识,提高遏制重、特大事故的能力,促进公司安全生产状况持续稳定。

全国交通企业质量月活动。2005 年 9 月,根据省交通企业协会[2005]19 号文件精神,为全面提升质量管理水平,促进安全生产,总公司决定在各经营单位全面开展全国交通企业质量月活动。活动中,各相关单位明确具体的工作目标,狠抓服务质量,狠抓质量月活动的整体策划和具体组织工作。此项活动,总公司依据交通企业的自身特点,以质量月活动为动力,从保证建筑工程质量、提高公路养护质量和提升"窗口"单位服务质量等各个层面强化质量意识,健全管理机制,保证活动效果,促进安全生产。

全国节能宣传周活动。2006 年 6 月 11 ~ 17 日,国家发展和改革委员会等七部门发出

《关于组织开展2006年全国节能宣传周活动的通知》，国家交通部和省交通厅相继进行转发。根据《通知》精神，总公司以创建节约型企业，提高经济效益为目标，周密部署，认真组织，在全公司范围内全面开展。活动坚持节能以保证安全生产为前提，坚持实现节能指标与保障安全生产相统一。

三、督促检查

对安全生产的督促检查，实行常规化和灵活性相结合的方式，既有按制度规定的常规性检查，又有灵活多变的突然性检查。

季度安全生产检查。将季节性安全生产检查，作为保障生产安全的重要手段，按照春融冬冻和夏秋洪水泛滥的不同特点，区别重点，针对性开展安全生产检查。2000年，总公司下发《关于抓好秋冬季安全生产工作的通知》，由公司领导带队，相关职能部门牵头，以质监处为主组成检查组，对所属经营单位安全生产情况进行全面检查，及时排除事故隐患，增强员工安全意识，切实保障生产安全。2004年，将各单位对安全问题的严重性、复杂性的认识和有效杜绝重大事故的具体措施作为检查重点，根据省交通厅统一部署，开展对各单位季节性安全生产情况进行检查。

防控“非典”期间安全生产检查。2003年6月，认真贯彻省交通厅《关于在防治非典特殊时期加强全省交通系统安全生产工作的紧急通知》精神，结合当年全国安全生产月活动和反“三违”月活动，总公司紧密结合防控“非典”特殊情况下的安全生产形势，于上半年多次全面开展安全生产大检查。通过经常性地全面督促检查，全公司安全生产形势良好，事故发生率、事故负伤率、事故死亡率均为零，职工安全生产意识和事故防范能力进一步提升，安全生产责任制得到全面贯彻落实，安全管理水平进一步提高，并促进了经济效益的提高，保障了长晋高速公路工程建设顺利施工。

重大节日期间安全生产检查。将春节、国庆等重大节日期间的安全检查作为一项专门性安全生产督促检查活动。为了切实保障重大节日期间的生产安全，根据上级统一部署，总公司认真安排、精心组织，全面检查，督促整改，并根据不同情况，确定检查重点。2004年，将完善生产安全管理制度，进一步增强员工的生产安全意识，为重大节日期间生产安全提供可靠保障作为重点进行检查。

公路工程安全检查。始终把对施工安全的检查作为安全生产的重点部位和重点环节，一是常规性检查，内容有安全生产责任制落实情况、建立健全安全规章制度及其贯彻落实情况、安全保障设施的性能及其设置情况等，并重点对施工单位驻地和施工现场进行检查。二是专项检查，主要对所辖公路设施、在建工程项目的排水防洪、隐患部位及已经形成的水毁路段和存在隐患的施工地段进行检查，一旦发现问题，立即制定防范和施救措施，实行限期整改，跟踪督促。通过检查，切实增强安全生产的防范保障能力和应对突发事件的应急处置能力。

第四章

党群工作

第一节 党的建设

公司党的建设,统一受省交通厅党组和厅直机关党委的领导和管理,具体分为两种情况:一是总公司党委,受省交通厅党组和厅直机关党委领导,负责对所属经营公司党的建设进行领导;二是太长公司党委和长晋公司党委,直属省交通厅党组和厅直机关党委领导,同时接受省高管局党委和总公司党委的管理与指导。

一、组织建设

总公司党委

全称中共山西省交通建设开发投资总公司委员会,2001 年 8 月 20 日成立,其前身是中共山西省交通建设开发总公司支部委员会(简称总公司党支部)、中共山西省交通建设开发投资总公司总支委员会(简称总公司党总支)。

1993 年 4 月,总公司成立时,省交通厅党组任命郝明珠为总公司党支部书记(兼副经理),经理侯春有兼党支部副书记。是年 12 月 22 日,厅直机关党委批准,总公司党支部成立。1994 年,1 月 28 日,总公司党支部以 1 号文件下发党支部和党员管理办法。

1995 年 3 月 23 日,省交通厅党组对总公司领导班子进行调整,任命段二牛为总公司党支部书记(兼副经理),经理魏庆飞为党支部副书记,同时免去侯春有支部书记、副经理职务,郝明珠的副书记、经理职务。5 月 8 日,总公司召开全体党员大会,选举支部委员会,并向省交通厅报告。1998 年 2 月 9 日,总公司重新调整党小组,将支部全体党员以工作单位分为 6 个党小组。10 日,总公司党支部根据 2 月 9 日会议决定,任命王秀萍为总公司党支部纪检副书记。

1998 年 2 月 9 日党小组分组情况 表 4-1-1

组　别	单　位	小组长
第一党小组	人事劳资教育处、政治处、工会、计划财务处	王雅君
第二党小组	经理办公室、小车队、融资部、工程技术部	尤达文
第三党小组	工程分公司	尚建军
第四党小组	工程机械租赁分公司、交通旅行社	郭锦梅
第五党小组	阳济公路公司	姚永福
第六党小组	路通公司	马文琦

1998 年 7 月 24 日,总公司党支部向省交通厅厅直机关党委请示,要求成立党委。报告称,总公司时有职工 431 人,其中党员 85 人(其中 40 人组织关系在原工作单位或原籍),拥有 3 个经营实体,与港商合作成立 11 个子公司(职工 308 人,占职工总数 70%),党员分布较为广泛,强化管理势在必行。10 月 21 日,总公司党支部再次请示厅直机关党委,要求成立党总支。

1999 年 10 月 22 日,根据省交通厅厅直机关党委(1999)13 号文件,总公司党支部组织全体党员酝酿升格为党总支相关事宜,召开支部大会进行研究,推选党总支候选人预备人选,并向厅直机关党委提交关于山西省交通建设开发总公司党总支委员候选人预备人选的请示,称:总公司党总支委员会拟由 5 人组成,按差额 20% 的要求,候选人为段二牛、魏庆飞、李平、刘玉怀、李润喜、尚建军,差额 1 名,同时将候选人预备人选简历一并呈上。12 月 22 日下午,总公司召开全体党员大会,选举党总支委员会,党员应到 50 人,实到 46 人,选举刘玉怀、李平、李润喜、段二牛、魏庆飞为总支委员。23 日上午,总支委员会召开第一次全体会议,总支委员进行选举分工,并向厅直机关党委报告选举结果,请求批复。即日,厅直机关党委以晋交直党字(1999)第 35 号文件批复:同意总公司党总支选举结果:总支委员会由 5 人组成,书记段二牛,副书记魏庆飞、李润喜,宣传委员李平,组织委员刘玉怀。2000 年 3 月 28 日,为了进一步加强党的建设,按照《中国共产党章程》规定,总公司党总支会议决定,在所属单位分别建立党支部。4 月 5 日,总公司党总支会议研究决定,总支下设 7 个党支部,并任命支部书记:机关党支部,书记李芳;诺信公司党支部,书记尚建军;工程分公司党支部,书记任金彪;路通公司党支部,书记张庆华;晋焦公司党支部,书记白正义;实业公司党支部,书记马正伟;交通旅行社党支部,副书记孟宪智。

2001 年 7 月 2 日,总公司党总支向省交通厅厅直机关党委提交关于成立党委的请示。总公司时有职工 743 人(在册 179 人,聘任制 564 人),其中共产党员 68 人,总公司机关设 8 个处(室),下辖 5 个经营实体,与港方合作投资建设和经营 6 条(段)公路,成立有 11 个合作子公司,共设 8 个党支部。经营管理方面,有不少业务分布全省,基层党组织工作点多、线长、面宽,为了适应党建工作需要,请求成立党委。8 月 20 日,省交通厅厅直机关党委以晋交直党字[2001]38 号文件作出“关于成立山西省交通建设开发投资总公司党委、纪委的批复”:同意成立中共山西省交通建设开发投资总公司委员会,同时成立中共山西省交通建设开发投资总公司纪律检查委员会。

2002 年 5 月 28 日,成立交通大酒店党支部、阳济公司党支部。2003 年 1 月,任命任瑞清为工程分公司党支部书记。3 月 11 日,免去马正伟实业公司党支部书记职务。4 月 10 日,晋焦公司党支部升格为党总支,任命王锁胜为总支书记,白正义、邱引强、任怀杰、王利发为总支委员,该总支同时下设三个党支部。6 月 16 日,成立晋城公路养护中心党支部(2005 年 4 月 6 日更名为山西诺通公路养护有限公司党支部)。8 月 20 日,任命沈全福为工程分公司党支部书记。9 月 22 日,省交通厅决定郝建军任长晋高速公路公司纪委书记。

2004 年 3 月 25 日,任命张李强为阳济公司党支部书记(免去戴晋林党支部书记职务)。8 月 30 日,任命李效广为诺诚公司党支部书记。12 月 29 日,经省交通厅党组同意,厅直机关党委批准,太长高速公路公司党委、纪委成立。12 月 31 日,经省交通厅党组同意,厅直机关党委批准,长晋高速公路党委、纪委成立。11 月 14 日,任命刘雅馨为总公司机关党支部书记兼专职纪检员,免去张爱琴机关党支部书记职务。2006 年 3 月 20 日,晋焦公司党总支增选白正义为副书记,冯晓军、申拽马为委员。

公司各级党组织将发展党员作为组织建设的重要内容,每年发展党员人数,由省交通厅厅直机关党委分配名额,总公司党委(党支部、党总支)以所分配名额3倍的人数推荐入党积极分子参加培训,通过培训学习和民主评议等程序确定预备党员人选。

2006年末,总公司及所属经营公司共设有3个党委、3个纪委,下设1个总支(晋焦高速公路党总支,隶属总公司党委),38个基层支部。其中,总公司党委,书记李平,下设6个党支部,共产党员150人。

2006年末总公司党委组织机构一览表 表4-1-2

党支部(总支)名称		党小组数	党员人数	书记
晋焦公司党总支	机关支部	2	17	魏晓勇
	丹河收费站支部	4	16	申拽马
	路政大队支部	2	11	秦保科
	电力工区支部	2	7	孙金虎
总公司机关支部		3	38	刘雅馨
路通公司支部			13	冀晏璋
工程分公司支部			12	沈全福
阳济公司支部			15	张李强
诺通公司支部		3	18	贺进刚
交通大酒店支部			3	逯林涛
合计			150	

2006年末总公司党委共产党员名录 表4-1-3

姓名	入党时间	党内职务	行政职务	姓名	入党时间	党内职务	行政职务
总公司机关党支部(含诺盛公司、实业公司、通建公司,共38人)							
李平	1982.3	党委书记	副经理	李润喜	1982.1	党委副书记	工会主席
魏庆飞	1976	党委副书记	经理	尚建军	1985.12		副经理
贝瑜	1998.4		总会计师	韩文军	1993.12		副经理
张庆华	1997.7		副经理	田介平	2000.5	纪委书记	
刘雅馨	1996.12	支部书记		张爱琴	1994.12	政治部主任	
李芳	1989.3	支部委员党小组长	工会副主席	宗庆文	1993.2	党小组长	办公室主任
马文琦	1992.5	党小组长	主任会计师	吕静伟	2003.6		人力资源部部长
王广英	1986.9		主任会计师	杜敏	2000.6		财务部出纳
王素	1997.7		审计部部长	刘雁阳	2001.6		公路经营管理部长
李效广	1997.7		路桥管理部部长	万民晶	2003.12		路桥部职员
廖明煜	1987.5		多种经营开发部长	李述武	2000.5		小车队队长
李瑞红	1987.7		司机	郭莉	1997.3		政治部职员
马正伟	1978.11		通建公司经理	王克俭	2003.7		主任工程师
赵淑萍	2005.11		通建公司	戴晋林	1995.11		通建公司
李盛	2000.6		诺信公司	刘建政	1984.8		(驻深圳)

续上表

姓　名	入党时间	党内职务	行政职务	姓　名	入党时间	党内职务	行政职务
陈东燕	1989.6		诺盛公司经理	王　鑫	2005.1		诺盛公司
卢向阳	2002.4		实业公司经理	孟莉莉	2000.5		实业公司副经理
宋建芳	1995.4		实业公司副经理	杨越平	2004.3		路政支队副队长
段二牛	1962.10		退　休	尹津香	2003.1		内　退
晋焦公司党总支(共51人)							
晋焦公司机关党支部(隶属晋焦公司党总支)							
王锁胜	1972	总支书记	经　理	白正义	1987	总支副书记	副经理
任怀杰	1994	总支委员	副经理	邱引强	2001	总支委员	副经理
王利发	1993	总支委员	副经理	张　明	2001		副经理
魏晓勇	2005	支部书记	办公室主任	时兵荣	2001	支部委员	财务部副主任
王更苗	1990	支部委员	办公室副主任	张建国	2005	支部委员	财务部主任
王翠巧	2005		工程技术一部主任	马丰彬	2001		清障救援大队长
葛玉红	2005		主任科员	姬鹏亮	2005		司　机
苏富龙	2000		经营部副主任	冯晓军	1999		
宋永明	2000						
丹河收费站党支部(隶属晋焦公司党总支)							
申拽马	2001	支部书记	收费站长	张凤朝	2002	支部委员	副站长
连林虎	1984	支部委员	副站长	杨克轻	1999		副站长
毛艳娜	2000			赵丽丽	2002		
张绍芳	2001			耿燕霞	2005		
王　婷	2005			王会兵	2001		
韩艳丽	2000			韩　晋	1997		
王志平	1997			郭　浩	1999		站长助理
张建红	1992		稽查班长	杨卫军	1998		
路政大队党支部(隶属晋焦公司党总支)							
秦保科	2002	支部书记		宋沁浩	2000	支部委员	路政队长
狄利波	1999	支部委员	副队长	张　波	2001		副队长
鲍旭伟	1999			杨继荣	1999		
郭勇慧	2001			常亚军	2005		
焦泽刚	2002		稽查班长	张秋芳	2001		
宁海鹏	1996						
电力养护工区党支部(隶属晋焦公司党总支)							
孙金虎	2001	支部书记	工区主任	秦天岭	2002	支部委员	副主任
赵保清	2001	支部委员		李建华	2002		
王志斌	2005			苗建强	2005		
陈德忠	1990						

续上表

姓　名	入党时间	党内职务	行政职务	姓　名	入党时间	党内职务	行政职务
路通公司党支部(13人)							
冀晏璋	1996.12	支部书记		任瑞清	2000.6	支部委员	杨村收费站站长
姚永福	1986.7		公司副经理	赵志滨	1992.8		许西收费站站长
窦　璐	2001.7		公司会计	蔡志刚	1985		许西收费站副站长
雷慧琴	2005.10		财务部副经理	张海旺	1975		许西收费站副站长
杨淑兰	2004		收费部经理	聂林辉	1999.10		许西站收费员
贝　勇	2004.9		稽查部主管	郭晋南	1975.9		征费部助理
孙志贤	1989.10		司　机				
阳济公司党支部(15人)							
张李强	1995.9	支部书记		贾书庆	1978.1	组织委员党办主任	
宁小国	1987.3	宣传委员	蛤蟆岭收费站副站长	尚金明	1978.11		公司经理
上官和平	1987.11		公司副经理	王建龙	1984.3		收费部经理
杨静波	1989.3		王沟收费站副站长	常马良	1981.3		王沟收费站副站长
田建国	1998.8			瞿正燕	1997.12		财务部副经理
于容社	1985.7			张国亮	2004.7		王沟收费站站长
崔九峰	2004.11		蛤蟆岭收费站站长	张润宁	2005.12		王沟收费站副站长
赵　军	2006.8		稽查队队长				
诺信公司党支部(12人)							
沈全福	1995.11	支部书记		王亚龙	1999.6		董事长
郭卫东	1997.6		经　理	马继平	2000.7		副经理
张桃芬	2000.7		总会计师	魏庆文	1992		机械部经理
李晋霞	2001.7		办公室主任	胡秀英	2001.7		综合处处长
郭阿强	1998.12			韩瑞华	1981.11		
陆　静	2004.3			李路宾	2002.9		
诺通公司党支部(18人)							
贺进刚	1997.6	支部书记	经　理	王大勇	2002.11	组织委员	副经理
冯国发	1999.11	宣传委员	副经理	赵伊婧	2002.6	机关党小组组长	
李海宾	2003.7		副经理	窦海霞	2002.4		综合办主任
姬鱼光	1989.7		工程管理部副主管	张　峰	1999.1		
贺进旗	2004.9	养护部党小组组长	养护部主管	赵新红	1991.8		
张会斌	2000.7			乔得根	1987.7		
赵树斌	1999.7			窦忠建	1985.6	机务部党小组组长	机务部副主管
杨　卫	2003.11		机务部主管	司络梅	2002.11		机务部副主管
韩新城	1978.4			毕兴国	2006.7		综合办副主管
交通大酒店党支部(7人)							
逯林涛	1996.8	支部书记		桑晋光	1995.7		经　理
兰晓琳	1998.9		总会计师	陈　刚	1998.7		
张　洁	2000.9			孟宪军	2005.7		
李　瑞	1997.1						

2006 年末,总公司所属凤凰山公司和龙湖公司未成立党支部,该两单位共有共产党员 13 人,因用工的特殊性,该两公司党员组织关系均在原工作单位或原籍。

凤凰山公司、龙湖公司共产党员名录　　表 4-1-4

单　位	姓　名	入党时间	备　注	姓　名	入党时间	备　注
凤凰山公司	杨天平	1983	经理	张明胜	2000.7	总工程师
	张虎明	1987.12	办公室副主任	韩贵喜	1988.7	科　长
	徐文林	2000.7	科长	冯海生	1975.4	
	董江云	1991.7	办公室主任	郭俊虎	1974.7	
龙湖公司	李怀明	1995	副经理	原锐钊	1972	经　理
	周金虎	2000	副经理	王兴业	1988	
	薛金虎	1987				

政治部

1995 年 8 月 3 日设置,时称政治处,负责党务、纪检、监察、工会、共青团工作,编制 2 人,李胜堂任处长。1996 年 11 月 11 日,王秀萍任处长。负责职工法制教育,组织党员干部短期集中培训,办理上级领导批示的重大事项,处理群众信访,负责共青团工作,组织开展青年文明号创建活动。2002 年 4 月 4 日,总公司进行机构调整和人事制度改革,政治处改为政工部,编制 1 人,重新聘任王秀萍为主任。主要职能:负责总公司党的思想、组织、作风建设和党总支的日常事务,安排落实纪检、监察工作,组织职工理论学习,组织开展精神文明创建活动,负责团总支工作。2004 年 5 月 10 日,张爱琴任主任。2006 年,主要负责总公司党委日常工作,与所属党组织保持沟通,指导基层党支部(总支)的工作,组织开展精神文明建设和文明单位、青年文明号等各项文明创建活动,2006 年末,编制 2 人,其中主任 1 人,职员 1 人。

机关党支部

2000 年 3 月 28 日,鉴于总公司党支部升格为党总支,遂在所属单位建立党支部,总公司机关党支部随之成立,负责总公司机关及部分所属实体(通建公司、诺盛公司等)单位党务工作。4 月 5 日,总公司党总支任命李芳为支部书记。2001 年 12 月 19 日,总公司党总支任命张爱琴为书记。2005 年 11 月 14 日,总公司党委任命刘雅馨为机关党支部书记、总公司专职纪检员。2006 年末,总公司机关党支部共有共产党员 38 名。支部机关编制专职书记 1 人(同任总公司专职纪检员)。附:

2006 年末总公司机关党支部一览表　　表 4-1-5

组　　别	党员所在单位	人数	小组长
第一党小组	办公室、政治部、小车队、路桥管理部	13	宗庆文
第二党小组	人力资源部、财务部、审计部、公路经营管理部、多种经营开发部	12	马文琦
第三党小组	通建公司、实业公司、诺盛公司、工会	13	李　芳
合　计		38	

太长公司党委

全称中共山西太长高速公路有限责任公司委员会。2004 年 8 月 19 日,省交通厅党组任命王玉亮为党委书记,张铮任副书记、纪委书记。12 月 29 日,经厅党组同意,厅直党委决定，太长公司党委成立，同时成立中共山西太长高速公路有限责任公司纪律检查委员会。2006年末，太长公司党委书记王玉亮，副书记、纪检书记张铮，党委委员赵善义、冯建刚。纪检委员刘安民、王振北、元丰社、郑宇彤，设15个基层支部，其中公司机关设一、二、三支部，路政大队、榆次收费站、太原养护工区、太谷收费站、太谷养护工区、榆社收费站、榆社南收费站、武乡收费站、王村收费站、襄垣收费站、屯留收费站、长治西收费站各设1个支部，共有党员114名。

2006年末太长公司党委共产党员名录 表4-1-6

姓　名	入党时间	党内职务	行政职务	姓　名	入党时间	党内职务	行政职务
机关一支部(16人)							
尹文谦	1994.7	支部书记	办公室主任	赵善义	1995.10	党委委员	公司总经理
郑宇彤	2004.12	公司纪检委员	人力资源部部长	荣　誉	2004.12		后勤中心主任
姜晋生	1996.5		工会副主席	蓝光甲	1992		经营开发部副部长
田永杰	2004.12		办公室副主任	王灵波	2006.7		人力资源部副部长
姚全平	2006.7		后勤中心副主任	周　霞	2006.7		经营开发部职员
陈秀萍	2006.7		后勤中心副主任	李秀芳	2006.11		办公室职员
赵晓芳	2006.11		人力资源部职员	申　涛	2006.11		办公室职员
冯安玲	2006.11		经营开发部职员	尹永生	2006.11		办公室职员
机关二支部(14人)							
胡雁升	1999.10	支部书记	财务部部长	王玉亮	1993.12	公司党委书记	
王振北	2001.6	公司纪检委员	总会计师	张　铮	1997.12	党委副书记纪委书记	
茹　冰	1992.9		监控稽查部长	元丰社	1994.10	公司纪检委员	党工部部长
宋志栋	2006.7	党工部副部长		李　伟	2006.7		收费部副部长
李　�	2006.7		财务部	张凤莲	2006.7		财务部
史红波			收费部副部长	陈建文	2006.11		收费部部长
白　倩	2006.11		党工部职员	陈立新	2006.11		财务部职员
机关三支部(13人)							
黄春生	1997.5	支部书记	养护部部长	冯建刚	1995.5	党委委员	公司副总经理
汤海岩	1998.4		总工办主任	孟春明			工程部部长
杨培梅	2002.10		工程部副部长	牛玉宏	1997.5		工程部副部长
司秀峰	2006.7		养护部副部长	张　帆			养护部副部长
睢向国			养护部副部长	杨　竹	2004.3		工程部
王红梅	2006.7		总工办	申弄斌	2005.7		工程部副部长
李　培	2006.11		养护部职员				
路政大队支部(11人)							
郝保平	1998.9	支部书记	教导员	刘安民	1994.12	公司纪检委员	公司副总经理
李建忠	2002.7		大队队长	乔海鹏	2005.7		大队副队长
白志刚	1994.7	支部副书记	一中队职员	王雅雅	2005.12		一中队职员
菅建军	2006.7		一中队副队长	陈　勇	2001.11		一中队职员

续上表

姓　名	入党时间	党内职务	行政职务	姓　名	入党时间	党内职务	行政职务
国　壮	2006.11		一中队职员	张巧燕	2006.11		大队职员
屈晓甜	2006.11		一中队职员				
太原养护工区支部(3人)							
王荣生	2000.4	支部书记	工区主任	姚　跃			工区职员
冯志远	2006.11		工区办公室职员				
太谷养护工区支部(4人)							
宫晓东	1996.10		工区副主任	王利民	2005.8		工区职员
薛银祥	1999.7		工区职员	赵永成	2004.6		工区职员
榆次收费站支部(3人)							
秦林清	1997.10	支部书记	收费站长	吴　晓	2004.7		收费站报账员
褚　丽	2006.11		站长助理				
太谷收费站支部(5人)							
张拉住	2004.7	支部书记	收费站站长	李　强	2000.7		治超班长
李政镰	2005.10		治超员	刘晓珑	2001.10		治超员
温继娟	2006.11		站办主任助理				
榆社收费站支部(5人)							
张　政	1998.7	支部书记	收费站站长	刘　青	2002.9		站票管员
崔元龙	2004.7		榆社养护工区主任	白　丽	2006.11		站办主任
药建国	2000.1		站系统维护员				
榆社南收费站党支部(2人)							
王　革	2004.7	支部副书记	收费站副站长	王　菁	2006.10		站办主任
武乡收费站支部(5人)							
侯茂林	1986.7	支部书记	收费站长	王宁波	2004.7		后勤主任
朱雁伟	2002.7		收费员	王庆林	1992.7		治超员
李大胜	2006.11		收费员				
王村收费站支部(12人)							
张建忠	1997.8	支部书记	收费站长	霍可夫	1996.7		路政二中队长
王天荣	1997.11		襄垣养护工区主任	智　慧	2006.7		路政二中队副队长
胡永奇	2005.7		路政案件查处员	张佳伟	2001.7		路政职员
陈存喜	1996.6		路政职员	张宏胜	2001.6		路政职员
姜承斌	2000.7		路政职员	邢丽娟	2005.7		收费站监控员
任鹏霞	2006.11		站办主任	姚　伟	2006.11		工区职员
襄垣收费站支部(4人)							
王　伟	2004.7	支部副书记	收费站长	李　辉	2004.7		治超班长
琚军力	2004.1		收费员	孔海亮	2003.7		治超员

续上表

姓　名	入党时间	党内职务	行政职务	姓　名	入党时间	党内职务	行政职务
屯留收费站支部(2 人)							
高联斌	1997.10	支部书记	收费站长	豆丽红	2005.7		收费员
长治收费站支部(15 人)							
张　峰	2004.7	支部副书记	收费站副站长	杨　勇	2004.7		路政三中队长
刘建成	2004.7		路政三中队副队长	赵荣生	2004.7		长治养护工区主任
胡子雁	2005.4		收费站收费员	田丰华	2004.12		收费站收费员
田　钰	2002.12		路政职员	闫晋阳	2003.6		路政职员
杨雪平	2005.7		路政职员	赵东阳	2004.12		路政职员
李锐杰	2003.6		路政职员	王亮亮	2004.1		路政职员
崔玉强	2006.11		收费站站长助理	韩　飞	2006.11		工区主任助理
朱汉青	2006.11		工区办职员				

长晋公司党委

全称中共山西长晋高速公路有限责任公司委员会。2003 年 9 月 22 日,厅党组任命郝建军为纪检书记。2004 年 8 月 19 日,厅党组任命刘玉怀为党委书记。是年 12 月 31 日,经省交通厅党组同意,厅直党委批准,长晋公司党委成立,同时成立中共山西长晋高速公路有限责任公司纪律检查委员会。2005 年 8 月,长晋高速公路公司与长晋商品路公司整合,长晋公司党委与长晋商品路公司党总支同时整合,长晋商品路公司党总支副书记尤达文任长晋公司党委副书记。2006 年末,党委书记刘玉怀,副书记尤达文、郝建军(同任纪委书记),党委委员郭智锋、李吉祥,下设 13 个支部,分别为公司机关、路政大队、路政一大队、信息稽查(信息中心与稽查队两个部门)支部,晋城、晋城东、金村、南义城、高平、长治县、长治南及牛匠、换马桥收费站支部(其中高速公路 7 个收费站支部,二级公路 2 个收费站支部),共有党员 89 人。

2006 年末长晋公司党委共产党员名录　　表 4-1-7

姓　名	入党时间	党内职务	行政职务	姓　名	入党时间	党内职务	行政职务
公司机关党支部(26 人)							
郭晋军	1991.12	支部书记		申永庆	2001.4	组织委员	办公室副主任
张建斌	2002.11	宣传委员	人力资源部副部长	刘玉怀	1970	党委书记	
郭智锋	1987.12	党委委员	公司经理	杨宗志	1972.12		公司调研员
刘瑞龙	1999.7	党工部部长		张丽君	2002.11	党工部副部长	
张新建	2002		办公室主任	任东霞	2003.6		人力资源部部长
李　峰	2003.11		经营管理部部长	王雅君	2002.11		财务部部长
张国霞	2003.12		财务部副部长	赵粉霞	2003		收费部副部长
李建峰	2004		收费部副部长	崔兵斌	2004.6		养工部副部长
田培亮	1996.11		交安办主任	常占祥	1989.7		司　机
梁新年	1988.1		司　机	郭东昌	1988.7		司　机
王艳丽	2004.8		人力资源部干事	海　江	2004.10		后勤服务中心主任

续上表

姓　名	入党时间	党内职务	行政职务	姓　名	入党时间	党内职务	行政职务
吴建军	2001.7		汽修厂厂长	郭冠鹏	2002.6		党工部干事
宁海红	1991.8		众和惠公司经理	王丽珍	2006.6		办公室干事
路政大队党支部(6人)							
崔培忠	1998.10	支部书记	大队教导员	刘亚平	1993.11		大队长
席毅敏	2006.6		副大队长	王建彪	2000.9		中队长
卫跃进	2003.10		队员	王晋才	2000.6		队员
路政一大队党支部(7人)							
李跃军	1989.8	支部书记	教导员	王文明	1989.9		公司经理助理
常虎勤	2002.6	宣传委员	副大队长	田国庆	2006.6		晋城所所长
李海霞	2002.12		队员	秦鑫灏	1996.6		队员
程晓龙	1992.7		收费部职员				
信息稽查党支部(5人)							
冯卫兵	1990.10	支部书记	信息中心主任	尤达文	1985.3	公司党委副书记	
魏　伟	2004.9		稽查队队长	司军利	1990.7		稽查队副队长
张玉波	2002.6		稽查队员				
晋城收费站党支部(5人)							
郭国锋	2001.4	支部书记	收费站长	郝建军	1996.12	党委纪检书记	
原晋阳	2001.10		路政大队治超班长	原淑娟	2004		站长助理
綦云锋	2003.9						
晋城东收费站党支部(4人)							
郝春林	1978.5	支部书记	收费站长	王庆红	1988.7	党委委员	公司副经理
杨红卫	1997.12	支部副书记		郝　鹏	2003.3		副站长
金村收费站党支部(2人)							
胡　斌	1992.7	支部书记	收费站长	段星星	1990.7		公司工会主席
南义城收费站党支部(4人)							
李晋生	1995.9	支部副书记		贾志锋	1990.1	组织委员	站长助理
田　鹏	2005.4		收费站长	闫向东	1997		公司收费部长
高平收费站党支部(5人)							
李明庆	1990	支部书记	收费站长	张应魁	1988.12		公司总会计师
赵天佑	2002.10		站长助理	申志军	1996.10		司务长
张振亮	1996.10		收费班长				
长治县收费站党支部(6人)							
郭黎庆	1990.4	支部书记	收费站长	赵剑斌	2000		公司经理助理
武雨潸	2004.10		副站长	茹忠义	2002.7		公司养工部副部长
殷　荣	2006.6		站长助理	李继文	2002.4		公司车队司机

续上表

姓　名	入党时间	党内职务	行政职务	姓　名	入党时间	党内职务	行政职务
长治南收费站党支部(5人)							
马志国	1977	支部书记	收费站长	李吉祥	1994.7	党委委员	公司总会计师
秦　泉	2006.6		副站长	魏文益	1991.12		副站长
茹晓慧	2003		报账员				
牛匠收费站党支部(8人)							
傅晓虎	1991.9	支部副书记	副站长	王利平	2001.5	组织委员	副站长
王中庆	1991.9		收费员	任国兴	1990.6		收费员
崔　斌	1992.11		收费员	卢学军	1991.6		收费员
王　谦	1991.10		收费员	宋　国	1993.3	收费员	收费员
换马桥收费站党支部(6人)							
刘文学	1999.12	支部书记		陈卫军	2002.4	宣传委员	收费站长
张　剑	1991.3	组织委员	副站长	张军良	1991.5		收费员
邢永亮	2003.9		收费员	陈龙强	1991.3		收费员

二、思想建设

公司各级党组织将思想建设作为企业党建工作的中心内容，作为增强企业党组织的吸引力、凝聚力和战斗力的重要工作，作为提升党组织在企业发展中的核心作用、提高企业参与市场竞争软实力的重要举措，不断健全工作机制，坚持与时俱进，常抓常新。坚持灌输式与启发式相结合，正面宣传教育与警示教育相结合，经常性思想建设与开展活动建设相结合，系统化的思想建设有力推动了整个党的建设工程和企业经营管理的健康开展。

学教活动

揭批法轮功活动

1998年7月，总公司党支部根据中共中央关于在党内抓紧处理和解决“法轮功”问题的部署，认真组织学习和贯彻党中央《关于共产党员不准修炼“法轮大法”的通知》，学习各类媒体有关批判、揭露“法轮功”的文章，组织观看相关宣传图片及音像制品，以生动直观的形式对共产党员和广大职工进行教育，同时大力开展爱国主义、集体主义、社会主义教育和理想信念教育。在与法轮功邪教组织的斗争中，公司各级党组织加大教育力度，认真贯彻解决法轮功问题的“四个纳入”要求，即纳入党的基层组织建设、纳入社会治安综合治理、纳入精神文明创建活动、纳入“三个代表”重要思想的学习教育活动，使共产党员和广大职工从思想深处认识“法轮功”的邪教本质，抵制歪理邪说，摒弃陈规陋习，追求科学健康文明的生活。全公司自始至终没有一人参加“法轮功”组织、参与邪教活动。

保持共产党员先进性教育活动

2004年，认真贯彻《中共中央关于在全党开展以实践“三个代表”重要思想为主要内容的保持共产党员先进性教育活动的意见》(简称《意见》)和省委、省交通厅党组贯彻《意见》的《实施方案》，组织广大共产党员认真学习江泽民“三个代表”重要思想的理论文章。同时，省交通厅党组将总公司列为第一批开展教育活动的单位。2005年2月3日，总公司成立保持共产党员先进性教育活动领导组(简称先进性教育领导组)，总公司党委书记李平任组长,以领导组1号文件印发《山西省交通建设开发投资总公司关于开展保持共产党员先进性教育活动的实施方案》(简称《活动方案》)。2月5日,总公司召开动员大会,部署总公司及所属单位先进性教育活动。同日,转发省委《关于做好春节期间先进性教育活动有关工作的通知》。

此次先进性教育活动,自2005年1月开始,6月结束。分为三阶段。第一阶段,为思想发动和学习教育阶段,三个星期时间。要求各单位建立相应领导机构和工作机构,按照上级要求学习《保持共产党员先进性教育读本》等相关内容,明确新时期共产党员保持先进性的具体要求,其中组织集中学习时间40个小时以上。

第二阶段,为党性分析和民主评议阶段,6个星期时间。共七个环节:广泛征求党内外群众意见、开展谈心活动、撰写党性分析材料、召开专题组织生活会、召开支委会、向党员反馈意见、通报评议情况,要求每位党员根据征求到的意见,对照党章规定的义务和党员领导干部的基本条件,全面总结自己近年来的思想、工作和作风等方面的情况,重点检查存在问题,从世界观、人生观、价值观等方面进行深入剖析;利用主题组织生活会、支委会,按照党性分析材料逐人进行对照检查、自我批评、相互批评、共同评议;党支部向党员反馈评议意见,指出存在问题。对不履行党员义务、不具备党员条件的党员,进行批评教育,帮助认识问题,要求认真改正;党委在一定范围内向职工群众通报民主评议党员的情况。

第三阶段,为整改提高和巩固成果阶段,4个星期时间。一是制定公布整改方案,包括整改内容和整改措施,明确改进和转变的具体时限;二是逐条逐项落实,着重从群众不满意的事情改起,从群众希望办的事做起,分开轻重缓急,一时解决不了的要向群众作出说明;三是公布整改情况,听取群众意见,接受群众监督。

集中教育活动结束后,又用三个月的时间,进行"回头看",开展巩固和扩大成果工作。此项活动包括总公司党委及所属晋焦高速公路公司、长晋商品公路公司2个党总支、经营实体6个党支部,以及长晋高速公路公司党委。在活动中,各支部把原文学习、参观学习、观看录像、座谈讨论、问卷调查、交流心得结合起来,着力提高思想认识,激发内在动力,打牢理论基础,坚定理想信念,发挥模范作用,查找突出问题,强化党员意识,明确先进标准,边学边改。按照规定的时间、人员、方法、程序和要求开展工作,达到了预期目的。

社会主义荣辱观教育活动

2006年4月3日,总公司党委部署开展社会主义荣辱观教育活动,认真学习胡锦涛总书记在看望出席全国政协十届四次会议的委员时发表的关于"八荣八耻"社会主义荣辱观的重要论述,即:以服务人民为荣、以背离人民为耻,以崇尚科学为荣、以愚昧无知为耻,以热爱祖国为荣、以危害祖国为耻,以辛勤劳动为荣、以好逸恶劳为耻,以团结互助为荣、以损人利己为耻,以诚实守信为荣、以见利忘义为耻,以团结互助为荣、以违法乱纪为耻,以艰苦奋斗为荣、以骄奢淫逸为耻。为保证活动效果,制定了党支部学习制度,充分发挥组织生活会的阵地作用,以各种形式开展"八荣八耻"教育活动,唱响"八荣八耻"主旋律,组织党员开展民主评议活动,学唱"八荣八耻"歌,观看《贪路无归》、《生死托付》等警示教育片,对党员进行廉政教育,并将"八荣八耻"教育活动与正在开展的治理商业贿赂自查自纠活动结合起来,使广大党员和全体职工树立和坚持社会主义荣辱观的自觉性进一步提高。

理论教育

公司党组织十分重视理论学习与工作实践相结合,不断探索新的发展道路。1993年11

月，成立总公司中心学习组，联系当时形势，重点学习《邓小平文选》、中共中央关于建立社会主义市场经济体制的一系列文件、文章，认真开展“二五”、“三五”、“四五”、“五五”普法教育。

随着经营规模的不断扩大和员工人数的增加，更加重视思想教育工作。1996 年 2 月，成立学习“太旧精神”活动领导组，1998 年，成立学习邓小平理论领导组，切实将干部职工的思想教育工作作为重点，结合不同时期的中心任务，坚持政治理论学习，并把参加学习作为教育考核干部的重要内容，采取多种形式开展教育活动。党委成员自觉提高学习意识，每月组织召开一次理论中心组学习会，主要学习党的路线方针政策和时事政治理论。在学习中陶冶情操，提高精神境界和领导艺术。同时充分利用月末、周五学习日，不断丰富学习内容，创新学习方式，交流学习经验，开展理论研讨，组织全体党员干部学理论、学业务、学法律、学科技，增强业务能力和党性观念。

理论教育始终坚持与时俱进，坚持与具体实践相结合。2001 年，认真学习贯彻江泽民在纪念中国共产党成立八十周年庆祝大会上的重要讲话，坚持用江泽民新时期的党建理论指导企业党建工作。2003 年，学习党的十六大报告，深刻认识“三个代表”重要思想是十六大精神的灵魂，解放思想、实事求是、与时俱进是十六大报告的精髓，以全面建设小康社会的理论和指导思想统领新形势下企业发展全局。2004 年，认真学习中共中央关于加强党的执政能力建设的决定，深刻领会中央领导关于党的执政地位既不是与生俱来的，也不是一劳永逸的理论的深刻内涵，按照党中央关于提高党的执政能力建设的要求，大力加强企业各级领导班子建设。2005 年，为了加强理论学习，先后购买了《胡锦涛同志在中纪委五次全会上的讲话》、《建立健全教育、制度、监督并重的惩治和预防腐败体系实施纲要》学习辅导问答、《公民道德建设实施纲要》、纪念抗战胜利六十周年相关学习资料，使理论教育内容更加丰富，党员群众的视野更加开阔。

2006 年，认真学习中共中央关于制定第十一个五年规划的建议和国家第十一个五年规划、学习中共中央关于构建社会主义和谐社会若干重大问题的决定，围绕企业发展实际，进一步理清一业为主，多元发展的经营思路，坚定以人为本，科学发展的经营理念，加大构建和谐企业的力度。

通过坚持不懈的理论学习，企业各级领导班子和领导干部的政治理论水平不断提高，思维能力、组织领导能力和驾驭全局的能力不断增强，为推进企业又好又快发展提供了可靠动力。

党课教育

对党员、预备党员和申请入党的积极分子进行的基本教育，是企业党建工作“三会一课”的重要内容之一。党课教育坚持以党章和党的基本知识为主要内容，着重对党的性质、宗旨及党员的权利、义务等基本知识进行教育，理论联系实际，教育联系各个时期的形势和任务，每年抽出专门时间（两至三天）集中学习，邀请党校专职理论工作者授课、安排公司党组织领导进行专题讲解。2006 年，党课教育的重点，以党章为主要内容，进行党

图 4-1-1　诺通公司共产党员在西柏坡重温入党誓词

性、党风、党纪和党的知识教育、"三个代表"重要思想教育,开展以胡锦涛总书记提出的"八荣八耻"为主要内容的社会主义荣辱观教育和科学发展观理论教育。

三、制度建设

总公司把制度建设作为企业党的建设的关键内容,着重在建立健全各项规章制度上下功夫,在建立健全长效机制上做文章。认真研究企业党组织制度建设的基本经验,借鉴先进单位的成功做法,探索新形势下制度建设的好路子,全面完善党的组织生活会、民主生活会、诫勉谈话、谈心、党员定期汇报制度,健全民主评议党员、党建工作创新、发展党员和党员学习、党的活动、党内监督、党员联系群众等各项制度,坚持靠制度管理,以制度规范,党建制度体系逐步形成。

1994 年,贯彻中纪委二次全会精神和省委、省政府《关于深入开展反腐败斗争的决定》,公司下发《实施廉政制度的通知》,制度规定了不准利用职务之便以权谋私,挪用公款、不准参与高消费娱乐活动,不准多占住房等十项内容,要求从领导班子成员做起,人人自律。

1995 年起,党建工作制度建设充分遵循企业党的建设的特点,紧紧围绕企业经营发展的实际,坚持实事求是,切实可行的原则,逐步健全,不断完善。1999 年 11 月 1 日,总公司制定下发《党风廉政责任制实施细则》。规定,总公司党风廉政实行责任制管理,实行党政齐抓共管、部门各司其责的运行机制,包括坚持和完善反腐败领导体制、责任制考核制度及民主评议制度等十五项具体内容。实施细则规定,各单位对党风廉政建设和反腐败工作任务,要进行细化分解,做到目标到人、责任到人。要建立健全党风廉政建设责任制考核制度,将考核结果作为干部选拔任用和评选先进的重要依据。1999 年 6 月,贯彻山西省委、省政府《关于推行厂务公开加强企业民主监督、民主管理的实施意见》,在公司内部实行企务公开制度,大大推进了企业的民主管理。

自 2000 年起,随着总公司党支部先后逐级升格为党总支、党委,加之企业规模的迅速扩大,党的基层组织逐步健全,党建工作的制度建设亦得到不断完善。2003 年,实行党风廉政建设和反腐败工作领导分工负责制,一是将企业的党风廉政建设和反腐败工作的总任务进行分工,二是实行"一岗双责"的原则和"两手抓,两手都要硬"的方针,切实实现企业党风廉政建设和反腐败斗争不留盲区。2006 年 5 月,总公司党委出台《党风廉政建设责任制考核及追究办法(试行)》,明确规定党风廉政建设责任追究坚持的三条原则,即:谁主管谁负责;纪律面前人人平等;从严治党,违者必究,并规定,领导干部责任追究的有关材料装入本人廉政档案。2006 年末,总公司党委的党务工作制度主要有:党委工作会议制度、领导民主生活会制度、组织生活会制度、发展党员工作制度、党费收缴管理制度、民主评议党员制度、机要文件管理制度等。

第二节 纪检监察

1999 年 11 月之前,总公司纪检监察工作由总公司党支部统一负责。1998 年 2 月 9 日,总公司党支部设立纪检副书记(王秀萍担任)。1999 年 12 月,总公司党总支负责纪检监察工作。2001 年 8 月,总公司党总支升格为党委,同时成立纪律检查委员会。2005 年 11 月 4 日,总公司设立专职纪检员。

总公司纪检监察工作，主要从领导干部廉洁自律、查处违规违纪案件、纠正部门行业不正之风三个方面入手，要求党员干部强化全心全意为人民服务的宗旨意识，廉洁自律，树立正确的权力观、地位观、利益观，做到自重、自省、自警、自励。

一、党风廉政建设

为总公司党建工作的一项重要内容，在总公司党组织领导下和纪检机构的组织协调下开展工作，紧跟上级党委和业务主管部门的安排部署，与公司经营实际紧密联系，与企业承担的社会责任和公共服务职责紧密联系。

1998 年 4 月 23 日，总公司成立反对官僚主义斗争领导组，从组织机构上保证和推进领导干部的工作作风建设。12 月 3 日，成立民主评议企业领导干部领导组，制定评议实施方案，重点评议企业领导班子及其成员贯彻执行党和国家的方针政策、遵守党纪国法、法律法规、推动精神文明建设工作；评议思想作风、精神状态、职业道德、勤奋敬业、廉洁自律的情况，坚持实事求是、注重工作业绩，尊重、依靠、关心职工群众和勤政廉洁的情况等。12 月 4 日，成立民主评议党员领导组，重点评议党员学习邓小平理论和党章的自觉性及学习效果、评议按照讲学习、讲政治、讲正气的“三讲”要求，增强党性修养、遵守政治纪律和遵守党章规定的“四个服从”规定，看有无自由主义、个人主义和实用主义问题。之后，每年均以年度对党员和企业领导干部进行评议，促进党风廉政建设。1999 年 8 月，成立企业领导班干部廉洁自律领导组和党风廉政建设检查组。2001 年 5 月，进一步健全党风廉政建设责任制领导组的组织机构和具体职责。2002 年 12 月，成立党风廉政建设专项工作检查考核组，对党风廉政建设进行专项检查。2004 年，贯彻中共中央颁布的《党内监督条例（试行）》、《纪律处分条例》，对党风廉政建设工作实行半年考核。2006 年 1 月，总公司党委制定下发《关于构建制度、监督并重的惩治和预防腐败体系的实施方案》。3 月，总公司党委与所属单位签定年度《党风廉政建设目标责任书》，公布总公司领导班子成员廉洁自律承诺。5 月，制定下发年度党风廉政建设工作要点、关于对年度党风廉政建设和反腐败工作任务进行分解的意见、党风廉政建设责任制考核及追究办法，对落实党风廉政建设领导组进行调整。11 月下旬开始，对所属经营单位党风廉政建设目标责任制完成情况进行检查考核和评比总结。

2006 年度所属单位领导班子及成员落实党风廉政建设责任制情况考核表 表 4-2-1

考核项目	考 核 内 容	考核分	实际得分
单位领导班子及其成员履行职责情况和廉洁自律情况	1. 成立落实党风廉政建设责任制工作机构，且责任明确；	10	
	2. 领导班子成员对分管范围内的党风廉政建设任务有部署、有安排、有措施；	10	
	3. 领导干部有履行职责的情况报告；	10	
	4. 对群众反映的有关问题进行落实；	10	
	5. 结合本单位实际，制定从源头上预防和治理腐败的具体措施；	10	
	6. 对本单位重要决策、重大事项及大额度资金使用集体研究决定；	10	
	7. 班子成员严格遵守领导干部廉洁从政各项规定；	10	
	8. 领导干部能否严格按章办事，是否有以权谋私和行贿、受贿情况；	10	
	9. 在本单位开展说法从政方面的教育，自觉抵制腐朽思想的侵蚀；	10	
	10. 认真开展治理商业贿赂活动和行风建设工作。	10	
实际得分及总体评价			

长期的党风廉政建设工作中,公司党组织坚持从源头上预防和杜绝腐败,坚持标本兼治、综合治理、惩防并举、注重预防的方针,立足教育、着力防范、关口前移、防微杜渐,把理想信念和廉政教育作为从源头上预防和治理腐败的治本之策,有效提高了党风廉政建设的长效性和实际效果。

二、政风行风建设

2000 年 7 月 12 日,根据省交通厅晋交纪字(2000)257 号文件关于推行政务公开和行风评议的要求,为了强化部门和行业作风建设,总公司制定《关于 2000 年推行政务公开,开展行风评议工作的实施方案》,成立政务公开行风评议领导组,经理魏庆飞任组长,党总支书记段二牛任副组长。至此,行风建设和行风评议作为专项工作,列入公司党政年度工作重要议程。行风建设以文明服务、依法收费、杜绝公路"三乱"为主要内容,以面向社会公开评议为重要手段,以所属涉路经营公司("窗口"单位)为工作重点单位。是年,行风评议分为准备和实施、自查自评和公开评议、整改纠正、总结评比四个阶段。2003 年 9 月 24 日,成立民主评议行风工作领导组,负责组织领导树立行业新风,创优发展环境活动。2004 年 4 月 8 日,根据领导职务和工作分工变化情况,总公司对行风评议工作领导组进行调整。2005 年 6 月 21 日,行风评议工作领导组更名为政风行风评议领导组,全面领导政风行风建设和评议工作。

2006 年,总公司制定《2006 年民主评议政风行风工作实施方案》,与所属单位签定《政风行风评议工作目标责任书》,明确目标责任、质量要求,实行量化指标,数字化管理。政风行风建设和评议工作,以单位树立行业新风、创优发展环境为主题;以规范行为、依法治企、按章收费、应征不漏,杜绝乱收费、乱罚款,强化服务意识,转变工作作风,提高服务质量为主要内容;以评促建、以评促纠、以评促改、以评促效为主要手段,坚持以人为本,重点抓好窗口单位,全面地向社会公开本单位、本部门的职能、职责和权限,并公开服务承诺,虚心接受监督。同时,建立《行风建设责任制》、《企务公开制度》、《督导检查制度》、《责任追查制度》,实行职工全员参与、党政齐抓共管的工作机制。8 月 15 日,总公司通过《山西交通》报,向社会发出公开承诺,热忱欢迎社会监督,并明确表示:对举报的问题,一经查实,即给予举报者一定的物质奖励,同时公示处理结果。

附件:

山西省交通建设开发投资总公司

2006 年政风行风建设公开承诺(摘要)

在公路经营管理方面,对所辖太长高速公路、长晋高速公路、晋焦高速公路、太榆公路、长晋二级公路、阳济公路,要保持道路畅通,保证文明收费。一是保畅通。做到汛期及时清理坍塌,冬季及时破冰除雪,保证所养护的公路路面平整洁净,路基坚固完好,各种应急救援机制完善到位,服务措施便当;二是保规范。做到文明收费和文明执法,加大治理超限运输车辆力度,推广计重收费,对发生公路"三乱"的单位和个人,予以坚决惩处,绝不姑息。实施"阳光工程",开展文明执法,坚持实行岗位职责、办事程序、赔(补)偿标准、服务投诉电话"四公开";三是保洁美。加大服务区管理力度,保证各项公益服务设施 24 小时对外开放,最大限度满足顾客需求。

在公路工程建设方面，一是在工程项目和原材料采购中，依法按照招投标程序进行，做到公开、公平、公正；二是在工程建设中，认真遵守《廉政合同》，不接受可能影响到施工建设的宴请、娱乐等活动，不利用职务之便搞不正之风。

在机关建设中，切实转变思想观念，提高思想认识，改进工作作风，提高工作效能，以基层是否满意来衡量工作态度，以每件事情的办理结果来衡量工作质量，以每项工作的办事效率来衡量工作能力。

三、治理公路三乱

严格遵守国务院《关于禁止在公路上乱设卡、乱罚款、乱收费的通知》和交通部、公安部、国务院纠风办《关于治理公路"三乱"工作的指导意见》、山西省政府《关于治理公路三乱的通告》等文件规定，总公司作为多条收费公路的经营管理单位，始终把治理公路"三乱"工作作为强化企业经营管理、树立企业良好社会形象的一项重要内容，不断健全治理公路"三乱"的领导机构和工作机构，坚持将企业法人代表作为治理公路"三乱"的第一责任人，坚持"谁主管、谁负责"的责任追究机制，坚持将治理公路"三乱"目标与年度经营性工作目标一并下达，一并纳入工作责任制考核范围，统一部署、统一检查、统一考核：通过新闻媒体等形式，向社会公开承诺，公布举报电话，欢迎社会各界及人民群众进行监督；明确各公路经营公司经理为本单位治理公路"三乱"第一责任人，并成立相应领导机构和工作机构，确定分管领导和相关业务部门具体负责；落实责任，层层签订工作目标责任书，制定明确的工作目标和措施，落实和完善领导责任制、连带责任制、责任追究制；严格规范行为，强化文明"窗口"建设、职业道德建设，开展"三学一创"活动，切实提高工作人员素质，严格执行"收支两条线"规定；公布单位主要领导和分管领导手机号码，单位举报电话 24 小时保持畅通，实行治理公路"三乱"专项报告制度；强化监督检查，实行公司与职能部门两级稽查制度，以多种形式进行明察暗访，并将所发现的疑点问题和苗头性问题作为案件，实行严查快办。

2006 年，总公司的治理公路"三乱"工作机构健全，措施得力，工作到位，所属各公路经营公司领导重视，始终保持对公路"三乱"的高压态势，所属公路全部实现"基本无三乱"目标，且治理成果不断巩固，促进了公路经营效益和服务质量持续提高，连年受到上级表彰。

四、三项治理

2003 年 8 月，中共山西省委、省政府在全省开展清理领导干部违规多占多购住房、超标准购置和使用小汽车、制止奢侈浪费（简称清房、清车、制奢，统称"三项治理"）工作。根据上级统一部署，总公司成立"三项治理"工作领导组。按照清车工作重点针对党政机关和由财政供养的事业单位的要求，总公司"三项治理"重点为清房和制止奢侈浪费。

按照省直工委的安排部署，总公司的清房工作分为宣传动员、申报审核、集中公示、清理纠正四个阶段。清房工作是一项最为艰难和复杂的工作，在具体清理工作中，总公司严格按照各个阶段的任务和要求，认真组织实施，圆满完成任务，处级干部个人住房申报率、审核率和纠正率和公示率均达到 100%，圆满完成了第一阶段清房工作。

2006 年 6 月 15 日起，根据山西省委、省政府的清房政策及省交通厅《关于进一步加快工作进度全面完成清房任务的通知》和《关于成立清房善后工作组的通知》，总公司重点开展对 2005 年 10 月份以来新提拔的 2 名处级干部和 35 名科级干部、115 名普通职工住房进行清理,按照要求,先由被清理者本人对住房情况进行申报,然后由公司组织进行外调、审核、公示。清理结果,无违规多购多占住房现象。

在“三项治理”工作中,总公司把清房工作作为攻坚战,把制止奢侈浪费作为持久战。2003年8月,对制止奢侈浪费工作进行部署,制定具体实施方案,提出具体标准要求,并认真加以落实。2005年6月1日,转发省“三项治理”办关于2005年制奢工作要点,对制止奢侈浪费工作进行再部署,作为总公司的一项长期性工作,列为企业经营管理的重点内容,常抓不懈。

五、治理商业贿赂

2006年,按照上级统一部署,总公司将开展治理商业贿赂专项工作作为反腐倡廉六项重点工作之一。4月28日成立治理商业贿赂领导组,制定《治理商业贿赂专项工作实施方案》,明确指导思想、目标要求、工作重点,对开展宣传教育、建立健全防治商业贿赂的长效机制作出具体规定。4月30日,召开专题会议,传达贯彻上级关于治理商业贿赂的文件和会议精神,安排部署所属单位治理商业贿赂工作,要求普遍成立相应工作机构,认真开展治理活动。5月11日,按照省交通厅《关于开展治理商业贿赂专项工作的实施方案》,总公司出台《关于开展治理交通建设领域商业贿赂专项工作实施意见》,对所属单位开展治理商业贿赂专项工作进行全面动员和部署。此项活动,结合企业实际,加大监管力度,强化对经营管理、建设项目招投标、大宗物品采购、公路经营权转让等易发生违反商业道德、市场规则及影响公平竞争行为的重点环节的监督管理,组织开展问卷调查活动,对建设领域各类不正当交易行为进行了深入调查摸底和分析研究。5月11日,以酒店经营、房地产开发、工程建设、公路收费等重点环节和部位为对象,积极组织开展商业贿赂行为表现形式的问卷调查活动。此项活动发放调查表104份,回收102份,并对调查情况进行了认真梳理和分析。

在治理商业贿赂的自查自纠活动中,按照省厅部署,经过面向社会的问卷调查和一系列的治理工作,未发现存在商业贿赂行为。

第三节 工　会

一、工会组织

分为两种情况:一是总公司工会委员会,在所属实体设立工会小组;二是晋焦、长晋高速公路公司分别设立的工会委员会,在其下属单位设立工会小组。2006年末,总公司及所属经营公司共有3个工会委员会。

总公司工会委员会

1997年4月15日下午,总公司召开第一届第一次工会会员大会(会址在省汽车运输总公司五楼会议室——总公司当时驻地),选举第一届工会委员会,时有职工76人,其中工会会员38人。大会应到会员38人,实到31人。发放选票31张,收回有效票29张。选举李芳为工会副主席,王秀萍、田介平为工会委员。1999年11月19日,根据省交通厅党组文件通知,李润喜任工会主席候选人。2000年1月3日,李润喜当选工会主席。2002年4月4日,总公司重新设置机构,工会编制1名专职人员(李芳,专职副主席),主要职能为负责总公司集体合同的履行、监督、检查,开展企务公开工作,维护企业利益和职工合法权益,组织劳动竞赛、送温暖工程和其他各项文体活动,负责妇女工作和计划生育工作,组织开展民主评议企业领导干部工作,筹办召开职工代表大会,组织开展社会主义劳动竞赛活动,并负责总结和评选、推荐先进单位、先进个人。

2006 年,总公司工会委员主席李润喜,副主席李芳,下辖 11 个工会小组。

2006 年末总公司工会委员会小组及小组长名录 表 4-3-1

工会小组	小组长	工会小组	小组长
总公司机关工会小组	郭 莉	通建公司工会小组	杨秀娟
路通合作公司工会小组	冀晏璋	诺盛公司工会小组	梁明辉
阳济公司工会小组	尚金明	实业公司工会小组	卢向阳
诺信公司工会小组	马继平	凤凰山公司工会小组	郭如伟
诺通公司工会小组	李海宾	龙湖公司工会小组	周金虎
交通大酒店工会小组	杨晓霞		

晋焦公司工会委员会

全称山西晋焦高速公路有限工会委员会,2003 年 4 月 10 日,经总公司党委批准成立,白正义任工会主席,共设委员 8 人,同时成立经审查委员会,在公司机关、丹河收费站、路政大队、电力养护工区各成立 1 个工会小组。2006 年,晋焦公司工会委员会下设 4 个工会小组,主席白正义,委员任怀杰、申拽马、张建国、秦保科、孙金虎、宋沁浩、王翠巧、田雨。

2006 年末晋焦公司工会小组情况 表 4-3-2

工会小组	会员人数	小组长
公司机关工会小组	41	魏晓勇
丹河收费站工会小组	162	申拽马
电力养护工区工会小组	36	秦保科
路政大队工会小组	22	孙金虎
合　计	261	

长晋公司工会委员会

2005 年 7 月 15 日,长晋高速公路公司与长晋二级公路公司(长晋商品路公司)全面整合。8 月 8 日,召开第一次工会会员代表大会,选举产生第一届工会委员会,委员 15 人,段星星(原长晋商品路公司工会主席)任常务副主席(主持工作),同时成立经费审查委员会,委员 3 人。2006 年末,工会委员会下设 14 个工会小组,常务副主席段星星(主持工作),副主席刘瑞龙、张国霞、赵粉霞。

2006 年末长晋公司工会小组长名录 表 4-3-3

工会小组	小组长	工会小组	小组长
机关一小组	郭晋军	金村收费站工会小组	孙泽霞
机关二小组	茹忠义	南义城收费站工会小组	贾志锋
信息中心工会小组	冯卫兵	高平收费站工会小组	赵天佑
路政大队工会小组	綦云锋	长治县收费站工会小组	武雨潸
稽查队工会小组	司军利	长治南收费站工会小组	秦 泉
晋城收费站工会小组	原淑娟	牛匠收费站工会小组	傅晓虎
晋城东收费站工会小组	郝 鹏	换马桥收费站工会小组	宋国占

2006 年末总公司及经营单位工会干部名录 表 4-3-4

序号	姓名	性别	单位及职务	政治面貌	工会内职务
总公司工会委员会					
1	李润喜	男	党委副书记	党员	工会主席
2	李　芳	女	工会(专职)	党员	副主席、女工委员
3	张爱琴	女	政治部主任	党员	工会委员
4	刘雅馨	女	机关党支部书记	党员	工会委员
5	宗庆文	男	办公室主任	党员	工会委员
6	吕静伟	男	人力资源部主任	党员	工会委员
7	王雅君	女	财务部副主任	党员	经审委主任
8	马文琦	女	财务部主任会计师	党员	财务主管
9	郭　莉	女	总公司政治部干事	党员	机关工会小组长
10	冀晏璋	男	路通公司党支部书记	党员	工会小组长
11	尚金明	男	阳济公司经理	党员	工会小组长
12	马继平	男	诺信公司副经理	党员	工会小组长
13	李海宾	男	诺通公司副经理	党员	工会小组长
14	杨晓燕	女	交通大酒店管理人员		工会小组长
15	杨秀娟	女	通建公司员工		工会小组长
16	梁明辉	男	诺盛公司副经理		工会小组长
17	卢向阳	男	实业公司经理	党员	工会小组长
18	郭如伟	男	凤凰山公司副经理		工会小组长
19	周金虎	男	龙湖公司副经理	党员	工会小组长
长晋公司工会委员会					
1	段星星	男	工会专职干部	党员	常务副主席
2	刘瑞龙	男	党工部部长	党员	副主席
3	赵粉霞	女	收费管理部副部长	党员	副主席、女工部长
4	张国霞	女	财务部副部长	党员	副主席
5	郭晋军	男	办公室副主任	党员	机关一小组组长
6	茹忠义	男	养工部副部长	党员	机关二组组长
7	冯卫兵	男	信息中心主任	党员	中心工会小组长
8	綦云锋	男	路政大队副队长	党员	队工会小组长
9	司军利	男	稽查队副队长	党员	队工会小组长
10	原淑娟	女	晋城收费站站长助理	党员	站工会小组长
11	郝　鹏	男	晋城东收费站副站长	党员	站工会小组长
12	孙泽霞	女	金村收费站站长助理	团员	站工会小组长
13	贾志锋	男	南义城收费站站长助理	党员	站工会小组长
14	赵天佑	男	高平收费站站长助理	党员	站工会小组长
15	武雨潸	女	长治县收费站副站长	党员	站工会小组长
16	秦　泉	男	长治南收费站站长	党员	站工会小组长

续上表

序号	姓名	性别	单位及职务	政治面貌	工会内职务
17	傅小虎	男	牛匠收费站党支部副书记	党员	站工会小组长
18	宋国占	男	换马桥收费站副站长	党员	站工会小组长
晋焦公司工会委员会					
1	白正义	男	副经理、党总支副书记	党员	工会主席
2	任怀杰	男	副经理、党总支委员	党员	经审委员
3	申拽马	男	收费站长、党总支委员	党员	工会委员、小组长
4	张建国	男	财务部主任	党员	经审委员
5	秦保科	男	路政大队党支部书记	党员	工会委员、小组长
6	孙金虎	男	工程技术二部主任	党员	工会委员、小组长
7	宋沁浩	男	路政大队大队长	党员	工会委员
8	王翠巧	女	工程一部主任	党员	工会委员
9	田　雨	男	经营开发部干事		工会委员
10	魏晓勇	男	办公室主任、党委委员	党员	机关工会小组长

太长公司于2005年11月投入运营,2006年末尚未成立工会组织,设置副主席1人,暂行组织开展相关工作。

二、工会工作

各级工会组织充分发挥工会职能,全力履行工会职责,动员和组织广大职工积极参加企业的各项生产经营活动和社会主义劳动竞赛,参与企业管理事务,代表职工参加企业的经营管理和民主决策,代表职工利益,维护职工合法权益,发挥职工与企业之间的桥梁和纽带作用,联系、沟通和密切双方关系,教育和帮助职工不断提高思想文化素质和科学业务素质,争当有理想、有道德、有文化、有纪律的"四有"职工,努力在企业发展壮大的各项事业中建功立业。

依法维权

各级工会组织将"组织起来,切实维权"作为首要职责,利用职工代表大会、民主评议企业领导干部、进行企务公开、签订集体劳动合同等多种渠道和手段,切实维护职工合法权益,代表职工行使民主管理职权。

1997年11月18日,总公司召开首次职工代表大会,讨论通过《山西省交通建设开发投资总公司集体合同》文本(以下简称《集体合同》)。对职工的招聘使用、劳动报酬、工作制度、社会保险、劳保福利、职工培训、劳动纪律与奖惩等作出规定。2000年1月4日,召开有企业中层以上干部参加的职工代表扩大会议,讨论通过《套改岗位技能工资标准实施方案》。12月1日,召开集体协商会议,对原《集体合同》文本部分条款进行补充修改。12月8日,召开职工代表扩大会议,讨论、表决通过和签订新的《集体合同》,并报省劳动厅审核。

2001年4月12日,总公司召开职工代表大会,审议通过公司《职工正常升级、3%奖励晋级方案》。12月18日,召开民主评议企业领导干部大会,同时向职代会报告公司业务招待费支出情况。2003年1月3日,总公司机关召开职工大会,讨论通过总公司《关于实行医疗保险制度的管理办法》、《人事管理办法补充规定》、《机关岗位工资实施方案》(讨论稿)。

2006年,总公司及所属经营单位全部实行劳动合同制管理,工会组织代表职工与企业签订《集体合同》,企业与职工签订《劳动合同书》。

文体活动

组织各项文化体育活动,是总公司工会组织的一项重要职责。活动主要分为三种情况,一是组织和策划本公司内部举办的文体活动,二是组织和策划由总公司倡导和主办,包括总公司机关和所属经营单位共同参加的文体活动,三是组织由总公司推荐,选送所属单位的节目参加由上级部门主办的汇演、竞赛活动。其次,所属单位举办庆典性活动,总公司工会根据需要为其组织的大型文体活动进行指导策划、提供服务。工会组织始终把举办文体活动作为企业文化建设和单位精神文明建设的有机组成部分,为提高企业凝聚力、增强职工团队精神、塑造公司形象发挥了良好作用。与此同时,按照工会组织的性质和职能,积极与其他部门合作,组织多种形式和内容的职工群众性文化体育活动。

1998~2006年总公司工会组织和参与的重要文体活动 表4-3-5

年份	活动情况
1998年	2月,参加厅工会举办的元宵灯展,获二等奖。 7月,举办纪念建党77周年"七一"歌会(与政治处合作)。 9月29日,举办"庆国庆、迎中秋"文艺联欢会。
1999年	3月,举办迎"三八"女职工才艺展,并选送5件优秀作品参加省交通厅举办的"三八"节书法摄影美术作品展;女职工开展游泳比赛。 9月,举办"迎国庆、庆中秋"大型联欢。
2000年	9月,组队参加全省交通系统职工篮球比赛。 5月,组织公司劳动模范外出参观学习。
2002年	3月8日,举办女职工保龄球比赛。
2003年	6月下旬,酒店工会小组以"抗击非典、全民健身"为主题体育比赛。 7~9月,以工会小组为单位,结合工作特点,开展"最佳服务员"、"最佳节约能手"、"学知识、学技术、学技能"、"学劳模、学技术、比奉献、比创新"多项主题竞赛。 11月14日,举办首届职工卡拉OK比赛。
2004年	3月8日,组织总公司机关女职工赴太长高速公路建设工地和龙湖生态园建设工地参观学习。 12月22日,选送长晋公司音乐诗剧《长晋魂》参加全省交通系统职工文艺汇演。
2005年	1月,举办"走向辉煌"大型联欢。 3月8日,组织女职工赴刘胡兰烈士纪念馆参观学习。 4月30日,举办庆"五一"劳模杯职工文娱比赛。
2006年	3月,以"我运动我健康我快乐"为主题,启动女职工健身活动。 4月30日,以"弘扬劳模精神,唱响'八荣八耻'主旋律"为主题,会同机关党支部举办庆"五一"歌咏比赛。 8月15~18日,组织参加全省交通系统第一届职工乒乓球比赛。 11月,组织太长、长晋、晋焦三家高速公路公司参加全省交通系统职工文艺汇演。

企务公开

企务公开为企业开展廉政建设和实行民主管理的一种重要形式，也是工会组织行使民主管理权利的一个重要平台，始于1999年，当时统称为厂务公开，在实施过程中，逐步派生了企务公开、校务公开、院务公开等名称。是年5月28日，总公司召开职工动员大会，贯彻省委办公厅、省政府办公厅《关于推行厂务公开，加强企业民主监督、民主管理的实施意见》和省交通厅推行厂务公开工作会议精神。6月9日，总公司成立推行厂务公开领导组，党总支书记段二牛任组长，经理魏庆飞、副经理李平、刘玉怀为副组长，工会副主席李芳、党总支纪检副书记王秀萍、人事劳资教育处处长田介平、经营质量监察处处长廖明煜、诺信公司经理尚建军为领导组成员，领导组办公室设在总公司工会，李芳兼厂务公开办公室主任。之后，根据人事变动和工作分工情况，对企务公开领导组和具体工作人员及时进行调整，企务公开的具体工作，始终由工会组织负责。

1999年6月28日，总公司党总支出台《推行厂务公开加强企业民主监督、民主管理实施方案》，该《方案》将企务公开内容分为五个方面：①企业重大决策，包括公司发展规划和年度目标；基本建设投资和重大改革项目；企业改制转制及内部机构改革减员增效方案4项内容。②生产经营管理，包括财务预、决算及财务管理；业务招待使用；公司基本建设计划和执行；工程招投标及其质量验收4项内容。③涉及职工切身利益问题，包括人员聘用晋级及工资奖金分配；住房分配、医疗费用管理；养老保险；职称评聘；劳动保护；福利基金使用；集体合同；人员培训9项内容。④干部的选拔任用管理和公司领导干部廉洁自律，包括职代会民主评议企业领导干部；选拔任用干部条件、程序及结果；党风廉政建设制度；领导干部通信工具配备及费用支出、因公出国4项内容。⑤其他需要公开的事项。除此之外，根据形势要求和企业经营情况，及时地对企务公开的内容进行充实和调整。所属单位全部进行企务公开，新成立的经营实体单位，自运营之始即进行企务公开。

2006年，工会组织紧紧围绕企业改革、发展、稳定的大局，继续深化企务公开工作，不断健全公开内容，拓展企务公开形式，企业民主监督、民主决策、民主管理水平不断提高。企务公开的主要形式和渠道为；一是通过企务公开栏，将公示内容分为不同的版块进行公开。二是通过职代会报告，交由职工代表审议。三是通过中层干部会（月例会、周例会）通报，传达至广大职工。四是通过下发文件、会议纪要等文字材料通报。五是通过简报、信息等宣传媒体公开，如领导干部和各单位用车，即是通过公司简报，按月公开。是年8月，省交通厅厂务公开检查组对总公司企务公开工作进行检查，对总公司企务公开工作予以肯定。

送温暖工程

企业工会组织把扶贫帮困送温暖作为一项重要工作，建立健全所属单位贫困职工档案，对贫困职工实行动态化管理，坚持经常化、制度化开展帮扶活动，并积极动员工会会员及广大职工参加各级工会组织和社会性的扶贫帮困送温暖活动。1998年5月，设立送温暖工程基金组织、扶贫济困基金会，制定《扶贫济困基金筹集使用管理办法》，以台账形式对困难职工实行科学化管理。

1997～2006 年重要扶贫帮困活动 表 4-3-6

年 月	活动项目	备 注
1997 年 6 月	为特困企业捐款 1673 元	
1998 年 8 月	向南方洪涝灾区捐款 29900 元	
1999 年 12 月	向阳高赈灾捐赠衣物 144 件	49 位职工
2000 年 9 月	向残疾人和贫困灾区捐款 2800 元	
2002 年 9 月	为灾区和困难企业职工捐款 13719 元	扶贫济困送温暖活动
2003 年 10 月	向灾区捐款 4890 元，捐物 523 件	扶贫济困献爱心活动
2004 年	扶贫济困送温暖活动捐款 6966 元	
2005 年 9 月	以用爱心点燃希望为题，发出为张克周捐款倡议	张克周为本单位职工
2005 年 11 月	募集捐款 19311 元(1382 人次)	扶贫济困送温暖活动
2006 年 11 月	送温暖献爱心社会捐助活动，捐款 7419 元	

第四节 青年工作

一、共青团组织

1995 年，团的工作由政治处负责，政治处干事李芳具体组织和负责总公司机关及所属单位团员、青年工作。1997 年 8 月，总公司党总支任命李芳为总公司团支部书记(工会副主席，兼)。2000 年 2 月 23 日，总公司党总支向省交通厅厅直机关团委提交关于成立团总支的请示报告：1993 年以来，公司规模不断扩大，已有下辖实体分公司 3 个，晋港合资企业 6 家，共有共青团员 120 人。为了充分发挥广大共青团员的模范作用，特申请成立总公司团总支。3 月 7 日，总公司召开团员大会，民主推荐赵军、雷慧琴、王惠芬、马军鹏、窦璐、杨涌涛 6 人为团总支委员候选人预备人选(差额 1 人)。3 月 8 日，总公司党总支就召开团员大会及其推荐团总支委员候选人预备人选的情况向省交通厅厅直团委进行书面报告，请示于近期进行正式选举。3 月 21 日，根据厅直团委晋交团字(2000)3 号文件关于成立共青团山西省交通建设开发投资总公司总支委员会的批复，总公司召开团员代表大会，选举团总支委员会。应到 44 人，实到 40 人，选举赵军等 5 人为团总支委员。团总支委员会当天召开第一次全体会议，总支委员进行选举分工，结果为：书记赵军(政治处干事)、组织委员王慧芬(人事劳资教育处干事)、宣传委员马军鹏(经理办公室干事)、文体委员雷慧琴(阳长、江武合作公司会计)、学习委员窦璐(诺信公司出纳)。同时，向厅直团委报告选举结果。3 月 31 日，鉴于总公司团支部已经升格为团总支，为了加强基层单位团员青年的学习和管理，按照《共青团章程》规定，团总支决定在各基层单位、经营实体公司建立团支部。5 月 1 日，团总支组织团员青年到河北白洋淀参观学习。2001 年 12 月 19 日，总公司党总支任命李芳为团总支书记(机关党支部书记、工会副主席，兼)。2003 年 4 月 10 日，总公司党委批准，晋焦公司团总支成立，团总支书记韩晋。

2006 年末，总公司团总支，书记李芳，下辖 1 个团总支，5 个团支部。

长晋公司团委：全称共青团山西长晋高速公路有限责任公司委员会，2005 年 1 月，厅直团委批准，郝建军任书记。7 月，长晋高速公路公司与长晋二级公路公司（长晋商品路公司）整合，长晋高速公路团委与长晋二级公路公司团委随之整合，郝建军任团委书记。2006 年末，团委书记郝建军，副书记张丽君，团委下设 14 个团支部。

太长公司团委：2006 年 3 月 21 日，省交通厅批准成立。2006 年末，团委副书记宋志栋，团委下设 13 个团支部。

2006 年末总公司及所属单位团组织状况一览表 表 4-4-1

	团委（总支）	团支部（总支）名称		团支部书记（小组长）
1	总公司团总支	总公司机关联合支部	团支部书记	郭　莉
2			总公司机关团小组	
3			诺信公司团小组	
4			通建公司团小组	
5			诺盛公司团小组	
6			实业公司团小组	
7			凤凰山公司团小组	
8			龙湖公司团小组	
9		晋焦公司团总支	团支部书记	韩　晋
10			公司机关团支部	秦小丽
11			丹河收费站团支部	申　力
12			路政大队团支部	张　茜
13			电力养护工区团支部	秦天岭
14		路通公司团支部		赵宇东
15		阳济公司团支部		王界龙
16		诺通公司团支部		赵伊婧
17		交通大酒店团支部		张　洁
18	长晋公司团委	公司机关团支部		申永庆
19		信息中心团支部		王二彩
20		路政大队团支部		梁建峰
21		路政一大队团支部		秦鑫灏
22		稽查队团支部		吴　峰
23		晋城收费站团支部		张孝恩
24		晋城东收费站团支部		郝　鹏
25		金村收费站团支部		孙泽霞
26		南义城收费站团支部		王　庆
27		高平收费站团支部		路晓杰
28		长治县收费站团支部		殷　荣
29		长治南收费站团支部		秦　泉
30		牛匠收费站团支部		傅晓虎
31		换马桥收费站团支部		秦　丽

续上表

	团委(总支)	团支部(总支)名称	团支部书记(小组长)
32	太长公司团委	公司机关团支部	白　倩
33		榆次收费站团支部	张晓倩
34		太谷收费站团支部	张　慧
35		榆社收费站团支部	白　丽
36		榆社南收费站团支部	张志清
37		武乡收费站团支部	程丽娜
38		王村收费站团支部	王文杰
39		襄垣收费站团支部	史潞洋
40		屯留收费站团支部	马星宇
41		长治收费站团支部	王丽丽
42		太原养护工区团支部	韩　宇
43		太谷养护工区团支部	李武斌
44		路政大队团支部	张巧燕

2006年末总公司及经营单位共青团干部名录　　表4-4-2

序号	姓　名	性别	所在单位及职务	政治面貌	团内职务
总公司团总支					
1	李　芳	女	总公司工会副主席	党员	团总支书记
2	窦　璐	女	路通公司财务主管		组织委员
3	雷慧琴	女	诺信公司总会计师		宣传委员
总公司机关联合支部及实体单位团支部					
4	郭　莉	女	总公司政治部干事	党员	联合(诺信、通建、诺盛、实业、凤凰山、龙湖6公司)支部书记
5	赵宇东	男	许西收费站管理人员		路通公司团支部书记
6	王界龙	男	阳济公司收费部经理		阳济公司团支部书记
7	赵伊婧	女	诺通公司综办管理人员		诺通公司团支部书记
8	张　洁	女	酒店综合办公室主管		交通大酒店团支部书记
晋焦公司团总支					
9	韩　晋		治超点副主任	党员	公司团总支书记
10	秦小丽	女	办公室职员	团员	公司机关团支部书记
11	申　力		丹河收费站副站长	团员	站团支部书记
12	张　茜		路政大队职员	团员	大队团支部书记
13	秦天岭		电力养护工区副主任	党员	工区团支部书记
14					
长晋公司团委					
15	郝建军	男	公司纪委书记	党员	团委书记

续上表

序　号	姓　名	性别	所在单位及职务	政治面貌	团内职务
16	张丽君	女	党工部副部长	党员	团委副书记
17	申永庆	男	办公室副主任	党员	公司机关团支部书记
18	王二彩	女	信息中心		中心团支部书记
19	梁建峰	男	路政大队		大队团支部书记
20	秦鑫灏	男	路政一大队	党员	一大队团支部书记
21	吴　锋	男	稽查队		队团支部书记
22	张孝恩	男	晋城收费站综办主任		站团支部书记
23	郝　鹏	男	晋城东收费站副站长	党员	站团支部书记
24	孙泽霞	女	金村收费站站长助理		站团支部书记
25	王　庆	男	南义城收费站综办主任		站团支部书记
26	路晓杰	男	高平收费站副站长		站团支部书记
27	殷　荣	女	长治县收费站站长助理	党员	站团支部书记
28	秦　泉	男	长治南收费站副站长	党员	站团支部书记
29	傅晓虎	男	牛匠收费站副站长	党员	站团支部书记
30	秦　丽	女	换马桥收费站		站团支部书记
太长公司团委					
31	宋志栋	男	党工部副部长	党员	公司团委副书记
32	白　倩	女	党工部	团员	公司机关团支部书记
33	张晓倩	女	榆次收费站站长	团员	站团支部书记
34	张　慧	女	太谷收费站	团员	站团支部书记
35	白　丽	女	榆社收费站	党员	站团支部书记
36	张志清	男	榆社南收费站	团员	站团支部书记
37	程丽娜	女	武乡收费站	党员	站团支部书记
38	王文杰	男	王村收费站	团员	站团支部书记
39	史潞洋	男	襄垣收费站	团员	站团支部书记
40	马星宇	男	屯留收费站	团员	站团支部书记
41	王丽丽	女	长治西收费站	团员	站团支部书记
42	韩　宇	男	太原养护工区	团员	工区团支部书记
43	李武斌	男	太谷养护工区	团员	工区团支部书记
44	张巧燕	女	路政大队	团员	大队团支部书记

二、青年活动

各级共青团组织紧紧坚持和依靠所属单位党组织的领导，积极响应上级团组织号召，围绕中心，服务大局，根据团员、青年特点，认真开展团的工作。

节日性活动

分为两类，一是利用元旦、“三八”、“七一”、国庆等节日，配合或与相关部门共同举办活动,二是于每年五四国际青年节,以经营实体团组织为单位,举办活动,无固定形式、规模和内容。节日性活动,项目主要分为三类,一是适合青年人体魄健壮的体育体操类,如爬山、拔河、游泳、球类等比赛活动,有的单位还组织团员青年进行野外训练。二是适合青年人能歌善舞、喜欢热闹特点的文娱类联欢,以及到革命纪念地参观学习等。三是根据本单位主要工作,组织广大团员、青年职工开展文明创建活动和立功竞赛活动。

1997 年 5 月 4 日,总公司团支部响应团省委和省交通厅关于争当青年岗位能手、创建青年文明号的号召,组织团员青年赴原太高速公路服务区两个建设工地进行慰问和参观学习,与一线青年职工共度节日。在原太服务区建设工地,专门为奋斗在工程一线的卢向阳、朱雁冰两位青年举行了入团仪式。1999 年"五四"青年节期间,公司团支部组织广大青年开展游泳比赛,排演文艺节目等。所排演的文艺节目选送省交通厅参加汇演后,引发了相关人士对公司的新的认识。2000 年 5 月 1 日,作为总公司团总支成立后的第一次重要活动,党总支领导带领40 余名团员青年赴红色旅游地河北白洋淀参观学习,耳闻目睹日本侵略行径和当地军民奋起抗战的英勇壮举,参观当地风土人情和放河灯、燃篝火等民间艺术,通过新旧对比和共同联欢,激发广大团员青年的爱国热情和奉献情操。

专题活动

根据上级安排部署和本公司中心工作,由团组织或以团组织为主,开展的学习教育活动和举办的其他活动。

2000 年 6 月 28 日,总公司团总支下发"关于认真学习江泽民同志关于'三个代表'重要论述的通知",文件要求,学习活动从发文之日起,至是年底结束,以团支部为单位,制定学习计划,自行规定学习时间、形式和内容安排,要求理论学习要联系实际,注重实效。2005 年,10 月,总公司团总支根据厅直团委文件要求,部署开展加强共青团员意识主题教育活动。10 月 13 日,下发活动《实施方案》和文件通知。活动时间为是年 10 月至 12 月,分为三个阶段。第一阶段为学习教育阶段,10 月 15 日 ~11 月 10 日,主要进行思想发动、主题学习和撰写学习心得。第二阶段为讨论评议阶段,11 月 10 日 ~30 日,主要开展主题讨论、谈心和召开民主生活会。第三阶段为总结提高阶段,12 月 1 日 ~20 日,活动重点为重温入团誓词、开展团日活动、进行批评与自我批评、健全工作制度。

此外,团组织还先后开展学习英雄模范人物、批判北约炸毁中国驻南斯拉夫使馆、树立社会主义荣辱观等多项活动。

第五节　文 明 创 建

文明创建活动,既是总公司的一项独立的系统工程,又是企业经营发展的一项支持保障工程,创建项目主要有文明单位、文明路、青年文明号、文明示范窗口等。自 1995 年以来,常抓常新,成绩斐然。

一、文明单位

组织领导

1995 年,总公司实行精神文明建设与物质文明建设"两手抓,两手都要硬"的发展方针,将"文明单位"创建活动列入重要议程。1996 年,认真贯彻党的十四届六中全会精神和中共中央关于加强社会主义精神文明建设的若干问题的决议,开始广泛开展文明创建活动。同时,多次召开引深学习太旧精神专题会,提出要把太旧精神融化在思想里,融化于振兴企业的工作之中,要高举改革开放和艰苦奋斗两面旗帜,下大决心,重塑企业形象。

1997 年 2 月 23 日,总公司成立精神文明建设领导组,为总公司最早成立的文明创建工作领导机构,经理魏庆飞任组长,党支部书记段二牛任副组长,公司副职领导和处、室负责人李平、刘玉怀、田介平、王秀萍、白正义、任金彪为成员。3 月,制定《"九五"期间精神文明建设规划》,明确提出创建活动的指导思想、基本方针、奋斗目标、主要措施和组织领导,同时提出了创建文明科室、文明家庭、文明职工的标准和要求。

1997 年 12 月,总公司被省交通厅评为双文明建设先进单位。1998 年 9 月 15 日,太原市授予总公司 1997 年度文明单位称号,省直工委、厅直机关党委领导为公司授匾。1999 年 8 月,路通太榆路公司成为太原市涉外企业首家文明单位。

1999 年 4 月,总公司党支部升格为党总支,同月,对精神文明建设领导组进行调整,2000 年 3 月,总公司团支部升格为团总支,与此同时,所属单位的党、团和工会组织随之得到健全和加强,企业文明创建活动党政工团齐抓共管的机制进一步健全,形式更为丰富多彩。

2001 年 4 月,省交通厅授予总公司行业文明单位称号。是年,总公司党总支下发"十五"社会主义精神文明建设规划和开展精神文明活动的实施意见。

1998 年,总公司获市级文明单位称号,2001 年获省直文明单位称号,2002 年进入省直文明单位标兵行列,同年进入省级文明单位行列。2008 年,总公司连续 7 年保持省直文明单位标兵和省级文明单位称号。

创建活动

按照"两手抓,两手都要硬"的方针,坚持把精神文明建设与物质文明建设的各项目标统一计划,统一部署,统一考核,统一奖惩,总公司及各经营公司每年总结表彰,均以"双文明"建设统一考核结果评选,以"双文明"建设先进的名义进行表彰。在狠抓经营生产的同时,坚持把丰富多彩的系列性创建活动作为开展文明创建工作的重要形式,作为提高创建效果的重要依托,作为陶冶职工情操的可靠手段,作为凝聚团队精神、展现企业形象的有效载体。

1998～2006 年文明创建重要活动 表 4-5-1

时间	活动项目或名称	备考
1998	7 月 29 日,参加省厅纪念十一届三中全会召开 20 周年知识竞赛、书画展览和理论学习研讨	
1999 年	8 月 20 日,纪念新中国成立 50 周年,"祖国颂"演讲比赛	评出一、二、三等奖 1 名、2 名、3 名,作品创作奖 1 名
	9 月 29 日,"庆国庆、迎中秋"文艺联欢活动	
	11 月,参加厅工会"九九元宵灯展"、"三八"妇女成就板报展、女职工书画、摄影美术展活动	吉祥小红灯、板报、工艺香包获二、三等奖,手工小兔、刺绣枕套、信笺获优秀奖

续上表

时间	活动项目或名称	备考
2000年	1月，总公司及所属单位青年职工“热爱公司、爱岗敬业、乐于奉献”演讲比赛	33人参加，分别评出一、二、三等奖1名、3名、5名。
	3月22日，总公司党总支组织党、团员观看电影《宇宙与人》，并召开座谈会。	增强职工判断是非、分辨正邪能力
2001年	7月，组织党员赴河北西柏坡参观；举办建党80周年知识竞赛	
	9月，以“质量——世纪的呼唤”为主题，开展年度“全国质量月”活动	
	12月，举办“迎新春”歌舞、小品、曲艺文艺联欢活动	设一、二、三等奖1、2、3名，优秀奖若干名
2003年	3月，开展公路文明服务月活动	
	5月，制定《创建文明单位、文明路、文明窗口实施方案》，开展创建活动	
	6月，人人讲文明、讲卫生、讲科学、树新风的“三讲一树”活动	
2004年	9月，“弘扬‘振超精神’，争创‘三个一流’”活动	
	12月，参加全省交通系统职工文艺汇演	选送节目音乐诗剧《长晋魂》获三等奖
2005年	3月，“我与企业同成长”征文、“我爱我家”摄影作品征集活动	
	3月8日，组织职工赴刘胡兰烈士纪念馆参观学习	配合保持共产党员先进性教育活动
	4月30日，庆“五一”“劳模杯”职工文娱活动	
	5月，举办“‘青年文明号’文化节”	按照省厅统一安排
	7月，“纪念抗日战争胜利60周年，大力弘扬太行精神”诗歌朗诵、卡拉OK、歌咏比赛	纪念抗战胜利60周年
2006年	4月，“知荣辱、树新风、促和谐”、“八荣八耻”学唱比赛	
	5月，总公司及经营单位“青年文明号与祖国共奋进”活动	
	6月30日，庆“七一”主题纪念活动暨大型歌咏比赛	一、二等奖和优秀奖分别为1名、2名和4名
	8月2～3日，开展社会主义荣辱观教育，组织观看《生死托付》（建党85周年献礼影片）	
	9月15日，太长、长晋、晋焦高速公路“文明服务月”活动，推进“太晋文明长廊”创建活动	9月13日～10月15日
	10月30日，“学千里大运文明路、创建太晋文明长廊”活动	

文明创建活动中，坚持党委领导、党政合力、上下联动，各方协作的运行机制不断健全；两个文明建设以热爱公司、爱岗敬业、乐于奉献为主题，以培养“四有职工”为目标，不断健全工作机构和创建机制，丰富活动项目和活动内容，讲求实际效果，创建活动与提升企业经济效益紧密结合且相辅相成，创建活动效果显著。经常组织职工开展各种文化活动，组织青年团员、共产党员到革命纪念地和生产第一线欢度节日，对广大职工进行思想文化教育和爱国主义教育，慰问坚守岗位的一线员工。

图 4-5-1　太长公司召开创建文明和谐企业动员大会

图 4-5-2　长晋公司表演的《长晋放歌》

深入开展“四建、两创”活动，即建设交通基础设施优质廉政工程、建设交通执法形象工程、建设交通运输企业安全效益工程、建设交通运输通道文明畅通工程；创建文明行业、创建文明单位。活动以精神文明建设为重点，以人民群众满意为标准，推行服务承诺制度，欢迎社会监督，接受公众评价。

创建成果

2008 年末，总公司及各经营公司多次获得各级各类文明单位称号，其中 2008 年保持和获得省级文明和谐单位称号 2 个，保持和获得省直文明和谐单位 1 个、文明和谐单位标兵单位 2 个。

总公司及经营公司获得各级文明单位称号统计　　表 4-5-2

时　间	授予单位	创建单位	名　称
1998.8	太原市精神文明建设指导委员会	总公司	1997 年度文明单位
1999.8	太原市精神文明建设指导委员会	路通太榆公司 许西收费站	文明单位
2001.4	省交通厅	总公司	行业文明单位
2001	省直机关精神文明建设指导委员会	总公司	文明单位
2003.7	省直机关精神文明建设指导委员会	总公司	2002 年度文明单位标兵
2004.2	省精神文明建设指导委员会	总公司	2002 ~ 2003 年度山西省文明单位
2004.9	晋城市精神文明建设指导委员会	晋焦公司	文明单位
2004.9	晋城市精神文明建设指导委员会	商品路公司	文明单位标兵
2004.9	省直机关精神文明建设指导委员会	总公司	2003 ~ 2004 年度文明单位标兵
2005.10	省直机关精神文明建设指导委员会	总公司	文明单位标兵
2005.12	省精神文明建设指导委员会	总公司	2004 ~ 2005 年度文明单位
2005	省精神文明建设指导委员会	长晋公司	2004 ~ 2005 年度山西省文明单位
2006.6	省交通厅	总公司	全省交通系统行业精神 文明建设先进单位
2007.12	省直机关精神文明建设指导委员会	总公司	文明单位标兵
2008.2	省精神文明建设指导委员会	总公司	2006 ~ 2007 年度文明和谐单位
2008.8	省精神文明建设指导委员会	长晋公司	2006 ~ 2007 年度文明和谐单位
2008.11	省直机关精神文明建设指导委员会	太长公司	文明和谐单位

二、青年文明号

创建青年文明号，是文明创建活动的重要内容。各经营单位根据《山西省青年文明号管理办法》规定，以各级团组织为纽带，在以青年职工为主体（35 岁以下职工占 50% 以上）的单位广泛开展青年文明号创建活动，将收费站、服务区、公路养护工区等团员青年较多、直接面向社会的服务型单位作为创建重点。1997 年，路通公司投入运营后，即在其所属 3 个收费站开展青年文明号创建活动。1998 年 11 月，总公司党总支向省交通厅厅直团委申报，推荐路通公司许西收费站为青年文明号单位。2002 年，随着对长晋商品路公司的管理和晋焦高速公路通车运营，青年文明号创建活动规模不断扩大。2004 年，即创建青年文明号活动开展 10 周年之际，特别是当年 11 月及 2005 年 11 月，长晋高速公路和太长高速公路相继通车运营，青年文明号创建活动规模更加扩大，成效更为明显。2006 年末，全公司共有省级青年文明号单位 6 个，省直青年文明号单位 8 个，市级青年文明号单位 8 个，文明示范窗口单位 5 个，长晋高速公路公司所属收费站全部进入“青年文明号”行列。

2007 年末所属单位青年文明号排行榜 表 4-5-3

序号	所在公司	单位名称	获得年份	备注
	省级青年文明号（共青团山西省委授予）			
1	路通公司	许西收费站	2000 年	
2		小店收费站	2002 年	
3	晋焦公司	丹河收费站	2004 年	2008 年获全国青年青年号
4	长晋公司	牛匠收费站	2005 年	
5		晋城东收费站	2007 年	
6	诺通公司	诺通公司	2007 年	
	省直单位青年文明号（共青团山西省直工委授予）			
1	阳济公司	蛤蟆岭收费站	2002 年	
2		王沟收费站	2003 年	
3	晋焦公司	路政大队	2004 年	
4	太长公司	长治收费站	2006 年	
5		榆社北收费站	2006 年	
6		榆次收费站	2006 年	
7		太谷收费站	2007 年	
8		路政三中队	2007 年	
	市级青年文明号（共青团晋城市委授予）			
1	晋焦公司	电力工区	2004 年	
2	长晋公司	晋城收费站	2005 年	
3		金村收费站	2005 年	
4		南义城收费站	2005 年	
5		高平收费站	2005 年	
6		长治县收费站	2005 年	
7		长治南收费站	2005 年	
8		路政大队	2005 年	
9		高平服务区	2005 年	

三、文明路

1998 年 7 月 5 日，总公司成立“GBM”工程实施工作领导组，组长魏庆飞，副组长李平、叶永坚、张庆华、王文明，制定 307 国道武宿立交桥至许坦村段文明路建设实施方案，为总公司最早部署开展文明路建设。7 月 17 日，总公司下发关于做好 307 国道武宿立交桥至许坦村路段创建文明样板路的通知，创建活动根据“GBM 工程”及《国家干线公路文明建设样板路实施标准》，重点对硬件设施，包括路基、路面、排水系统、标志标线、里程碑及百米桩、波形护栏、收费站站容站貌、通道及收费站绿化美化等进行维护改造，软件建设包括规范操作行为、实行优质服务、推行军事化管理、使用文明用语、实行微笑服务、利用全自动收费系统、缩短停车交费时间、促进安全畅通、践行“五项承诺”、杜绝公路“三乱”、树立良好形象等。12 月 1 日，该路段顺利通过交通部文明样板路检查验收。

2002 年，长晋二级公路划归总公司管理，晋焦高速公路剪彩通车，管养公路里程迅速增加，文明路建设力度相应加大。2005 年 7 月，总公司出台 2005 年度文明路创建活动实施方案，成立创建活动领导组，组长魏庆飞，部署本年度文明路创建活动。创建活动根据年度行业精神文明建设的总体要求，包括道路设施及收费站、治超点、服务区，从经营管理的硬件和软件全方位开展创建。创建活动以路况优良、管护到位、服务周全、环境优美为目标，以高速公路为重点，在所有公路经营单位全面展开，总公司负责统一领导和检查考核。创建活动中，各公路经营单位均建立相应组织机构，制定实施方案。通过富有成效的创建活动，公司所属的长晋、晋焦高速公路被评为“文明路”，其他公路的创建活动均收到良好效果。2006 年，总公司在文明路创建的基础上，进一步开展了“太晋文明长廊”创建活动。

四、创建太晋文明长廊

2005 年 11 月 8 日，太长高速公路开通运营后，总公司全面推进文明路创建活动，着手太晋（太长、长晋、晋焦）文明长廊创建工作。2006 年 5 月 8 日，部署开展“太晋文明长廊”创建活动，突出体现文明、文化、和谐、效益为一体的高速公路标准化运营管理体制。活动分三个阶段：2006 年 3 月至 2007 年 2 月为启动起步阶段，2007 年 3 月至 2008 年 2 月为全面实施阶段，2008 年 3 月至 2009 年 2 月为巩固完善阶段。

2006 年初，公司开始宣传发动，组织开展建造太晋文明长廊青年绿化林、军事会操、技能比武，举办职工运动会、企业文化节等各种活动；9 月中旬，公司部署以“十一”黄金周为中心的文明服务月活动，进一步完善收费、路政、养护、监控稽查、服务区“五位一体”服务体系，积极倡导在全省高速公路实行机场化、酒店化服务管理，提出服务环境无纸屑、无痰迹、无烟头、无树叶、无坑槽、无滴漏、无乱放、无破损的“八无”要求和从业人员来有迎声、问有答声、答有笑声、走有送声的服务承诺。

文明服务月活动中，公司把建设特色文化服务区作为创建“太晋文明长廊”的一大亮点，太谷服务区以“晋商文化”为主题，武乡服务区以“红色之旅”为主题，长治服务区以“魅力上党”为主题，高平服务区以“追本溯源”为主题，使整个创建活动有声有色，效果良好。

省交通厅全面启动“学千里大运文明路”活动后，公司以大运文明路为样板，“太晋文明长廊”活动更加深入开展。

五、其他

根据上级统一号召，总公司及时部署，所属经营公司积极参与文明示范窗口、星级站（卡）等各级各类文明创建活动，并取得良好成绩。

经营单位获文明示范窗口称号名录 表 4-5-4

所属公司	获得单位	时　间	授予单位
路通公司	许西收费站	1997 年	省直文明办
交通大酒店		2004 年	省交通厅
晋焦公司	丹河收费站	2004 年	省交通厅
长晋公司	晋城收费站	2005 年	省交通厅
	高平服务区	2007 年	省交通厅
太长公司	武乡服务区	2007 年	省交通厅

六、文明风尚

公司坚持以人为本、服务为先的经营宗旨，大力倡导舍己为人、见义勇为的时代风尚，广大一线职工视顾客为亲人，好人好事层出不穷，文明服务蔚然成风。

2001 年，总公司组织开展“我为残疾人献上一份爱”的助残献爱心活动，机关职工主动募捐 2310 元。11 月 14 日，按照省厅统一安排，公司组织“向贫困灾区献爱心”捐助活动，机关职工捐赠衣物 534 件，现金 500 元。

2002 年 9 月，公司开展向困难企业职工捐赠救助活动，公司领导带头捐款，广大干部职工积极响应，共捐款 13719 元。11 月，总公司组织开展“扶贫济困”送温暖活动，186 人捐赠衣物 478 件。

2003 年，公司开展抗“非典”献爱心募捐活动，113 人参加，募捐人民币 8220 元。11 月，开展帮助灾区恢复生产重建家园暨“扶贫济困送温暖”集中募捐活动，共捐款 2000 元，衣物 331 件。

2005 年 3 月 12 日夜，晋焦公司电力工区秦天岭发现几位村民被困在高速公路上，想方设法迅速把他们带到安全地带，并为他们联系车辆，帮助他们找到亲人。

2005 年，总公司组织开展“用爱心点燃希望”帮扶活动，为退休、患病老职工张克周捐款。

2006 年 2 月 11 日晚 21 时，长晋高速公路高平服务区保洁员张苗娃捡到一挎包，包内装有身份证、驾驶证、两张银行卡及现金 2000 元，想方设法还给失主。失主拿出 1000 元表示感谢，被张师傅婉言谢绝。

2006 年 7 月 3 日凌晨 3 时许，下着小雨，长晋公司晋城收费站当班收费员韩刚把迷路老人从车道背到收费站活动室，当班班长特意为老人送来牛奶和鸡蛋，安排老人休息。后经过近 3 个小时冒雨沿路打听，工作人员终于将老人送回家中。

第六节　新闻宣传

1998 年 4 月 22 日，总公司成立通联组，为最早成立的新闻宣传工作机构，副经理李平任组长，相关部、室负责人田介平、尤达文、白正义、王秀萍、李芳为成员，并确定通讯员 34 人，同时制定《1998 年通讯信息工作实施办法》，确定信息和新闻宣传工作的指导思想、报道要点、主要任务、考核办法，以工作目标考核的方式，对总公司及各单位编发简报的期数、向省交通厅交通通讯、信息和地（市）级以上新闻媒体发表稿件的起码数量作出规定。2002 年 6 月 27 日，《山西工人报》发表“以征战资本大市场的骄人业绩和驰骋三晋交通一线的昂扬新姿，谱写了一曲让人备受振奋的《搏击壮歌》”为题的长篇通讯，以整版篇幅报道总公司的良好业绩。2004 年 3 月 19 日，为庆祝总公司荣膺“省级文明单位”称号，《山西交通》以《与时俱进创新发展，开展企业精神文明建设》为题，重点报道总公司创建文明单位的模范事迹。2005 年 6 月 25 日，《山西工人报》以一版转四版的长篇通讯，以《八千里路云和月》为题，以上篇：无限风光在险峰、中篇：于无声处听惊雷、下篇：海阔天空任驰骋为文章框架，报道经理魏庆飞在逆境中奋进，敢于向传统挑战，勇立时代潮头，甘当筑路先锋的非凡经历。2005 年 7 月 18 日，《山西经济日报》第四版以《与时俱进、跨越发展》为题，整版报道总公司的发展成就。8 月 13 日,《山西日报》第一版以《筑路豪情亦壮歌——走近全国劳模魏庆飞》为题,从“踏踏实实做人”和“在传统与现代之间”两个方面,报道魏庆飞“坚定的信念,顽强的意志,勤奋的努力、高尚的人品”,叙述他使一个濒临绝境的企业发展成为省级文明单位和全省行业文明单位标兵单位的模范事迹。8 月 20 日,总公司党委决定,成立新闻宣传工作站,站长张庆华,副站长贾晋中,特约通讯员张亚文。2006 年 10 月 20 日,《山西交通》报以“学大运,共建千里文明高速公路;创品牌,构建和谐“太晋文明长廊”的通栏标题,对总公司在国庆节期间开展的“文明服务月”活动进行重点报道。12 月 9 日,总公司出台加强新闻宣传工作的实施意见,从提高认识、组织领导、健全机制、物质保障等方面提出 16 项具体要求;成立新闻宣传协调领导小组,党委书记李平任组长。

《简报》是总公司的内部宣传阵地,总公司成立之初创办,由总公司办公室主办,不定期印发,总公司及所属单位供稿,分发至总公司领导及机关部室、所属单位,根据内容报送省交通厅相关部门和新闻媒体,随着企业的不断壮大和社会经济形势的发展,《简报》的形式不断完善,内容不断更新和丰富。

第五章

人　物

第一节　人 物 简 介

公司坚持以人为本的经营理念,坚持走科技兴企、人才强企的发展之路,致力于建立健全科学、现代的选人用人机制,不拘一格培养和造就人才,营造良好环境引进和留住人才,职工队伍素质不断提升,模范人物和各类人才成批涌现。2006 年末,企业职工中有全国劳模 1 人,全国交通系统劳模 2 人,省级劳模 3 人;县处级领导干部 23 人,获得专业技术职称 190 人;大专以上学历 970 人,各类管理人员 770 人,形成了企业持续发展壮大的中坚力量。

一、总公司

魏庆飞

魏庆飞,男,汉族,1950 年 7 月 26 日生,山西武乡县上司乡斜道沟村人,1970 年 3 月参加工作,1976 年 9 月入党,大专学历,高级经济师,山西省交通建设开发投资总公司经理,全国交通系统劳动模范、全国劳动模范。

1970 年 3 月 ~1980 年,武乡、沁县汽车站调度、运务科长。1980 年 ~1986 年 4 月,山西省汽车运输总公司运务处副处长。其间,1983 年在交通部干部进修学院参加经济管理专业脱产学习。1987 年 5 ~12 月,太原汽车客运公司副经理(主持工作)。1988 年 1 月 ~1995 年 3 月,太原汽车客运总站副经理(主持工作)。其间,1989 ~1991 年,参加山西大学经济管理专业学习。1995 年 3 月起,任山西省交通建设开发投资总公司经理。2005 年,获全国交通系统劳动模范和全国劳动模范称号。

一

魏庆飞出生于太行山区武乡县的一个普通农民家庭,世代躬耕陇亩,弟兄 6 人,排行第三,自幼家境困难,造就了其不畏艰难,乐于吃苦的顽强性格。他天资聪敏,学业优良,14 岁时考入武乡县第一中学,经常形单影只徒步于数十里的山间小道,并经常为每月几元钱的生活费犯愁,甚至落泪。“文化大革命”中,未能继续上学深造。

1970 年,一个偶然的机会,他有幸到武乡汽车站当上了临时工。在站上工作,他机灵勤快,悟性超常,精力充沛过人,言行讨人喜欢。作为一名临时工,他干活不怕苦脏累,做事不管份内份外,从烘茶炉、加油发单到站务售票,从卸货搬运、打扫卫生到会计结算,从早到晚,不分昼夜,站上总活跃着他忙碌的身影,深得领导、职工和旅客们的喜欢,因此他多次受到表彰奖励,并转为正式职工,继而入党,成就了美满姻缘。

他始终坚信,高尚的追求和朴实的言行是成就个人进步的金钥匙,一个人的能量虽是微不足道的,但能量的影响和作用却是巨大的。转为正式职工之后,他毫不懈怠,工作更加出色,使站容站貌发生了很大改变,他也因此进入了企业管理层,继而走上领导岗位。

二

1980 年,魏庆飞作为优秀人才被调到山西省汽车运输总公司工作,1983 年,被上级推荐到交通部干部进修学院进修。1987 年,到山西省最繁忙的太原汽车客运公司和太原汽车客运总站担任主要领导。从此,他以自己顽强的毅力和高尚的敬业精神,使企业面貌焕然一新。

改革开放初期,汽车运输成为交通系统首先开放的行业,国营计划大一统的经营格局受到强烈冲击,传统的运输经营方式发生了深刻变化,市场竞争日趋激烈。省运总公司 60 多人,多半是科班出身的经营管理者,干部选拔条件有力地改变着运输业的旧有观念。在此情况下,他仍以一种不服输的性格狠抓运输生产,坚持勤奋学习,勤于思考,不断探索新的路子,勇于处理棘手工作,并善于将日常的经验教训撰写成文,因而很快成为省运总公司的"笔杆子"。一次随从领导调研,他仔细观察,深入思考,很快就代表省交通厅拿出了一个令人耳目一新的调研报告,深受上级领导赏识。

他到太原汽车客运公司任职之际,正值企业"等米下锅"之时。面对一双双期待和疑惑的眼神,他冷静观察,机智应对,大刀阔斧推进改革,果断推行切块承包,打破"大锅饭",端掉"铁饭碗",以承包经营责任制调动广大职工的生产积极性,坚决整治贪污票款和弄虚作假行为,半年时间,公司便重获新生。

1987 年末,全国实行运输公司与汽车站分家,按照综合能力,他作为最佳人选被安排到新组建的太原汽车客运总站担当重任。根据规定,组建汽车站上级要给予一定的经费补助,但他力主自力更生,不等不靠,从建设服务型、商业型、文化型、娱乐型"四型"车站入手,精心管理,科学经营,使该站迅速成为全省首屈一指的盈利企业。待他卸任之时,在运输企业大都不景气的情况下,该站竟然"蕴藏"着近千万元的家底,使审计人员和相关领导大感"意外",他也被公认为能挣善攒、会过日子的企业当家人。

三

1995 年 3 月,在山西省交通建设开发总公司难以为继之时,省交通厅领导自然想到了他,于是他又被调任该公司经理。从此,他誓与企业荣辱与共,开始了自己人生最壮烈的拼搏,同时也创造了自己人生最辉煌的业绩。

山西省交通建设开发投资总公司成立于 1993 年。1995 年他到任时,公司千万元的注册资金已消耗殆尽,处于无可用资金、无经营项目、无自有场所的境地,被称为"三无"企业,而且因为企业债务纠纷,公司的银行账户也被冻结。再次面对困境和一双双期待的眼睛,他冷静分析形势,科学预测市场,确立新的经营思路,横下心来迎难而上,提出了清理、生存、服务、发展的阶段性发展方针。首先,利用法律、行政、协商等多种手段,清理外欠债务(含物资抵债)410.5万元。面对大量囤积的建筑装潢材料,他身先士卒,并发动员工"九牛爬坡",尽其所能,全员投入"变现"攻坚战,使企业迅速重现生机。其次,主动请缨,承建投资上亿元的山西省交通职工培训中心。在建设项目繁杂、质量要求考究、企业缺少经验和技术力量的情况下,他日夜操劳,攻坚克难,使工程提前交付使用,并顺利通过竣工验收。与此同时,公司根据省交通厅安排在河曲县组织建设的黄河浮箱桥,也收到良好社会效果。这些业绩的建立,为企业大规模发展积累了重要的无形资产。企业经营稍微站稳脚跟,公司就克服投资、拆迁等诸多困难,购置土地,修建办公楼和职工住宅楼,为公司创建生存和发展基地。其三,也是最为根本的一条,就是他大胆拓展经营思路,遵循市场经济规律,实行在服务中经营和在经营中服务,闯开了一条靠工程建筑业起步,凭外向型经济建设和经营公路的发展路子。一是组建工程分公司和诺信公司,面向社会承揽建筑工程,从最基础起步,为公司大规模发展储蓄资本。二是通过多种渠道与港商接洽,以多种方式引入资金,为企业通过资本市场运作赢得可靠的收益空间,形成服务性经营和经营性服务的产业链条。1996年至1998年,先后与香港晋通公司、晋昌公司、路劲公司、新世界公司等香港企业成功合作,共同筹资建设和经营多条(段)公路,既有力地服务了交通建设,又从根本上为企业经营开辟了前景良好的经营领域,铸就了公司发展壮大的可靠支柱。其四,拓展经营思路,转变经营方式,坚持走一业为主,多元化经营的发展之路。按照选择项目上只要政策允许、追求效益上只要有利可图,进行投资上只要力所可及的三个基本条件,大力发展公路交通之外的多种产业。他任职伊始,公司即向工商部门提交增加经营项目的申请,着手进行相应的筹备工作,坚持从小做起,先后开展了石料加工、旅游服务、货物运输、机械租赁等项目的经营业务,并不断地根据具体经营效益状况、市场行情和公司总体发展战略,及时对这些经营项目和经营实体进行重组、兼并、转让和淘汰,以科学发展观统筹兼顾,保障那些具有潜在竞争力的优势产业和朝阳产业做强做大。2006年末,多种经营项目结构得到不断优化,经营质量和效益持续提升,形成了企业健康、可持续发展的经营格局,体现了企业重要的社会价值。

在长期的经营管理中他始终认为,对企业来说,发展才是硬道理,离开发展企业即成无源之水,企业管理是大学问,没有高超的经营之道要管好企业就等于痴人说梦,经营企业是搞竞技,一旦落伍即会被市场淘汰出局。为此,他将企业的发展与自己的人生紧紧地维系在了一起。作为经理,他使公司从"三无"起步,波澜壮阔,破浪前行,企业经营实现了质与量的跨越。至2007年末,公司已拥有16个所属经营公司和实体单位,七大类经营产业,企业资产达201亿元,年收入突破20亿元,上交税金超亿元。

四

以服务交通建设为主业,为交通建设引资融资,支持和参与交通建设,这既是省交通厅注册成立公司的初衷,也是魏庆飞任经理最主要的职责。在省交通厅的大力支持下,他全力主导公司发挥引资融资的主渠道作用,积极充当省交通厅对外引资融资的"窗口",不断探索多元化引资、融资和投资的新路子,注重研究资本运作,实行资本市场与产业市场相结合,有效盘活公路资产,大力开展引资融资经营业务。任总公司经理的第二年,即与香港晋昌、晋通公司合作,以转让太原东山过境高速公路部分股权的方式引进资金2.72亿元。

1997 年,与香港路劲基建有限公司合作经营太榆公路、榆次西外环公路和小店汾河公路桥,实现引资 2.43 亿元;从国家开发投资总公司(国投公司)引资 2500 万元,参股建设和经营阳济公路。1998 年,与香港新世界基建有限公司合作建设晋焦高速公路,实现引资 5.63 亿元。随着多次引资的成功,公司的路产大量增加,融资的盘子不断扩大,企业的信誉度显著提升,融资路子进一步畅通。公司先后与山西省工商银行、招商银行、光大银行、建设银行、民生银行、华夏银行、国家开发银行等多家金融机构建立了良好合作关系,获得了巨大融资空间。2006 年,太长高速公路投入经营性运营不久,他又积极响应省委、省政府扩大对外开放的战略决策,按照省交通厅的安排部署,着力开展向中国平安信托投资公司转让太焦(太长、长晋、晋焦)高速公路部分股权的系列工作,并得到了评估价高于建设价,转让价高于评估价的良好效果,获得转让收入 22.7565 亿元,为平安保险基金进入山西交通建设领域开辟了先河。

据统计,1995 年至 2007 年,公司共为公路建设引资融资 173.9 亿元,有力地支持了全省公路建设,为"十五"期间"山西三小时高速通达工程"目标的实现,加快全省交通建设步伐发挥了重要作用。

五

建设太原至晋城高速公路,是山西省委、省政府确定的建设"人"字形公路主骨架,实现省会太原至各市三小时高速通达工程的重要组成部分。太晋高速公路全长 312 公里(含长韩连接线),需筹集建设投资 93 亿元,工作任务非常艰巨。2001 年,大运高速公路全面开工建设之际,太晋高速公路建设随即被列上重要议程,山西省交通厅成立了山西太晋高速公路有限责任公司。之后,省交通厅又安排总公司承担太晋高速公路建设任务,由魏庆飞担任太晋高速公路有限责任公司董事长,至此,建设太晋高速公路就成了魏庆飞担任领导职务以来,也是总公司成立以来承担的最为宏大的一项任务。面对艰巨任务,他坚持把苦干实干的传统作风与勇于开拓创新的先进经营理念结合起来,以一个现代化企业家的胆略和气魄全身心投入。从 2002 年 9 月长晋高速公路开工,到 2005 年 11 月太长高速公路通车运营,仅用了 3 年零 1 个月时间,就圆满完成了这一令人瞩目的建设任务。建设期间,他还创造性地实行了质量、进度、安全、廉政、概算"五大目标"考核和业主、业主代表处、项目部、施工单位、监理单位"五方制衡"等一套工程管理机制。更值得提及的是,有效的组织管理机制,有力地确保了工程质量,大大加快了建设进度,为胡锦涛总书记赴武乡瞻仰八路军太行纪念馆和八路军总部王家峪故址提供了良好通行条件,深受各方好评。

多少年来,魏庆飞作为一名成功的企业家,领导企业不屈不挠,发愤图强,服务交通,奉献社会,其先进的经营理念和良好的发展业绩赢得了社会高度赞誉。

六

魏庆飞有着鲜明的人物性格和独特的人格魅力。

他最喜欢唱的歌是《爱拼才会赢》。俗话说戏如人生,其实歌亦如其人,在他的身上就总有那么一股用不完的拼劲,也总会有那么多的赢局与他"不期而遇"。在为企业日夜拼打的日子里,无论是在内部经营管理上,还是在与外界的协商谈判中,他始终以特有的睿智令人信服,以致在与中国平安保险(集团)公司的交往中,那些现代化的企业家们也对他刮目相看,表示合作经营太焦高速公路,还需要依靠他,还需要他的拼搏精神和经营之道。

他最显著的特性是毅力刚强。在生活上,别人说戒烟难,他说戒就戒,一戒到底。他最喜欢的体育锻炼是打乒乓球,一打就是十几年,从无间断。在工作上,只要他认准的事,无论难度多大,阻力多大,条件多艰苦,他都矢志不渝,并最终获得成功。即使身处逆境,他仍能坚持以事业为重,忍辱负重。为此,在多年的副职领导岗位上,他也起着主心骨的作用,被同事们看作"台柱子"。

他最感兴趣的事是与人交往。刚参加工作,常和同伴们不分彼此,工作之余,随便找个地方同饮同乐。担任领导职务以后,也常和人说说家长里短,逗个开心,或者玩上两把,谁家有事,就登门看望,对于那些过头的人和事,则显得"刀子嘴、豆腐心",他的长者风范和手足之情令人油然而生,这也为他选人用人提供了第一手依据。他常说,管企业,多半就是管人。管人的"秘方"是以情动人,人的因素,人心的向背,往往决定着事业的成败。

他最注重的是领导艺术。平素说话真情相见,坐上主席台讲话妙趣横生。讲措施不得法时,形容为"勺子捞面条",形容工作力度不到位时,说那是"牙签在锅里搅粥"。他礼贤下士,不计前嫌,对给予下属欠妥的批评,他可以当众表示歉意。他担任企业行政主要领导多年,始终尊重企业党委的核心地位,将党委领导作为有力的合作伙伴,诚心诚意接受党委监督。他凡事以事业为重,任人唯贤,唯才是举,他的许多老属下都得到了他的提拔或推荐,相继走上领导岗位或担当了重任。常言道,"生意好做,伙计难处",但他所带领的领导班子始终都是黄金搭档,他的领导才能令人心服口服。

他最讲究的是拓展思维。从年轻时起,同事们就深感他思维敏捷,很难赶上他的节拍。到总公司工作后,他的现代企业思维更加活跃,经营谋略更加技高一筹。十几年来,为了破解引资融资难题,他潜心捕捉机遇,利用外引内联、合资合作、盘活路产、整合兼并、股权转让等多种现代经营手段,为全省交通建设筹集资金,为公司发展开拓经营领域。

他豪爽而不失谨慎,追求高雅而为人朴实,目标远大而处事低调,尚未考虑成熟和没有确切把握的事情从不轻易表露。对于别人认为胜券在握的项目,他总是谨慎从事,务实操作,心里不服输,表面不言胜。对于新的项目投资,他更是权衡再三,确保既投必盈。他的这些经营之道,总是令人心存信赖,充满尊重。

2008 年,作为一名成功的企业家,魏庆飞投身交通行业 38 年,辗转创业 20 余载,使濒临绝境的企业起死回生,为山西交通建设作出了重要贡献,赢得了社会公认:山西省交通建设开发投资总公司自 2001 年起连年保持省直文明单位标兵称号;2002 年起,连年保持山西省文明单位(文明和谐单位)称号。2005 年 3 月,他本人荣膺"全国交通系统劳动模范"称号,4 月荣膺"全国劳动模范"称号。

李 平

李平,男,汉族,1957 年 2 月 21 日生,山西临猗县李汉乡南庄村人, 1974 年 12 月参加工作,1982 年 3 月入党,山西大学省委党校毕业,大学学历,高级政工师,山西省交通建设开发投资总公司党委书记、副经理。

1974 年 12 月 ~ 1978 年 11 月,运城县北相公社张村大队二小队插队劳动。1978 年 12 月 ~ 1982 年 7 月,山西大学、山西省委党校经济管理专业学习。1982 年 7 月 ~ 1992 年 8 月,山西省汽车运输总公司宣传部、政治处、党委工作部工作,先后任干事、副主任、主任等职。1992 年 8 月~1995 年 4 月,太原汽车客运总站副经理。1995 年 3 月 23 日,山西省交通建设开发投资总公司副经理。2002 年 8 月 16 日起,任党委书记、副经理。

李平出生于知识分子家庭,父亲原在当地享有盛誉的中学任校长,"文化大革命"中蒙冤被关多年。那时,母亲拉扯着他们兄弟姐妹艰难度日,并硬撑着让他们继续上学深造。为了和"反革命"的父亲划清界限,兄弟姐妹均由父姓改为母姓,他的姓名则由王礼平改为李平,其中所历磨难不堪回首。所有这些,均在他年幼的心灵深处留下了烙印,也造就了他睿智、大度、坦诚、刚毅的性格。中共十一届三中全会以后,他父亲彻底平反,先后任运城地区工会主席,省重点中学校长等职,李平也从插队点考入高等学府,毕业后被分配到交通系统工作,与交通事业结下不解之缘。

李平祖籍运城,与关羽同乡,抑或受地域和生长环境的影响,他生就着鞠躬尽瘁的敬业精神、忠贞不渝的奉献情操、豁达大度的包容海量和足智多谋的儒将风度。

1982 年,他大学毕业后即投身交通运输行业,在山西省汽车运输总公司宣传部当干事,之后又先后在政治处、党委办公室、政治部等部门工作。在此期间,他将自己十几年寒窗苦读积累的文化底蕴,尤其是大学阶段经济专业学习获得的经营之道,加之在农村插队劳动炼就的吃苦耐劳品格完美地结合起来,全身心投入工作。他任劳任怨的作风,初露头角的才华,与人为善的性格,很快得到领导和同事们的认可和赏识,不久便被委以重任,继而走上领导岗位。

30 多岁,对于一个人来说,恰是风华正茂、血气方刚之时,当时他虽然仅为一名普通职工,但却能在复杂的事物中深入浅出,对全局的事情运筹帷幄。冷静与沉着、坚定与灵活的良好性格和"不在其位而谋其政"的"军师"才华,为他日后的成长和发展奠定了重要基础。

1995 年 3 月,他与魏庆飞一同从太原汽车客运总站调到省交通建设开发总公司,任副经理。也许是缘分使然,也许是志向使然,也许是性格和才智的互补性使然,他们在受命于企业危难之时,能够义无反顾,在企业的创业期间,能够齐心协力,在企业辉煌之后,能够同甘共苦。1995 年刚刚赴任,为建设河曲黄河浮箱桥,他们无数次并肩奔波在晋西北的黄土高原上。1996 年,在省交通职工培训中心建设中,他们日夜守候在工地,像一对相依为命的亲兄弟。在长期的合作中,他们始终相互尊重,配合默契闻名遐迩,被誉为黄金搭档。

李平擅长协商谈判,能够在交错的矛盾中游刃有余,善于在多方利益分配中寻求平衡点。他多次参与、主持和领导公路项目的融资谈判和与晋城市、阳城县、香港路劲公司、新世界公司等地方和单位的股权转让、合作经营、资产移交工作,能够提出各方均能接受的建议方案,表现了高度的原则性和充分的灵活性。

2002 年 8 月,升任总公司党委书记(仍兼任副经理)后,他一如既往地发挥特长,施展谋略,兢兢业业,任劳任怨。是年 9 月 28 日,根据省政府和省交通厅同意港商在晋焦公路撤资的决定,总公司在工商银行贷款 10 亿元购买港方在晋焦高速公路的所有股权。当时正值长晋高速公路开工奠基和国庆节长假即将来临之时,各项工作千头万绪,但天生遇事沉着的本能,善于精打细算的经营惯性,加之高度的责任心,驱使他抓住分分秒秒竭尽所能,带领相关人员日夜奔波,终于赶在国庆节之前办完了偿还债务的一应手续。据事后测算,此举较拖至节后办理,为企业节省利息支出约 200 万元。他这种不失时机的经营意识和忠诚于企业的敬业精神,从中可窥见一斑。

公路经营,是总公司的骨干经营项目,也是他分管的主要经营业务。作为党委书记和副经理,在公路经营中,他切实实行"两手抓,两手都要硬"的方针。一方面坚持在经营目标管理上下功夫。在费收计划和经费控制等经济目标管理上,按照"跳起来摘桃子"的理论,既要让经营单位必须跳起来,又要保证跳起来能够摘到"桃子"。通过深入调研,参照比对、科学预测等多个环节核定目标,加之经常性督促指导和严格考核奖励等多种手段,促进公路经营效益连年大幅度提升。另一方面是在强化保障机制上做文章。深入持久地开展精神文明建设、企业文化建设,开展文明单位、文明路、太晋文明长廊、"青年文明号"及文明服务"窗口"等各种文明创建活动,利用表彰奖励收费能手、服务明星和文明建设先进等多种手段,加强企业软实力建设,形成了富有效力的竞争激励机制和促进企业全面发展的支持保障体系。

在公司职工的心目中,如果说企业像一棵枝繁叶茂的大树,那么他就像是潜藏在土地里伸向远方的根系。如果说企业像一个尽享天伦的大家庭,那么他就像令人信赖并难以取代的家庭主妇。在平时工作正常运转的情况下,大家对他似乎可以不大在意,而一旦遇上难题,就会自然而然地首先想到他,会把目光盯向他的举手投足,会在他的脸上搜索求解方式。

他作为一名领导干部,同时有着美奂超群的学者风范和幽默诙谐的语言艺术。他多才多艺,兴趣广泛,每当举办文艺活动,都要登台献艺,尤其是他自编自演的诗朗诵,可牵动着人心一起跳动,可令人随着情节同悲同喜,可将人拉回到遥远的年代,可将人送入美好的未来,就连他在职工婚礼上的致辞,也令人倾倒。

他工作居"官"不像官,说话通俗不庸俗,职工的心中不快可以向他倾吐,居家琐事可以向他诉说,可以向他讨论文理,可以与他争论学术。他学识丰富,为人亲和,疏财重义,追求高雅。深奥的课题他可以浅显地解释,严肃的话题他可以幽默地应对,现实的问题他可以历史典故诠释,棘手的问题他可以轻松地处置。他口出令人捧腹的连珠妙语,自己却始终不动神色。

至2007年,李平投身交通事业25年来,大多从事和领导思想政治工作,同时精通和负责企业经营管理,均取得优异成绩。由他分管的公路经营,通行费收入2007年达到18.44亿元,公路经营单位大多进入文明单位行列,所属收费站等"窗口"单位,连年保持青年文明号、文明示范"窗口"等荣誉称号;总公司连续7年保持省直文明单位标兵称号,连续6年保持省级文明单位(文明和谐单位)称号,他本人多次被山西省委、省政府和省交通厅评为优秀党务工作者、精神文明建设先进个人。

李润喜

李润喜,男,汉族,1961年1月28日生,河南省林州市姚村镇官庄村人,1978年参军,1981年1月入党,空军第八飞行学院毕业,大专学历,山西省交通建设开发投资总公司党委副书记、工会主席。

1978年8月~1979年3月,空军第一航空预备学校学习。1979年3月~1988年3月,空军第八航空飞行学院学习。1981年3月~1988年7月,海军航空兵部队一级飞行员、中队长。1988年7月~1999年8月,海军航空兵训练基地教练、副大队长、副参谋长。1999

年8月起，任山西省交通建设开发投资总公司党总支（后升格为党委）副书记、工会主席（正处级）。

李润喜祖籍河南林州市，祖父辈逃荒至太原。新中国成立后，父母双亲在太原晋西机器厂供职，他便出生在太原，自幼在父母所在工厂子弟学校上学。他的先辈们可谓苦大仇深，有的是身经百战的老红军，有的死于日本侵略军的屠刀之下，他出身工人阶级家庭，加之优秀的学习成绩和良好的身体素质，在学校学习期间便应征参军入伍。1978 年 8 月 ~ 1981 年 3 月，即入伍前三年，在航空学校、学院学习，分为初教级和高教级两个级别，主要接受军人基本素质训练和养成训练，包括学习文化知识、专业理论、飞行技能等，他系统学习了仪表、空气动力、机械、气象、军械（武器）、跳伞等基本知识和实践技能。1981 年 3 月 ~ 1988 年 7 月，在海军航空兵部队 7 年间，主要是进行改装训练和四种气象训练，即改变装备、进行机型升级训练；在昼简、昼复和夜简、夜复四种（白天简单、复杂和夜间简单、复杂）气象条件下训练。数年的艰苦训练，使他成长为一级飞行员，列入总参谋部战备值班名录，具备随时升空作业资格。同时使他面容憔悴，19 岁时就有人误以为他“至少二十大几岁了”。

1988 年 7 月，海军航空兵部队组建训练基地，他以娴熟的航空技术被选拔为教练。从此，他以一个老军人对国防事业的无限忠诚，全身心投入教练工作，以耐心的态度、独到的技巧对每位学员进行训练。登机训练，学员一旦出现操作失误就可能造成不堪设想的后果，对此，他将自己的个人安危和艰辛置之度外，坚持不懈尽职尽责。至 1999 年 8 月，10 年间，由他精心教练的飞行员达 40 人之多。

20 余年的军旅生涯，先后辗转长春、新疆（哈密、鄯善）、浙江（宁波）、上海、辽宁、河北（秦皇岛）等地，多年的勤学苦练，无数次“鹰击长空”，三次立功，多次嘉奖，组成了他终生难忘的人生历程。

1999 年 8 月，他的工作由“天上”转为“地面”。从部队转业山西省交通建设开发投资总公司工作后，他尽快进行角色转变，熟悉企业经营管理和地方事务，并迅速投入工作。他担任党委（总支）副书记，既充分尊重主要领导的决策地位，又注重发挥自身的主观能动作用，既充分遵循地方及企业党的工作特点，又注重发扬自己坦诚直率的军人作风，很快就将自己融入了企业和广大职工之中。

他任总公司工会主席，做事心细，为人实在，倾情职工，不计得失。过“三八”妇女节，他亲自为女职工选购商品，并受到普遍喜欢。谁家有生老病死，他都亲自登门看望，无论路途远近，不管职位高低，风雨无阻，无一遗漏，足迹遍布偏关、保德、阳城、武乡……。每年的两个“两节”（元旦、春节和中秋、国庆），他对老领导、老职工、生病职工等，均是逐一登门，应访尽访，送上公司的温暖。对于住院治疗的职工，他还将鲜花和公司领导的祝福送到病房床前。他认真组织单位职工年度定期体检，特别关注女职工特殊体检，确保职工生病早发现、早治疗，赢得最佳治疗时机。他积极倡导医疗互助，以工会名义为贫困职工捐款捐物献爱心，尽力争取上级工会组织帮扶机构进行资助，总公司工会被山西省总工会评为首批“帮扶工作先进集体”。他大力督促各基层单位的职工社会基本保险参保工作，为广大职工解除后顾之忧。他积极倡导和热心组织职工文体活动，由总公司选送的文体节目，多次在全省交通系统赛事中获奖。

他担任党委副书记和工会主席，把为公司争得应有荣誉作为一项特别重要的工作。他立足于以良好的业绩赢得上级领导机关和工会组织的信任与支持,同时也十分注重与上级领导机关保持良好沟通,积极推荐和申报各类先进单位和模范个人,从总公司集体到各经营单位,从领导的劳模申报到职工的记功表彰,他都坚持尽心尽责,从不懈怠,使公司的良好业绩得到上级领导和社会的充分认可,企业的先进模范职工赢得应有荣誉。

2001 年,他负责组建国际贸易部(诺盛公司),精心物色精通贸易和外语等各类专用人才,继而分管诺盛公司工作,经历了诺盛公司的发展历程。为了诺盛公司迅速发展壮大,他不计其数带领该公司人员实地考察业务,捡最便宜的旅馆住,对各种各样的眼神,各色人等的脸色,他显得毫不在意。他忍辱负重、百折不挠的韧劲,使合作伙伴们深受感动。永济电力铁合金厂的第一笔业务,他亲自联系、协调。连云港第一批进口货物抵达,他兴奋地登上码头等候,亲临货场接货。处理业务纠纷是诺盛公司的一项经常性的事情,也是他分管诺盛公司的一项重要工作。对此他总是首当其冲,主动承担责任,多次前往实地斡旋,亲自向司法部门咨询,勇于依法保护企业利益。在与外商的谈判桌上,他从容自若,使军人的勇气和商人的睿智得到很好结合。2005 年,诺盛公司受到省外贸厅表彰奖励。2006 年,诺盛公司贸易额达 2.2 亿元,在山西省同类型行业中位居前列。

尚建军

尚建军,男,汉族,山西省芮城县风陵渡镇东太阳村人,1963 年 4 月生, 1984 年 9 月参加工作,1985 年 12 月入党,西安公路学院毕业,大学学历,经济师,山西省交通建设开发投资总公司副经理。

1984 年 9 月 ~1988 年 12 月,太原汽车客运公司工作。1988 年 12 月 ~1992 年 10 月,太原汽车客运总站工作。1992 年 10 月 ~1993 年 8 月,太原汽车客运总站太原站副站长。1993 年 8 月 ~1997 年 6 月,太原汽车客运总站站长。1997 年 6 月,到山西省交通建设开发投资总公司工作,任工程分公司经理。2002 年 8 月,升任总公司副经理。

尚建军出生于农民家庭,吃苦耐劳,学业优良,西安公路学院四年的大学生活,他徜徉在知识的海洋里,博览群书,尽情吮吸着知识的甘露,其间所获得的专业知识为他日后担当重任打下了坚实基础。

1987 年毕业时,以他优异的成绩完全有机会留机关工作,但他毅然选择从基层做起,在太原汽车客运公司当了一名站务员,之后又从事计划、财务工作,经受多种岗位磨砺。1992 年 10 月担任太原汽车站副站长,1993 年升任太原汽车客运总站站长。每一段经历都是一种财富。他从最基层做起,对每个运营环节都了如指掌,过硬的专业知识加之丰富的实干经验,使他主持整个站务工作得心应手。各项管理制度的建立和完善,奖罚分明的绩效考核,使整个车站始终处于一派和谐发展状态,员工积极性高涨,经营效益位居全省同类型车站前列。1993 ~1997 年,太原汽车客运总站连续 5 年获交通部“部级文明站”称号,1994 - 1996 年,尚建军连续三年获交通部“先进工作者”称号。

1997 年,山西省交通建设开发总公司受省交通厅委托,负责经营雷诺车队,总公司将雷诺车队交由先期成立的工程分公司经营管理,这样,为工程分公司选聘一名得力的经理就显得非常重要。在此情况下,总公司领导不约而同地想到了他们所熟悉的尚建军,而喜欢挑战的尚建军也决然应聘,担任了工程分公司经理。

到任后，尚建军胸有成竹，迎难而上，首先从解决主要矛盾入手，使工程分公司经营状况很快有了新的起色。良好的信誉必然产生良好的市场效应，严格的管理和优质的服务，使工程分公司及雷诺车队遍布全省多个重点公路建设工地，获得良好经营效益。为了长久占领市场，实现更好发展，他对工程分公司进行重新定位，积极申办综合二级施工资质，变给别人打工的包工队为具有相应资质的施工企业。在工程分公司的经营管理中，对工程管理他总是立足未雨绸缪，力戒亡羊补牢，把质量和信誉作为企业的生命，对每项承揽工程，他总是不辞劳苦，坚守工地，力求在第一时间发现问题、解决问题，从而保证了所承建项目的高质量、高标准完成。他任工程分公司经理五年，共上交各种款项1150万元，为总公司初期的发展壮大发挥了支柱性作用。

2002年8月，尚建军升任总公司副经理。上任伊始，他即赴长晋高速公路建设一线具体负责工程管理。长晋高速公路是总公司首次从筹资到组织建设的高速公路建设工程，也是总公司当时承担的最大的建设项目，同时又是尚建军刚刚进入总公司领导班子之时，经验缺乏，时间紧迫，担当如此重任，从资历到经历都存在明显不足，困难可想而知。为了尽快进入角色，胜任工作，他紧紧依靠上级领导的支持，抓紧一切间隙认真学习现代公路建设工程管理理论，虚心向业内人士学习实践经验，将书本理论、以往的经验和现实工作实际紧密结合起来，按照领导确定的业主、业主代表处、项目部、施工单位、监理单位“五方制衡”运行机制和监督、管理、协调、服务“四大任务”，形成自己的管理理念，建立健全能够适应建设工程管理的具体操作规程。在实际工作中，他积极服从上级领导的指示和决策，着力做好长治、晋城两个项目部之间的协调工作，以高度的责任心、精湛的业务技能和良好的管理艺术，严把工程质量关和工程变更关，有力保障了工程质量和建设进度。

从工程前期工作、组织招投标，到项目管理、剪彩通车，直至工程竣工验收，作为一名具体的管理者，尚建军负责和参与了整个实施过程，经历了来自各方面的考验，展现了一位年轻有为的企业领导干部的不菲才华。2007年11月，经过3年运行，长晋高速公路顺利通过竣工验收，综合评定为优良工程。

善于动脑子，工作有思路，办事有条有理，指挥决策有方，熟悉尚建军的人都这样评价他。在日常工作中，总难免要批评一些人，但被他批评者有一个共同的感受，就是在受到批评的同时，他的言谈举止也总能使人获得新的思路，几句肺腑之言即可使人茅塞顿开。他为人低调朴实，平易近人，但工作原则性强，认真负责，且善于在坚持原则性的同时保持灵活性，所以大家说他：大海不言，自有一种宽广；高山不语，自是一种巍峨。

贝　瑜

贝瑜，女，汉族，浙江省宁波市镇海镇人，1962年3月生，1981年7月参加工作，1998年4月入党，本科学历，高级会计师，山西省交通建设开发投资总公司总会计师。

1981年7月～1993年4月，山西晋安化工厂财务处会计。1993年4月到山西省交通建设开发总公司工作，任财务处副处长。1995年8月，主持财务处工作。1996年11月，任财务处处长。2002年4月，兼任阳长、江武高速公路有限公司副经理。同年8月，升任山西省交通建设开发投资总公司总会计师。

贝瑜父母深明大义，早年参军。母亲原籍浙江宁波，随部队北上至太原。父亲原籍山西省寿阳县。人民解放战争时期,其父母跟随徐向前元帅参加解放太原战役。新中国成立后,二人一同参加工作,结为伉俪,生育二女一男,贝瑜排行第二。念及其母远离故土,且为小姓,其父遂依其母所愿,命子女皆随母姓,依照母籍。“文化大革命”中,其父蒙怨被关“牛棚”,姐姐离家“插队”劳动,贝瑜自幼担当家务。1980 年其母去世,她携弟弟贝勇共同生活,并圆满完成学业。

1993 年 4 月 5 日,即总公司运营伊始贝瑜即调入工作,为在总公司供职时间最长的领导班子成员,也是总公司领导班子中唯一的女性和最早的注册会计师,始终从事财务工作。她继承了父母忠诚事业的优良品德,生就了酷似母亲作为南方女性特有的坚强性格,具有沿海地区姑娘的聪敏天资、职场女性的内在潜力和人文气质。1995 年,省交通厅对总公司领导进行重大调整,她被新任领导慧眼识中,开始主持财务处工作,继而成为财务处长、高级会计师,并进入总公司领导班子。

刚主持财务处工作,年方 30 出头,她不管严寒酷暑,不怕尘土飞扬,把琐碎家务和年幼的孩子托给同样忙碌的爱人,自己则乘坐一辆破旧不堪的小面包车,奔波于太原—河曲—忻州的公路上,活跃在浮箱桥和山西省交通职工培训中心的建设工地上,以至十几年后,当地相关部门工作人员还清楚地记得“开发公司有个特别能干的年轻媳妇”。

1997 年,山西省交通厅成立引资办公室,总公司即成立融资部,开展引资融资工作。作为企业发展至关重要的一个经营项目和省交通厅委托的一项重点工作,引资融资就成了她从事和管理财务最为重大的一项工作。

她生性勤谨好学,做事肯求上进,精益求精的工作态度,历经实践磨砺,使她很快成长为一名领导靠得住、职工信得过的巾帼英才。2002 年 8 月,她进入公司领导班子,担任总会计师,分管财务管理部,具体负责引资融资工作。从此,她对自己要求更为严格。对上级她忠诚负责,说真话办实事,对同事她尊重友好,相互支持配合,对下级她谦和关心,尽力为其排忧解难。她始终坚持奏好主旋律,唱好配角戏,按照工作分工,认真履行职责,并不断探索新途径,充分发挥自身主观能动性。

在财务管理工作中,她积极参与制定和组织实施企业重大决策。在资金运作、引资融资、企业重组、风险控制、财务核算、内部约束等方面以职尽责,发挥了良好作用。为了筹集公路建设投资,她积极承担工作任务,提出盘活路产以存量换增量、以项目换资源、以资源换资金,构建资本运营新平台的具体做法和建议,有力促进了公路交通建设,尤其是太长、长晋高速公路的建设。

2006 年,她重点参与太焦(太长、长晋、晋焦)高速公路部分股权转让工作,以实现双赢互利,最大限度保证国有资产增值为出发点,从财务管理专业角度进行全方位探讨,促成了转让方式由经营权转让升级为股权出让,确保了评估价高于建设价、转让价高于评估价,收到良好效果。与此同时,她借股权转让对银行债务重组的机会,根据政策规定坚持不懈地与金融单位洽谈,下浮了晋焦高速公路原有贷款利率,每年可为企业节约财务成本 5000 万元。由于她的这些出色表现和突出成绩,省劳动竞赛委员会于 2005 年为她记一等功,2006 年又授予她“五一劳动奖章”。

她注重内部审计监督。她常说,财务控制与内部审计并重,才能实现企业的活力与约束最佳结合,形成有效制衡机制。随着总公司的行业跨度、地域跨度和管理跨度不断扩展,为了保证企业有效防范各种风险,实现持续健康发展,她积极组织力量建立健全内部会计控制制度，并狠抓落实，严格考核。2004 年公司审计部成立后，她严格要求内部审计工作要将风险导向审计贯穿于各项审计工作之中，从经济责任、领导干部离任、财务收支、内部控制、经济绩效、工程项目等各个方面展开有效的内部财务审计监督，正确评价经营业绩，及时发现和纠正财务管理中的风险和漏洞，为企业又好又快发展提供强有力的支撑和保障。

她高度重视财务人才队伍建设。积极倡导和推行利用外部引进、内部选用、轮岗锻炼和外派培训等多种方式培养和造就财务管理人才。2006 年末，全公司财务管理人员中，有高级会计师 3 人，会计师 18 人，国际注册内部审计师 3 人，具有注册会计师资格 5 人，注册税务师资格 3 人。按文化程度分，有研究生 3 人，大专以上学历 45 人，初步形成了一支知识结构合理、具有高尚敬业精神、敢于负责、能够胜任的财务管理队伍。

韩文军

韩文军，男，汉族，山西左云县人，1963 年 7 月生，1983 年 9 月参加工作，1993 年 12 月入党，大学学历，山西省交通建设开发投资总公司副总经理（正处）。

1983 年 9 月 ~1997 年 4 月，大同矿务局工作。1997 年 5 月 ~1998 年 3 月，大同市南郊区人事局社会保险基金管理所工作。1998 年 4 月 ~2003 年 5 月，山西煤炭宾馆副总经理、常务副总经理（正处）。2003 年 5 月起，任山西省交通建设开发投资总公司副经理（正处），分管忻州凤凰山生态植物园和武乡龙湖生态园前期开发工作。同年 11 月 ~2006 年 5 月，借调共青团山西省委工作。

2006 年 10 月，总公司调整领导班子成员分工，公司副职领导分为经营经理、技术经理、开发经理等，韩文军则为后勤经理，负责总公司后勤管理和目标责任制考核、绩效考核等工作，分管实业发展分公司、交通大酒店等单位。

韩文军喜欢看书学习，注重自身修养。在政治上，他坚持经常性地学习马列主义文献和时事政治理论，坚持用先进理论丰富精神世界，坚持正确的世界观、人生观、价值观和权力观、政绩观、是非观，善于用先进的理论开拓新的视野，明辨发展方向，权衡利弊得失。他认真钻研企业经营管理业务方面的书籍，利用各种业余时间，甚至出差在外的间隙，以书为友，与书为伴，向书本请教，从书中汲取“营养”。在自身修养方面，他自觉学习党章党规党纪和行政管理法规，坚持自我“修炼”，实行警钟长鸣，坚持以身作则，坚持勤勤恳恳干事，干干净净做人，两袖清风，一尘不染。他坚持常怀克己之心和包容之量，主动摆正位置，实行以职尽责，主动与人沟通，注重团结协作，始终保持在自己与班子成员和广大职工之间有一座心灵沟通的桥梁。

韩文军工作尽心尽责，十分注重开拓创新。他分管后勤服务工作，紧密围绕企业的年度工作目标和不同部门、不同业务的工作实际，以服务交通，服务一线，服务职工为宗旨，坚持在实践中不断健全和完善规章制度，靠制度提升“三个服务”的水平和质量。他分管交通大酒店，充分利用自己在山西煤炭宾馆积累的工作经验，紧密结合交通大酒店的经营实际，坚持向书本汲取，向同行请教，向职工咨询，向实践学习，提出了颇有见地的查漏洞、降成本、减费用、找市场、增利润的 15 字工作方针，要求酒店经营要将服务和效益、管理和创新结合起来，实现经济效益和社会效益双丰收。他提出的这些经营理念，有效提升了酒店的经营管理水平。

2006 年,总公司安排所属实业分公司在太原高新技术开发区兴建综合办公楼,他作为分管领导,重点主持了该工程项目的装修、弱电、办公家具采购等工作。为确保万无一失,他与实业分公司相关人员一道,严把方案设计关,从布局、格调、色彩,到每个项目的选材、质量,均要经过数次评审,反复推敲方能最终确定。在施工单位和供料单位的选择上,严格执行公开招投标程序,对部分重点项目进行实地考察,经常深入实地,亲自把关,及时解决实际问题,使办公楼于 2007 年末高质量完工。

他对分管工作认真负责。分管绩效考核和信息化建设,他深入调查研究,不耻下问,主持制定的《绩效考核办法》和《信息化建设方案》,使工作实现了操作有标准,考核有依据,为优化奖惩体系,提高工作效率提供了重要保障。2006 年国庆节期间,公司在太长、长晋、晋焦高速公路开展创建"太晋文明长廊"文明服务月活动。在对该项活动的检查工作中,韩文军与其他领导周密策划,精心组织部署,亲自带队进行明查暗访,对服务区、收费站等重点区域和岗位,以定时不定时、定点不定点和"杀回马枪"、重点排查等方式反复进行检查,对发现问题实行跟踪追查,督促整改,使此次文明服务月创建活动收到良好效果,受到广泛好评。

张庆华

张庆华,男,汉族,1972 年 10 月 7 日生,五台县红表乡天池沟村人,1991 年 6 月参加工作,1997 年 8 月入党,本科学历,工程师,山西省交通建设开发投资总公司副经理。

1991 年 6 月 ~1995 年 10 月,山西省汽车运输总公司阳方口公司工作。1995 年 10 月,阳方口汽车站站长。1997 年 1 月,阳方口汽车客运分公司常务副经理。1997 年 6 月,山西省交通建设开发投资总公司工作,任工程分公司副经理,同年改任路通合作公司中方代表、副总经理。2004 年 3 月,总公司经理助理。2006 年 1 月,总公司副经理。

张庆华天资聪敏利落,衣着整洁得体,为人精明能干,做事灵活实在,总给人以信任感。他父母曾在宁武县工作,他便出生于宁武。1991 年,他在阳方口汽车运输公司参加工作,任公司人事劳资科干事。其间,完成了公司的岗位技能工资改革,实行了全员养老统筹,解决了久拖不决的成批老职工退休、子女顶替接班及户口"农转非"等职工群众关注的热点难点问题,极大地激发了广大职工的劳动热情。1994 年,省交通厅授予他先进劳资工作者称号。1995 年 10 月,调任阳方口长途汽车站站长,年方 23 岁,成为当时全省 11 个同级汽车运输企业中最年轻的站长。上任伊始,社会个体运输业蓬勃兴起,与国有运输企业一度出现无序竞争,客运市场经营困难。面对现实,他因势利导,率先实行国有汽车站向社会车辆开放,进行规范管理,提供有偿服务,并相继在公司 13 个汽车站推广,取得良好效果。1996 年,他顺应社会主义市场经济体制新形势,牵头组织客、货运输分家,组建客运分公司,并担任主管生产经营的常务副经理。其间,他将 4 个下属公司、14 个汽车站进行整合重组,激发内部活力,使公司集中规模优势,实行集约化经营,极大地提高了市场竞争力和占有率,从而使他的企业经营才华初露锋芒。

1997 年 6 月,他到山西省交通建设开发总公司工作,担任工程分公司副经理,并迅速投身原太高速公路建设工程第一线。此时,适逢总公司与香港路劲基建公司成功合作,组建路通合作公司,共同经营太榆公路、榆次西外环公路、小店汾河公路桥。在工程分公司供职不久，经总公司推荐，省交通厅同意，他被任命为路通合作公司副总经理、党支部书记。他在此一干就是10年，直至担任总公司经理助理期间，仍身兼路通合作公司原任之职。

他处事有方。到合作公司工作，首先做的工作是打造高素质职工队伍，科学设置内部机构。首先处理的是与港方人员的合作关系，代表总公司恰如其分地实施有效管理。重要的事情是与当地政府及公安交警、工商、税务等相关部门增进沟通，营造良好经营环境。首要的任务是追求利润最大化，为刚步入经营正轨的总公司注入活力。按说，在合作公司，港方占65%股份，是控股方，但他处处争取主动，寓管事于做事之中，与人赤诚相见，寓交情于实干之中。1998年4月5日晚8点20分，杨村收费站遭大风袭击，两个收费大棚被彻底摧毁，造成交通堵塞，收费瘫痪。作为合作公司领导，他指挥若定，迅即向太原钢铁厂求援，现场指挥，彻夜清理，抢修设备，以最快速度至黎明时分即恢复营业，令港方人员深为叹服。一次，一名收费员因公发生意外事故，他坚持以公司大局为重，设身处地想受害者所想，从抢救治疗到善后处置不分昼夜，对家属的过激言行忍辱负重，不失原则的灵活性和主动诚心的工作，终于促成问题圆满解决。为了维护总公司与港方合作的良好信誉，树立对外开放的良好形象，他主动到国家部委汇报情况，赢得上级支持。他的这些品格与才华，深受有关人士称赞。他始终坚持精心管理，科学经营，在为双方创造良好经营效益的同时，也为合资企业树立了一个合作共赢的范例。

他大力推进企业文化建设，开展精神文明创建活动，使合作公司上下始终保持着和谐高效的发展势头。1999年8月，许西收费站获太原市首家外商投资企业文明单位称号。之后，该站又获省直工委文明示范窗口称号、团省委青年文明号称号，杨村收费站被晋中市评为十佳企业，小店汾河公路桥收费站获团省委青年文明号称号，路通合作公司连年荣膺山西省外商投资企业优秀效益奖。作为总公司当时最大的经营项目，合作公司的良好经营业绩，为投资双方创造了良好的收益，更为总公司扩大融资平台、推进以经营公路为主业的发展模式积累了经验，培养了人才。

他年轻有为。2004年3月，任总公司经理助理。2006年1月，升任总公司副经理。连续的升迁，既是对他过去工作成绩的肯定，也是对他内在潜力的检验，更是为他在更大领域施展才华搭建的平台。担任经理助理，他分管总公司办公室和交通大酒店、实业公司及两个生态园区开发，各项工作有条不紊。他协助经理开展外引内联，参与组织多条公路收费运营前期工作，牵头报批全省普通干线公路通行费标准的合理调价，被评为全省2005年度重点工程建设先进个人、交通系统优秀共产党员。担任副经理，他一手抓企业管理创新，一手抓多元化发展，推行多种经营产业由依附主业发展向自主创新发展的转变，增强企业的可持续发展能力。2006年，他被省交通厅评为政风行风评议先进个人、平安交通创建工作先进个人。

与此同时，他积极拓展工作思路，充分发挥分管职能部门的作用，在他的积极倡导和精心组织下，2005年，编辑了大型画册《动脉》，2006年开始《公司志》编纂，2007年开展质量、环境和职业健康安全“三标认证”工作，为记载企业发展历程，夯实企业基础管理发挥了重要作用。

从基层一线到领导岗位，他工作条件变了，但不懈追求的恒心不变，地位变了，但追求深造的劲头不减。虽然杯来盏往的应酬在所难免，但他从不贪玩，从不虚度年华，总是忙里偷闲专心学习，早到晚退，经常独自坐在办公室里看书和思考问题。1995年，他自修考入了山西大学,2001 年,他报考西安交通大学工商管理硕士班,2006 年开始,他参加中欧国际工商学院的专业学习。

杨天平

杨天平,男,汉族,1963 年 4 月生,汉族,山西省定襄县人,1981 年 7 月参加工作,1983 年 11 月入党,中国政法大学研究生班毕业,在职研究生学历,山西省交通建设开发投资总公司副经理、山西凤凰山生态植物园有限公司经理。

1981 年 7 月 ~ 1983 年 5 月,定襄县宏道镇司法助理员。1983 年 5 月 ~ 1985 年 9 月,定襄县李家庄乡团委书记。1985 年 9 月 ~ 1987 年 7 月,山西省团校脱产学习。1987 年 8 月 ~ 1990 年 4 月,定襄县团委宣传部部长。1990 年 4 月 ~ 1997 年 12 月,定襄中学团委书记。1998 年 1 月 ~ 2002 年 4 月,忻州市交通局党委办公室主任、办公室主任。其间,1998 年 ~ 2000 年,中央党校本科函授班学习,2000 年 10 月 ~ 2001 年 1 月,忻州市委党校中青年干部培训班学习,2000 年 9 月 ~ 2003 年 5 月,中国政法大学在职法律研究生班学习。2002 年 4 月,主持山西凤凰山生态植物园筹建处工作。2003 年 11 月,任山西凤凰山生态植物园有限公司董事、经理。2007 年 8 月 14 日,任山西省交通建设开发投资总公司副经理,兼山西凤凰山生态植物园有限公司董事、经理。

杨天平性格豪爽大度且不乏缜密细心,多才多艺,勤奋敬业,具有良好的人格魅力。定襄中学是当地的一所重点中学,1990 年 4 月,他担任该校团委书记,是当时该县最年轻的科级干部。其间,他充分调动青年学生的积极性,创造性地组织开展校园文化节、校运会等文体活动,建立诗社、文学社等文艺团体,使学校共青团工作和校园文化活动有声有色,尤其是率领青年学生参加社会活动,创建实践基地,开展小发明、小创造和实用技术培训成绩斐然。为此,该校团组织连续六年获山西团省委优秀团委称号,连续七年被忻州团市委评为优秀团委。1994 年,中宣部、共青团中央、科技部联合授予校团委社会实践教育活动优秀团委称号。

1998 年 1 月,杨天平调任忻州市交通局党委办公室主任,具体负责党建和精神文明创建工作。他不断完善党建工作机制,增强党建工作活力,开展丰富多彩的创建活动。他任此职期间,忻州市交通局被忻州市文明办评为精神文明创建先进单位,局党委被评为忻州市十大红旗党组织之一。2002 年,忻州市交通局获全国文明单位称号。

2002 年 4 月,杨天平调任凤凰山生态植物园筹建处主持工作。从机关办公室来到苍凉的广袤之地,面对的是干冷的空气、漫天的黄沙、遍野的荒沟秃梁,没有办公场所,没有交通工具,没有专业人才,资金和开发经验严重匮乏。对此他没有迷惘,更没有退缩,而是勇于面对新的挑战,在极短的时间内就使筹建处的工作步入正轨。与此同时,他刻苦学习园林规划设计、生态开发等有关专业知识,同清华大学建筑设计院专家一起,在干中学、学中干,快速拿出了具体的规划设计。随后,即紧锣密鼓地开始基础设施建设,每天坚守在工地,从人员调度、工作安排到工程质量、员工生活事事操劳,修筑道路,挖坑栽树,修建园区设施,铺设输水管道身先士卒。工作基本就绪后,他又忙于跑项目,要资金,其中滋味难以想象。他总是不辞劳苦,不分昼夜,从无节假日,因此,他落下了胃疼的毛病。2003 年除夕,已是合家团圆的时刻,杨天平跑完项目坐着“专机”从北京返家,看着飞机上为他一个人端茶送水的空姐，想着盼他回家的妻儿老小，他不禁百感交集，思绪万千。

2003 年 7 月，山西凤凰山生态植物园有限公司成立，杨天平任经理。从此，他的领导能力、个人魅力、管理方略，随着凤凰山生态植物园从荒山秃岭到潜在价值不菲的"全国农业旅游示范点"的创业历程逐步显现出来。

他注重以事业留人，以感情留人。对杨天平而言，凤凰山生态植物园倾注了他太多的心血，对园内的每位员工以及一草一木都充满情意。在植物园多年的开发建设中，条件艰苦，待遇不高，但职工们都能尽心尽力，不离不弃，很大程度上就是冲着他尊重人才、知人善任和他所营造的良好人际关系，以及他对事业的执着追求而来的。

他坚持依托先进科技进行生态园区开发。在领导植物园开发中，他积极利用新的科技成果进行新品种引种驯化、科技示范园建设，注重温泉综合利用及太阳能、地热采暖等新技术利用。2006 年，他主持编制《凤凰山生态植物园循环经济发展规划》，优先运用资源循环体系和环保型产品，创建绿色生态产业延伸体系，实行水体平衡和陆地经济循环发展，营造和谐生态环境，实现经济效益和社会效益的可持续发展，从而受到上级表彰。

他始终以身先士卒胜于发号施令，默默奉献胜于高谈阔论作为自己的行为理念。在园内，他总是身着运动服、脚穿运动鞋，足迹遍布沟沟岔岔各个角落。建园初期，他坚守园区长时间不回家，以致小女儿见了他躲得老远。2004 年 7 月，一场暴雨使后山石坝冲开一个大口子，紧急关头他冲锋在前，带领职工奋力围堵，终于保住了 30 亩长势正旺的树苗。所有这些，园区的职工们总是历历在目。他坚持用新的知识、新的理念充实自己，他的一些观点常令前来考察的专家学者、投资商们刮目相看。在他的影响下，广大员工的学习热情持续高涨，掌握新技能在园内蔚然成风。

2002 年到 2008 年，杨天平带领他的团队多方招商引资，申报项目，进行基础设施建设和园林植树、荒山绿化，共完成投资 5000 万元，使园区水泥循环公路、配套深井、供电系统及提水泵站、蓄水池、节水灌溉线路等构造设施基本成龙配套，连绵的荒滩山岭花草树木郁郁葱葱，园区开发呈现着勃勃生机。

2006 年 10 月，山西凤凰山生态植物园经过国家旅游局组织的考察验收，被命名为全国农业旅游示范点，2007 年，被山西省发展与改革委员会命名为循环经济试点园区，被山西省水土保持委员会评为"水土保持先进集体"，获忻州市文明单位、农业旅游先进单位等称号。山西省政府授予杨天平全省小流域治理状元称号。

段二牛

段二牛，男，汉族，1940 年 1 月生，山西娄烦县城关镇姚锣村人，1961 年 8 月参军，1962 年 10 月入党，太原机械学院肄业，中专学历，曾任山西省交通建设开发总公司党总支书记、副经理。

1961 年 8 月～1984 年 5 月，中国人民解放军某部服兵役，先后任正、副班长、排长、连长、营长等职，1978 年 7 月起任副团长。其间，1976 年 8 月～1977 年 8 月，在兰州军区军政干校军事队学习，1979 年 9 月～1981 年 1 月，在石家庄高级步校学习，兼区队长。1984 年 5 月，转业地方工作，在山西省汽车运输总公司任工会主席。1992 年 5 月，任太原汽车客运总站党委书记。1995 年 3 月，山西省交通建设开发总公司工作，随公司党组织升格，先后任支部书记、总支书记，兼副经理，2002 年退休。

段二牛生于兵荒马乱的战争年代，贫苦农民家庭出身，自幼在“吕梁英雄”的故乡长大。穷乡僻壤的早年生活和 23 年的军旅生涯，造就了他有勇有谋、刚正不阿和吃苦耐劳、踏实肯干的性格。三四岁时，驮在毛驴背上“躲日兵”（躲避日本侵略军）掉入深涧险些丧命。七八岁时，便当起了“放牛娃”，帮家里放牛、担水、上地干活。1951 年，即 11 岁时开始离开村子上学读书，1957 年，考入静乐县中学，并一直担任班长、学生会主席和军体部长等。1960 年考入太原机械学院，连年担任班里的共青团干部，列为入党积极分子重点培养对象。青少年时期，他目睹和参加了斗地主闹土改、反奸清算、三反五反、镇压反革命和整风反右等政治运动。

1961 年 8 月，他在学校肄业参军。他所在的部队，是一支历经抗美援朝战场考验的部队，他参军时部队正在甘（肃）南藏族自治区执行“平叛”（平息叛乱）任务。他入伍后，生活异常艰苦，住的是骑兵团原来的马圈，只将地面进行简单整平，撒一层黄土，铺上茅草，人便席地而卧。吃的粮食严格定量，“副食”基本上是野菜，而且经常只能吃半饱。集体用的脸盆，还要用来盛饭。大西南的冬天格外严寒，只能在四壁透风的营房里生个煤糕炉避寒。与此同时，部队每天坚持训练、组织生产劳动，他从不叫苦不怕累，表现出色，入伍第二年即加入中国共产党。1964 年，他作为排长，带领战士参加全军技术比武，受到重点奖励。

在部队，他从当战士、副班长开始，职位拾级而上。他做行政管理、思想工作、后勤保障样样在行。1970 年，他升至营级干部，在“深挖洞、广积粮、不称霸”的形势下，带领部队和民兵 10 个连 1800 多人，深入人迹罕至的大山腹地开凿飞机洞库，一干就是 3 年，并两次立功，多次获通令嘉奖，由此他也进一步经受了考验，学到了许多组织施工的本领及相关专业技术。1984 年 5 月，响应中央军委部队裁员 100 万的号召，他转业地方工作。

任山西省汽车运输总公司工会主席后，他继续发扬特别能吃苦、特别能战斗的优良作风，尽快熟悉工会工作，首先在全省运输系统 13 个所属单位全面展开多层次的社会主义劳动竞赛，企业经营活力大为增强，职工精神面貌大为改观。同时，经常深入基层调研，为企业发展建言献策，深入职工之中了解职工疾苦，听取群众呼声，调解基层矛盾，并亲自出马主持解决单位分房、职工上访等棘手问题，使企业工会组织的作用得到超常发挥。

1992 年任太原汽车客运总站党委书记后，他即开始与魏庆飞搭起了班子。他坚持尽职不越位、分工不分家的思想原则，创造性地开展党委工作，使党组织在企业生产经营管理中发挥了良好作用。他围绕中心，服务大局，全力支持企业行政领导充分行使职权，使企业领导班子始终能够团结一致共谋发展，为经营效益的连年提升提供了重要的组织保证和政治保证，企业党委领导的核心地位和行政领导的中心地位的科学组合，在他们身上得以充分体现。

1995 年 3 月，他调任山西省交通建设开发总公司党支部书记，兼副经理，与魏庆飞、李平等再次搭起了班子。面对企业深陷困境的被动局面，他主动将公司的兴衰与自己的荣辱维系起来，与同事们情同手足齐心协力，风雨同舟共渡难关，使企业经营状况很快好转。

1996 年，按照公司领导分工，他“留守后方”，一边主持公司机关日常工作，一边管理机关综合办公楼及职工宿舍楼建设工程。修建办公楼，是总公司当时解决生存和发展问题的关键一步，也是难以迈出的一步：资金极度匮乏，征地拆迁困难重重，地质不良影响正常施工等等，都成为难以逾越的障碍。为此，段二牛想方设法精心谋划，对工程建设采取四项重要措施。一是广泛发动职工集资，动员购房职工先行交付购房款，筹措启动资金，以解燃眉之急。二是完善施工方案，将原先设计的全框架结构，改为上层用砖混结构修建，以节省投资。三是对于地基开挖过程中出现的大面积流沙，他日夜守候在工地，利用土洋结合办法，以最小投资使地质灾害得到有效治理。四是实行严格的质量和工期管理，以合同形式对业主和施工单位加以约束，并主动为自己增加压力，从而保证了整个工程圆满告竣。

他终生永葆军人气质。为了公司利益，他始终将自己的个人安危得失置之度外，需要挺身而出的时候，他总是一马当先，从而为其他领导从中斡旋赢得更大空间。以致有时即使他不在场，大家也要设法找到他，只要他得知情况，便会毫不犹豫地首当其冲。需要固守阵地的时候，他总是夜以继日，以无声的命令促使职工义无反顾，以“跟我上”的战地作风激励职工的奉献精神。

他对企业党的工作情有独钟。担任总公司支部书记、总支书记，他总是把党的利益和党组织的形象放在首位，使公司党组织实现了从支部、总支到党委的连续升格。作为书记，他重点加强党组织自身建设，树立良好形象，积极争取上级党委支持，及时做好沟通工作，力争让公司党的工作得到领导认可。为了党的工作，为了选贤荐能，为了公平正义，为了别人，他甚至不惜与人“叫劲”，对自家的事，非万不得已从不向组织提任何要求，以致经常受到家人的埋怨和亲戚们误解，表现了一位老共产党员的高尚情怀。

侯春有

侯春有，男，汉族，1938 年 12 月生，山西省武乡县贾豁乡胡宅沟村人，山西财经学院财政金融系财政与信贷专业毕业，全日制大专学历，高级统计师。1958 年 6 月入党，1963 年 9 月参加工作，曾任山西省交通建设开发投资总公司经理、党支部副书记。

1961 年 9 月 ~ 1963 年 7 月，山西财经学院财政与信贷专业学习。1963 年 9 月 ~ 1969 年 12 月，山西省财委干事。1969 年 12 月 ~ 1972 年 6 月，山西省革命委员会业务组干事。1972 年 6 月 ~ 1976 年 8 月，山西省燃料公司干事。1976 年 8 月 ~ 1979 年 1 月，山西省商业局干事。1979 年 1 月 ~ 1981 年 7 月，山西省农业厅干事。1981 年 7 月 ~ 1983 年 8 月，山西省汽车运输总公司计划处干事、副处长。1983 年 8 月 ~ 1993 年 4 月，山西省交通厅计划统计处副处长。1993 年 4 月 ~ 1995 年 3 月，山西省交通建设开发总公司经理、党支部副书记。1995 年 3 月 ~ 1998 年 3 月，山西省交通建设开发总公司调研员。1998 年 3 月，调山西省公路局。

郝明珠

郝明珠，男，汉族，1936 年 12 月生，山西省武乡县故城乡菓则沟村人，1956 年 4 月参加工作，1960 年 8 月入党，山西经济管理干部学院毕业，中专文化程度，高级政工师，曾任山西省交通建设开发总公司党支部书记、副经理。

1956 年 4 月 ~ 1959 年 12 月，山西省气象局工作，任观察员。1960 年 1 月 ~ 1964 年 5 月，中共兴县县委工作，任干事、秘书。1964 年 6 月 ~ 1971 年 2 月，兴县肖家洼公社管理委员会主任、革命委员会主任、党委书记。1971 年 3 月 ~ 1973 年 6 月，兴县人民银行党支部书记兼行长,1973 年 6 月 ~1974 年 10 月,兴县汽车运输公司党支部书记兼经理。1974 年 11 月 ~1983 年 5 月,山西省气象局观象台党支部副书记、副台长(主持工作)。1983 年 6 月 ~1993 年 3,山西省交通厅厅直机关党委副书记、厅直机关纪委书记。1993 年 4 月 ~1995 年 3 月,山西省交通建设开发总公司党支部书记、副经理。1995 年 4 月 ~1998 年 4 月,山西省交通建设开发总公司调研员。1998 年 4 月,调山西省运输管理局。

田介平

田介平,女,汉族,1962 年 12 月生,山西太谷县人,1980 年 9 月参加工作,2000 年 5 月入党,山西广播电视大学毕业,大专学历,总公司纪委书记。

1980 年 9 月 ~1985 年 8 月,太原汽车站、太原汽车客运公司技改员、调度、办公室干事。1985 年 9 月 ~1988 年 8 月,山西广播电视大学档案专业脱产学习。1988 年 8 月 ~1995 年 7 月,太原汽车客运总站干事。1995 年 8 月 ~1999 年 6 月,总公司办公室副主任(主持工作)、主任。1999 年 6 月 ~2002 年 4 月,总公司人事劳资处处长。2002 年 4 月,总公司人力资源部主任。2006 年 1 月,升任山西省交通建设开发投资总公司纪委书记。

二、公路经营单位

赵善义

赵善义,男,汉族,1962 年 12 月生,山西朔州市平鲁区人,1985 年 7 月参加工作,1995 年 10 月入党,西安公路学院公路与城市道路专业毕业,本科学历,高级工程师,山西太长高速公路有限责任公司总经理。

1985 年 7 月 ~1994 年 8 月,山西省交通设计院测设队副队长、队长。1994 年 8 月 ~1996 年 1 月,参加太旧高速公路建设,任中段指挥部副总工程师。1996 年 5 月 ~2001 年 4 月,太旧高速公路管理局科长(养路科)、副局长。2001 年 4 月 ~2003 年 9 月,大运高速公路建设领导组办公室工程管理处处长。2003 年 9 月起,任山西太长高速公路有限责任公司总经理、副董事长。

大运高速公路建设期间,赵善义围绕“参谋、协调、服务、控制”八字方针,在制定重大设计方案、出台重大决策工作中建言献策,力保建设投资不突破概算,严把设计变更关,抓重点攻难点,力促全线按时完工。1996 年,参加太旧高速公路建设,被省交通厅评为二等功臣,2003 年 9 月,被省交通厅评为大运高速公路建设一等功臣。2006 年 1 月,获省劳动竞赛委员会五一劳动奖章。

2003 年,太长高速公路建设中,赵善义尽职尽责,全身心投入,注重决策的科学性,经常深入工地,现场解决施工难题。针对有关方面提出的工程变更要求,他总要亲自进行实地考察方可提出合理化建议。对确需变更的工程项目,实行严格审核,从严把关,严格按程序办事,确保建设资金发挥良好效益。他把工程质量管理放在各项工作之首,严格执行各项技术规范和操作规程,经常带领工程技术管理人员深入施工一线进行定期不定期检查,特别注重对隐蔽工程和关键部位工程质量进行检测,对不合格工程坚决责令返工,并进行跟踪监督,确保工程质量全优。尤其在太长高速公路服务区建设中,他多方考察,优化设计方案,力推新材料、新工艺运用,他的许多颇有见地的意见和建议均产生了良好效果,受到有关方面好评。为了保证太长高速公路高质量按预期运营通车,在他的带领和主持下,狠抓四个方面工作:一是加大山体滑坡等地质灾害处治力度,依靠科技与创新手段,借鉴国内外成功经验,组织专家及技术人员制定科学处治方案,并抓紧组织实施。二是坚持高起点、高标准,按照公路与自然和谐发展的要求,精心组织绿化、美化施工,努力提升太长高速公路的生态长廊和文化长廊的整体水平。三是坚持以人为本,搞好服务区建设和交通、机电工程建设,提高高速公路服务功能,为旅客创造一流的人性化服务条件。四是高度重视农民利益,切实做好农民工工资清欠和临时占地复垦工作。鉴于他的突出贡献,省劳动竞赛委员会授予他五一劳动奖章。

太长高速公路运营后,赵善义及其领导班子坚持以人为本经营管理理念,将科技太长、人文太长、生态太长、景观太长的工程建设理念延伸至企业运营管理之中。2006 年,他亲自编写了《全面质量管理》,系统阐述了一个成功企业所必需的基本管理模式,提出了全面质量管理的四个阶段,即计划阶段、实施阶段、检查阶段、处理阶段。与此同时。他还及时作出公司建立 OA 办公系统自动化和进行 ISO9001 国际质量管理体系认证的决定。是年,即该公司投入运营第一年,他的这些决策和决定均得到了很好实施,并初见成效,公司管理水平和办事效率不断提高。11 月 7 日,该公司通行费收入提前 53 天完成全年任务,全年收费总额达 4.43 亿元。2007 年,全年收费 9.75 亿元,较上年增长 120%。

王玉亮

王玉亮,男,汉族,1953 年 10 月生,山西祁县人,1976 年 9 月参加工作,1993 年 12 月入党,沈阳建筑工程学院建筑系(函授)毕业,本科学历,教授级高级工程师,特级工程大师,山西省公路学会理事,山西太长高速公路有限责任公司党委书记。

1976 年 8 月,山西省交通学校道路桥梁专业毕业,同年 9 月 ~1983 年 8 月,晋中公路分局养路科技术干部。1983 年 9 月 ~1985 年 1 月,福州大学土建系路桥专业大专班学习。1985 年 2 月 ~1985 年 11 月,晋中公路分局职工学校中专班专业教师。1985 年 12 月 ~1994 年 12 月,晋中公路分局测设队副队长、工程二队副队长兼技术主管、工程三处副处长兼主任工程师。1995 年 1 月 ~12 月,晋中公路分局副总工程师兼技术科科长。其间,1991 年 9 月 ~1995 年 7 月,沈阳建筑工程学院建筑系本科(函授)学习。1996 年 1 月 ~2005 年 1 月,晋中公路分局总工程师,2001 年 4 月 ~2005 年 1 月,兼祁临高速公路建设工程总监理工程师。1985 ~1989 年,参加马克思主义正规化教育,省委讲师团颁发结业证书。1998 年、1999 年,分别在太原理工大学及省交通干部学院参加企业工商管理和施工项目经理培训学习。2004 年 8 月起,任山西太长高速公路有限责任公司党委书记。

王玉亮作为党委书记,同时颇具公路建设工程专业技术水平,自参加工作便一直奋战在公路建设第一线,投身交通建设 30 多年,参与了多项公路工程建设,尤其是担任领导职务后,为公路建设解决了许多关键性的技术难题,多次被山西省交通厅及晋中市科协评为先进科技工作者。在 108 国道榆次至东观段、祁县至介休一级公路、祁临和太长高速公路建设中先后四次荣立个人一等功。期间,还获得科技进步奖和优秀工程设计奖,在原太高速公路建设中,被省交通厅党组评为优秀共产党员,在大运高速公路建设中被省交通厅评为“大运路上好党员”,编入《大运英雄谱》。他勤奋好学,善于钻研,在省内外科技刊物上发表的十多篇论文见解独到,其中多篇获奖。

2004年9月,王玉亮任太长公司党委书记。他紧紧围绕工程建设开展党委工作,为太长高速公路建设总体目标的全面实现发挥了重要作用。首先是充分发挥企业党委的核心作用,积极参与公司重大问题决策。针对工程建设中最关键的进度控制、质量控制及投资控制三大工作,及时提出建设性和警示性的意见和建议,保证公司政令畅通。其次是狠抓质量管理,发挥自身专长,体现党的工作宗旨,以对党对人民高度负责的态度严格把关。其三是围绕工程建设这个中心,搞好党的建设。大力完善党委、纪委组织机构,设立五个临时党支部,为发挥党委的战斗堡垒作用奠定组织基础。公路建设的关键时间,他攻坚克难,确保工期,依靠集体智慧和力量,为中央首长视察车队通行提供良好交通条件,在关键时刻发挥党组织的关键作用。

2005年11月,太长高速公路正式投入运营后,他坚持以人为本,全面加强党的建设和思想政治工作,加强精神文明建设和党风廉政建设,努力构建和谐企业。一是紧密联系公司经营实际加强党的建设,加强干部队伍管理。二是加强宣传工作及思想政治工作,深入展开各项学习和宣传教育活动,营造积极向上的文化氛围。三是加强党风廉政建设。认真落实党风廉政建设责任制,健全制度,开展警示教育,切实强化惩防结合的反腐败长效机制。四是加强精神文明建设,针对公司转入经营运营后,职工人数增加,涉及岗位增多的现实,重点狠抓收费、养护、路政等行业“窗口”单位的文明创建活动,创造性地开展精神文明建设和企业文化建设,使党的工作在企业经营管理中发挥了重要保障作用。

刘安民

刘安民,男,汉族,1965年8月生,山西榆社县人,1987年7月参加工作,1994年12月入党,1987年7月太原工业大学应用力学专业毕业,大学本科学历,高级工程师,山西高速公路服务区协会会长,山西太长高速公路有限责任公司副总经理,全国交通系统劳动模范。

1987年7月~1990年3月,晋中公路分局三处工作,任大运二级公路建设工程技术员。1990年3月~1993年6月,阳泉公路分局工作,任阳石二级公路建设工程技术股长。1993年6月~1998年3月,阳泉公路分局工作,任太旧、原太高速公路工程建设项目负责人、副处长、技术主管。1998年3月~2000年11月,太原南过境高速公路建设指挥部工程技术处副处长、前线项目组组长。2000年11月~2003年11月,太祁高速公路有限公司副总工程师、合同部副部长、前线指挥长、总经理助理、运营部副经理、养护部部长。2003年11月起,任山西太长高速公路有限责任公司副经理。

王振北

王振北,男,汉族,1965年3月生,山西万荣县人,1989年7月参加工作,2001年6月入党,西安公路学院财会专业毕业,大学学历,会计师,山西太长高速公路有限责任公司总会计师。

1989 年 7 月 ~1998 年 4 月,山西省汽车运输总公司审计处、财务处工作。1998 年 5 月 ~2004 年 3 月,山西省祁临高速公路有限责任公司财务部部长。2004 年 4 月起,任山西太长高速公路有限责任公司总会计师。

张　铮

张铮,男,汉族,1973 年 11 月生,山西太谷县人,1995 年 10 月参加工作,1997 年 12 月入党,山西省财政税务专科学校、中央党校函授学院毕业,大学专科会计学学历、大学本科经济管理学历,政工师,山西太长高速公路有限责任公司党委副书记,纪委书记。

1995 年 10 月 ~1997 年 12 月,山西省交通运输管理局办公室干部、团总支书记,正科级组织员。1998 年 1 月 ~1998 年 11 月,挂职任中阳县武家镇党委副书记(正科级)。1998 年 11 月 ~2003 年 6 月,山西省交通厅厅直机关党委组织部、宣传部、厅直团委、厅直纪委负责人(正科级)。2003 年 6 月 ~2004 年 8 月,山西省交通高级技工学校党委委员、纪委副书记。2004 年 8 月,山西太长高速公路有限责任公司党委副书记、纪委书记。

郭智锋

郭智锋,男,汉族,1959 年生,山西阳城县润城镇人, 1976 年 2 月参加工作,1987 年 12 月入党,河南大学法律系毕业,大学学历,工程师,山西长晋高速公路有限责任公司总经理。

1976 年 2 月 ~1979 年 10 月,阳城县插队劳动;1979 年 10 月 ~1981 年 10 月,山西省交通学校学习; 1981 年 10 月 ~1988 年 4 月,晋东南公路分局工程二处工程队队长;1988 年 4 月 ~1993 年 1 月,晋城公路分局工程处副处长;1993 年 1 月 ~1996 年 1 月,晋城公路分局一处处长、党支部书记;1996 年 1 月 ~2004 年 8 月,晋城公路分局工会主席、副局长;2004 年 8 月起,任山西长晋高速公路有限责任公司总经理。

郭智锋多次获得表彰奖励。其中主要的有,1995 年 10 月,太旧高速公路工程建设中获共青团山西省委“新长征突击手”称号;1996 年 2 月,晋城市劳动竞赛委员会记一等功,山西省交通厅记一等功; 2004 年 11 月和 2006 年 5 月,山西省劳动竞赛委员会两次记一等功。

2002 年 10 月,郭智锋任长晋高速公路建设晋城项目部副总指挥,负责长晋高速公路晋城段工程管理、征地拆迁、地方协调工作。他认真贯彻项目部建设一流、管理一流、质量一流、品位一流的建设要求,科学安排,迎难而上,克服工期短、任务重和非典疫情、雨水频繁等各种困难,保质量、保进度、保安全,圆满完成建设任务。

2004 年 8 月,担任长晋高速公路有限责任公司经理后,他暗下决心,一定要建设全省乃至全国一流的高速公路运营管理公司。他多方借鉴经验,明确提出总体工作思路:坚持以科学发展观和“六高”目标为统领,以服务人民奉献社会为出发点和落脚点,通过理念创新、管理创新、制度创新、科技创新,打造过硬员工队伍,树立优质文明形象,创立具有长晋特色的经营模式,使长晋高速公路成为一条品牌高速公路。经营实践中,他进一步提出了“一年夯实基础,两年强化管理,三年争创一流”的具体工作目标,通过建一流班子、强一流管理、带一流队伍、树一流形象、创一流业绩,实现管理规范化,服务优质化和效益最大化。一是在制度管理上突出创新主题,在完善制度、强化执行、考核兑现上狠下功夫,以管理促发展,用制度规范人。2005～2006年,该公司完成了质量和职业健康安全管理"两标合一"体系认证,基本构建起条理清晰、程序规范、内容全面的制度体系,在此基础上,将体系内审与目标责任制考核紧密结合起来,建立覆盖各个单位、部室和岗位的以工作业绩为核心的考核评价体系,形成了高效有序、运转协调、持续改进的工作机制,营造了公开透明、力争上游的发展氛围,推进了工作效率和管理效能提升。二是在收费管理上深入贯彻"以人为本、以车为本、以路为本"的经营理念,全面提升公共服务水平,努力做到公益性和效益性有机统一,公司公路通行费收入连年提升:2005年1.58亿元,2006年1.7亿元,2007年2.6亿元,其中公路运营当天即开始收费,公司运营当年实现收支平衡,略有盈余,为全省高速公路经营管理的一个先例。三是养护管理着力抓好日常管养,树立全寿命周期理念,大力开展预防性养护,定期进行全面路况普查,建立路面、桥梁、涵洞及挡护、排水系统的信息化微机综合养护管理系统,使大中型构造物得以有效监控和安全运行,MQI值在98以上,位居全省前列。四是在路政管理上强化规范管理,消除管理空白,责任落实到人,建立路政巡查、赔偿、处置、清障、救援、超限治理联动工作机制;实行"三公开、一监督"制度,防止了"三乱"发生。五是服务区管理按照"酒店化、机场化"服务要求,编写了《礼节礼貌综合手册》,实行了公益服务项目24小时开放,完善了客房、餐厅等服务设施。2005年,即高平服务区开业当年即达到"四星级服务区"标准,年营业额达4500万元。至2006年,长晋公司多次被评为全省高速公路管理"先进单位"、"优秀单位"。

刘玉怀

刘玉怀,男,汉族,1952年8月生,山西省沁县郭村镇人,1969年2月参加工作,1970年12月入党,大专学历,高级经济师,山西长晋高速公路有限责任公司党委书记。

1969年2月～1984年2月,中国人民解放军某部服兵役,任班长、排长、指导员、教导员。1984年2月～1995年3月,山西省交通厅机关工作,任干事、副主任科员、科长。1995年3月～2004年8月,山西省交通建设开发投资总公司副经理。2004年8月起,任山西长晋高速公路有限责任公司党委书记。

刘玉怀作风坦率,工作勤勉,多次受到嘉奖和表彰。1977年,获军区空军司令部通令嘉奖,1981年被军区空军直属队评为优秀指导员。1995年,他的家庭被山西省交通厅评为文明家庭标兵。2007年12月,山西省劳动竞赛委员会授予五一劳动奖章。

1995年3月,山西省交通厅对山西省交通建设开发总公司领导进行全面调整,他调任省交通建设开发总公司副经理。当时,公司的1000万元注册资金有相当部分成为难以收回的外欠债务,由于债务纠纷,公司的银行账户也被司法部门冻结了,企业举步维艰。新的领导班子到任后,他的工作分工恰是负责清理外欠债务。面对困境,刘玉怀紧紧依靠领导班子和广大员工的集体力量,充分发挥自己的特长和主观能动作用,夜以继日,知难而上。他首先与冻结公司账户的法官取得联系,了解案情,据理力争,使原案件的判决很快得到改判,公司的官司由输转赢。初战告捷和关键环节的突破,有力推动了整个债务清理工作进程。在之后的清欠工作中,他酌情运用法律、行政、协商等多种手段,多次到临汾、运城、吕梁等地追讨债务,晚上找最便宜的旅馆住,午休能逢上债主办公室的长凳可算是奢侈,以方便面充饥乃是习以为常。就这样,经过近两年的艰苦努力,共回收外欠债务(包括物资折款)410.5万元,为企业重振旗鼓起到了重要作用。刘玉怀分管总公司办公室和实业分公司、工程分公司等经营实体,各项工作始终井然有序,业绩良好。尤其是工程分公司,作为总公司当时的经营重点之一,其良好的经营业绩成为总公司当时迅速发展壮大的有力支撑。

调任山西长晋高速公路有限责任公司党委书记后,刘玉怀迅速进行由企业行政领导向企业党务工作领导的角色转变,创造性地开展党委工作,充分发挥党组织的核心作用,正确处理与企业行政领导的中心地位的关系,切实把保障和促进企业健康经营作为党委工作的出发点和落脚点。他坚持思想政治工作紧紧围绕企业经营管理的方针,注重发挥共产党员的先锋模范作用和基层党支部的战斗堡垒作用。在党建和精神文明建设中,他主动适应新的形势,积极探索新的途径,围绕运营管理"一个中心",狠抓党建和精神文明"两项建设",突出领导班子和职工队伍建设、群众性文明创建活动、培养先进典型"三个重点",大力推进党建工作目标责任制管理,深入开展"文明高速路"创建活动,为企业发展提供了可靠的政治保证和精神动力。

刘玉怀分管人力资源管理,竭力推行风清气正的选人用人机制。在长晋高速公路通车运营之际,为了组建高素质职工队伍,他亲自制定招聘方案,严明招聘工作纪律,实行领导回避制度,坚持公开、公平、公正、择优原则,设置资格审查、笔试、面试、体检、政审五道关口,实行层层筛选,为企业高效经营奠定了重要基础。公司投入运营后,他身体力行"赛马机制",变少数人"伯乐相马"为公众在"赛场上选马",实行有岗必竞、有进必考、照章办事、阳光作业,形成了一套公正透明的选人用人机制。同时,他还十分重视职工队伍的"吐故纳新",使广大职工始终保持奋发向上的良好状态。

2005~2007年,山西省交通厅党组连续三年授予该公司党委"先进基层党组织"称号,授予晋城收费站、高平服务区"文明和谐示范窗口"称号,团省委授予晋城东收费站"青年文明号"称号。

王庆红

王庆红,男,汉族,山西沁水县人,1964年10月生,1984年9月参加工作,1987年6月入党,北京交通大学土木工程专业毕业,本科学历,政工师,山西长晋高速公路有限责任公司常务副经理。

1984年9月~1985年5月,阳城县商业局工作。1985年5月~1991年10月,中共阳城县委信息反馈中心副主任、主任。1991年10月~1992年7月,晋城市两路建设指挥部工作。1993年3月~1998年7月,晋城市商品公路开发总公司办公室副主任、晋阳公路指挥部办公室副主任、晋城市商品公路开发总公司总经理助理、征费科长、党总支委员。1998年7月~2002年11月,晋城市商品公路开发总公司副经理。2002年11月~2005年8月,晋城市商品公路开发总公司副经理,主持工作。2005年8月起,任山西长晋高速公路有限责任公司常务副经理。

2007年9月,长晋高速公路与二级公路两个公司恢复原建制,任晋城市商品公路开发总公司(长晋公路有限公司)副经理,主持行政工作,党总支委员。

尤达文

尤达文,男,汉族,1964 年 12 月生,山西偏关县人,1985 年 2 月入党,同年 8 月参加工作,本科学历,山西长晋高速公路有限责任公司党委副书记。

1985 年 8 月 ~1986 年 4 月,偏关县铁厂工作。1986 年 5 月 ~1989 年 8 月,偏关县委组织部工作。1989 年 10 月 ~1996 年 11 月,偏关县委办公室秘书、副主任。1996 年 11 月 ~2003 年 5 月,山西省交通建设开发投资总公司办公室副主任、主任。2003 年 5 月 ~2005 年 8 月,晋城市商品公路开发总公司党总支副书记。2005 年 8 月起,山西长晋高速公路有限责任公司党委副书记。

2007 年 9 月,长晋高速公路与长晋二级公路两个公司恢复原建制,任晋城市商品公路开发总公司(长晋公路有限公司)党总支副书记,主持党总支工作。

郝建军

郝建军,男,汉族,1968 年 12 月生,山西长治市人,1988 年 7 月参加工作,1996 年 3 月入党,山西大学行政管理专业毕业,本科学历,工程师、高级政工师,山西长晋高速公路有限责任公司党委副书记、纪委书记。

1988 年 7 月 ~1992 年 6 月,长治公路分局宣传科工作。1992 年 7 月 ~1997 年 9 月,长治公路分局实业公司工程科长。1997 年 9 月 ~1998 年 9 月,长治公路分局云阳公路项目部副经理兼工程技术主管。1998 年 9 月 ~2003 年 9 月,长治高速公路公司综合办主任、人力资源部部长。2003 年 9 月起,任山西长晋高速公路有限责任公司党委副书记、纪委书记。

李吉祥

李吉祥,男,汉族,1964 年 2 月生,山西运城市人,1985 年 7 月参加工作,1994 年入党,湖南大学会计专业毕业,本科学历,会计师,山西长晋高速公路有限责任公司总会计师,山西省劳动模范。

1985 年 7 月 ~1989 年 9 月,运城公路分局劳动服务公司会计。1989 年 9 月 ~1994 年 3 月,运城公路分局纪检委工作。1994 年 3 月 ~1999 年 2 月,运城公路分局实业公司副总经理。2000 年 2 月 ~2004 年 4 月,山西运城高速公路有限责任公司计划财务处处长。2004 年 4 月起,任山西长晋高速公路有限责任公司总会计师。

张应魁

张应魁,男,汉族,1951 年 4 月生,山西阳城县人,1969 年 8 月参加工作,1988 年 6 月入党,高中学历,会计师,山西长晋高速公路有限责任公司总会计师。

1969 年 8 月 ~1978 年 8 月,阳城县北留供销社工作。1978 年 9 月 ~1984 年 11 月,阳城县供销社财务干事。1984 年 12 月 ~1993 年 3 月,阳城县政府机关事务管理局主管会计。

1993 年 4 月 ~2005 年 8 月,晋城市商品公路开发总公司财务科长、总会计师。2005 年 8 月起,任山西长晋高速公路有限责任公司总会计师。

2007 年 9 月,长晋高速公路与长晋二级公路两个公司恢复原建制,任晋城市商品公路开发总公司(长晋公路有限公司)调研员。

杨宗志

杨宗志,男,汉族,1947 年 3 月生,四川省蓬溪县人,1968 年 3 月参加工作,1972 年入党,高中学历,山西长晋高速公路有限责任公司调研员,山西省劳动模范。

1968 年 3 月 ~1984 年 3 月,中国人民解放军某部服兵役。1984 年 3 月 ~1986 年 4 月,阳城县工商行政管理局股长。1986 年 4 月 ~1988 年 1 月,中共阳城县纪律检查委员会副书记。1988 年 1 月 ~1998 年 3 月,阳城县公安局党委书记、局长。1998 年 3 月 ~2005 年 8 月,晋城市商品公路开发总公司副经理、调研员。2005 年 8 月起,任山西长晋高速公路有限责任公司调研员。

赵剑斌

赵剑斌,男,汉族,1965 年 11 月生,山西阳城县人,1986 年 9 月参加工作,2001 年 7 月入党,专科学历,工程师,山西长晋高速公路有限责任公司经理助理。

1986 年 9 月 ~1991 年 3 月,沁水县交通局工作。1991 年 4 月 ~1993 年 3 月,晋城市两路建设指挥部工作。1993 年 3 月 ~2002 年 8 月,晋城市商品公路开发总公司职员、路政科科长。2002 年 9 月 ~2003 年 12 月,山西太晋高速公路有限责任公司工管处处长。2003 年 12 月起,任山西长晋高速公路有限责任公司经理助理。

王文明

王文明,男,汉族,1969 年 3 月生,山西省平顺县人,1989 年 7 月参加工作,1998 年 7 月入党,本科学历,工程师,山西长晋高速公路有限责任公司经理助理。

1989 年 7 月 ~1990 年 4 月,晋城汽车运输公司基建科工作。1990 年 5 月 ~1993 年 2 月,山西省汽车运输总公司计划处工作。1993 年 3 月 ~1995 年 12 月,山西省交通建设开发总公司工程部主任。1996 年 1 月 ~1997 年 12 月,借调山西省交通厅基建处工作。1998 年 1 月 ~2004 年 4 月,山西省交通建设开发展投资总公司路桥管理部主任、路政支队队长。2004 年 5 月 ~2005 年 8 月,长晋公路有限公司副经理。2005 年 8 月起,任山西长晋高速公路有限责任公司经理助理。

2007 年 9 月,长晋高速公路与长晋二级公路两个公司恢复原建制,任晋城市商品公路开发总公司(长晋公路有限公司)副经理。

段星星

段星星,男,汉族,1961 年 1 月生,山西阳城县人,1978 年 10 月参加工作,1990 年 7 月入党,专科学历,政工师,山西长晋高速公路有限责任公司工会常务副主席。

1978 年 10 月 ~1986 年 7 月,阳城县生产资料公司物价员、统计员。1986 年 8 月 ~1992 年 11 月,阳城县劳动就业局办公室副主任、劳动力管理科科长。1992 年 12 月 ~2005 年 8 月,晋城市商品公路开发总公司人事劳资科科员、副科长、科长;公司党办主任、公司机关第一党支部书记、公司团委书记、工会主席。2005 年 8 月起任山西长晋高速公路有限责任公司工会常务副主席(主持工会工作)。

2007 年 9 月,长晋高速公路与长晋二级公路两个公司恢复原建制,任晋城市商品公路开发总公司(长晋公路有限公司)工会主席。

王锁胜

王锁胜,男,汉族,1949 年 7 月生,山西阳城县人,1966 年 3 月参加工作,1972 年 11 月入党,专科学历,经济师,山西晋焦高速公路有限公司经理、党总支书记。

1966 年 3 月 ~1970 年 9 月,中共阳城县委办公室干事。1970 年 10 月 ~1972 年 2 月,阳城县饮食服务公司工作。1972 年 3 月 ~1972 年 9 月,中共阳城县委办公室信访干事。1972 年 10 月 ~1978 年 5 月,阳城县台头公社党委委员、团委书记。1978 年 6 月 ~1983 年 3 月,阳城县工交部经委办公室副主任。1983 年 4 月 ~1984 年 1 月,阳城县运输公司党支部书记、经理。1984 年 2 月 ~1992 年 9 月,阳城县交通局副局长、党总支副书记、局长、党总支书记。1992 年 10 月 ~1999 年 9 月,晋城市商品公路开发总公司副总经理、党总支书记。1999 年 1 月 ~2003 年 1 月,晋城市商品公路开发总公司总经理、党总支书记;2003 年 1 月起,任山西晋焦高速公路有限公司经理、党总支书记。任上述职务的同时,1995 年 10 月 ~2004 年 1 月,任晋城市交通局副局长;2002 年 10 月 ~2005 年 10 月,任山西省交通建设开发投资总公司副经理。

王锁胜连年出色的工作获得多项荣誉称号,多次受到表彰奖励。1998 年获山西省公路系统劳动模范称号, 2002 年获晋城市"五一"劳动奖章,2003 年 3 月,山西省劳动竞赛委员会记个人二等功,2004 年 4 月,获晋城市劳动模范称号。多次被晋城市评为优秀共产党员、优秀党员领导干部。

王锁胜从事交通建设和管理工作 30 余年,对交通事业充满炽热之情,贡献突出,深得领导赏识和职工爱戴。到晋城商品路公司工作后,先后参加了晋阳、晋焦高速公路的筹备工作和工程建设,为长晋高速公路建设做了大量前期工作,为该公路及时开工建设,乃至全省"十五"期间建成"人"字型高速公路主骨架作出了贡献。

2002 年山西省交通建设开发投资总公司接收晋城商品路公司后,适逢晋焦高速公路正式通车运营在即,作为最佳人选,总公司任命他担任山西晋焦高速公路有限公司经理、党总支书记,并担任了总公司副经理。

担任晋焦公司主要领导,他全身心投入工作,不断创新企业运行机制,完善经营管理体制,以自己的丰富阅历和人格魅力为企业创造良好经营环境,使公司各项工作走在全省同行业前列。一是情系一线职工,树立良好公仆形象。他坚持践行"权为民所用、情为民所系、利为民所谋"的宗旨,在晋焦高速公路运营之初便提出了"小机关、大一线"和"两个面向"(公司领导面向基层、机关人员面向一线)的基本要求,在该公司运营伊始,即为全体员工交纳“五险一金”,收入分配和评选先进模范,重点倾向生产一线职工,从而极大地激发了广大职工的工作热情。二是狠抓规范化管理,推动企业又好又快发展。该公路通车运营之初,即建立了质量管理体系和职业健康安全体系,同时还坚持财务开支“五支笔”签字集体把关制度、周一生产例会制度、重大事项民主决策制度等各项规章制度,健全《隧道火灾应急预案》、《冬季除雪防滑工作预案》等各种应急预案。三是坚持以人为本,努力提升队伍素质。他始终把建好班子、带好队伍作为干好工作的重要抓手,坚持组织定期学习,提高领导干部民主生活会质量,促使企业职工队伍整体素质不断提高。先后举办五届“精英杯”业务技能比武大赛、两届才艺作品大赛和首届职工运动会,这些经常性的大型活动,使广大职工陶冶了情操,增强了企业的向心力。四是强化安全生产意识,全力打造平安高速。晋焦高速公路为典型的山区高速公路,沿线山高沟深,桥隧相连,高边坡塌方和路面推移病害多次发生,特别是2003年~2005年期间,共发生大面积边坡塌方4次,封路处理时间累计达30余天。为较好解决这一病害,王锁胜不顾个人安危,无数次翻山越岭,爬上数百米高的山顶实地察看,夜以继日查阅相关资料,虚心向技术人员求教,反复推敲处治方案。在省总公司的大力支持下,五年累计投入1500余万元对沿线高边坡和路面推移进行持续治理,终于使困扰行车安全的两大病害得到初步解决。与此同时,还在沿线建起了免费制动降温池、紧急避险车道,完成了全线隧道一、二期消防工程改造,使公路安全通行能力和企业健康运营保障机制不断强化。

科学有效的经营管理为企业赢得了良好的效益和信誉。2003~2007年,晋焦公司累计完成通行费征收7.9亿元,连年被评为文明单位标兵、先进基层党组织、完成工作目标优秀单位,获得各种表彰奖励六十余项。

白正义

白正义,男,汉族,1957年9月生,山西五台县人,1976年12月参加工作,1986年7月入党,山西经济管理干部学院(函授)毕业,专科学历,政工师,山西晋焦高速公路有限公司副经理、党总支副书记、工会主席。

1976年12月~1979年12月,忻州西张公社插队劳动、学校教师。1979年12月~1988年2月,山西省汽车运输总公司忻州公司安全科、政治处干事、秘书。1988年2月~1993年6月,山西省汽车运输总公司人事劳资处干事。1993年6月~1998年7月,山西省交通建设开发总公司办公室主任、人事劳资教育处处长。1998年7月~2003年1月,山西新泽等六间高速公路有限公司副总经理。2003年1月,任山西晋焦高速公路有限公司副经理,3月获总公司2002年度特别贡献奖,4月兼任工会主席,2006年3月兼任党总支副书记。

任怀杰

任怀杰,男,汉族,1963年7月生,山西阳泉市人,1979年8月参加工作,1994年8月入党,中央党校函授学院经济管理专业毕业,高级会计师,山西晋焦高速公路有限公司副经理、党总支委员。

1979年8月~1984年11月,阳泉市荫营镇政府统计助理员。1984年12月~1999年5

月,山西省阳泉汽车运输公司财务主管、副科长、处长。1999 年 5 月 ~2002 年 10 月,山西省交通建设开发投资总公司财务处副处长(正科待遇)。2002 年 10 月 ~2002 年 12 月,山西新泽等六间高速公路有限公司筹备组副组长。2003 年 1 月起,任山西晋焦高速公路有限公司副经理、党总支委员。

邱引强

邱引强,男,汉族,1960 年 9 月生,河南省济源市人,1971 年 3 月参加工作,1999 年 9 月入党,山西省长治市职工业余大学秘书专业毕业,大专学历,助理经济师,山西晋焦高速公路有限公司副经理。

1977 年 1 月 ~1979 年 1 月,沁水县农村插队劳动。1979 年 1 月 ~1981 年 1 月,中国人民解放军某部服兵役。1981 年 1 月 ~1989 年 3 月,沁水县百货公司批发部业务员、副主任。1989 年 3 月 ~1992 年 12 月,晋城市综合批发公司商场经理。1993 年 1 月 ~1997 年 10 月,晋城市土地局劳动服务公司经理。1997 年 10 月 ~2002 年 12 月,晋焦高速公路建设指挥部地方协调处副处长。2003 年 1 月起,任山西晋焦高速公路有限公司副经理、党总支委员。

王利发

王利发,男,汉族,1956 年 11 月生,山西太原清徐县人,1981 年 8 月参加工作,1993 年 6 月入党,山西省建筑工程学院毕业,中专学历,工程师,山西晋焦高速公路有限公司总工程师、党总支委员。

1978 年 8 月 ~1996 年 3 月,山西省第二建筑工程公司工长、队长、工程处副处长、主任,第一分公司经理。1996 年 3 月 ~1998 年 7 月,山西省交通建设开发总公司工程技术部副主任兼忻州公路职工培训中心筹备处处长助理、工程管理部主任。1998 年 7 月 ~2002 年 12 月,总公司派驻山西新泽等六间高速公路有限公司人员。2003 年 1 月,任山西晋焦高速公路有限公司总工程师、党总支委员。

张　明

张明,男,汉族,1958 年 11 月生,山西武乡县人,1975 年 8 月参加工作,2001 年 12 月入党,高中学历,山西晋焦高速公路有限公司副经理。

1975 年 8 月 ~1976 年 12 月,阳泉市东村插队劳动。1977 年 1 月 ~1982 年 12 月,中国人民解放军某部服兵役。1983 年 1 月 ~1996 年 12 月,太原市土产日杂公司炊事机械制冷设备采供站经理。1997 年 1 月 ~2001 年 7 月,山西路通合作公司杨村收费站站长。2001 年 7 月 ~2006 年 5 月,山西交通大酒店经理。2006 年 5 月起,任山西晋焦高速公路有限公司副经理。

姚永福

姚永福,男,汉族,1963 年 6 月生,山西运城市北城人,1985 年 8 月参加工作,1986 年 7

月入党,太原理工大学毕业,大学本科学历,工程师,山西路通合作公司副总经理。

1985年8月~1989年7月,山西省化工设计院工程师。1989年7月~1993年8月,山西省建筑技术职业学院(原山西省建筑工程学校)讲师。1993年8月调入山西省交通建设开发投资总公司,在资金筹集部工作。1994年1月~1995年8月,任山西省交通通元物资公司副经理。1995年8月~1996年12月,在工程技术部工作。1996年12月~2002年4月,山西阳济公路开发有限公司经理。2002年4月~2004年4月,任诺信公司经理。2004年4月~2006年10月,任山西龙湖生态开发有限公司副经理。2006年10月,任山西路通合作公司副总经理。

冀晏璋

冀晏璋,男,汉族,1953年2月生,河北武安市人,1971年12月参加工作,1996年12月入党,大专学历,助理经济师,山西路通合作公司党支部书记。

1971年12月~1975年10月,山西省轮胎翻修厂工人。1975年10月–1976年12月,山西省太原机动车监理所安全员。1977年1月~1978年2月,太原市公安局工作。1978年3月~1992年10月,山西省公路局工作,其间,初任机械大队保卫干事,1985年5月任第二工程大队汽车队队长,1989年10月任第一公司城市道路处处长助理。1992年11月~1996年1月,山西省第一工程公司城市道路工程处副处长。1996年2月调入山西省交通建设开发总公司,任机械租赁分公司副经理。1997年10月调任路通公司工程部经理,2006年10月起,任山西路通合作公司党支部书记。

尚金明

尚金明,男,汉族,1960年3月生,河北沧州南皮县人,1977年1月参加工作,1980年5月入党,山西财经大学会计专业结业,山西阳济公路开发有限公司经理。

1977年1月~1980年12月,中国人民解放军某部服兵役。1981年4月~1981年11月,山西省轮胎翻修厂工人。1981年11月~1998年5月,太原客运公司汽车保修厂工人、厂长。1998年5月调入山西省交通建设开发总公司,任山西路通合作公司许西收费站站长。2004年3月起任山西阳济公路开发有限公司经理。

张李强

张李强,男,汉族,1967年5月生,山西阳城县人,1983年4月参加工作,1995年9月入党,北京师范大学行政管理专业在职研究生结业,经济师,山西阳济公路开发有限公司党支部书记。

1983年4月~1989年11月,阳城县交通局工作。1989年12月~1993年10月,晋城市交通局工作。1993年11月~2000年6月,晋城市商品公路开发总公司工会负责人、劳动服务公司经理、晋城市汽车检测中心副经理。2000年7月~2004年4月,晋城市绿色汽车运输公司经理。2004年5月起,任山西阳济公路开发有限公司党支部书记。

上官和平

上官和平,男,汉族,1966年10月生,山西阳城县东冶镇人,1984年10参加工作,1987年7月入党,大专学历,山西阳济公路开发有限公司副经理。

1984年10月～1996年12月,中国人民解放军某部服兵役。1997年1月,转业到阳城县交通局,在阳济公路开发有限公司工作,任财务科副科长。2000年1月～2000年12月,阳城县汽车运输公司经理。2001年1月～2002年3月,阳济公路开发有限公司办公室主任。2002年4月起,任阳济公路开发有限公司副经理。

贺进刚

贺进刚,男,汉族,1964年9月生,山西晋城市人,1986年8月参加工作,1997年9月入党,长安大学函授道桥专业毕业,本科学历,工程师,山西诺通公路养护有限公司经理、党支部书记。

1986年8月～1989年4月,陵川县交通局技术员。1989年5月～1990年12月,陵川县公路段助理工程师。1991年1月～1992年12月,晋城市两路建设指挥部工程质量监理工程师。1993年1月～1996年1月,晋城市商品公路开发总公司工作,先后任公路开发科副科长、路政养护科副科长、工程处处长。2003年8月～2004年8月,晋城公路养护中心主任。2004年8月,任山西诺通公路养护有限公司经理。

王大勇

王大勇,男,汉族,1970年10月生,山西晋城市人,1991年1月参加工作,2002年11月入党,太原科技大学计算机科学与技术专升本函授班毕业,本科学历,助理工程师,山西诺通公路养护有限公司副经理。

1991年1月～1993年8月,晋城市两路建设指挥部技术员。1993年8月～2003年8月,晋城市商品公路开发总公司主办科员、副科长。2003年8月～2004年8月,晋城公路养护中心副主任。2004年8月,任山西诺通公路养护有限公司副经理。

冯国发

冯国发,男,汉族,1968年11月生,山西沁水县人,1991年8月参加工作,2000年10月入党,北京航天大学计算机系专业学习,大专学历,工程师,山西诺通公路养护有限公司副经理。

1991年8月～1998年3月,沁水县交通局科员。1998年3月～2003年8月,晋焦高速公路建设指挥部工程管理处副科长。2003年8月～2004年8月,晋城公路养护中心副主任。2004年8月,任山西诺通公路养护有限公司副经理。

李海宾

李海宾,男,汉族,1973 年 5 月生,山西左云县人,1997 年 7 月参加工作,2002 年 7 月入党,太原理工大土木系专业毕业,大专学历,助理工程师,山西诺通公路养护有限公司副经理。

1997 年 7 月 ~2003 年 8 月,山西省交通建设开发投资总公司科员。2003 年 8 月 ~2004 年 8 月,晋城公路养护中心副主任。2003 年 8 月,任山西诺通公路养护有限公司副经理。

三、多种经营单位

王亚龙

王亚龙,男,汉族,1968 年 8 月生,山西五寨县人,1991 年 11 月参加工作,1999 年 6 月入党,中央党校函授班毕业,本科学历,工程师,工程分公司经理,诺信交通建设有限公司董事长。

1991 年 11 月 ~1997 年 7 月,五寨县土地局土地开发公司经理。1997 年 7 月,山西省交通建设开发总公司工作,任工程分公司经理。2005 年 12 月,兼任诺信交通建设工程有限公司董事长。

郭卫东

郭卫东,男,汉族,1969 年 7 月生,山西五寨县人, 1992 年 8 月参加工作,1997 年 6 月入党。北方交大工程硕士毕业,硕士学历,高级工程师。山西诺信交通建设工程有限公司经理、工程分公司副经理。

1992 年 8 月 ~2004 年 1 月,山西省路桥一公司工作。2004 年 1 月起,任山西诺信交通建设工程有限公司经理、工程分公司副经理。

沈全福

沈全福,男,汉族,1964 年 1 月生,山西太原市人,1983 年 7 月参加工作,1995 年 11 月入党,山西省委党校(函授)毕业,本科学历,工程师,山西诺信交通建设工程有限公司党支部书记、工程分公司副经理。

1983 年 7 月 ~1997 年 12 月,山西省公路局工作。1997 年 12 月起,任山西诺信交通建设工程有限党支部书记,2004 年 6 月,兼任工程分公司副经理。

马继平

马继平,男,汉族,1956 年 4 月生,河北省唐山市人, 1974 年 6 月参加工作,2000 年 7 月入党，山西广播电视大学毕业，大专学历，高级工程师，山西诺信交通建设工程有限公司副经理、工程分公司副经理。

1974年6月～1979年10月，保定标准件厂工作。1979年10月～1987年4月，太原半导体厂工作。1987年4月～1997年3月，山西省电子系统工程公司工作。1998年3月起，任诺信交通建设工程有限公司副经理，2004年6月，兼任工程分公司副经理。

张桃芬

张桃芬，女，汉族，1966年7月生，山西武乡县人，1985年5月参加工作，2000年7月入党，山西省委党校经济管理专业毕业，大专学历，会计师，山西诺信交通建设工程有限公司总会计师、工程分公司副经理。

1985年6月5日～1986年11月，长治市太行制药厂工作。1986年11月～1996年5月，长治市第一汽车运输公司工作。1997年4月，总公司所属工程运输分公司（工程分公司前身）会计。2003年1月，工程分公司总会计师，2004年6月，兼任山西诺信交通建设工程有限公司总会计师。

桑晋光

桑晋光，男，汉族，1968年8月生，山西忻州五寨县人，1985年6月参加工作，1996年2月入党，本科学历，经济师，山西交通大酒店（有限公司）经理。

1985年6月～1997年11月，忻州宾馆客房部副经理。1997年11月～2000年10月，山西省交通职工培训中心餐饮部经理、客房部经理。2000年10月到山西交通建设开发投资总公司工作，任山西交通大酒店（有限公司）副经理，2002年4月任党支部书记、副经理。2006年4月任经理。

逯林涛

逯林涛，女，汉族，1971年11月生，山西临汾人，1992年7月参加工作，1996年8月入党，中共山西省委党校函授班经济管理专业毕业，大学本科学历，政工师，山西交通大酒店（有限公司）党支部书记。

1992年7月～1997年5月，山西兴安化学材料厂（铝型材分厂）工作，其间，1993年4月起任厂团委宣传部长。1997年5月，到山西省交通建设开发投资总公司，在融资部、经营质量监察处工作。2001年3月，山西交通大酒店（有限公司）工作，任党支部副书记，2002年4月任副经理，2006年10起任党支部书记、副经理。

兰晓琳

兰晓琳，女，汉族，1966年10月生，山西大同阳高县人，1986年参加工作，1998年11月入党，中央党校经济管理专业毕业，本科学历，高级会计师，山西交通大酒店（有限公司）总会计师。

1986 年 7 月 ~1989 年 3 月,太原纺织机械工业技校教师。1989 年 3 月 ~2002 年 5 月,太原市机械工业供销公司出纳、会计、主任。2002 年 5 月,到山西省交通建设开发投资总公司工作,任山西交通大酒店(有限公司)计财部经理,2005 年 11 月起任总会计师。

马正伟

马正伟,男,汉族,1955 年 12 月生,辽宁省大连市人,1971 年 12 月参加工作,1971 年 12 月入党,中共山西省委党校经济管理专业(脱产学习)毕业,本科学历,政工师,山西通建房地产开发有限公司董事长。

1971 年 12 月 ~1976 年 12 月,太原市建筑安装工程公司工作。1976 年 3 月 ~1980 年 1 月,中国人民解放军某部服兵役。1980 年 2 月 ~1981 年 12 月,太原市建筑一公司修理工。1982 年 2 月 ~1988 年 12 月,太原市汽车客运公司司机、车队副队长。1989 年 1 月 ~1997 年 3 月,太原长途汽车客运站乘务队队长、副站长兼多种经营部主任。1997 年 3 月调入山西省交通建设开发总公司工作,任工程分公司经理,1976 年 6 月,实业发展分公司经理,2003 年 7 月,任山西通建房地产开发有限公司董事长。

陈东燕

陈东燕,女,汉族,1967 年 1 月生,山西文水县人,1989 年 6 月入党,同年 7 月参加工作,太原机械学院自动控制专业毕业,学士学位,大学本科学历,国际商务师,山西诺盛国际贸易有限公司经理。

1989 年 7 月 ~1997 年 6 月,山西省五金矿产进出口公司业务科工作。1997 年 6 月 ~2001 年 8 月,山西明迈特实业有限公司业务科工作。2001 年 8 月,调入山西省交通建设开发投资总公司,任国际贸易部副经理(主持工作)。2004 年 8 月起,任山西诺盛国际贸易有限公司经理。

梁明辉

梁明辉,男,汉族,1963 年 9 月生,山西太原市人,1985 年 7 月参加工作,太原重型机械学院毕业,本科学历,工程师,山西诺盛国际贸易有限公司副经理。

1985 年 7 月 ~1986 年 10 月,太原矿机厂工作。1986 年 10 月 ~1992 年 1 月,山西省机械研究院工作。1992 年 1 月 ~2001 年 7 月,山西五矿进出口公司(后改制为山西明迈特公司)工作。2001 年 7 月调入山西省交通建设开发投资总公司,在国际贸易部工作。2005 年 11 月,任山西诺盛国际贸易有限副经理。

卢向阳

卢向阳,男,汉族, 1970 年 5 月生,山西襄汾县人,1992 年 5 月参加工作,2002 年 4 月入党,太原大学建筑设备专业毕业,大专学历,工程师,山西省交通建设开发投资总公司实业发展分公司经理。

1992年5月~1996年5月,太原市第三运输公司工作。1996年5月调入山西省交通建设开发投资总公司工作,先后任工程技术部主任、项目开发部主任,2003年3月,任实业发展分公司经理。

孟莉莉

孟莉莉,女,汉族,1972年1月生,河南省周口市人,1994年8月参加工作,2005年5月入党,山西大学师范学院外语系毕业,大学本科学历,经济师,山西省交通建设开发投资总公司实业发展分公司副经理。

1994年8月~1998年8月,山西省交通干部学校工作。1998年8月调入山西省交通建设开发总公司工作,2003年3月,任实业发展分公司副经理。

张丽君

张丽君,女,汉族,1966年3月生,山西定襄县人,1990年2月参加工作,山西中医学院毕业,大学本科学历,副主任医师,山西省交通建设开发投资总公司实业发展分公司副经理。

1990年2月~2002年12月,晋煤集团老干部处工作。2003年1月调入山西省交通建设开发投资总公司,在实业发展分公司工作,同年11月任实业发展分公司副经理。

宋建芳

宋建芳,男,汉族,1974年4月生,山西屯留县人,1991年11月参加工作,1995年4月入党,中央党校函授学院毕业,大专学历,实业发展分公司副经理

1991年11月~1998年12月,中国人民解放军某部服兵役。1999年1月,转业山西省交通建设开发投资总公司,先后在小车队、办公室工作, 2005年11月,任实业发展分公司副经理。

郭如伟

郭如伟,男,汉族,1962年6月生,山西定襄县人,1980年6月参加工作,大专学历,山西凤凰山生态植物园开发有限公司副经理。

1980年6月~1983年10月,定襄县农工商联合总公司工作。1983年10月~1987年12月,古交工程处工作。1987年12月~1997年,定襄县外贸局工作。1997年~2002年,定襄县交通局公路站工作。2003年7月,任山西凤凰山生态植物园有限公司副经理。

张明胜

张明胜,男,汉族,1960 年 3 月生,山西定襄县人,1982 年 6 月参加工作,2003 年 6 月入党,山西农业大学毕业,大学本科学历,1993 年获高级工程师资格,山西凤凰山生态植物园有限公司总工程师。

1982 年 6 月~2001 年 4 月,忻州市水利局工作。2002 年 4 月,参加凤凰山生态植物园开发,任山西凤凰山生态植物园有限公司总工程师。

原锐钊

原锐钊,男,汉族,1950 年 1 月生,山西省左权县人,1973 年 1 月参加工作,1972 年入党,北京钢铁学院(北科大)毕业,大学学历,高级工程师,山西龙湖生态开发有限公司经理。

1973 年 1 月~1973 年 9 月,太原重型机械厂工人。1973 年 9 月~1976 年 12 月,北京钢铁学院学员。1976 年 12 月~1985 年 8 月,太原重型机械厂设计院技术员、院办主任。1985 年 8 月~1991 年 3 月,太原市五一机械厂副厂长、厂长。1991 年 3 月~1992 年 7 月,太原市机械工业局职工大学校长。1992 年 7 月~2003 年 3 月,太原高新技术开发区建发公司副经理、物业中心主任。2003 年 3 月,太原高新技术开发区社会发展局调研员。2004 年 3 月,任山西龙湖生态开发有限公司总经理。

李怀明

李怀明,男,汉族,1963 年 3 月生,山西定襄县人,1983 年 8 月参加工作,1995 年入党,中共山西省委党校经济管理系毕业,本科学历,工程师,山西龙湖生态开发有限公司副经理。

1983 年 8 月~1999 年 9 月,轩岗矿务局刘家煤矿办公室主任。1999 年 9 月到山西省交通建设开发投资总公司工作,任北京至大同高速公路交通工程项目经理。2001 年 11 月~2006 年 10 月,山西通建房地产开发有限公司副经理。2006 年 10 月起,任山西龙湖生态开发有限公司副经理。

周金虎

周金虎,男,汉族,1961 年 6 月生,山西太原市人,1981 年参加工作,2000 年入党,山西大学科学哲学系毕业,研究生学历,工程师,山西龙湖生态开发有限公司副经理。

1981 年 8 月~1984 年 3 月,太原市尖草坪区后柴村镇武装部干事。1984 年 4 月~1993 年 8 月,山西经济管理干部学院主任科员。1993 年 8 月~1995 年 8 月,调山西省交通建设开发投资总公司,在办公室工作,1995 年 9 月~1997 年 5 月,投资管理处工作。1997 年 6 月~2006 年 6 月,山西路通合作公司行政人事部经理。2006 年 10 月起,任山西龙湖生态开发有限公司副经理。

第二节　名　　录

一、总公司中层干部

总公司机关11个职能部门，2006年末共有中层干部18人。其中男11人，女7人；共产党员14人，民主党派成员1人；专业技术职称人员15人（高级职称1人，中级职称14人）。

2006年末总公司中层干部名录　表5-2-1

姓名	基本情况	工作简历	
		其他单位	总公司
宗庆文	男，汉族，1968年6月生，山西宁武县人，1989年7月，太原工业大学毕业并参加工作，1993年2月入党，大学本科学历，理学学士学位，1995年考取物资管理经济师，2004年考取人力资源专业经济师。	1989年7月，忻州金属材料总公司办公室干事、仓储科副科长、办公室副主任、主任。1999年5月，山西省交通职工培训中心办公室主任、中心主任助理、人事行政部经理。	2003年6月，总公司办公室工作，2004年5月，办公室副主任，2005年11月任主任。
张爱琴	女，汉族，1963年2月生，河北新乐县人，1983年9月参加工作，1994年12月入党，中央党校函授经济管理专业毕业，本科学历，高级政工师。	1983年9月，太原汽车客运总站工作。	1999年6月，总公司办公室副主任，2001年12月，兼机关党支部书记。2004年5月，政治部主任。
刘雅馨	女，汉族，1959年10月生，辽宁大连市人，1977年12月参加工作，1996年12月入党，山西省委党校经济管理专业毕业，大专学历，政工师。	1977年12月，山西省纺织机械厂工作。	1997年6月，总公司人事处干事，1999年6月，人事处副处长，2004年5月，总公司机关党支部书记、专职纪检员。
李　芳	女，回族，1970年5月生，河北保定人，1986年12月参加工作，1989年1月入党，山西省委党校经济管理专业毕业，本科学历，政工师。	1986年12月，中国人民解放军某部宣传队服役。1990年9月，太原汽车客运总站办公室工作。	1995年6月，总公司政治部工作，1996年5月，路桥融资部副主任，1997年4月，总公司工会专职副主席，2000年4月～2001年12月，兼总公司机关党支部书记。2001年12月，兼团总支书记。
吕静伟	男，汉族，1972年7月生，山西山阴县人，1994年8月参加工作，2003年6月入党，东北财经大学法律专业毕业，大专学历，经济师。	1994年8月，太原市交通局大型货物运输公司副科长。	1997年11月，路通合作公司征费部主管、稽查队队长，2001年8月，小店汾河桥收费站站长，2006年10月，总公司人力资源部主任。
翟建峰	男，汉族，1970年5月生，山西临汾市人，1992年8月，郑州机械专科学校财务会计专业毕业并参加工作，2004年10月，山西财经大学会计学研究生课程班结业，会计师。	1992年8月，山西启益精密机械厂财务处会计。1995年2月，太原高新会计师事务所副主任会计师。	2003年1月到总公司工作，任财务部主任。

续上表

姓 名	基本情况	工作简历	
		其他单位	总公司
王 素	女,汉族,1965年5月生,山西阳城县人,1983年7月参加工作,1997年9月入党。1988年7月,山西广播电视大学新闻专业毕业,1994年9月,考取注册会计师,1995年7月,考取经济师,同年11月,考取审计师,1996年5月,考取会计师,2005年11月,考取国际注册内部审计师。	1983年7月,北京丰台西电力机务段工作,1984年7月,阳城县广播电台编辑,1991年7月,山西惠丰机械厂审计处工作,1995年11月,晋城市商品公路开发总公司人事科主办科员、财务科会计、副科长、科长。	2004年4月,总公司审计部主任,6月,兼财务部副主任。
刘雁阳	男,汉族,1968年9月生,山西大同县人,1989年7月参加工作,2000年7月入党,西南交通大学机械工程专业毕业,工程师。	1989年7月,四川省公路机械厂工作,1991年10月,太原汽车客运公司工作。	1998年12月,总公司经营质量监察处工作,2001年3月任副处长(主持工作),2002年7月,经营管理部主任,2006年10月,公路经营管理部主任。
廖明煜	男,汉族,1963年12月生,山西保德县人,1980年9月参加工作,1986年7月入党,山西大学自考行政管理专业毕业,大专学历,政工师。	1980年9月,山西省阳方口汽车运输公司办公室干事,1985年9月,忻州市委党校党政干部专修班学习,1987年10月,阳方口汽车运输公司政治处主任。	1998年10月,总公司人事处工作,1999年3月,经营质量监察处负责人、处长。2000年4月,阳济公司工作组组长、党支部书记、副经理、经理。2004年3月,路桥管理部主任、路政管理支队队长,2006年10月,多种经营开发部主任。
李效广	男,汉族,1971年9月生,山西定襄县人,1992年8月参加工作,1997年7月入党,长安大学公路工程专业毕业,工程师。	1992年8月,省公路局第三工程公司工作,2001年11月,中北路桥第三分公司经理。	2004年8月,诺诚建材有限公司党支部书记,2006年10月,路桥管理部主任、路政管理支队队长。
李述武	男,汉族,1957年6月生,山西平遥县人,1975年9月参加工作,2000年7月入党,高中学历,高级技师。	1975年9月,太原市河西区小井峪公社插队,1979年11月,山西省汽运集团工作。	1995年8月,总公司办公室副主任,1997年3月,工程运输分公司副经理,4月,小车队队长,2003年1月,总公司交通安全领导组办公室主任,兼小车队队长。
贾晋中	男,汉族,1968年5月生,山西阳高县人,1986年7月参加工作,1996年7月入党,山西省教育学院中文系毕业,大学本科学历。	1986年7月,阳高县二中教师,1993年3月,阳高县地方志办公室工作,1996年10月,中共阳高县委宣传部、县委办干事,1999年8月,阳高县人大常委会经济工作委员会副主任,2003年11月,山西省人民代表报编辑。	2005年8月到总公司工作,11月任办公室副主任。
邵素梅	女,汉族,1970年7月生,山西阳城县人,1992年8月参加工作,2006年6月加入九三学社,山西财经大学毕业,研究生学历,硕士学位,会计师(2008年3月获高级会计师职称)。	1992年8月~2002年7月,山西省太原化学工业集团公司工作(2002年9月~2005年12月,山西财经学院就读研究生)。	2003年10月,总公司财务处工作,2005年11月,财务部副主任。

续上表

姓名	基本情况	工作简历	
		其他单位	总公司
王广英	女,汉族,1956年12月生,山西宁武县人,1971年5月参加工作,1986年9月入党,山西大学行政管理专业毕业,2000年10月获审计师职称,2001年5月获会计师职称。	1971年5月,宁武县化肥厂统计员,1979年8月,宁武县商业局会计,1987年8月,国营五四一九厂人事处工作,1994年12月,太原市建材局会计。	1997年7月到总公司工作,任租赁分公司会计,1999年1月,总公司财务处工作,2003年1月,财务部主任会计师。
马文琦	女,汉族,1972年5月生,河南省新野县人,1993年7月,太原师专中文系毕业并参加工作,1996年12月入党,中国人民大学成教院法学专业毕业,法学学士,会计师、审计师。		1993年7月,总公司办公室工作,1996年1月,财务部工作,1997年7月,路通合作有限公司财务部主管,2001年2月,交通大酒店财务部副经理,2004年6月,总公司财务部会计,2005年11月,财务部主任会计师。
李锦中	男,汉族,1975年8月生,山西山阴县人,1997年7月,山西省财政税务专科学校毕业并参加工作,大专学历,经济师、会计师、注册会计师、国际注册内部审计师。	1997年7月,山西同至人集团财务部出纳、主管会计,2000年9月,山西靖日中铁实业公司财务部部长,2002年5月,北京三和松石公司内审主管,2004年3月,国美电器北京总部财务中心会计管理部高级主管。	2005年4月,总公司审计部工作,同年11月任副主任。
陈永强	男,汉族,1980年9月生,山西太谷县人,1998年10月参加工作,山西大学成人教育学院法学专业毕业,大专学历。		1998年10月,工程分公司工作,2001年4月,交通大酒店客房部主管,2002年4月,路通合作公司小店汾河桥收费站副站长,2004年4月,杨村收费站副站长 ,2006年10月,总公司公路经营管理部副主任。
张晋平	男,汉族,1954年1月生,山西武乡县人,1970年10月参加工作,1978年3月入党, 1989年6月,山西财经学院统计专业毕业,2002年7月,山西大学科学技术哲学在职研究生学历。统计师、国际商务师。	1970年10月,山西纺织厂工人,1973年中国人民解放军某部服役,1979年3月,山西省供销社主任科员、副处长,1993年11月,山西省纺织品进出口公司总经理助理,2005年9月,山西省棉麻公司总经理助理。	2006年10月到总公司工作(多种经营开发部,副主任待遇),2007年10月,多种经营开发部副主任。

注:①工作简历其他单位栏为自参加工作至到总公司及所属单位之前工作情况。
②工作简历总公司栏内最后一次任职为2006年末所任职务。

二、经营单位中层干部

2006年末,经营单位共有中层干部208人。其中,女34人,共产党员占71.2%,有专业技术职称人员占36.5%,大专以上学历占48%。

2006年末经营单位中层干部名录

表5-2-2

序号	姓 名	性别	部门及职务	技术职称	政治面貌	学 历	备 注
	太长公司(54人)						
1	尹文谦	男	办公室主任	工程师	党员	大学	
2	郑宇彤	男	人力资源部部长	助理工程师	党员	大专	
3	王灵波	女	人力资源部副部长		党员	本科	
4	原志萍	女	人力资源部			大专	副 科
5	元丰社	男	党工部部长	政工师	党员	大专	
6	宋志栋	男	党工部副部长	经济员	党员	大专	
7	胡雁升	男	财务部部长		党员	大专	
8	张凤莲	女	财务部(副科待遇)	会计师	党员	大专	
9	李 筠	女	财务部(副科待遇)	助理会计师	党员	大专	
10	陈建文	男	收费部部长	工程师	党员	大学	
11	李 伟	男	收费部副部长		党员	大学	
12	史红波	男	收费部副部长		党员	大学	
13	孟春明	男	工程部部长	工程师	党员	大学	
14	杨培梅	女	工程部副部长	工程师	党员	本科	
15	牛玉宏	男	工程部副部长	工程师	党员	大专	
16	申弄斌	男	工程部副部长		党员	本科	
17	杨 竹	女	工程部(副科待遇)	技术员	党员	大专	
18	黄春生	男	养护部部长	高级工程师	党员	本科	
19	张 帆	男	养护部副部长		党员	大学	正 科
20	睢向国	男	养护部副部长	工程师	党员	本科	正 科
21	司秀峰	男	养护部副部长		党员	大专	
22	汤海岩	男	总工办主任	工程师	党员	本科	
23	侯茂林	男	武乡收费站站长		党员	大专	
24	王 革	男	王村收费站站长	工程师	党员	本科	副 科
25	王 伟	男	襄垣收费站站长		党员	本科	副 科
26	高联斌	男	屯留收费站站长	工程师	党员	本科	
27	张 峰	男	长治西收费站站长		党员	大专	
28	王红梅	女	总工办(副科待遇)	技术员	党员	大专	
29	茹 冰	男	监控稽查部部长	工程师	党员	大学	
30	姜晋生	男	工会副主席	工程师	党员	大专	正 科
31	蓝光甲	男	经营开发部副部长		党员	大专	
32	马晋芡	男	经营开发部副部长			中专	
33	姚全平	男	经营开发部副部长		党员	大专	
34	贾霭昌	男	经营开发部			高中	副 科
35	周 霞	女	经营开发部	助理工程师	党员	本科	副 科

续上表

序号	姓 名	性别	部门及职务	技术职称	政治面貌	学 历	备 注
36	荣 誉	男	后勤中心主任	工程师	党员	大专	
37	陈秀萍	女	后勤中心		党员	大专	副 科
38	李建忠	男	路政大队大队长	高级工程师	党员	本科	
39	郝保平	男	路政大队教导员	工程师	党员	大专	
40	白志刚	男	路政一中队队长	工程师	党员	大专	副 科
41	菅建军	男	路政一中队副队长		党员	中专	副 科
42	乔海鹏	男	路政二中队队长		党员	本科	副 科
43	刘建成	男	路政二中队副队长		党员	中专	副 科
44	杨 勇	男	路政三中队队长	助理工程师	党员	大学	副 科
45	智 慧	男	路政三中队副队长		党员	大专	副 科
46	秦林清	男	榆次收费站站长	工程师	党员	大专	
47	张拉柱	男	太谷收费站站长	工程师	党员	大专	
48	张 政	男	榆社北收费站站长	工程师	党员	大专	
49	张建忠	男	榆社南收费站站长	高级工程师	党员	大学	
50	王生荣	男	太原工区主任	工程师	党员	大专	
51	宫晓东	男	太谷养护工区主任		党员	本科	副 科
52	崔元龙	男	榆社养护工区主任	工程师	党员	大专	
53	王天荣	男	襄垣养护工区主任	工程师	党员	大专	副 科
54	赵荣生	男	长治养护工区主任	工程师	党员	本科	
	长晋公司（60 人）						
1	张新建	男	办公室主任	政工师	党员	大专	
2	郭晋军	男	办公室副主任	政工师	党员	大专	
3	申永庆	男	办公室副主任	助理工程师	党员	本科	
4	任东霞	女	人力资源部部长	助理经济师	党员	本科	
5	张建斌	男	人力资源部副部长	助理工程师	党员	大专	
6	王雅君	女	财务部部长	助理会计师	党员	大专	
7	张国霞	女	财务部副部长	助理会计师	党员	大专	
8	闫向东	男	收费管理部部长		党员		
9	赵粉霞	女	收费管理部副部长		党员	大专	
10	徐志伟	男	养护工程部部长	工程师		大专	
11	崔兵斌	男	养护工程部副部长	助理工程师	党员	大专	
12	茹忠义	男	养护工程部副部长		党员		
13	刘瑞龙	男	党工部部长	工程师	党员	大专	
14	张丽君	女	党工部副部长	助理经济师	党员	大专	
15	郑跃峰	男	党工部副部长		民主促进会	高中	
16	李 锋	男	经营管理部部长	经济师	党员		

续上表

序号	姓 名	性别	部门及职务	技术职称	政治面貌	学 历	备 注
17	田秀芳	女	经营管理部副部长	助理会计师		大专	
18	海 江	男	后勤服务中心主任	经济师	党员	本科	
19	连文生	男	车队队长				
20	田培亮	男	交安办主任		党员		
21	吴建军	男	汽车修理厂厂长	高级驾驶员	党员	大专	
22	宁海虹	女	众和惠公司经理		党员		
23	刘亚平	男	路政大队队长	工程师	党员	大专	
24	崔培忠	男	路政大队教导员		党员		
25	邱平生	男	路政大队副队长				
26	綦云峰	男	路政大队副队长		党员		
27	王建彪	男	路政大队中队长				
28	席毅敏	男	路政大队中队长				
29	李建峰	男	清障救援中心主任		党员		
30	岳非非	男	路政一大队队长				
31	李跃军	男	路政一大队教导员	工程师	党员	大专	
32	常虎庆	男	路政一大队副队长	高级驾驶员	党员		
33	田国庆	男	路政一大队中队长	助理工程师	党员	大专	
34	魏 伟	男	稽查队队长		党员		
35	司军利	男	稽查队副队长		党员	大专	
36	冯卫兵	男	信息中心副主任		党员		
37	丁海波	男	物业管理处主任				高平服务区
38	郭国锋	男	晋城收费站站长		党员		
39	牛晓明	男	晋城收费站副站长				
40	郝春林	男	晋城东收费站站长		党员		
41	郝 鹏	男	晋城东收费站副站长		党员		
42	杨红卫	男	晋城东收费站党支部副书记		党员		
43	胡 斌	男	金村收费站站长		党员		
44	王俊达	男	金村收费站副站长				
45	田 鹏	男	南义城收费站站长	助理会计师	党员	本科	
46	李晋生	男	南义城收费站党支部副书记		党员		
47	李明庆	男	高平收费站站长		党员		
48	路晓杰	男	高平收费站副站长				
49	郭黎庆	男	长治县收费站站长	政工师	党员	大专	
50	武雨潸	女	长治县收费站副站长		党员		
51	马志国	男	长治收费站站长		党员		
52	秦 泉	男	长治收费站副站长		党员		

续上表

序号	姓 名	性别	部门及职务	技术职称	政治面貌	学 历	备 注
53	冯天林	男	牛匠收费站站长			中专	
54	傅小虎	男	牛匠收费站党支部副书记		党员	大专	
55	刘　强	男	牛匠收费站副站长			高中	
56	王利平	男	牛匠收费站副站长		党员	高中	
57	陈卫军	男	换马桥收费站站长		党员	大专	
58	刘文学	男	换马桥收费站党支部书记		党员	本科	
59	张　剑	男	换马桥收费站副站长		党员		
60	宋国战	男	换马桥收费站副站长				
	晋焦公司　(22 人)						
1	魏晓勇	男	综合办公室主任		党员		
2	王更苗	男	综合办公室副主任	助理政工师	党员	大专	
3	张建国	男	财务部主任	会计师	党员	大专	
4	时兵荣	男	财务部副主任		党员		
5	葛玉红	男	财务部副主任	会计师	党员	本科	
6	王翠巧	女	工程技术一部主任		党员		
7	孙金虎	男	工程技术二部主任	工程师	党员	中专	
8	秦天岭	男	工程技术二部副主任		党员		
9	宋沁浩	男	路政大队队长	助理工程师	党员	本科	
10	秦保科	男	路政大队教导员		党员		
11	张　波	男	路政大队副队长		党员		
12	狄利波	男	路政大队副队长		党员		
13	马丰彬	男	清障救援大队队长		党员		
14	苏富龙	男	经营开发部副主任		党员		
15	申拽马	男	丹河收费站站长		党员		
16	张凤潮	男	丹河收费站副站长		党员		
17	连林虎	男	丹河收费站副站长		党员		
18	朱晓峰	男	丹河收费站副站长				
19	杨克轻	男	丹河收费站副站长		党员		
20	申　力	男	丹河收费站副站长			本科	
21	韩　晋	男	丹河治超检测点副主任		党员	本科	
22	郭　浩	男	路政大队副队长		党员		
	路通合作公司(15 人)						
1	杨淑兰	女	部门副经理	审计师	党员	大专	
2	雷慧琴	女	部门副经理	会计师	党员	本科	
3	郭晓玲	女	部门主管				

续上表

序号	姓 名	性别	部门及职务	技术职称	政治面貌	学 历	备 注
4	贝 勇	男	部门主管	助理经济师	党员	大专	
5	赵志滨	男	许西收费站站长		党员		
6	张海旺	男	许西收费站副站长		党员		
7	刘润宝	男	许西收费站副站长				
8	赵宇东	男	许西收费站副站长				
9	蔡志刚	男	许西收费站副站长		党员		
10	任瑞清	男	杨村收费站站长		党员		
11	王红俊	男	杨村收费站副站长	经济师		本科	
12	闫永亮	男	杨村收费站副站长				
13	罗治东	男	杨村收费站副站长				
14	王建华	男	小店汾河桥收费站站长				
15	马军鹏	男	小店汾河桥收费站副站长				
	阳济公司(16 人)						
1	贾书庆	男	党办主任		党员	大专	
2	张林社	男	行政人事部副经理			高中	
3	成红社	男	行政人事部副经理			高中	
4	王界龙	男	征费部经理		党员	大专	
5	李有为	男	财务部经理	助理会计师		大专	
6	瞿正燕	女	财务部经理	会计师	党员	大专	
7	王秀珍	男	工程部经理				
8	靳兴胜	男	路政队队长			大专	
9	张向农	男	路政队副队长			大专	
10	赵 军	男	稽查队队长		党员		
11	张国亮	男	王沟收费站站长		党员	大专	
12	张润宁	男	王沟收费站副站长		党员	大专	
13	杨静波	男	王沟收费站副站长		党员	大专	
14	崔九峰	男	蛤蟆岭收费站站长		党员	大专	
15	李学忠	男	蛤蟆岭收费站副站长				
16	宁小国	男	蛤蟆岭收费站副站长		党员		
	诺信公司(3 人)						
1	李晋霞	女	办公室主任		党员	大专	
2	魏庆文	男	机械部经理		党员	高中	
3	胡秀英	女	综合处处长	工程师	党员	本科	
财务部主任由总会计师张桃芬兼任							
	诺通公司 (12 人)						
1	窦海霞	女	综合办公室主管	经济师、助理工程师	党员	本科	

续上表

序号	姓 名	性别	部门及职务	技术职称	政治面貌	学 历	备 注
2	程泰山	男	综合办公室副主管				
3	毕兴国	男	综合办公室副主管		党员	本科	
4	杨昌鸿	男	工程管理部主管	助理工程师		本科	
5	姬鱼光	男	工程管理部副主管		党员		
6	李素青	女	工程管理部副主管			本科	
7	杨　卫	男	材料机务部主管	助理会计师	党员	大专	
8	窦忠建	男	材料机务部副主管		党员		
9	王红刚	男	材料机务部副主管	助理工程师		大专	
10	司络梅	女	材料机务部副主管	经济师	党员	本科	
11	杨爱忠	男	养护管理部主管				
12	贺进旗	男	养护管理部副主管	助理工程师	党员	大专	
	交通大酒店(8人)						
1	赵秀山	男	康体部经理				
2	张小静	女	客务部经理				
3	王红梅	女	客务部副经理				
4	梁海琴	女	经理助理餐饮部副经理				
5	白　璐	女	销售部副经理				
6	尹　刚	男	工程部经理				
7	陈　刚	男	采供部经理		党员		
8	皇甫俊录	男	餐饮部经理				
	通建公司(4人)						
1	王长青	男	办公室主任	经济师			恒建公司
2	凌人槟	男	工程部部长	助理工程师			恒建公司
3	王克俭	男	计核部部长	工程师	党员		
4	郑俊香	女	财务部部长	审计师			恒建公司
	诺盛公司(2人)						
1	靳　杰	男	业务一部经理				
2	郑淑焕	女	业务二部经理				
经理陈东燕兼任综合办公室主任							
	实业公司						
	该公司设综合办公司、财务部、生产经营部、物业管理部四个职能部门，部门领导分别由公司领导卢向阳、孟丽丽、张丽君、宋建芳兼任。						
	凤凰山生态园(10人)						
1	董江云	男	办公室主任		党员		
2	董　强	男	办公室副主任				

续上表

序号	姓 名	性别	部门及职务	技术职称	政治面貌	学 历	备 注
3	张虎明	男	办公室副主任		党员		
4	徐文林	男	工程技术部科长		党员		
5	吴继庭	男	园林部科长				
6	梁燕兰	女	财务科科长				
7	赵建平	男	后勤科科长				
8	徐俊秀	男	治安科科长		党员		
9	韩贵喜	男	百果园采摘基地主任				
10	郭如伟	男	工会主席				
龙湖公司(4人)							
1	聂锦峰	男	办公室副主任				
2	薛新平	男	园林部部长				
3	王金满	男	工程部部长				
4	康彩婵	女	财务室主管				

三、专业技术职称人员

2006年末,总公司及各经营单位共有各类专业技术职称人员190人。其中有高级技术职称21人,中级技术职称109人,初级技术职称60人。

2006年末总公司及经营单位技术职称人员统计表 表5-2-3

单 位	合 计	高 级	中 级	初 级
总公司	24	4	20	
太长公司	32	7	20	5
长晋公司	31	2	17	12
晋焦公司	16	1	6	9
阳长、江武公司	1		1	
路通公司	14		9	5
阳济公司	6		3	3
诺信公司	14	2	7	5
诺通公司	15	1	4	10
交通大酒店	5	1	3	1
通建公司	14		9	5
诺盛公司	3		3	
实业公司	3		2	1
凤凰山公司	7	1	2	4
龙湖公司	5	2	3	
合 计	190	21	109	60

高级技术职称人员

2006年末,总公司及经营单位共有具备高级技术职称者21人。其中经济系列2人,政工系列3人,工程系列13人,会计系列3人。

2006末总公司及经营单位高级技术职称人员名录 表5-2-4

序号	姓 名	技术职称	获得时间	单 位	学 历	领导职务
1	魏庆飞	高级经济师	1996.5	总公司	大专	总经理
2	李 平	高级政工师	1996.4	总公司	大学	党委书记
3	贝 瑜	高级会计师	1998.7	总公司	本科	总会计师
4	张爱琴	高级政工师	2002.8	总公司	本科	政治部主任
5	赵善义	高级工程师	2000.4	太长公司	大学	总经理
6	王玉亮	高级工程师	2002.4	太长公司	大学	党委书记
7	冯建刚	高级工程师		太长公司	大学	副经理、总工程师
8	刘安民	高级工程师	2001.5	太长公司	大学	副总经理
9	李建忠	高级工程师	2002.12	太长公司	本科	路政大队大队长
10	张建忠	高级工程师	2001.5	太长公司	大学	榆社南收费站站长
11	黄春生	高级工程师		太长公司	本科	养护部部长
12	刘玉怀	高级经济师	1997.8	长晋公司	大专	党委书记
13	郝建军	高级政工师		长晋公司	本科	纪委书记
14	任怀杰	高级会计师	2003.12	晋焦公司	本科	副经理
15	马继平	高级工程师	2003.11	诺信公司	大专	副经理
16	孟春明	高级工程师	2003.10	诺信公司	本科	(借调太长公司)
17	李素青	高级工程师	2005.12	诺通公司	本科	工管部副主管
18	兰晓琳	高级会计师	2003.12	交通大酒店	本科	总会计师
19	张明胜	高级工程师	1993.5	凤凰山公司	本科	总工程师
20	原锐钊	高级工程师	1995	龙湖公司	本科	经 理
21	薛新平	高级工程师	1997	龙湖公司	硕士	

中级技术职称人员

至2006年末,公司共有中级技术职称者109人,其中,工程系列46人,经济系列22人,会计系列25人,政工系列16人。

2006年末总公司及经营单位中级技术职称人员名录 表5-2-5

序号	姓 名	技术职称	获得时间	姓 名	技术职称	获得时间
	总公司(20人)					
1	尚建军	经济师	1998.7	张庆华	工程师	2003.9
2	韩文军	政工师	2003.6	杨天平	工程师	2004.12
3	宗庆文	经济师	1995.6	张亚文	经济师	2003.8
4	吕静伟	经济师	1999.1	邵素梅	会计师	1997.5

续上表

序号	姓　　名	技术职称	获得时间	姓　　名	技术职称	获得时间
5	王广英	会计师	2002.8	马文琦	会计师	1998.10
6	陈永平	会计师	2006.5	王　素	会计师	1996.5
7	李锦中	会计师	1999.5	刘雁阳	工程师	1996.2
8	刘　琼	经济师	2004.11	万民晶	工程师	2005.12
9	廖明煜	政工师	1999.6	张晋平	国际商务师	1996.1
10	刘雅馨	政工师	2002.11	李　芳	政工师	2006.2
	太长公司(20人)					
1	王振北	审计师		张　铮	政工师	2000.10
2	尹文谦	工程师		汤海岩	工程师	
3	陈建文	工程师		茹冰	工程师	
4	睢向国	工程师		元丰社	政工师	
5	陈立新	会计师	1999.5	张凤莲	会计师	2002.5
6	张拉柱	工程师	2005.8	牛玉宏	工程师	2004.12
7	崔元龙	工程师		杨培梅	工程师	2004.12
8	王　革	工程师	2003.12	赵荣生	工程师	1994.12
9	王生荣	工程师	2000.10	高联斌	工程师	2003.1
10	秦林清	工程师	2005.3	庞建会	监理工程师	
	长晋公司(17人)					
1	郭智锋	工程师		王庆红	政工师	2002.6
2	张应魁	会计师	1995.12	李吉祥	会计师	
3	赵剑斌	工程师		王文明	工程师	1994.12
4	段星星	政工师	1999.2	张新建	政工师	
5	郭晋军	政工师	2004.12	徐志伟	工程师	
6	李　峰	经济师		刘瑞龙	工程师	
7	海　江	经济师		郭黎庆	政工师	
8	刘亚平	工程师		魏文益	政工师	
9	李跃军	工程师	1990.10			
	晋焦公司(6人)					
1	王锁胜	经济师	2005.1	白正义	政工师	2005.1
2	王利发	工程师	2005.1	张建国	会计师	2005.1
3	葛玉红	会计师	2005.1	张绍芳	统计师	2005.1
	阳长江武公司(1人)					
1	赵美英	会计师	2002.6			
	路通公司(9人)					
1	闫永亮	经济师	1996.10	武　莉	经济师	1999.11
2	王红俊	经济师	1998.11	赵　强	经济师	1996.5

续上表

序号	姓　名	技术职称	获得时间	姓　名	技术职称	获得时间
3	姚永福	工程师	1998.12	杨涌涛	工程师	1988.12
4	罗增杰	工程师	1988.6	雷慧琴	会计师	2002.5
5	杨淑兰	审计师	1999.10			
	阳济公司(3人)					
1	张李强	经济师	1995.5	翟正燕	会计师	1993.11
2	李东华	会计师	2004.5			
	诺信公司(7人)					
1	王亚龙	工程师	1997.12	刘　勇	工程师	1993.11
2	郭卫东	工程师	1998.12	沈全福	工程师	2002.11
3	胡秀英	工程师	2006.10	肖争荣	工程师	2000.9
4	张桃芬	会计师	1999.5			
	诺通公司(4人)					
1	贺进刚	工程师	2000.1	窦海霞	经济师	2006.12
2	冯国发	工程师	2003.12	司络梅	经济师	2006.4
	交通大酒店(3人)					
1	桑晋光	经济师	1999	逯林涛	政工师	1997
2	赵　莉	会计师	2005.5			
	通建公司(9人)					
1	马正伟	政工师	2002.10	周　键	工程师	
2	周　智	工程师		王长青	经济师	
3	郑俊香	审计师	1999.5	赵　敏	会计师	1999.5
4	王克俭	工程师	1995.9	张永连	经济师	1997.11
5	赵惠方	政工师	1997.7			
	诺盛公司(3人)					
1	陈东燕	国际商务师	1994.12	梁明辉	工程师	1991
	任军刚	会计师	2005			
	实业分公司(2人)					
1	卢向阳	工程师	2000	孟莉莉	经济师	1999
	凤凰山公司(2人)					
1	张巧英	农艺师	1998.10	吴建庭	工程师	1994.8
	龙湖公司(3人)					
1	李怀明	工程师	1996	周金虎	工程师	
2	康彩婵	会计师	2006			

初级技术职称人员

2006年末,总公司及经营单位共有初级专业技术职称人员60人。

太长公司(5人)

助理工程师:郑宇彤、周霞、杨勇

助理政工师:田永杰

助理会计师:李[illegible]

长晋公司(12人)

助理工程师:申永庆、张建斌、崔斌兵、叶利强、田国庆

助理经济师:任东霞、张丽君、韩艳蓉

助理会计师:王雅君、张国霞、田鹏、田秀芳

晋焦公司(9人)

助理工程师:王翠巧、宋沁浩、王志斌

助理政工师:王更苗、秦小丽

助理经济师:邱引强

助理统计师:毛艳娜、张海芳、韩艳丽

路通公司(5人)

助理经济师:冀晏璋、贝勇、张晨霞、任瑞清

助理会计师:王海波

阳济公司(3人)

助理工程师:上官和平、秦家宏

助理会计师:李有为

诺信公司(5人)

助理工程师:郭阿强、陆静

助理经济师:李路宾、苏振宇、韩瑞华

诺通公司(10人)

助理工程师:王大勇、李海宾、杨昌鸿、窦海霞、贺进旗、王红刚、张峰、姜雷

助理会计师:杨卫

助理经济师:郭建萍

酒店(1人)

助理工程师:郭一军

通建公司(5人)

助理工程师:凌人槟、王畅康、许小红、赵淑萍、杨秀娟

实业分公司(1人)

副主任医师:张丽君

凤凰山公司(4人)

助理工程师:董强、徐文林、张虎明

初级会计师:梁艳兰

附

总公司历任领导名录

1993～2008年,先后有14人在总公司担任领导职务。其中,2008年末继续任职的9人。

1993～2008年总公司历任领导名录　附表5-2-1

序号	姓　名	性别	政治面貌	职　务	任职起止时间	技术职称	籍　贯	备　注
1	侯春有	男	党员	经理、党支部副书记	1993.4～1995.3	高级经济师	武乡县	调离
2	郝明珠	男	党员	党支部书记、副经理	1993.4～1995.3	高级政工师	武乡县	调离
3	魏庆飞	男	党员	经　理	1995.3～	高级经济师	武乡县	
4	段二牛	男	党员	党支部书记	1995.3～1999.12	高级政工师	娄烦县	退　休
				党总支书记	1999.12～2001.11			
5	李　平	男	党员	副经理	1995.3～2002.8	高级政工师	运城市	
				党委书记、副经理	2002.8～			
6	刘玉怀	男	党员	副经理	1995.3～2004.8	高级经济师	沁　县	调　任
7	李润喜	男	党员	副书记、工会主席	1999.8～	一级飞行员	河南林州	
8	王锁胜	男	党员	副经理	2002.10～2005.10	经济师	阳城县	改　任
9	尚建军	男	党员	副经理	2002.8～	工程师	芮城县	
10	贝　瑜	女	党员	副经理	2002.8～	高级会计师	浙江宁波	
11	韩文军	男	党员	副经理	2003.6～	政工师	左云县	
12	张庆华	男	党员	副经理	2006.1～	工程师	五台县	
13	田介平	女	党员	纪委书记	2006.1～	馆　员	太谷县	
14	杨天平	男	党员	副经理	2007.8～		定襄县	

注:①段二牛书记职务随总公司党支部升格为党总支而变化;同时任副经理。

②刘玉怀调任长晋高速公路公司党委书记。

③王锁胜改为专任焦高速公路公司经理、党总支书记。

2006 年之前总公司机关退休人员名录

附表 5-2-2

姓　名	性　别	退休时职务	退休时间	籍　贯
郭锦梅	女	政治部科员	1999.8	太谷县
刘淑明	女	办公室干事	2000.2	河北安平
段二牛	男	党总支书记	2001.11	娄烦县
张克周	男	总公司调研员	2001.11	朔州市
赵玉娥	女	工程师	2005.3	太原市

2006 年末总公司机关职员名录

附表 5-2-3

序号	姓　名	性别	所在部室	政治面貌	技术职称	学历	籍　贯
1	张亚文	女	办公室		经济师	本科	长治市
2	韩　瑜	女	办公室			大专	代县
3	岳国勇	男	人力资源部			专科	运城市
4	陈春霞	女	人力资源部			专科	怀仁县
5	史鸿雁	女	人力资源部			专科	武乡县
6	陈永平	男	计划财务部		会计师	大专	怀仁县
7	杜　敏	女	计划财务部	党员	会计师	本科	五台县
8	刘　琼	女	公路经营管理部		经济师	本科	左权县
9	田学红	女	阳长、江武公司			本科	长子县
10	李琛楠	男	公路经营管理部		助理工程师	专科	平遥县
11	张龙生	男	多种经营开发部			本科	定襄县
12	万民晶	男	路桥管理部	党员	工程师	大专	太原市
13	郭　莉	女	政治部	党员	助理经济师	本科	沁县
14	李吉科	男	小车队				文水县
15	曹　峰	男	小车队				石楼县
16	温庭成	男	小车队				清徐县
17	郝惠勇	男	小车队				汾阳县
18	李瑞红	男	小车队	党员			武乡县
19	张　伟	男	小车队				河北秦皇岛
20	贾海生	男	小车队				忻州市

第三节　个人获奖名录

企业各级领导干部和广大职工在服务社会经济建设和公司各项经营管理中，在构建文明和谐行业和树立行业新风的各项实践中，争先恐后，成绩突出，各级各类先进模范人物大量涌现，得到了社会各界和上级领导机关的认可，受到各级各类表彰。其中，有全国劳动模范、全国交通系统劳动模范、省级劳动模范、“五一”劳动奖章获得者，有受到记功表彰及获得荣誉称号、各种表彰奖励者。

总公司及经营单位先进个人重要获奖名录　　表 5-3-1

序号	姓　名	时间及获奖项目
总公司		
1	魏庆飞	2005 年 3 月,国家人事部、交通部:全国交通系统劳动模范; 2005 年 4 月,国务院:全国劳动模范。
2	李　平	2006 年 10 月,省劳动竞赛委员会:山西省安康杯先进个人。
3	李润喜	2001 年 10 月,省总工会:山西省 2001 年度法律工作先进个人。
4	尚建军	1994 ~ 1996 年,国家交通部:先进工作者(连续三年)。
5	贝　瑜	2005 年 4 月,省劳动竞赛委员会:个人一等功; 2006 年 4 月,省劳动竞赛委员会:五一劳动奖章。
6	张庆华	1994 年 5 月,省交通厅:1993 年度劳资统计先进工作者; 1998 年 5 月,省交通厅: 1996 ~ 1997 年度先进科技工作者; 2005 年 6 月,省交通厅党组:优秀共产党员; 2006 年 5 月,省交通厅:政风行风评议工作先进个人; 2006 年 6 月,省交通厅:“平安交通”创建工作先进个人; 2006 年 3 月,省重点工程建设领导组:2005 年度重点工程建设先进个人; 2007 年 4 月,省交通厅:“平安交通”创建工作先进个人。
7	杨天平	2006 年 9 月,省政府办公厅:小流域治理状元
8	宗庆文	2006 年 2 月,省交通厅:2005 年《山西交通年鉴》先进个人; 2006 年 9 月,省交通厅:2001 ~ 2005 年普法依法治理先进个人。
9	李芳	2000 年 3 月,省总工会:先进工会法律工作者; 2003 年 5 月,省交通厅:优秀团干部; 2006 年 5 月,省直团工委:优秀共青团干部。
10	刘雅馨	1999 年 9 月,省交通厅:交通教育先进工作者; 2005 年 4 月,省交通厅:全省交通系统先进教育工作者; 2006 年 7 月,省交通厅:优秀党务工作者。
11	田学红	2004 年 4 月,省交通厅团委:2003 - 2004 年度优秀团干部; 2006 年 4 月,省交通厅:“中华魂”读书活动先进个人。
12	刘雁阳	2003 ~ 2006 年,省交通厅:2002 - 2005 年全省交通安全生产管理先进个人。
13	李效广	2001 年,省劳动竞赛委员会:个人二等功。
14	沈全福	1996 年,省劳动竞赛委员会:个人三等功; 1997 年,省交通厅:五四青年积极分子;
15	徐志伟	2004 年,省劳动竞赛委员会:个人三等功。

续上表

序号	姓　名	时间及获奖项目
16	段广文	1998年,交通厅:个人一等功。
17	万民晶	1997年,省交通厅:优秀共青团员。
18	苏振宇	2000年,省直团工委:优秀共青团员。
19	李述武	2000~2006年,省交通厅:先进车管干部(连续7年)。
20	温庭成	2002年1月,省交通厅:交通安全先进驾驶员。
21	李吉科	2003年1月,省交通厅:交通安全先进驾驶员。
22	李瑞红	2004年2月,省交通厅:交通安全先进驾驶员。
23	郝惠勇	2005年3月,省交通厅:交通安全先进驾驶员。
24	曹　峰	2006年2月,省交通厅:交通安全先进驾驶员。
太长公司		
1	赵善义	1996年,省交通厅:太旧高速公路建设二等功臣; 2003年9月,省交通厅:大运高速公路建设一等功臣; 2006年1月,省劳动竞赛委员会:五一劳动奖章。
2	王玉亮	1995年8月,晋中地区劳动竞赛委员会:个人一等功; 1998年5月,省交通厅:先进科技工作者; 1998年8月,省优秀工程建设评审委:优秀工程设计三等奖; 1999年1月,晋中地区劳动竞赛委员会:个人一等功; 1999年10月,晋中地区劳动竞赛委员会:个人一等功; 2000年9月,省优秀工程建设评审委:优秀工程设计三等奖; 2002年2月,晋中地区:科技进步三等奖; 2002年11月,省优秀工程建设评审委:优秀工程设计一等奖; 2003年10月,省交通厅:大运路精神文明建设标兵; 2006年1月,省劳动竞赛委员会:个人一等功。
3	刘安民	1995年12月,阳泉市劳动竞赛委员会:个人二等功; 1996年6月,省交通厅:三等功臣; 1999年6月,省交通厅:优秀共产党员; 1999年10月,省劳动竞赛委员会:个人三等功; 2001年10月,省交通厅党组:大运路精神文明建设标兵; 2001年9月,国家交通部:全国交通系统劳动模范; 2005年6月,省交通厅重点公路建设优秀共产党员; 2006年1月,省劳动竞赛委员会:五一劳动奖章。
4	王振北	2001年10月,省交通厅:大运路精神文明建设标兵; 2003年11月,省劳动竞赛委员会:个人三等功; 2005年6月,省交通厅党组:优秀共产党员; 2006年1月,省劳动竞赛委员会:个人一等功。

续上表

序号	姓　名	时间及获奖项目
5	张　铮	1999 年 1 月,中共山西省委:模范扶贫工作队员; 1999 年 12 月,团省委:优秀团干部; 2000 年 4 月,团省委:新长征突击手: 2000 年 6 月,省交通厅党组:优秀共产党员; 2001 年 6 月,交通部、团中央:全国交通系统青年岗位能手; 又,省直工委:优秀党务工作者; 2001 年 10 月,省交通厅党组:优秀共产党员; 2002 年 12 月,团省委:全省青年文明号创建活动先进工作者; 2003 年 7 月,省交通厅党组:优秀党务工作者; 2005 年 10 月,省交通厅党组:大运路精神文明建设标兵; 又,省交通厅党组:党风廉政建设先进个人; 2006 年 1 月,省劳动竞赛委员会:重点公路建设个人一等功; 2006 年 6 月,省直工委:党风廉政建设先进工作者; 又,省交通厅:交通行业精神文明建设先进个人;
6	尹文谦	2005 年 6 月,省交通厅党组:优秀党务工作者; 2005 年 1 月,省交通厅:精神文明建设标兵; 2006 年,省劳动竞赛委员会:五一劳动奖章。
7	张晓枫	2003 年 6 月,省劳动劳动竞赛委员会:个人二等功。 2006 年,省交通厅:全省交通系统十佳思想政治工作者。
8	田永杰	2006 年 1 月,省劳动竞赛委员会:个人二等功;
9	元丰社	2006 年 1 月,省劳动竞赛委员会:个人二等功;
10	宋志栋	2006 年 1 月,省劳动竞赛委员会:个人三等功。
11	胡雁升	2005 年 6 月,省交通厅党组:优秀共产党员。 2006 年 1 月,省劳动竞赛委员会:个人一等功;
12	李　筠	2006 年 1 月,省劳动竞赛委员会:个人三等功。
13	张凤莲	2006 年 1 月,省劳动竞赛委员会:个人三等功。
14	郑宇彤	2006 年 1 月,省劳动竞赛委员会:个人一等功。
15	王灵波	2006 年 1 月,省劳动竞赛委员会;个人三等功。
16	姜晋生	1996 年,省交通厅:个人一等功; 2001 年,省交通厅党组:优秀共产党员; 2006 年 1 月,省劳动竞赛委员会:个人一等功。
17	陈建文	2006 年 1 月,省劳动竞赛委员会:个人一等功。
18	李　伟	2006 年 1 月,省劳动竞赛委员会:个人二等功。
19	史红波	2006 年 1 月,省劳动竞赛委员会:个人三等功。
20	秦林清	2006 年 1 月,省劳动竞赛委员会:个人一等功。
21	庞建会	2006 年 1 月,省劳动竞赛委员会:个人三等功。
22	张拉柱	2006 年 1 月,省劳动竞赛委员会;个人二等功。
23	张　政	2006 年 1 月,省劳动竞赛委员会:个人二等功。

续上表

序号	姓 名	时间及获奖项目
24	张建忠	2006 年 1 月,省劳动竞赛委员会:个人二等功。
25	侯茂林	2006 年 1 月,省劳动竞赛委员会:个人二等功。
26	王 革	2006 年 1 月,省劳动竞赛委员会:个人二等功。
27	高联斌	2006 年 1 月,省劳动竞赛委员会:个人二等功。
28	张 峰	2006 年 1 月,省劳动竞赛委员会:个人二等功。
29	黄春生	1997 年,省交通厅:先进科技工作者。 1998 年,省劳动竞赛委员会:二等功臣; 2006 年 1 月,省劳动竞赛委员会:五一劳动奖章。
30	睢向国	2006 年 1 月,省劳动竞赛委员会:个人一等功。
31	司秀峰	2006 年 1 月,省劳动竞赛委员会:个人三等功。
32	王生荣	2006 年 1 月,省劳动竞赛委员会:个人二等功。
33	崔元龙	2006 年 1 月,省劳动竞赛委员会:个人二等功。
34	赵荣生	2006 年 1 月,省劳动竞赛委员会:个人二等功。
35	张 帆	2006 年 1 月,省劳动竞赛委员会:个人二等功。
36	宫晓东	2006 年 1 月,省劳动竞赛委员会:个人二等功。
37	王天荣	2006 年 1 月,省劳动竞赛委员会:个人二等功。
38	茹 冰	2005 年 6 月,省交通厅党组:优秀共产党员; 2006 年 1 月,省劳动竞赛委员会:个人一等功。
39	汤海岩	2006 年 1 月,省劳动竞赛委员会:个人一等功。
40	王红梅	2006 年 1 月,省劳动竞赛委员会:个人三等功。
41	孟春明	2006 年 1 月,省劳动竞赛委员会:个人一等功。
42	杨培梅	2006 年 1 月,省劳动竞赛委员会:个人二等功。
43	牛玉宏	2005 年 1 月,省交通厅:精神文明建设标兵; 2006 年 1 月,省劳动竞赛委员会:个人二等功。
44	申弄斌	2005 年 1 月,省交通厅:精神文明建设标兵; 2006 年 1 月,省劳动竞赛委员会:个人二等功。
45	杨 竹	2006 年 1 月,省劳动竞赛委员会:个人三等功。
46	荣 誉	2006 年 1 月,省劳动竞赛委员会:个人二等功。
47	陈秀平	2006 年 1 月,省劳动竞赛委员会:个人三等功。
48	李秀芳	2006 年 1 月,省劳动竞赛委员会:个人三等功。
49	戎玉环	2006 年 1 月,省劳动竞赛委员会:个人三等功。
50	蓝光甲	2006 年 1 月,省劳动竞赛委员会:个人二等功。
51	霍可夫	2006 年 1 月,省劳动竞赛委员会:个人二等功。
52	马晋茓	2006 年 1 月,省劳动竞赛委员会:个人二等功。
53	姚全平	2006 年 1 月,省劳动竞赛委员会:个人三等功。

续上表

序号	姓　名	时间及获奖项目
54	周　霞	2006 年 1 月,省劳动竞赛委员会:个人三等功。
55	李建忠	2005 年 1 月, 省交通厅:精神文明建设标兵; 2006 年 1 月,省劳动竞赛委员会:个人一等功。
56	郝保平	1998 年 10 月,省交通厅:劳动竞赛一等功; 2003 年 10 月,省交通厅:劳动竞赛一等功; 2005 年 12 月,省劳动竞赛委员会:个人二等功。
57	白志刚	2006 年 1 月,省劳动竞赛委员会:个人二等功。
58	菅建军	2006 年 1 月,省劳动竞赛委员会:个人三等功。
59	杨　勇	2006 年 1 月,省劳动竞赛委员会:个人二等功。
60	智　慧	2006 年 1 月,省劳动竞赛委员会:个人三等功。
61	刘建成	2006 年 1 月,省劳动竞赛委员会:个人三等功。
长晋公司		
1	郭智锋	1995 年 10 月,团省委:新长征突击手; 1996 年 2 月,晋城市劳动竞赛委员会:个人一等功;省交通厅:个人一等功; 2004 年 11 月,省劳动竞赛委员会:个人一等功; 2006 年 5 月,省劳动竞赛委员会:个人一等功。
2	刘玉怀	1981 年,沈阳军区空军直属队:优秀指导员; 2006 年 12 月,省劳动竞赛委员会:五一劳动奖章
3	王庆红	2004 年,中共山西省委:干部下乡模范工作队员; 2004 年 10 月,团省委、省国资委、中小企业局、青年企业家协会:山西省优秀青年企业家; 2005 年 4 月,晋城市劳动竞赛委员会:个人一等功。
4	尤达文	1985 年 4 月,忻州地区:新长征突击手; 1985 年 4 月,共青团中央:"五四"优秀青年。
5	郝建军	1996 年,省交通厅:个人三等功; 2002 年,省劳动竞赛委员会:个人一等功。
6	李吉祥	2002 年,山西省政府:山西省劳动模范。
7	张应魁	1997 年 12 月,晋城市:筑路功臣
8	杨宗志	1986 年 4 月,省政府:山西省劳动模范。 1992 年 2 月,省军队转业干部安置工作领导小组、省委组织部、省人事厅:山西省模范军队转业干部; 1995 年 8 月,省劳动竞赛委员会:个人一等功。
9	赵剑斌	1997 年,晋城市政府:先进工作者; 2004 年,省劳动竞赛委员会:"五一"劳动奖章;个人二等功。
10	王文明	2004 年,晋城市政府:环境保护先进工作者。
11	段星星	1997 年 12 月,晋城市委、市政府:晋阳高速公路建设先进工作者; 1998 年 4 月,晋城市委、市政府:207 国道绿化先进个人。

续上表

序号	姓　名	时间及获奖项目
12	闫向东	2004 年 3 月，晋城市人民政府：先进工作者； 2006 年 6 月，省交通厅党组：优秀共产党员。
13	茹忠义	2003 年 7 月，省交通厅：抗击非典先进个人；
14	张新建	1997 年 12 月，晋城市委、市政府：晋阳高速公路建设先进个人； 2003 年 7 月，山西省交通厅：抗击非典先进个人； 2006 年 3 月，中共晋城市委：模范工作队员。
15	郭晋阳	2005 年 5 月，省交通厅：优秀共青团员。
16	孙泽霞	2005 年 5 月，省交通厅：优秀共青团员。
17	崔培忠	2006 年 6 月，省交通厅党组：优秀党务工作者。
18	李民庆	2004 年，长治市劳动竞赛委员会：个人二等功。
19	武雨潸	2005 年，长治市劳动竞赛委员会：个人二等功。
20	张丽君	2006 年 5 月，省交通厅：优秀团干部。
21	郑跃峰	2000 年 8 月，省政府办公厅：新编地方志工作先进个人二等奖； 2000 年 10 月，晋城市政府：地方志编修工作模范个人； 2005 年 5 月，省委办公室厅、省政府办公厅：三项治理中清车工作先进个人； 2005 年 10 月，民进山西省委：民进成立 60 周年模范会员。
		晋焦公司
1	王锁胜	1998 年，省公路局：山西省公路系统劳动模范； 2002 年，晋城市：五一劳动奖章； 2003 年 3 月，省劳动竞赛委员会：个人二等功； 2003 年，省交通厅：抗击“非典”三等功； 2004 年 4 月，晋城市委、市政府：晋城市劳动模范。
2	白正义	2006 年 6 月，省交通厅党组：优秀共产党员； 2006 年，晋城市总工会：优秀工会干部。
3	申拽马	2003 年，晋城市政府：先进工作者。
4	王翠巧	2006 年 9 月，省交通厅：“十五”期间公路养护管理工作先进个人。
5	马　俊	2006 年 9 月，省交通厅：“十五”期间公路养护管理工作先进个人。
		诺通公司
1	贺进刚	2005 年 6 月，省交通厅党组：全省交通系统优秀共产党员； 2006 年 6 月，省交通厅党组：全省交通系统优秀共产党员；
		交通大酒店
1	兰晓琳	2006 年 7 月，省交通厅党组：优秀共产党员
		通建公司
1	马正伟	1991 年、1992 年，太原市创建国家卫生城市先进个人； 2006 年 6 月，省交通厅党组：优秀共产党员；

2007～2008年年鉴

一、大事记

2007年

1月

1月11日，省交通厅厅长王晓林在总公司2007年度工作会议上的报告上批示：开发公司作为投融资平台，起到了应有的作用。特别是在太长、长晋、晋焦高速公路建设运营中，发挥了不可磨灭的作用。

中旬，诺盛公司与山东日照钢铁集团签订全年生铁购销合同，建立长期业务关系。

29日，总公司制定《关于集中清理整顿违规减免特权车人情车车辆通行费的实施方案》，严禁“特权车”、“人情车”违规减免通行费。

30日，长晋公司召开首次职工代表大会，推行以职代会形式强化企业民主管理。

31日，太长高速公路武乡服务区获省交通厅文明示范窗口称号。

又，诺通公司增设生产经营部，推行成本核算事前介入，动态化管理。

又，在全省交通系统职工文艺汇演中，长晋公司参赛节目《长晋放歌》获二等奖。

又，共青团晋城市委授予长晋公司路政一大队青年文明号称号。

1月，路通公司重点治理“免费车”、“当地车”、“特权车”，彻底取消收费站的免费卡。

2月

1日，晋城市总工会授予晋焦公司工会组织模范基层工会会称号。

5日，总公司与平安公司就转让太焦高速公路部分股权在深圳签署补充协议。

7日，省交通厅领导张志川一行到长晋公司、晋焦公司进行春节慰问。

13日，总公司隆重举行2007年春节团拜会，以各种方式缅怀艰辛创业历程，瞻望美好发展前景，公司领导满怀深情为创业功臣献花，与在企业工作10年以上的老职工合影留念。

3月

14日，总公司召开《公司志》编纂工作座谈会，邀请厅资料信息中心领导及业内人士完善篇目，研究编纂工作。

16日，总公司成立企业文化建设领导组，经理魏庆飞任组长，领导组办公室设在总公司办公室。

20日，省环境保护局批复《龙湖生态园综合开发一期工程环境影响报告书》。

27 日,长晋公司举行长晋高速公路通道绿化工程启动仪式,宣布该公路通道绿化工程全面启动。

28 日,太长高速公路武乡收费站获市级青年文明号称号。

4 月

1 日,在北京举行的全国高速公路服务区评选颁奖晚会上,高平服务区加油站获"中国高速公路优秀加油站"称号,长晋公司李锋获优秀经营管理者称号。

5 日,凤凰山公司实行入园登记和分区专人负责制。

11 日,总公司下发关于《开展创建文明和谐企业竞赛活动的实施方案》。

12 日,太长公司举办首届公路养护技能比武大赛。

13 日,凤凰山公司农业科技示范园新品种入园。

16 日,省政协副主席薛荣哲视察凤凰山园区开发。

18 日,总公司部署矛盾纠纷调解年活动,制定实施方案。

26 日,省交通厅在交通大酒店召开长晋二级公路(晋城段)大修工程可行性研究报告技术审查会,大修工程可行性研究报告通过技术审查。

28 日,长晋公司召开讲文明、树新风、促和谐,创省级文明和谐单位竞赛活动动员大会。

28 日 12 时 55 分,晋焦公路牛郎河隧道上行线入口 60 米处,一大型货车突然着火,晋焦公司立即启动隧道火灾应急预案,有效避免了严重后果。

又,长晋公司在高平服务区举行年度军事会操,晋城市委、市政府、省高管局、总公司领导观摩。

5 月

11 日,太长公司太谷收费站、路政三中队获省直青年文明号称号。

14 日,北京曼彻斯特投资公司一行 6 人赴凤凰山考察投资事宜。

16 日,忻州市领导陪同韩国客人一行 13 人赴凤凰山考察投资事宜。

15 ~ 17 日,长晋公司举行第三届岗位练兵和技术比武。

17 日,诺通公司举办爱岗敬业、劳动光荣研讨会。

21 日,晋城市领导到长晋、晋焦及晋阳高速公路调研通道绿化。

24 日,总公司下发《抓紧做好 2007 年交通防汛工作的通知》。

又,晋焦公司召开隧道火灾事故救援分析暨经验总结会,重点对"五一"前后三起火灾教训进行总结分析。

又,省旅游局一行 10 人赴凤凰山生态植物园检查指导。

又,长晋公司团委获厅直团委"五四"红旗团组织称号。

5 月,省商务厅批准,阳长、江武高速公路收费经营期限延长至 2012 年 10 月 16 日。

6 月

1 日,凤凰山园区警务区基础设施开工建设(6 月 6 成立山西凤凰山生态植物园治安警务区)。

12 日,路通合作公司在太原黄河京都大酒店举行公司成立 10 周年庆典。

又，太长公司启动 ISO9001、OHSAS18001（质量、职业健康安全管理体系）认证工作。

14 日，总公司全面启动质量、环境、职业健康安全三标一体化体管理系认证工作。

16 日，省交通厅长王晓林赴凤凰山视察。

20 日，山西省总工会、省交通厅公路运输工会领导，对太长公司用工制度和"五比五看"、岗位比武活动进行调研指导。

又，总公司举办质量、环境、职业健康安全“三标一体化”管理体系认证内审员培训班。

24 日，晋焦公司举办第五届“精英杯”业务技能比武。

27 日，总公司党委、太长高速公路榆次收费站党支部、诺通公司党支部和总公司及所属单位的 22 名优秀共产党员、优秀党务工作者受省交通厅党组表彰。

7 月

11 日，下发总公司《绩效考核办法（试行）》（8 月起实施）。

16 日，省交通厅考察组考察凤凰山园区开发。

20 日，太焦（太长、长晋、晋焦）高速公路股权交割仪式在太原迎泽宾馆举行。

22 日，中共山西省委书记张宝顺在交通大酒店接待云南省交通厅客人。

27 日，阳济公司在阳城金凤凰酒店举行阳济公路通车 10 周年庆典，总公司党委书记李平、阳城县领导冯志亮、贾二庆分别致辞，总公司人员参加。

28 日凌晨 2 时许，山西交通大酒店门前因大雨出现汛情，总值班赵秀山带领 7 名员工奋力抢险，避免了重大损失。

30 日，长晋公司慰问晋城军分区、驻晋城武警部队。

8 月

3 日，交通大酒店专门召开会议，总公司领导出席，对酒店 7 月 28 日奋力防汛抢险的 8 名员工进行表彰奖励。

又，忻州市人大及县区领导一行 17 人考察凤凰山园区开发。

7 日，总公司成立反恐怖工作领导组。

又，长晋、晋焦公司分别召开联合治理四类严重影响高速公路交通安全车辆专项行动暨引深治超工作动员大会。

10 日，省纪检委、省纠风办领导视察晋焦公司丹河超限运输检测点，对晋焦公司治超工作予以肯定。

14 日，杨天平任总公司副经理（兼任凤凰山生态植物园有限公司经理）。

又，凤凰山公司签订窑洞宾馆建设合同。

21 日，总公司部署开展以桥梁为重点的交通基础设施安全隐患排查治理专项行动。

8 月下旬，长晋高速公路公司与长晋二级公路公司重新剥离。

9 月

11 日，总公司召开三标一体化管理体系文件发布会。

又，龙湖生态园区内旧村搬迁完毕，拆迁工作开始。

又，诺盛公司在北京与香港来宝公司签订 20 万吨焦炭出口合同，该公司自此开始经营焦炭业务。

14－15日，晋城收费站、高平服务区争创全省交通行业文明示范窗口工作通过省交通厅考评验收组验收。

17日，总公司成立高速公路路线命名和编号调整协调领导组。

18日，省发展和改革委员会下发文件，同意对长晋二级公路进行改建，项目总投资17091万元，以现有公路资产抵押申请银行贷款解决，建成后收费还贷。

20日，省交通厅领导王晓林、郜玉兰一行赴筹建中的高平－新乡高速公路实地调研。

9月21日，长晋商品路公司恢复原有质量、环境、职业健康安全管理体系认证工作。

9月29日，晋焦公司部署千里创文明、喜迎十七大创建活动。

又，总公司领导到各经营单位进行中秋慰问。

10月

2日，凤凰山公司完成循环经济实施方案编制，上报省发展与改革委会审批。

4日，省旅游局局长籍振芳赴凤凰山检查指导。

9日23时20分，晋焦高速公路牛郎河隧道发生车辆追尾事故，造成甲醛大量泄漏，情况危急。晋焦公司领导率路政大队第一时间赶到现场施救。晋城市政府领导亲临统一指挥调度，调集10多个单位300多人及多部专用机械，营救达两个多小时，终使被困81人全部脱险。

9日，通建公司并购太原市建民通用电控成套有限公司，以对建民通用电控成套有限公司地处太原市王村南街的厂区进行房地产开发。

又，总公司与高平市、平安公司商定，对长晋高速公路高平收费站进行扩建改造。

10日，长晋公司通行费收入2.02亿元，提前82天完成上级2亿元年度计划，较上年同期增长60%。

12日，总公司决定晋城商品路公司对牛匠和换马桥两个收费站进行计重收费车道改造。

15日，总公司组织收看中共十七大开幕盛况，聆听胡锦涛总书记《高举中国特色社会主义伟大旗帜，为夺取全面建设小康社会新胜利而奋斗》的报告。

又，晋焦公司举办《劳动合同法》知识比赛。

10月17日，长晋公司召开执政为民、服务为民政风行风集中整顿活动动员大会。

19日，凤凰山园区打通20公里秋冬防火隔离带。

又，晋焦公司举行2007年政风行风听证对话会，邀请晋城市相关人士和服务对象参加。

23日，省际互查组赴丹河大桥检查桥梁安全隐患排查与治理工作。新疆维吾尔自治区交通厅总工李志农为检查组组长，省交通厅领导张润陪同。

又，诺通公司青年文明号创建工作通过团省委验收。

11月

8日，省交通厅、财政厅、物价局就总公司与平安公司合作经营太焦高速公路有关事宜予以批复。收费年限自股权交割之日起25年。

15日，凤凰山公司派员赴浙江宁波参加第二届中国旅游投资洽谈会，进行招商引资。

16 日，长晋公司召开长晋高速公路通车运营三周年座谈会。

又，晋城市监委在丹河收费站召开治理公路“三乱”现场推进会，推广丹河收费站治理公路“三乱”的做法。

22～23 日，省交通厅牵头组织，对长晋高速公路进行竣工验收，综合评定为优良工程。

23 日，太长公司开展争创山西高速微笑之路收费员礼仪活动。

又，共青团山西省委授予诺通公司青年文明号称号。

24 日，凤凰山公司与韩国自由水中开发公司洽谈投资事宜。

26 日，凤凰山公司领导赴陕西杨陵参加农业科技博览会，与西北农林科技大学达成技术支持和人才培养协议。

又，总公司印发《企业文化建设实施纲要》。

11 月 27～30 日，长晋公司举办第一期质量和职业健康安全管理体系培训班。

12 月

2 日，省劳动竞赛委员会为晋焦公司记集体二等功，授予白正义“五一”劳动奖章，为申拽马记个人一等功，孙金虎个人二等功，秦保科、魏晓勇个人三等功。

8 日，德国 CCM 公司人员赴龙湖公司考察投资事宜。

14～19 日，晋焦、长晋公司先后召开治理非法超限超载车辆，确保道路交通安全誓师动员大会；举行拉网式治理非法超限超载车辆综合行动启动仪式。

22 日，凤凰山公司召开我与我的企业学习教育活动暨 2007 年工作总结表彰大会，总公司领导应邀出席。

25 日，晋焦公司举办第二届职工才艺作品展开展仪式暨通车运营五周年座谈会。

年末，太长公司完成通行费收入 9.75 亿元，占总公司年计划 168.1%，占山西省高速公路管理局年计划 191.2%。全路段日平均收入 267 万元，年公里平均收入 460 万元。

又，长晋公司完成通行费收入 2.68 亿元，较上年 1.7 亿元增加 58.%，增收 9900 万元，年公里平均收入 290 万元。

又，晋焦公司全年完成通行费收入 249213631 元，年公里平均收入 778.79 万元。

又，总公司交通安全领导组办公室连续八年保持无重特大交通事故，被省厅交安委评为 2007 年度交通安全先进单位。

年末，全公司年收入突破 20 亿元，为 20.04 亿元。公司资产总额 201 亿元，净资产 44.8亿元。

2008 年

1 月

18 日，山西省治超督导检查组与晋城市相关部门领导慰问晋焦高速公路丹河超限运输检测点一线职工。

22 日，总公司批复长晋、太长、晋焦 3 个高速公路公司内部机构设置及定编定员工作方案。

又,总公司转发省交通厅《关于认真做好2008年全省道路水路春节运输工作的通知》,部署春运工作。

25日,总公司决定对2007年度工作先进单位和先进个人进行表彰。其中,表彰优秀单位6个、先进单位6个、先进集体13个、服务标兵15人、先进工作者88人。

29日,山西省政协副主席、省治超领导组总监督员吕日周在晋城东、丹河治超点检查指导。

30日,总公司召开2007年工作总结表彰大会,山西省交通厅领导王晓林、郜玉兰出席并讲话,经理魏庆飞作工作报告,党委书记李平主持。

30日,副厅长张志川到长晋高速公路进行春节慰问。

31日,总公司开展春节送温暖活动,看望劳动模范、退休职工及患病和困难职工。

2月

1日,凤凰山公司参加全省节能减排成果展览,展示生态植物园开发循环经济实施模式,并获山西省发展循环经济建设资源节约型社会试点园区称号。

2日,贯彻上级关于确保鲜活农产品运输畅通的紧急通知,总公司要求涉路单位确保鲜活农产品运输畅通。

14日,诺通公司员工为南方特大冰冻雨雪灾害地区捐款2850元。

15日,长晋公路晋城收费站、高平服务区获山西省交通厅文明和谐示范窗口称号。

18日,贯彻交通部《关于做好电煤公路运输有关问题的通知》和《关于给予抗冰抢险保电救灾物资运输车辆免费通行的紧急通知》。

19日,总公司领导出席诺通公司2008年度工作会议,并为该公司省级青年文明号揭牌。

24日,长晋高速公路因大雪发生交通事故,长晋公司快速反应,协调相关部门处理事故5起,救助事故车28辆,及时救治伤员,连续工作达21小时,有效避免了更大损失。

3月

5日,诺通公司获山西省交通厅2008年全省道路水路春运工作先进集体奖。

又,世界杰出华商协会投资部一行三人赴凤凰山园区实地考察投资事宜。

21日,转发山西省交通厅《关于认真做好全省交通系统反恐暨安全防范工作的通知》。

24日,交通大酒店聘请武警教练,对员工开始为期一周(早晨6时30分至7时30分)的军事化训练,为该酒店营业以来规模最大的一次军事化训练。

3月,诺盛公司成立天津办事处,为拓展天津市场创造便利条件。

4月

1日,山西省水利厅渔业局领导赴凤凰山公司考察调研利用温泉发展罗非鱼养殖项目。

又,森林防火指挥车辆在所辖公路一律免费通行。

10日,晋城市精神文明建设指导委员会授予晋焦公司文明和谐单位称号。

11日,长晋高速公路路政大队由北向南护送一辆运输不可解体货物的超长大型货车安全通过,该车长63米,前往焦作。

15 日，凤凰山园区河滩围堰工程开工建设。

20 日，国家生态学会会长韩也良率队赴凤凰山园区进行整体规划前期考察。

25 日，部署奥运期间安全保卫工作，成立安保领导组。

27 日阳济公司日通行费收入 179845 元，为该路通车以来单日收费额最高。

又，长晋高速公路路政大队成功处置一起货车因追尾造成甲醇泄漏的突发事件，该车载有甲醇 30 吨。

下旬，太长公司日均通行费收入拆分后首次突破 400 万元。

5 月

1 日，山西省交通厅路政服务大厅晋城办证点正式投入办公，负责为特殊超限货物运输车辆办理超限通行许可证。

3 日，凤凰山公司牡丹园牡丹花盛开，开始接待赏花游客。

4 日，晋城团市委授予丹河收费站团支部"五四"红旗团支部称号。

4～5 日，山西省交通厅决定，由总公司经营的大运、东长、汾柳 3 条公路属性归位为政府还贷公路，划归省公路局管理。

上旬，长晋公司开展为期一周的"绿色通道"违规车辆专项治理，查处车辆 34 辆次，追缴通行费 6120 元。

12 日 14 时 28 分，四川汶川发生强烈地震，太原震感明显，上班职工迅速向公司院内撤离。

14 日，山西路通合作有限公司在许西收费站举行"情系灾区，我为灾区献爱心"现场拍卖义卖拍卖会，共筹得义卖款 19263 万元，全部捐献给四川地震灾区。省交通厅公路运输工会和总公司领导赴现场观摩。

又，长晋公司为四川地震灾区捐款 6.16 万元，其中特殊党费 3.5 万元。

又，晋焦公司举办"迎奥运、强体质、做贡献"暨第二届职工运动会。

15 日，总公司成立物产管理部，卢向阳任部长。

又，太长公司员工为四川地震灾区捐款 24490 元。

15～16 日，太长公司举行军事会操比赛和紧急救援、反恐演练、收费礼仪表演。

18 日，凤凰山公司职工为四川地震灾区捐款 2030 元。

19 日 14 时 28 分，全公司职工中断正常工作，就近集合，垂首西南，所有车辆汽笛长鸣，向四川"5·12"地震遇难同胞默哀三分钟。

20 日，晋城市委书记张茂才为长晋公司"山西省文明和谐单位"揭牌。

21 日，下发总公司《突发公共事件应急预案》、《信访工作预案》。

23 日，太长公司 114 名共产党员为四川抗震救灾交纳特殊党费 49000 元。

又，交通大酒店员工为四川地震灾区捐款 3699.5 元，其中特殊党费 2400 万元。

24 日，诺通公司举办工程养护管理人员《公路技术状况质量评定标准》培训班。

30 日，长晋公司晋城东收费站举行省级青年文明号命名挂牌仪式。山西省创建青年文明号组委会领导许燕芳、省交通厅团委书记戎斌生，总公司党委副书记李润喜、政治部主任张爱琴出席。

5 月，阳济公司月通行费收入 439.1 万元，为阳济公路通车以来收费额最高月份。

5 月，诺通公司党员积极缴纳"特殊党费"，员工踊跃捐款，向四川地震灾区人民奉献爱心，三次共捐献 14030 元。

6 月

5 日，开始实行北京奥运会期间突发事件上报制度。

6 日，下发迎奥运、保畅通交通保障工作实施意见。

又，长晋公司举行第四届军事会操暨迎奥运、讲文明、树新风系列健身活动，晋城市领导观摩并讲话。

8 日，晋焦高速公路牛郎河隧道内两车相撞起火，大量人员及车辆滞留于洞内，晋焦公司义务消防队第一时间进入洞内营救，100 多人得以及时疏散。

11 日，实行全省交通系统安全生产信息传递制度。

16 日，部署开展 2008 年节能宣传周活动。

18 日，在全省治理非法超限超载车辆工作会议上，丹河超限运输检测点被评为山西省治理非法超限超载车辆工作先进治超站点。

19 日，晋焦公司通行费收入 1374555 元，创该路通车运营以来单日费收最高纪录。

20 日，凤凰山公司窑洞宾馆主体工程竣工，开始外部整体装修。

又，诺通公司召开股东会议，同意晋焦公司所持诺通公司 6% 的股权转让给总公司。诺通公司股东由 4 家减少为 3 家。

30 日，全公司前半年通行费收入 10.0121 亿元，超额完成上半年计划任务，较 2007 年同期增长 56%。

6 月，总公司领导前往天津视察诺盛公司开展焦炭内贸业务情况，并察看上货及仓库现场。

7 月

1 日，晋焦公司丹河超限检测点在丹河收费广场举行《山西省道路货物运输源头治理超限超载暂行办法》和《山西省治理车辆非法超限超载工作责任追究办法》正式实施启动仪式。工作人员身披彩带，冒雨发放宣传资料。

4 日，长晋商品路公司取得质量、环境和职业健康安全管理体系三标认证证书。

7 日，江南大学设计团队一行 7 人实地考察，开始对凤凰山园区进行整体规划设计工作。

又，长晋公司召开纪念建党 87 周年座谈会，表彰先进党支部和模范共产党员。

8 日，凤凰山园区小延安景区太阳能供暖工程开工建设。

9 日，江南大学规划人员一行 7 人赴龙湖公司实地考察。

10 日，总公司举行奥运火炬传递活动。活动在交通大酒店 6 楼会议室举行。火炬为山西省交通系统唯一的奥运火炬手，省路桥一

年鉴图 1　总公司传递奥运火炬活动

公司支援"5.12"四川大地震抢通保畅突击队员孙怀胜所传递的火炬。

11 日,在晋城市创建劳动关系和谐企业首批命名表彰大会上,晋焦公司获"晋城市劳动关系和谐企业"和"晋城市四星级职代会"称号。

14 日,交通大酒店举行见面会,欢迎来自四川茂县地震灾区的 7 名农民工前来就业。

又,成立诺信公司、实业公司、通建公司三个党支部,同时撤销工程分公司党支部。

又,太长公司榆次超限检测点不停车检测设备正式投入使用。

22 日,太原市对平阳路进行改造,给交通大酒店正常经营带来极大影响。交通大酒店采取多种促销优惠措施,全力稳定客源。

27 日,中共山西省委宣传部、省治超办带领三晋治超行新闻采访团赴丹河超限运输检测点现场采访,表示要广泛报道晋焦公司的先进做法,推动全省治超工作向纵深发展。

又,太长公司举行为奥运加油卡拉 OK 决赛。

31 日,长晋公司走访慰问晋城军分区和驻晋城武警部队官兵。

下旬,太长公司日收费达 420 万余元,日通行量突破 3 万车次。

8 月

1 日,晋焦公司到武警晋城消防支队和高速交警大队走访慰问

1~2 日,总公司"三标一体化"通过北京华夏认证中心审核。

5 日,省委副书记薛延忠赴凤凰山园区调研。

12 日,一辆特大型货车由南向北行驶晋焦、长晋高速公路。该车长 85.5 米,宽 5 米,往国家电网长治特高压变电站运输大型设备,在长治南收费站下路,为该路运营以来行驶的最大型车辆。

20 日,太长公司通行费收入完成 8.1 亿元,较去年同期增长 51. %。自 2008 年 11 月通车以来,累计收费 22.50 亿元。

26~28 日,太长公司接受质量与安全认证中心第二次外审,并现场推荐通过。

28 日,山西省交通厅新任厅长段建国同厅总工程师郜玉兰、总会计师张德仪及厅办公室、财务征费处、公路管理处、综合规划处、重点办负责人在总公司调研。

29 日,省直工委在太长公司进行省直文明和谐单位检查验收。

9 月

3 日,晋焦公司获山西省模范劳动关系和谐企业称号,为全省交通系统唯一获此奖单位。

6 日,阳济公司提前 116 天完成全年费收任务,收费额达 2503 万元,较去年同期增收 63%。

17 日,长晋公司召开安全生产紧急会议,传达国务院对山西临汾 9 月 8 日特大尾矿库溃坝事故的处理决定,严格要求举一反三,排除隐患,确保安全。

19 日,太长公司路政大队、路政二中队、王村收费站、襄垣养护工区获省直文明单位称号。

下旬,长晋高速公路路政巡查车远程监控系统"千里眼"投入使用。

10 月

10 日,总公司召开学习实践科学发展观、纪念改革开放 30 周年暨贯彻省交通厅领导调

研会精神研讨会。

16～17日，总公司召开《山西省交通建设开发投资总公司志》评审会议，邀请省史志院、省交通厅及部分市交通局专家学者对志书稿进行评审。

20日，长晋公司通行费收入完成27115万元，提前71天完成总公司下达的年度目标。

22日，总公司及路通、诺信、通建、实业4公司、交通大酒店向四川汶川地震灾区捐赠衣被644件。

24日，总公司召开开展深入学习实践科学发展观活动动员大会，对全公司开展学习实践科学发展观活动进行动员部署。

27日，《龙湖生态园旅游综合开发规划》文本完成。

29日，太长公司全线实现不停车治超检测。

月末，太长公司提前61天超额完成全年收费任务。

11月

长晋二级公路和阳济公路实行计重收费。

4日，省纪委书记金道铭一行在长治南收费站，就开展学习实践科学发展观活动进行调研。

12日，太长公司获省直文明和谐单位称号，榆次收费站获省直公民道德建设十佳文明窗口称号。

15日，太长公司榆次收费站、太谷收费站获晋中市市直文明和谐单位称号。

又，太长公司向四川汶川地震灾区捐赠100条新棉被。

11月19日，长晋公司举行通车四周年座谈会，回顾发展历程，共话美好未来。

22日，总公司举行山西交通投资大厦落成暨驻地乔迁庆典仪式。庆典仪式上，省人大常委会原副主任杜五安、太原市高新技术开发区管委会党委书记王茂健、省交通厅副厅长张润应邀出席并讲话、为山西交通投资大厦揭牌，经理魏庆飞致辞，党委书记李平主持。省交通厅老领导、厅机关处室、厅直单位、合作单位及兄弟友好单位领导前往祝贺。

27日，凤凰山公司召开研讨会，邀请有关领导、专家学者对江南大学正在为该公司编制的《旅游开发规划》进行研讨。

12月

2日，长晋公司领导及机关党员到扶贫点阳城县蟒河镇押水村举办学习实践科学发展观，服务新农村建设主题实践活动。

20日，凤凰山公司利用园区自产葡萄酿造干红葡萄酒获得成功。

28日，长晋公司7个治超点不停车检测系统全部建成并投入使用。

30日，总公司领导魏庆飞、李平作为高陵高速公路投资单位负责人，赴晋城参加晋济高速公路通车暨高陵高速公路开工仪式。高平至陵川高速公路（山西段）长62.9公里，总投资37.1亿元，是总公司依照交通部《经营性公路招标投标管理规定》中标的第一个BOT项目。

又，在山西省民调中心2008年全省高速公路满意度调查中，太长公司名列全省17家高速公路运营单位第四名。

31 日,总公司举行迎新年暨文化电影年启动仪式,党委副书记、工会主席李润喜致辞。之后,观看电影《憨豆先生的黄金周》。

二、2007 年概略

总 公 司

2007 年,深入贯彻落实科学发展观和社会和谐观,紧紧围绕“三个服务”要求和交通率先发展战略,以加快发展、提高效益为中心,以管理创新、文化建设为主题,以资本运营、市场化运作为平台,以经营、管理、发展三大任务为重点,以构建高标准文明和谐企业为目标,各项工作并驾齐驱,年度目标全面超额完成,企业充满生机活力,集中体现为三个圆满完成和六个抓好。

1. 三个圆满完成

(1)圆满完成各项经济指标。全年营业收入突破 20 亿元,达到 20.04 亿元,在历年持续增长的基础上,较上年增收 6.5 亿元,增长 48.4%,增长幅度为历年之最。其中,高速公路通行费收入 16.45 亿元,普通公路通行费收入 2.01 亿元,多种经营业务收入 1.58 亿元(实现产值 3.5 亿元),大幅超额完成省交通厅下达的年度经营目标。

(2)圆满完成年度重点工作。转让太焦高速公路部分股权工作取得新的突破,第一期资金 6.82 亿元于 2007 年 7 月打入合作公司资金共管账户,按期完成了工商变更、收费年限报批手续,非转让资产剥离、债务重组等所有工作即将完成。加大道路管养力度,大运、东长、汾柳 3 条二级路大修改造前期工作加紧进行;长晋二级公路大修改造分阶段开始实施,阳济公路路况得到大面积整修;太长、长晋、晋焦高速公路养护质量综合指数均大于 98;长晋高速公路顺利通过竣工验收,综合评定为优良工程;太长高速公路工程档案验收完毕,工程变更业已批复,审计决算、竣工验收前期工作全面展开。高速公路计重收费运行良好,普通公路计重收费改造基本完成,治理超限超载车辆取得阶段性成效。继续发挥投融资“窗口”作用,积极开展发行企业债券的前期工作。多种经营产业创新发展能力和市场培育能力明显增强,工程建设、公路养护、房地产开发、国际贸易、酒店经营、实业开发等经营业绩良好,凤凰山植物园、龙湖生态园的开发思路和市场定位进一步清晰,企业综合实力和发展规模不断巩固壮大。

(3)圆满完成管理和发展目标。广泛开展管理创新年、文化建设年活动,建立质量、环境、职业健康安全三标一体化管理体系取得明显成效,基础管理、服务管理进一步加强。企业文化建设按照《实施纲要》有计划、有步骤扎实推进,精神文化、行为文化、形象文化体系开始建立,职工创建文化意识明显增强。全年实现安全生产经营。党的建设和党风廉政建设进一步加强。学千里大运文明路、创建太晋文明长廊活动有声有色,各项文明创建工作广泛深入。积极构建和谐企业,进一步理顺劳动关系,不断改善职工工作环境,逐步提高职工工资收入。企业文明和谐程度明显提高,总公司连续六年保持省级文明和谐单位称号。

2. 六个抓好

(1)抓好基础管理。深化管理创新年活动,一是在全公司范围内全面开展贯标工作,建立健全质量、环境、职业健康安全管理体系。把建立三标一体化管理体系作为强夯企业基础管理、打造企业良好形象的内在需求,作为企业经营同国际标准接轨、推广精细化管理和规范化管理的有效途径,全公司相对统一、规范的管理体系初步建立。进一步明确工作职责,健全管理机制。根据职能分工和业务范围,对三标体系85项条款进行细化分解,明确管理权限,消除管理盲点,建立部门与部门之间横向协作、部门与实体单位之间纵向对接的管理机制;进一步规范工作流程,健全考核体系。严格工作标准,规范作业程序,定性考核内容,量化考核指标,增强效能建设的有效性、实践性;进一步体现管理科学化、制度人性化。在全面质量管理上,从便于操作、利于管理出发,注重基础化、特色化管理;在环境保护上,以节能减排为重点,努力建设资源节约型、环境友好型企业;在职业健康安全管理上,坚持以人为本,关注、关爱职工身心健康,营造和谐工作氛围。三标管理体系认证工作,推动了企业管理水平的整体提高。二是加大企业文化建设力度。以文化创新提高企业的凝聚力、竞争力,促进企业持续快速发展。研究、制定了《企业文化建设实施纲要》,坚持以人为本、讲求实效、重在领导、系统运作、突出特色的原则,开展了企业核心价值观和企业精神、企业使命、企业愿景等价值理念的提炼与讨论活动。总公司实行每月一次大型讲座制度,邀请知名专家学者授课,以提升管理技能、熟悉职场礼仪、了解国内外政治经济形势为主题,提高职工思想境界,使员工对企业文化建设产生强烈的认知感和归属感,增强自觉创建意识。各单位围绕建设创新型、文化型企业,对原有制度进行完善和清理,形成了科学、规范的内部制度体系;广泛开展文体活动,举办职工才艺、书画作品展及歌咏、演讲、竞技比赛等一系列活动,丰富了职工的精神文化生活,激发了广大干部职工的工作热情和进取精神,形成了以文化立企兴企、以文化塑形塑魂,以文化特色彰显企业特色的良好创建氛围。

(2)抓好重点工作。按照省厅部署,结合企业实际,提出了经营、管理和发展的三大目标,并确定了与三大目标相配套的十九项重点工作,同时将各项目标和重点工作层层分解、责任到人。特别是把转让太焦高速公路股权作为全年各项工作的重中之重,主要领导直接负责。在股权转让的整个过程中,始终遵循政府部门监督指导、资产评估机构充分参与、法律顾问跟踪服务的原则,在省交通厅的大力支持、协调下,总公司和三个高速公路公司以高度负责的态度,加大工作力度,克服诸多困难,积极报请省政府审批股权转让协议,成功举办太焦高速公路股权交割仪式,完成股权变更、工商注册,收费年限报批等工作,同时,认真组织进行非转让资产剥离和债务重组工作,不断按预定计划和目标扎实推进,确保该项工作顺利开展,程序严格合法,权益得到有效保障,合同得以依法履行。转让太焦高速公路股权,是企业实行市场化运作、实施资本运营的有益尝试,是创新融资模式、搭建融资平台的又一次重大突破,是企业转变发展方式、提高发展质量的重要里程碑。此次公路股权转让的成功运作,进一步营造了良好融资环境,拓宽了引资融资渠道,加强了与金融财团的深度合作,加快了企业引资融资能力建设,是交通能源基金尽快进入山西的一个良好开端。

(3)抓好公路运营服务。按照"三个服务"和"六高"目标的总体要求,进一步强化以人为本、以车为本、以路为本理念,努力追求管理规范化、服务优质化、效益最大化,取得了良好成效。一是开展专项整治工作,建立费收管理新秩序。围绕增收增效,集中开展清理整顿违规减免特权车、人情车通行费专项工作,加大对绿色通道伪装车、计重收费作弊车的查处力度,严厉打击假军警车、违规偷逃通行费和倒卡行为,全面展开"治超"工作,以"无缝隙、拉网式"要求查处非法超限超载车辆,营造了良好收费秩序。二是开展畅通工程建设,适应安全运营新要求。按照交通部的"三个服务"要求,各公路经营公司把公路保畅通作为一项重要工作来抓。对沿线标识进行全面排查,按照新的标识、规格、工艺,安装沿线险路标志;保障专用道口指示牌、政策公示版面醒目规范;严格除雪作业、雨天路面积水排除、路面坑槽修补等方面的管理;路政执法由管理型向服务型转变,继续完善"5.30"紧急救援体系;积极消除不良气候对交通造成的影响,确保道路安全、畅通、便捷。大力实施通道绿化工程,有效提高公路的生态效益、景观效益及社会效益。同时,针对所辖普通公路的路况问题,认真研究制定大中修实施方案,协调管养单位进行科学维修,积极为社会、为群众提供良好满意的出行服务。三是开展服务创优活动,展示行业文明新气象。太长、长晋、晋焦三个高速公路公司,积极响应省交通厅号召,深入开展以学千里大运文明路、创建太晋文明长廊为主题的五比五看立功竞赛活动,多次举行军事汇操和技能比武,不断提升业务人员的服务管理水平,提高突发事件现场处置能力,确保快速放行。高速公路收费站积极学习推行广西高速公路"8 颗牙微笑服务"先进做法,组织培训、示范指导、认真考核、有效推广,着力打造"山西高速微笑路",展示行业文明新风。优良秩序,畅通运行,优质服务,高效快捷,塑造了交通新形象,方便了群众出行,同时也极大地提升了企业经济效益。2007 年,太长高速公路完成费收 9.75 亿元,长晋高速公路完成费收 2.66 亿元,晋焦高速公路完成费收2.49 亿元,较上年均有大幅增长,特别是太长高速超幅达 121. 6%,所辖经营性普通公路也均完成了费收任务,实现了经营目标。

(4)抓好多种经营开发。把发展多种经营作为企业实现可持续发展的重要途径,各多种经营单位坚持走自主创新发展之路,进一步强化市场意识,转变发展观念,拓宽发展空间,把握发展机遇,积极调整策略,谋求新的经济增长点,市场占有和经济效益都有新的突破。诺信工程公司认真进行企业内部改革,明确领导责任,调整核算方式,强化激励机制,实施分项目一条龙责任制,积极应对市场变化,努力参与市场竞争,全年各项经济指标全面超额完成。通建房地产开发公司妥善安置桃园三巷回迁住户,成功实施长治路小区楼盘托管销售,所有资金全部回笼;同时,还在王村南街兼企购地,开发商住新区。诺盛国际贸易公司在巩固现有代理业务的基础上,优化贸易结构,强化风险防范机制,多方寻求合作伙伴,有效开展信用业务,诚信经营,完成贸易额 2.3 亿元。诺通公路养护公司积极引进新技术、新材料、新工艺,不断提高机械化养护管理水平,业务覆盖面逐渐增加,内部管理日臻完善,营收利润较上年实现翻番。交通大酒店开展创建"绿色酒店"活动,加强成本核算,实行满负荷、特色化经营,全年接待宾客 16 万余人次,实现营业收入 1100 万元,创营业以来最好水平。实业发展分公司积极兴建商务写字楼,并注重市场调研,有效捕捉商机,积极承揽新的业务项目,实行自主经营、自我积累,增强发展实力。龙湖生态园进一步完善"三通"工程,积极推进移民新村建设,协调解决各方矛盾,实施下关村移民新居搬迁。凤凰山植物园加大开发和规划力度,努力争取国家政策性补助和项目投入,生态园区建设初具规模,被国家旅游局确定为全国农业旅游示范点,被省政府命名为山西省循环经济试点园区。多种经营产业良好的发展势头,有力促进了企业整体效益的提高。

(5)抓好安全生产和综合治理。进一步增强安全生产经营意识,强化安全生产经营能力,确保公路行车和施工生产安全,各经营单位始终坚持安全第一、预防为主的方针,一手抓公路安全运营、一手抓施工现场管理,全面贯彻落实安全生产经营目标责任制,加大安全生产经营投入,狠抓安全专项整治,大力实施公路安保工程,强化安全应急反应机制,有效执行安全隐患检测预警制度,实施24 小时值班报告制度,对重大安全隐患进行重点监测,做到早预防、早发现、早排除。特别是各公路经营单位,加大对交通基础设施安全隐患排查治理工作力度,对公路桥梁隧道等基础设施安全隐患进行逐一排查,建立一桥一档、一隧一档、一路一档排查和保障机制,实行责任到人、定时巡检、动态管理。各单位深入开展创建平安交通活动。把加强综合治理、维护内部稳定,作为构建和谐企业的重要内容。有效调解各种纠纷,实施条块结合、多方联动的工作机制,特别是把清理拖欠民工工资当作一件大事来抓,层层建立责任制,稳定企业、稳定交通,全力推动文明和谐建设。

(6)抓好党风廉政建设和文明和谐创建。全公司始终把推进党风廉政建设和反腐败工作摆在十分重要的位置,认真贯彻落实《建立健全教育制度监督并重的惩治和预防腐败体系实施纲要》,以治理商业贿赂为重点,实行关口前移,有效防范,切实加强党风政风行风建设,保障企业健康发展。一是严格落实党风廉政建设责任制,按照"一岗双责"和谁主管、谁负责的原则,把党风廉政建设和反腐败工作任务进行层层分解,明确目标,责任到人,与经济建设及其他工作一起部署、一起落实、一起督查、一起考核,合力推动党风廉政建设深入开展。二是认真开展治理商业贿赂工作,根据省交通厅《对不正当交易行为自查自纠工作进行检查评估的实施方案》,组织开展"三查三看"工作,即:查思想,看认识是否到位;查行为,看有无不正当交易行为;查制度,看各项管理规定、程序是否健全。总公司在自查自纠的基础上,还派出审计人员对有关单位进行审计,以确保经营管理、资产处置、资金调度、工程招投标、物资采购等合规合法合程序。严格按照中纪委《关于严格禁止利用职务上的便利谋取不正当利益的若干规定》,在全公司范围内积极开展自查自纠工作。加强教育,严格要求领导干部,做到自警自律,严守职责,透明办事,立足防患于未然。三是进一步开展文明和谐创建活动。各单位紧紧围绕山西省精神文明建设指导委员会和省交通厅确定的"五比"、"两推动"要求,以学先进、树新风、创一流活动为载体,以服务人民、奉献社会为宗旨,以践行社会主义荣辱观和企业核心价值体系为主线,以创建太晋文明长廊为重点,以实现"三个提高"为目标,创新理念、丰富内涵、强化措施、整体推进,创建格局、创建综合性和实效得到新的升华。总公司连续六年保持省级文明和谐单位称号,全公司有36个基层单位分别获省、市级9项文明创建荣誉称号。

太长公司

以科学发展观为指针,以管理规范年活动为抓手,大力弘扬爱岗敬业、勇于奉献和荣辱与共的团队精神,不断丰富和发展愈挫愈奋、宠辱不惊、与时俱进、开拓创新的"太长品质",经济指标超额完成,文明创建业绩突出,多项工作跻身先进行列。

2007年,该公司通行费年收入完成9.75亿元,日平均收入267万元,年公里平均收入460万元,增幅和增速均名列全省同行业前茅;路段车流量日均2.1万辆次,公路养护质量指数由96.7升至98.4;查处路政案件2231起,收取路产赔偿费5642479元。实施清障、救援、服务出车2562台次。路政案件发现率、结案率、恢复率均达100%;服务区经营扭转被动局面,收取租金1.56亿元,年营业收入1.2亿元,营业状况良好;基础管理各项规章制度进一步健全,ISO9001、OHSAS18001质量、职业健康安全认证工作进入关键阶段,全面启动OA网络办公自动化系统,初步实现了网上公文流转;文明创建成绩显现,继武乡服务区获省交通厅文明示范窗口称号之后,又有3个单位获省直青年文明号称号。年末,所属基层单位共有6个青年文明号,4个县级文明单位。

(1)全面开展"五比五看"劳动竞赛。以学大运千里文明高速公路,创建太晋文明长廊为龙头，全面开展“五比五看”社会主义劳动竞赛活动。

收费业务比放行，看窗口建设。收费工作坚持收费管理20字方针，坚持高标准、高起点、高质量、严要求，开展全员岗位练兵，技能竞赛，争创“山西高速微笑之路”，进行满意在太长满意度测评，倾听社会呼声，推进收费营销，取得良好社会效益和经济效益。在全省高速公路客户满意度调查中，该公司收费站服务满意度达到89.37，在全省高速公路系统16家公司中名列第二。

公路养护比技能，看保畅能力。扎实开展“四个闭合”工作，举办形式多样的竞技活动，有效地检验了基层单位的日常养护作业能力。全年完成三项工程投资2776.3万元，其中缺陷、遗留工程635.2万元，新增工程2141.1万元；完成汛情雪情处治十余次，特别是在应对三次连续降雪天气中，真正体现了养护队伍的快速反应能力，率先实现正常通行。

路政管理比规范，看执法效能。一是以实现规范化管理为目标，完善工作机制，创新工作思路，精心打造“阳光品牌”，努力提高执法效能。二是以加强“三大能力”建设为基础，强化服务意识，提升路政管理的服务品位；三是以提高维护路产路权的防范能力为重点，变事后维权为预先保护，健全联防共建机制；四是以开展文明创建活动为载体，规范言行，文明执法，树立路政队伍良好形象。

服务区比温馨，看服务质量。以顾客满意为追求目标，以酒店化管理、航空式服务为标准，以“八无”为具体要求，持续推进温馨工程建设。成立了以业主代表和各服务区承租方负责人参加的领导机构，将优质服务工作纳入重要议事日程；坚持谁租赁、谁负责的原则，完善奖罚激励机制，努力把服务区管理工作落到实处；全面组织各服务区加油站、餐饮部、超市、修理厂、物业管理员工进行岗位技能培训，大力倡导文明服务、诚实守信、奉献社会、守法经营、和睦相处。在全省高速公路客户满意度调查中，各服务区服务满意度获得89.99，在全省名列第五。

机关建设比素质，看工作绩效。以“三支队伍”建设为突破口，以“三种能力”提高为落脚点，以做好“三个服务”为最高目标，深入推进素质工程建设，积极开展机关效能建设，大力推进管理制度化、标准化、规范化，建立和完善首办负责制、限时办结制、服务承诺制。

(2)不断引深四型企业建设，四种意识不断加强。强化职工的政治、大局、责任、服务四种意识，不断引深学习型、创新型、节约型、效能型四型企业建设。加强薄弱环节管理，全面优化工作流程，创新管理方式，实现办事提速提效，服务创质创优，企业节约高效。年初开展的质量管理体系认证和OA办公系统自动化建设进展顺利；财务工作积极准备基建工程竣工决算，全力抓好运营管理；人事管理不断引入竞争机制，努力为企业提供良好人力资源保障；安全生产着力强化各项防范措施，重点实施安保工程，建立联防联控综治机制，加强服务区食品卫生和消防安全管理，全年无任何重大安全责任事故发生；法律事务处理诉讼案件12件，涉案标的逾千万元；提供调解交通事故、审查公司对外合同、法律咨询解答等非诉讼法律服务30余件(次)。

(3)按照“三个服务”要求，提高“三种能力”。坚持贯彻交通部搞好“三个服务”的总要求，不断提高快速通行能力，收费站通行能力不断提升；不断提高应急保障能力，应急处置预案逐步健全，实施5.30工作目标，实现一般事故勘查结束后1小时内通车，重大事故3小时通车，清障救援确保5分钟出发，45分钟内到达现场；不断提高抗灾保通能力，编制和实施《保畅通工程公路管理应急预案》、工作手册，取得初步效果；不断提高信息化服务水平，拓展96565客服系统及公司服务热线功能，充分利用全程65对无线应急电话及可变情报板等服务设施为顾客提供方便；不断提高人性化服务能力，大力拓展优质服务内涵。

(4)治理超限超载，保障道路安全畅通。治理超限超载工作，联合交警部门开展治理四类严重影响交通安全车辆的专项活动，全线超限检测点全部启动称重检测设备。华北五省市联合治超工作启动和全省12.19大行动开展后，公司迅速行动，层层签订目标责任书，强力推进治超工作，共检测货运车辆756394辆次，劝返超限超载车辆16211辆次。

把保障公路畅通作为重要职责，一是组织保障，预案先行。公司迅速成立领导组，结合自身实际制定应急预案，为保畅通提供可靠保障；二是多方联动，全面协调运转。严格值班制度，保证信息畅通，建立安全快速的救援工作机制，在配齐、配足清障设备的同时，结合辖段实际对清障车的待命地点进行了合理分布；三是以公司原有安全管理办法、清障办法及各种预案为基础，进一步完善、建立相关的安全制度和约束机制。

(5)加强党的建设，着力开展文明创建。把党的各项建设贯穿于运营管理全过程。围绕提高党员素质、加强基层组织、服务职工群众、促进各项工作的目标，以服务人民，奉献社会为宗旨，积极构建六抓格局，以改革创新的精神不断加强和改进党的建设和思想政治工作，把精神文明建设与强化内部管理，推进企业又好又快发展结合起来，党的思想、组织、作风和制度建设进一步加强，党员素质进一步提高，成为企业提高核心竞争力，实现持续快速健康发展的政治保证和组织保证。廉政建设坚持抓基础、抓规范、抓重点，坚持"一岗双责"原则，创新廉政文化建设，开展了读廉政书，看廉政片、听廉政课、写廉政文、办廉政书画展等廉政文化建设活动。全年未发生一起党员干部违纪违法案件，未发生一起公路"三乱"案件。

全力开展以创建太晋文明长廊为主题的文明创建活动。有5个收费站和1个路政中队分别获得省直团工委和长治团市委青年文明号称号，4个收费站获县级文明单位称号，武乡服务区获省厅文明和谐示范窗口称号。企业文化建设继续开展丰富多彩的文体活动，活跃职工文化生活，陶冶情操，使企业的活力、向心力和凝聚力不断增强。

长晋公司

将2007年作为提升管理水平、争创全省一流年，以科学发展观为统领，围绕"六高"目标，推进"五大工程"，积极开展"五比五看、服务创优"立功竞赛活动和文明高速路创建活动，建一流班子，带一流队伍，强一流管理，塑一流形象，创一流业绩，全力推进管理规范化、服务优质化、效益最大化，积极构建和谐长晋，年度目标全面完成，发展势头良好。全年完成通行费收入2.68亿元，较2006年1.7亿元增长58%，增收9900万元。

(1)规范运营管理。着力完善制度，强化执行，考核兑现，靠制度抓管理、用制度规范人，不断推动运营管理规范化、标准化、优质化。一是健全规章制度。根据质量、职业健康安全管理体系两年多的运行情况，对200多项运营管理制度进行修订、完善，形成了新的更为健全的制度体系。二是狠抓制度落实。以强化考核为手段，体系内审和季度考核有机结合，逐步建立健全以工作绩效为核心，覆盖各个单位、部室和岗位的科学考核评价体系。

(2)夯实收费基础。注重建立安全、快速、有序的收费工作秩序，狠抓制度管理、人员管理、现场管理和票卡管理，确保收费工作有序运行。一是开展逃漏通行费行为专项治理，规范环节管理，层层把关，坚持做到守土有责。二是围绕优化服务、快速放行要求，开展岗位练兵、业务培训和微笑服务活动，以人民群众满意为最终评判标准。三是加大稽查力量，抓好日常管理,创建示范窗口,全力打造文明和谐新形象。四是加强收费站基础设施建设,投资 1500 万元的高平收费站扩建改造全面展开,筹措资金 220 余万元对收费站和服务区进行房屋加层扩建,一线员工工作生活条件得到改善。

(3)改善通行环境。一是加强日常管理,积极推进养护管理精细化。进一步完善工作程序和考核办法,认真开展路况调查、养护外业数据采集和日常巡查,系统掌握桥梁状况,及时发现异常情况,立即进行修复,确保行车安全;积极处置桥头跳车、水毁和路面裂缝,保证路面行车舒适安全。所辖路段全年养护质量指数 MQI 平均值 98.3,养护质量优等路率达 100%,双向次差路率为 0。二是加大绿化投入,努力建设绿色长廊。抓住植树最佳季节,投资 735 万元进行大规模绿化,共栽植各类苗木 82.1 万株,成活率达 95% 以上,公路生态效应和景观效应明显提高。三是长晋高速公路建设顺利通过竣工验收,综合评定为优良工程。

(4)确保安全畅通。路政管理强化服务意识,实行服务型执法,全面推行“三分离”和“三公开一监督”工作模式,严格实行路政人员挂牌上岗、着装整齐、用语文明、待人礼貌,执法有据。全年共处理路政案件 1893 起,其中简易案件 1612 起、一般案件 211 起、重大案件 70 起。全面实施保畅通工程,一是完善预案,健全机构,责任到人,严明奖惩。二是畅通信息渠道。坚持全天候值班制度,及时发布路况信息,提供信息保障。三是全面开展路况调查,及时补装轮廓标、防撞桶、指路牌、专用道口指示牌和公示板面等交通工程设施。四是联合交警、120、119 等相关部门,开展突发事故快速处置演练,应急救援能力进一步增强。

(5)细化服务区管理。日常管理严格按照《星级服务区考核评分标准》和《温馨工程实施方案》,强化物业管理处对承包商的跟踪监管和考核,实行服务区日自检、周碰头、月考核、季内评制度,区内增设服务咨询台,轮椅、急救药箱、旅游路线咨询、文字处理等服务设施,地下通道完成彩绘装饰,基础设施和文明服务水平全面提升。高平服务区全年消费 190 余万人次,27 万余车次,营业额 5197 万元,位居全省服务区前列,保持四星级服务区标准。

(6)治理超限超载。完善《治理超限超载工作流程》、《治理超限超载工作制度》,实行领导包点责任制和责任追究制。各治超点人员到位、设备到位、责任到位。开展无缝隙、拉网式治理专项行动,实行《治超工作举报奖励制度》,加强责任倒查。共检测车辆 557193 辆,查出双超车 9541 辆,其中绿色通行 3683 辆,凭证通行 2490 辆,劝返 3368 辆。

(7)安全管理与综合治理齐抓并举。坚持安全第一,预防为主,专群结合,依靠群众的安全生产综合治理方针,与公司经营目标同安排部署、同检查考核、同奖惩兑现。一是从人防、物防、技防三方面入手,加强重点区域重点防范,自查与各级各类检查相结合,对工作场所、养护施工现场、安全重点部位进行事故隐患排查,彻底消除安全隐患。二是开展矛盾纠纷调解年活动,定期开展不稳定因素大排查,开展平安创建活动,促进群防群治,完善防控体系,健全防控机制。三是开展平安交通、平安站(队)、安全生产月活动,形成条块结合、专群结合、各方联动、齐抓共管的工作格局。全年未发生安全责任事故和治安案件,被省交通厅评为安全生产管理先进单位。

(8)党建与精神文明建设齐头并进。一是深入进行党员政治教育。认真落实《党委中心组学习计划》和《理论学习计划》,精选学习内容,强调学习效果。二是广泛开展党风廉政建设,深入推进治理商业贿赂工作。狠抓重点部门、重点环节、重点项目,强化路政执法、收费服务、经营开发等关键环节,大力推行“阳光作业”和收费管理责任追究机制,健全惩防并重的长效机制。三是统筹兼顾,抓好群团工作。深入推进青年文明号创建活动,充分发挥青年文明号的促进作用。公司团委被省交通厅团委评为五四红旗团组织。四是引深文明和谐单位创建工作,加大"窗口"单位考核力度,打造具有长晋特色的示范"窗口"新亮点,形成突出重点、突破难点、营造亮点、全面推进的工作局面,公司顺利通过"山西省文明和谐单位"验收,省交通厅授予晋城收费站、高平服务区文明示范窗口称号。

晋焦公司

全面落实科学发展观,按照"三个服务"和"六高"目标的总要求,以提高经济效益为中心,以构建文明和谐企业为重点,以创建千里大运文明高速路、太晋文明长廊为载体,获得经济效益和文明创建双丰收。全年共完成通行费收入24926.3631万元,占年度计划2亿元的124.63%,收费额再攀历史新高。

(1)通行费收入挖潜堵漏。一是公司与收费站签订目标责任书,收费站按照年度任务和季度指标层层分解,细化到月,形成以月保季、以季保年的工作格局;二是加大对绿色通道伪装车、计重收费作弊车、假冒军警车的查处力度,共查处利用压磅、扭磅、跳磅和千斤顶、垫钢板等作弊的车辆50辆,没收千斤顶47对94个,液压轮1台;三是深入开展五比五看、服务创优立功竞赛活动,扎实提高收费人员的业务操作技能、现场处置突发事件能力和快速放行能力;四是认真学习广西高速公路"8颗牙微笑服务"的做法,推行温馨形体礼仪,树立文明行业新风。

(2)公路养护突出防范。认真贯彻建设是发展,养护管理也是发展的指导思想,按照及早预防、及时养护、立足小养、避免大养的方针,全力解决高边坡落石、路面推移等问题,努力提供安全舒适的行车条件。一是以治理高边坡落石为重点,着力消除道路安全隐患。累计投资51万元,分别对四处上边坡进行喷锚处治。二是以改善路况为根本,着力优化通行环境。投入近百万元,清洗和粉刷隧道内壁6万平方米,更换隧道照明灯具400余套,更新路面热熔标线4700平方米。三是进行绿化美化,改善道路生态环境。按照"两点一线"的工作思路,投资200万元,在晋城入口和省界实施大范围绿化美化,面积达200余亩,营造人与自然、路与自然和谐的特色景观。

(3)创建平安交通。坚持安全就是效益、安全就是稳定的经营理念和安全第一、预防为主、综合治理的方针,增强责任意识和忧患意识,加强重要环节和重大隐患治理,一是强化对保障机制的组织领导,组织开展职业健康安全认证,建立程序规范、运转协调、保障有力的安全管理运行体系;二是强化宣传教育。发放安全提示卡,温馨提示司乘人员关注安全、关爱生命;三是强化对安全设施的升级改造。增设安全标志标牌,完善隧道消防、紧急避险岛和降温池等基础设施的防范功能;四是强化对防汛工作的组织领导,完善防汛抢险应急预案,及时掌握汛情动态,立足防范,力求避免损失;五是强化对突发重大事件的处置能力。晋焦高速公路共有大小隧道20座,而且密度大,地质复杂,为此,该公司经常性地组织消防演练,不断提高应急处置能力。2007年,公司义务消防队成功处置车辆着火事件5起;六是强化对疑难问题的破解力度。针对冬季大货车浇刹车和拉煤泥车渗水造成道路结冰容易引发交通事故的现象,投入20余万元,增设提示标志10块、抛洒融雪剂30吨,确保道路安全畅通;七是积极排查安全隐患。对全线桥梁隧道以及高压线路等基础设施安全隐患进行经常性排查,建立台账,实行动态管理。

(4)路政管理实施"阳光工程"。履行保护路产、维护路权、维持秩序、保护权益职能。

严格执行"六条禁令"、"五不准",做到路赔标准、清障收费标准、办案程序、审批程序及监督举报电话"五公开",杜绝公路"三乱";继续开展"五送"活动,认真践行"530"承诺,树立良好服务型管理形象;严肃查处侵害路产路权行为,挽回损失 1.3 万余元,特别是在打击盗窃公路设施专项行动中,连续侦破两起电缆盗窃案件,抓获犯罪嫌疑人6名,教育了群众,震慑了罪犯。治理车辆超限超载工作,按照全省统一部署,坚持不准上、不准堵、不准放的原则,严格控制55吨以上车辆上路行驶。经过集中治理,四类车已基本消除,超限车辆控制在5%以内。

(5)精神文明建设常抓不懈。扎实推进创建千里大运文明高速路、太晋文明长廊活动,广泛开展文明单位、文明科室、青年文明号、文明示范窗口等各种文明创建活动,大力弘扬岗位标兵、十佳明星等劳模精神,行业文明程度明显提高。开展企业文化建设,组织召开第五届"精英杯"业务技能比武大赛,举办第二届职工才艺作品大展;公司自编自演的《五比五看在晋焦》文艺节目,在全省高速公路系统创建千里大运文明高速路比赛中获得二等奖。

(6)党建工作。大力加强党风廉政建设和反腐败工作,认真落实党风廉政建设责任制,把治理商业贿赂作为重点,严格重大事项项目审批制度,以党风促政风、正行风,营造风清气正的良好工作氛围。深入开展治理公路"三乱",继续保持治理工作的高压态势,健全治理公路"三乱"长效机制,树立良好行业形象。11 月 16 日,晋城市纪委、监委在丹河收费站召开全市治理公路"三乱"现场推进会,推广该公司的先进做法。

2007 年,山西省交通厅、省高速公路管理局、总公司和晋城市委、市政府先后授予该公司先进基层党组织、完成工作目标责任制先进单位、文明和谐企业、文明和谐单位、人防工作先进单位等称号和表彰奖励。丹河收费站获省级文明和谐示范窗口称号、省高管系统"AAA"收费站称号。省劳动竞赛委员会为该公司记集体二等功 1 次。

商品路公司

2007 年,是长晋商品路公司改革发展的一个转折之年,8 月,在与长晋高速路公司整合两年后又重新剥离。自此,该公司以崭新的精神面貌,在较短的时间内,人员重新归位,机构重新组建,实现思想到位、职能到位、人员到位、管理到位,运营迅速走上正轨。

全年完成通行费收入 1372 万元,占总公司计划目标 1300 万元的 105%;养护工程合格率 100%,工程优良率≥85%;路政案件发现率、结案率、路产损坏恢复率均达 100%,超限治理成效显著,重新启动质量、环境与职业健康安全管理体系"三标合一"认证工作,保持安全生产无事故。党风廉政建设和反腐败斗争深入推进,无公路"三乱"案件发生。

(1)打造良好职工队伍。一是加强队伍建设,提高综合素质。把提高职工素质,提升"窗口"服务水平和规范执法能力作为重点,加强员工岗前培训和职业道德教育,组织业务技能比武,鼓励员工钻研业务技能,强化法律法规教育,提高路政执法水平。二是加强作风建设,严肃工作纪律。严格要求"窗口"岗位员工的仪表风纪、外在形象,增强组织纪律性和集体荣誉感。三是加强制度建设,规范体系运行。恢复"三标合一"管理体系认证工作,重新完善、制定各类制度 22 项,修订下发《基层员工"星级"考核办法》,从行为规范、工作纪律、文明服务等方面严格考核。

(2)努力促进费收增长。2007 年以来,长晋二路公路路况进一步恶化,个别路段因施工严重影响交通,车辆大量分流,通行费收入大幅下降。对此,该公司一是开展收费促销活动,了解客户需求和车源信息,采取针对性措施吸引车辆上路。圆满完成计重收费施工及安装工程,为今后增加费收奠定基础。二是重视过程管理,进一步规范操作流程。对一些繁琐的工作环节进行简化,提供快速便捷服务,加快车辆放行速度。三是推行精细化管理。将收费工作指标层层分解落实、量化细化,健全工作程序,提高管理效能。四是积极开展特权车和人情车集中整治,确保通行费应征不漏。五是加大稽查力度。利用系统功能和监控录像等稽查设备,通过现场稽查与信息技术稽查结合、日常巡查与随机检查结合,规范收费行为。六是完善后勤保障,改善工作和生活条件。完成监控系统改造和两个收费广场的车道改造,新增摩托车和行人专用道,为实施计重收费打好基础。

(3)千方百计保障畅通。一是统筹兼顾进行日常养护。根据路况不断下降的实际,本着既避免重复投资,又不中断交通的原则,在确保大修工程实施的前提下,圆满完成各项小修维护工程。二是积极推进大修改造前期准备工作。进行路况调查,委托山西路翔交通科技咨询有限公司编制《国道207线长治至晋城公路(晋城段)路面改建项目工程可行性研究报告》,并通过评审。根据省发改委《关于G207线长治至晋城公路晋城段改造工程可行性研究报告的批复》,抓紧大修改造初步设计和施工图设计。本着保证安全畅通的原则,完成中原街、北义城、高平以北等路段的路面翻修,完成投资972万元。完成大东仓桥加固、二圣头公铁立交桥南侧半幅桥面封闭。三是开展以桥梁为重点的交通基础设施安全隐患排查,做到一桥一档,动态管理。四是完善防汛抢险和除雪防滑应急预案,及时修复水毁,及时除雪破冰,确保安全畅通。

(4)路政执法实行服务型管理。维护路产路权,全年清除路障500余处,查处案件2362起,收取赔偿费和行政处罚款153万元。加强大修施工现场监管。坚持日巡周检,保障施工安全,保障道路畅通。加大治超力度,全年共检测车辆2384车次,查处超限超载车辆935车次,卸货142车次计5583.4吨。实施阳光作业,坚持"三在先、四公开、五统一",即出示证件在先、明示法规在先、说服教育在先;执法依据公开、人员身份公开、执法程序公开、处理结果公开;统一着装、统一佩证上岗、统一处罚标准、统一罚款票据、统一执法文书,坚决杜绝公路"三乱"。

(5)注重安全生产。坚持以人为本,关爱生命的安全生产观,贯彻安全第一、预防为主方针和《安全生产法》,重新启动职业健康安全管理体系,健全安全生产制度,实行谁检查、谁签字、谁负责,全年未发生安全责任事故。

(6)推进党建工作,加强党风廉政建设。①公司党总支坚持围绕经济抓党建,抓好党建促发展的工作方针,一是认真组织学习党的"十七大"文件,联系实际深入思考,武装头脑,指导实践。二是对党员和入党积极分子进行培训教育,不断提高理论素养和综合素质,青年入党积极分子队伍不断壮大。三是公司领导将改善路况作为贯彻落实党的"十七大"精神的实际行动,完成部分路段维修施工,努力推进全面改造工程。②加强党风廉政建设,建立健全廉政建设长效机制。一是加强制度建设,健全党风廉政建设责任制和"一岗双责"责任体系。二是加大廉政监察力度,建立养护工程、财务、收费和党务等部门协调配合的监管联动机制;积极推行《廉政合同》制度,确保合同条款落实到位。③抓好工会、共青团工作,为和谐发展夯实基础。健全工会职能,深化依法维权,完成企业职工大病医疗互助参保工作。坚持以党建带团建,以创建青年文明号活动为载体,培养复合型员工,营造终身学习氛围,全面加强职工队伍建设。

阳济公司

紧紧围绕全年工作目标，深化改革，强化管理，开拓创新，克难奋进，圆满完成全年各项工作目标任务。

(1)经济指标。收费任务，总公司年初下达该公司计划 2450 万元，11 月份费收计划调整，核减为 2250 万元。实际完成 23655955 元，超计划 8%。

经费支出，收费经费计划 326 万元，实际支出 310.81 万元，占计划 95%；管理费用计划 200 万元，实际支出 198.05 万元，占计划 99.03%；养护费用计划 124 万元，实际支出 121.86 万元，占计划的 97.81%；

全年上交地方营业税 120 万元，响应地方政府号召结对帮扶捐款 1.5 万元。

(2)管理指标。积极响应省政府开展作风建设年、狠抓落实年活动的号召，根据省交通厅和总公司关于开展管理创新年、文化建设年活动的安排部署，结合工作实际，从抓管理着手，进一步增强职工的责任感，紧紧围绕收费中心任务和年度工作目标，切实加强企业管理，加强安全生产和精神文明建设。较好地完成全年通行费征收目标，基础管理工作稳扎稳打，职工综合素质得到提升。

紧密围绕生产经营目标、安全生产和综合治理工作，以思想政治工作为先导，以稳定职工队伍、调动职工积极性为出发点，以提高全员整体素质为根本，抓管理、定措施、堵漏洞，保证了各项工作顺利开展。以确保安全畅通为中心，以提高服务质量为重点，进一步塑造文明窗口形象；以加强职工综合素质建设为基础，以深化改革为动力，着力提高企业管理水平；加强党建和行业精神文明建设，物质文明建设和精神文明建设协调发展。

2007 年是阳济路通车运营 10 周年。通车 10 年来，得到了各级交通部门、当地政府和社会各界的大力支持，阳济公司历届领导班子不计得失，勤奋工作，广大干部职工群策群力，充分发挥主人翁精神，取得了良好经营效益。7 月 27 日，该公司举行阳济公路通车运营 10 周年庆典，阳城县委、县政府领导，曾参加阳济公路建设和经营的老领导、老同志应邀参加，历数阳济公路通车 10 年来为社会经济发展带来的巨大变化，共缅阳济公司的发展壮大历程。

阳长、江武公司

阳长、江武高速公路委托山西太原高速公路有限公司经营，下设财务部(在总公司)。5 月，江武公司被太原市地方税务局评为 2006 年度诚信纳税单位。8 月，总公司副经理尚建军兼任阳长、江武公司董事，免去任金彪阳长、江武公司董事职务。两公司通行费年收入计 15508 万元，缴纳营业税金 465 万元，上交总公司管理费 310 万元。年末，两公司均被评为山西省纳税信用 A 级单位。公司财务部设置 1 人：会计田学红。

2008 年 5 月，山西省商务厅批准，阳长、江武公司经营期限延长至 2012 年 10 月 16 日。6～7 月，长治市审计局完成对该公路改造项目的竣工决算审计。

路通公司

2007 年，路通公司遇到了企业运营以来最为严峻的挑战。面对困难局面，公司上下一致，齐心协力，认真贯彻落实交通部《关于集中清理违规减免特权车、人情车车辆通行费的实施方案》，坚持应征不漏，应免不征原则，制定具体实施方案，采取一系列有效措施，在外部环境极为不利的情况下，取得较好成绩。

1. 通行费收入

全年完成费收 4855 万元，较 2006 年收费 6572 万元降低 26%。根据调整后的费收计划，完成年度任务 105%。

费收下降的主要原因：一是太原长风街东延线开通，大量车辆从长风街直接上高速公路，不再经过许西收费站。二是太原市龙城大街主干线开通后，路况好，又没有收费站，到达榆次方向车辆仅需多走 2 公里多，使许西收费站费收额再度下降，幅度达 40% 左右。三是上半年全省发生数起煤矿事故，导致煤矿停产整顿，货源减少，车流量下降。四是从 8 月份开始，禁止超过 55 吨的车辆上路行驶，导致部分大型货物运输车辆停运，所有这些，对杨村收费站的费收均造成极大影响。

面对复杂而困难的局面，该公司变被动为主动，积极采取一系列应对措施。

(1)加强内部管理。①层层落实费收任务。公司与收费站站长签订《目标责任书》，站上将费收任务及责任分解到每个收费班。通过层层落实，使每个收费员工都有工作责任和明确目标。②针对收费员进行月度考核。根据《目标责任书》对收费站进行严格考核，特别强调对收费率的要求，加强对免费车、"当地车"的控制。③对收费员奖惩分明，充分调动了员工的积极性。加大对免费车、特权车和当地车的治理力度，费收有所提高，但因此也引发了不少纠纷，使收费员工思想不够稳定，产生为难情绪。对此，该公司对受委屈员工给予物质奖励，对员工违规免费放行车辆情况进行严格考核，对因严格执行规定而受到伤害和损失的员工及时给予补偿和表彰。④ 加强对收费站的监督管理。流动稽查和定期不定期对收费站进行检查，加大对收费站的监控录像审查力度。对许西站原有收费及监控系统进行了更新、改造，在收费站清点室、票证室均安装了录像设备。

(2)加强与外部联系。加强了与周边派出所、村镇的联系，得到了当地政府、司法部门和人民群众的支持，有效保证了费收工作顺利开展。

2. 三标体系认证

按照总公司统一安排，积极进行质量、环境、职业健康安全管理体系三标认证工作，通过第一次内部审核，完善了公司的各项规章制度，规范了公司的基础管理。

3. 养护工程

太榆路、榆次西外环路大中修工程，严格按规范施工，制定了质量管理办法和保障措施，建立健全领导挂帅，各部门参加的质量保证机制，对每项工程、每道工序、每个环节进行全过程质量监控。进行公路维修，太榆路全年完成路面工程量 190077 平方米，榆次西外环路完成 75992 平方米。完成许西收费站系统升级。

4. 其他工作

3～5 月，为庆祝路通公司成立 10 周年，举办了文明收费，文明服务活动和军事会操比赛及文体活动。6 月 12 日成功举办了公司十周年庆典。9 月，与太原市国家税务局组织联谊体育活动，举办了税企运动比赛。在内部管理方面，制定并实施效益浮动工资制度，加大费收考核力度，调动职工工作积极性。

诺 通 公 司

将 2007 年定为管理创新年，按照加强养护、科学管理、提高质量、保障畅通的工作方针，明确目标、强化重点,从加强内部成本核算和加大养护管理力度入手,全面推动公路养护管理工作的开展,较好地完成了公路的日常养护和大中修工作。全年共完成收入1886.97万元,占年计划的104.83%,实现利润62.22万元,占年计划的113.13%,公司荣获省级青年文明号称号,公司党支部被省交通厅誉为 先进基层党组织。

(1)加强成本核算,提高经济效益。对组织机构进行调整改革,增设生产经营部,养护工程成本的核算变事后核算为事前预测、事中控制、事后评估的全过程监控,促使业务部门完善和改进施工组织和施工工艺,控制各项费用支出,整体效益明显提高。

(2)开展体系认证,规范管理行为。按照总公司统一安排部署,全面开展了质量、环境、职业健康安全一体化管理体系认证工作。使企业按照国际标准化体系的要求运作,实行管理系统化、规范化、科学化和标准化,企业管理水平进一步提升。

(3)加强施工组织,做好成本控制。施工组织加强源头管理、过程管理,根据工程项目具体情况,合理调配人员、机械,统一协调管理,在提高工效上下功夫,同时建立项目台账,工程项目完工随即核算成本和收益,做到工程完、账目清。

(4)认真开展桥梁安全隐患排查。贯彻省交通厅"8.18"电视电话会议精神,开展以桥梁为重点的交通基础设施安全隐患排查治理专项行动。排查工作中,实行统一安排部署,明确专职桥梁养护工程师,严格按照技术标准和规范要求进行全面排查,根据实际情况采取养护措施,消除安全隐患。

(5)加强机械化养护,提高通行质量。继2006年购置多功能综合养护车后,又投资45万元购进多功能灌缝车1台,用于高速公路路面养护,以提高效率和质量。养护工作中,注重预防性、周期性、季节性,以路面养护为中心,及时处治病害,提高通行能力。

(6)及时防汛除雪,保障公路畅通。一是及早修订和完善《公路防汛抢险应急预案》、《公路除雪应急预案》,购置防汛抢险物资,备足融雪剂和防滑料,检修机械设备。二是提前对所辖路段及桥涵、边沟、排水设施进行疏通清理,排除隐患。三是加强防汛除雪工作的组织领导,保证人员和机械物资及时到位,确保安全度汛。

(7)加强党风廉政建设,创建省级青年文明号。充分发挥党支部的战斗堡垒作用,切实加强党风廉政建设;完善工作机制,重大事项坚持集体决策、工会监督,在原材料供应商、施工队的选择上,按照管理体系认证要求,按程序进行合格供方和施工方的评审、选用;结合行业特点,积极开展青年文明号创建活动。11月,团省委、省交通厅授予公司青年文明号称号。

(8)健全管理机构,加强成本核算。成立生产经营部,负责各部门生产运行的日常核算;成立财务部,将财务管理职能从综合办公室分离出来;撤销材料机务部,成立机械化养护中心,实行独立核算。通过健全管理机构,加强成本管理,实行全过程监控,促使业务部门完善改进施工组织和施工工艺,控制各项费用支出,公司整体效益明显提高。

诺信公司

积极研究工程建筑市场变化,立足在竞争中求生存,靠信誉寻求商机,严格管理体系,强化机制建设,

(1)经营效益。全年实现收入5789万元,实现利润80万元,圆满完成总公司下达的2007年度经济目标。其中,阳济公路大中修工程主要完成水稳基层3.72万平方米,15号混

凝土基层968 平方米,油面铺筑 3.64 万平方,混凝土路面铺筑9000 平方米,收入 1039 万元;小店汾河桥维修改造工程收入 567 万元;合作投标工程收入 3800 万元;太长高速公路计重收费设施项目收入 383 万元。

(2)职工培训。成功举办工程建筑人员岗前培训,培训以公路工程施工基础知识、路基施工阶段控制、桥涵施工阶段控制为主要内容,一线职工的公路工程施工基础知识更加扎实,各项工程的施工步骤、控制要点更为明确,对工程中可能出现问题的预防和处理能力进一步增强。

(3)党建和文明创建。组织党员干部认真学习党章和科学发展观的一系列政治理论,学习党中央关于反腐倡廉的有关规定,充分发挥公司党支部的战斗堡垒作用和共产党员的先锋模范作用。认真组织开展深入学习贯彻科学发展观活动,开展丰富多彩的文明创建活动,开展治理商业贿赂工作,把党风廉政建设和各项文明创建与生产经营活动紧密结合起来,一起部署、一起落实、一起检查、一起考核,收到良好效果。

交通大酒店

紧紧围绕经营管理稳步发展,市场空间逐步扩大,队伍素质明显提高,营业收入显著增长的工作目标,秉承打造一流服务,树立行业品牌的服务宗旨,从改善基础设施、增加服务功能、强化营销管理、提高市场份额着手,改革创新、细化管理,团结一致,锐意进取,各项工作取得新的突破,经营呈现良好态势。

1. 抓住经济增长点,营收实现新突破

(1)经营指标超额完成。①营收指标计划 750 万元,实际完成 1113 万元,占年计划148%,较上年(779 万元)增长 42.9%。其中客房收入 469 万元,餐饮收入 644 万元。②上缴管理费指标计划 37.5 万元,实际上缴 44.32 万元,占年计划 118%,较上年(41 万元)增长 8%。

(2)旅客接待量大幅增加。①房间起租,起租房间 21978 间,起租率达 93%,房间起租率较去年增长 22%。②会议接待,接待各类大小会议 247 次,较去年增长 21%。③旅客接待,共接待旅客 163004 人次(其中 VIP 客人 1060 人,港澳和外宾 31 人),较去年增长 20%。

2. 加强基础管理,部门工作实现新突破

销售部作为综合性“窗口”部门,努力扩大外销、细化内销,形成了对客服务流程,销售业绩大幅增长。餐饮部管理人员各把一关,各尽其职,在物价不断上涨的情况下,毛利一直保持在 45% 左右。客房部以服务为首,以信誉为本,回头客持续增多,全年房间起租率居同行业前列。计财部严格按制度履行职责,工作精益求精,经多家上级单位检查,未出现任何差错。工程动力部探索新的管理经验,变应急修理为预防保养,节能降耗成绩显著。采供部以节约开支为目标,凡事货比三家,保证物有所值,力求物美价廉,受到旅客和单位领导认可。综合办公室集人事、外联、劳资、培训、党团工青妇等各项管理职能于一身,人员尽心尽责,工作一丝不苟,保证了各项工作健康运转。对外联络工作坚持以短信经常联系,以朋友相处,以热情感化,为企业营造了良好外部环境。

3. 完善经营管理制度,制度化管理实现新突破

开源节流、降本增效,全力打造数字酒店。将各营业部门当日营业收入和费用支出纳入到部门目标责任制内容中,严格奖罚制度。健全绩效挂钩办法,完善收入分配制度,调动

职工积极性。与部门签订《安全责任书》,健全各项安全管理制度,确保安全营业。坚持以人为本理念,以尊重人、关心人、理解人的态度对待员工,不拘一格引进和培养人才,按月评选列榜公布服务明星,着力打造过硬员工队伍。

4. 狠抓党风廉政建设,文明创建实现新突破

党支部坚持"三会一课"制度,认真开展党风廉政建设,严格按照谁主管、谁负责的原则,将党风廉政建设责任制纳入部门年度目标责任制考核中。文明创建活动中,好人好事大量涌现,一年来,检到宾客16人次遗失财物金额10.3万余元,并有各类银行信用卡等,全部归还失主,拾金不昧的高尚品德使宾客深受感动。同时,酒店对22名员工的拾金不昧行为和好人好事给予了重点表彰,奖励金额2050元。7月28日半夜,由于连降暴雨,造成酒店门前大量积水,总值班经理赵秀山带领7名当班人员奋力排险,确保了酒店安全。总公司经理魏庆飞批示,召开表彰会,对上述员工给予奖励。经省交通厅文明办、文明委对三年来的创建活动督导检查,10月,酒店再次获得全省交通行业文明和谐示范窗口单位称号。

通建公司

认真研究新形势下房地产开发政策,瞄准市场,努力开辟新项目,着眼长远,提升市场准入资质等级。以加快桃园三巷和长治路小区后续工作为重点,加快竣工项目的资金回笼。购买王村南街土地,实施新的项目开发。认真做好党建工作,开展企业文化建设和文明创建活动,为企业发展营造良好环境,全面完成总公司下达的各项年度目标。

(1)经济效益。超额完成总公司下达的目标责任,实现利润1642万,超额42万元;妥善安置桃园三巷回迁户,成功实施长治路小区楼盘托管销售,所有资金全部回笼,其中,桃园三巷商住楼项目资金回笼1913万元(含:商铺239万元),长治小区项目资金回笼10163万元(含:商铺1841万元);购买太原市建民通用电控成套有限公司土地,即太原市王村南街231号,开发商住新区。

(2)企业管理。按照总公司统一部署,深入开展管理创新年活动,开展三标一体化管理体系认证工作,完善和清理原有规章制度,编制完成《程序文件》和《管理手册》,科学规范的管理体系逐步形成。

(3)企业文化建设。根据总公司开展文化建设年活动的要求,坚持以人为本理念,把每一名员工都当作人才来培养,要求员工把岗位当作成才的舞台来展示,以学习增强能力,以创新成就业绩,以奉献体现价值,鼓励员工把生产实践当成课堂,把周围的人当成老师,把任务当成考试,爱岗敬业,辛勤奉献。

(4)精神文明建设。按照总公司关于《开展创建文明和谐企业竞赛活动实施方案》的要求,深入开展"五比二推动"活动,即:比创建氛围、比形象文明、比行业和谐、比服务质量、比社会贡献;推动解决自身存在的及群众反映集中的突出问题,推动实现优质服务的总体目标,开展争创文明和谐部门,争当文明和谐职工竞赛活动。

(5)安全生产。实行标本兼治,重在治本。主要领导亲自抓,负总责,强化公司安全生产主体责任,层层落实安全生产责任制。健全安全生产制度和约束机制,开展建筑施工的专项整治,充分发挥全体员工参与和监督作用,实现了安全生产无事故目标。

(6)党建工作。经常对党员开展党风党纪教育,要求党员认真学习党章,用党章规范行为,坚持全心全意为人民服务的宗旨。始终把党风廉政建设和反腐败工作摆在重要位置,

严格按照总公司党风廉政建设责任制要求,以“一岗双责”和谁主管、谁负责的原则,层层分解党风廉政建设目标。在治理商业贿赂中,实行防范前移,努力为企业健康发展提供可靠政治保证。

诺盛公司

在总公司的大力支持下,大胆实施“走出去”战略,秉承居安思危、合作共赢的经营理念,在进出口形势极为不利的情况下,仍保持较好增长势头,提前完成年度经营目标。综观全年工作可概括为:各项工作开展顺利,年度目标全面完成;外欠顺利收回,投资效应逐步显现;机遇挑战并存,问题有待解决。

1. 企业经营管理

(1)目标责任制完成情况:①经济指标,共计销售生铁 49077.63 吨,代理进口铁矿砂 102181.82 吨,经营焦炭 7152.7 吨,实现贸易额 2.49 亿元,营业收入 1.08 亿元,实现纯利润 300 万元,实现利息收入 241.3 万元。②管理目标,规范财务、人事、业务等方面的规章制度,出台《财务管理办法》、《人事管理办法》等规章制度,认真开展质量、环境、职业健康安全管理体系三标认证工作,严格执行总公司《借款管理办法》,坚决实行项目借款专款专用并按合同兑现,保证资金回收率 100% 。认真开展精神文明建设、党风廉政建设,落实《综合治理、消防工作目标责任》,无不安全事故和违法违纪现象发生。

(2)投资回收。各项资金回收情况良好,投资的间接效应逐步显现。①与鸿达钢铁集团公司的往来款项全部结清。与鸿达集团公司合作三年来,诺盛公司实现进口铁矿 60 万吨,销售生铁 6.5 万吨,共实现贸易额约 5 亿元人民币,获得利息及利润收入 1420.23 万元。与此同时,通过合作,诺盛公司逐步确立了在国内外市场上的地位。②与山西平阳路桥有限公司设备欠款案件,通过太原市中级人民法院执行,收回所有欠款和利息。③龙腾焦化有限公司所有欠款和利息全部还清。

诺盛公司自 2004 年开始与鸿达钢铁集团公司开展合作经营铁矿砂业务,始终本着诚信为本,合作共赢的经营理念,与国内外知名客户建立了良好合作关系,逐步开拓了铬矿、锰矿的进口业务和生铁、焦炭的出口业务。同时,这种投资不仅带来了利润回报,而且也带来了发展契机和无形价值。

香港来宝公司为世界级贸易公司,与其建立业务关系是不少贸易企业追求的目标。2007 年后半年,诺盛公司开始与香港来宝公司进行多次接触,11 月达成 2008 年向来宝公司供应焦炭 20 万吨的意向。

诺盛公司贸易经营业务存在两大难题,一是缺乏银行授信,现金流规模严重不足,因而错失许多商机。二是出口业务环节多,焦炭出口需通过外商、生产厂家、承运方和银行、工商、税务、商务等职能部门,协调关系难度大。

2. 党建及其他工作

坚持学习贯彻党的十七大精神与企业生产经营、党员先进性教育、构建文明和谐企业、谋划新的发展相结合;增强企业做强做大的信心、增强责任意识和使命意识、增强多干实事的奉献意识;确定新目标,采取新措施,谋求新发展。充分发挥共产党员的先锋模范作用,切实调动广大职工的积极性和创造性,齐心协力完成年度目标,群策群力做强做大企业。

实业分公司

紧紧围绕发展生产经营和搞好后勤服务这个中心,以人为本,拓展思路,积极探索,扎实敬业,圆满完成总公司下达的各项年度经营指标,探索出一些好的经验。

(1)房屋租赁经营。按照合同要求,全面完成向太长、长晋、路通合作公司收取房屋、汽车租赁费的工作;永乐苑翡翠园房屋成功出租,上市出售手续尚在进一步完善和办理之中。

(2)交通投资大厦建设。根据总公司安排,2006年5月,交通投资大厦动工兴建,年末主体完工。2007年初装饰工程公开招标,4月装饰队伍陆续进场。项目展开后,从设计格调、布局、色彩搭配到所用装饰材料的选择、质量各个环节严格把关,配合监理单位对工程质量、进度、安全等进行监督管理。协调安装、消防、弱电等单位配合装饰单位同步施工,协调与当地环保、建设、规划及供水、供电、采暖、电信等部门的关系。11月,大楼内部装饰工程基本完成,设备安装完毕,用电、供暖正式接通,后续装饰完善、细部施工待进行,室外装饰工程完成过半。

(3)物业管理。以总公司办公楼(平阳路93号)、职工宿舍楼物业管理为主要职责,切实抓好后勤服务和安全管理。汛期之前,对办公楼顶、宿舍楼地下室进行防水修缮。11月,更换办公楼窗户玻璃。开展办公区、宿舍区环境绿化美化,努力提供良好工作和生活条件。

(4)新项目开发。把握市场契机,反复考察分析,踊跃参加晋城至济源、离石至军渡高速公路消防工程投标,并在离军高速公路的消防工程投标中中标,实现收入20万元。与此同时,深入研究太原市城市重心南移和高新区土地资产的升值潜力,继续对整体收购太原迈思电子有限公司进行考察调研,明确收购意向。

(5)内部管理建设。规范管理,完善各项规章制度,明确各岗位工作职责,优化人员安排,通过健全运作机制调动员工积极性,经营管理更加规范。强化企业文化建设,重视文明创建,职工素质进一步提高。

(6)安全管理。定期召开安全生产专题会议,健全安全管理机构,层层落实安全责任,消除安全隐患,重点对交通投资大厦施工工地和总公司办公楼门岗进行检查,加大人防、物防、技防投入,确保生产、工作和生活安全。

(7)党建工作。认真开展党员先进性教育,加强党组织的政治核心、战斗堡垒和共产党员的先锋模范作用,围绕企业发展党建工作,明确一个目标,实现三个提高,即明确推进公司持续健康发展目标,提高经营管理水平、提高后勤服务质量、提高公司综合实力。

(8)其他工作。配合总公司办公室扎实有效展开文明小区创建活动,完成企业三标体系认证及管理制度编制工作,完成《山西省交通建设开发投资总公司志》资料提供任务。

凤凰山公司

根据总公司下达的年度工作目标,坚持以加快园区开发为中心,完善规章制度和工作程序,出台卫生管理制度、考勤制度、大事要事请示制度和园区用工管理办法、责任事故追究办法等一系列规章制度,使公司管理更加制度化、规范化、科学化,全面实行岗位目标责任制和生产经营承包责任制,园区开发态势良好:

拓宽思路,积极招商引资。与西北农林科技大学葡萄酒学院达成了提供技术支持和人才培养协议,与德国CCM公司、韩国自有水中公司进行了项目对接。同时,拓宽资金筹集渠道，吸引社会资金参与旅游开发建设。获得省农业观光旅游协会投资4万元；向省旅游局报送了建设游客接待中心、停车场、旅游厕所的可行性研究报告，有望得到资金投入；向国家林业总局申报国债造林项目，获得投资总额65万元；向省水利厅申报罗非鱼养殖项目，积极争取省水利厅小流域治理防护坝工程项目，拟在园区建设防洪坝4座，投资200万元。防护坝建成后，还将建设面积达12万平方米的人工湖，项目已列入工程建设规划；向省科技局申报了温泉温室大棚项目，正在积极筹集政策性资金。植物园列入省发改委循环经济示范点名录。

强化责任目标，开展产业开发。完成园区灌溉7000亩次，除草6000亩次，喷药2000亩次，幼抚6000亩次，引进种植、分蘖牡丹等植物新品种3000余株，试种林地野生蘑菇5000袋10余个品种，初步获得成功。参与所在地绿化工程建设，销售部分苗木，实现销售收入7万元，通过山西省造林局实地检验，成活率达82%。投资780万元，硬化园区道路14.7公里，新打和配套机井1眼，温泉井1眼，进一步考察论证，完善总体规划。

健全运行机制，保障园区安全。联合当地公安派出所成立了山西凤凰山生态植物园警务区，打通3000米防火隔离带，园区安全防范措施更为增强，实现安全生产目标，区内全年无火灾、无治安案件发生。

开展政治教育和企业文化建设，坚持每星期组织员工进行政治、业务理论培训，采用请进来、走出去多种办法，提升职工业务素质，增强员工爱岗敬业意识，为园区开发积蓄优秀人力资源。

龙湖公司

紧紧围绕总公司下达的年度目标，齐心协力克服条件简陋、人才缺乏、交通通讯落后、工作生活条件艰苦等各种困难，开拓思路、扎实工作，着力完成移民拆迁、土地征用、建设用款三项主要工作。按照科学发展观和人与自然和谐发展的总要求，以建设一流生态园为目标，创新发展理念，把握发展机遇，破解发展难题，着力打造春花、夏荫、秋果、冬青的生态环境，建设湖水荡漾、绿树环绕、天然成趣的游乐空间，前期基础性建设取得显著成效。

(1)建设用地征用。迎难而上，全力破解建设用地征用这个重点难题，终于获得省国土厅批准，已由武乡县国土局具体办理相关手续。武乡县主要领导于2007年底前业已召开土地协调会，研究办理建设用地征用手续。

(2)基础设施建设。道路主线3.4公里、A支线420米、B2支线400米路基成型，9月份开始主线K0+00-K1+214和移民新村连接线的水稳层铺筑，10月底全部完成；主线排水防护工程于10月中旬开工，11月20日完工，铺设路缘石2202米，砌筑水渠733米。

(3)园区绿化。在整体规划的基础上，年初制定了全年绿化计划。进入春季后，组织全体员工全部参加绿化育苗，完成A区道路绿化5.7公里，种植6个树种4万余株常绿树；景观荒山绿化8万余株，种植6个树种，20个品种，面积约700亩，苗木成活率达到90%以上。特别是在两处土壤较少的石坡上打坑、填土，栽植近500株油松侧柏，均已成活。无论行走在园区道路还是站在制高点，都可以看到成片的树苗，长势良好。

(4)移民搬迁拆迁工作。在当地县、乡政府的协调和村民积极配合下，移民新村整体搬迁基本完成；下关村房产补偿共计38户，已拆除35户，其他3户正在协调、解决中，完成清运拆迁土方垃圾3600立方米。

(5)完善内部管理。根据总公司管理创新年的总体思路,完善办公综合管理制度,制定实施《车辆各项费用考核办法》、《防汛抢险管理办法》等。与上年相比,车辆油耗费用下降 20%。

(6)搞好与当地群众的协作关系。就土地流转后如何解决好下关村村民的生计问题多次召开会议,研究决定为下关村每户解决一个劳动力,并签订用工协议,把他们培养成公司的绿化技工,改变为按月拿工资的企业职员。为此,龙湖公司集中农闲时间召集新员工进行专业理论培训,学习政策理论、公司相关制度、《果树栽培技术》、《果园管理》,努力提高员工综合素质和文化知识;召开班前班后例会,逐步增强员工的团结协作精神及遵章守纪意识,要求大家积极参与公司组织的各项活动。

(7)强化安全生产管理。成立安全生产委员会,建立健全安全生产责任制,坚持以人为本和安全第一、预防为主的工作方针,按照谁主管、谁负责的原则,将责任层层分解,落实到人,确保安全生产。

(8)推进党的建设和精神文明建设。认真开展党员政治教育,精选学习内容,强调学习效果,联系实际深入思考;内强素质、外树形象,从自我做起,从点滴做起;要求领导干部认真遵守四大纪律八项要求和《廉政准则》,树立正确的人生观、价值观,全年无违法违纪现象发生。

三、2008 年总公司概略

2008 年,深入学习实践科学发展观,以服务交通建设、加快企业转型发展为根本,紧紧围绕"三大目标"抓落实,实施"五大突破"促发展,创新管理机制,顺应市场形势,努力提高效益,不断提升形象,推动企业又好又快发展,各项目标圆满完成。

"三大目标"圆满实现:

(1)经营目标圆满完成。全年营业收入 22.65 亿元,超计划 6.83%,较上年增长 13.02%,其中,高速公路通行费收入 19.32 亿元,超计划 14.32%,较上年增长 17.45%;普通公路通行费收入 1.41 亿元,超计划 30%,较上年增长 3.2%;多种经营完成产值 3.8 亿元,实现收入 1.92 亿元。

(2)管理目标全面落实。总公司及各实体单位顺利通过质量、环境、职业健康安全三标一体化管理体系认证,基础管理进一步夯实;企业文化建设方兴未艾,核心价值理念初步凝练,企业形象得到大幅提升;公路管养安全畅通,应急救援保障有力,推广不停车治超检测,治理超限超载运输成效明显;高速公路实行合作经营,运营有序,效益良好;太长高速公路环评、档案验收、审计决算均已完成,即将组织竣工验收;高陵高速公路建设,按照要求实现年内开工;以整合财务管理为龙头的内部机制改革正在抓紧进行,新型薪酬体系逐步健全,职工教育培训体系不断完善;综合治理扎实有效,政风行风评议措施有力,治理公路"三乱"成果巩固,全年实现安全生产经营。

(3)发展目标扎实推进。以深入开展学习实践科学发展观活动为契机,进一步明确了企业发展定位和发展战略,创新投融资机制和方式取得实质性进展;多种经营业务在转型发展中明确了努力方向;凤凰山植物园、龙湖生态园规划开发思路更加清晰;全面启动信息化建设,推动企业向现代化、科技化迈进;太晋文明长廊创建活动不断深入,企业在快速发展、协调发展、和谐发展中迈出新的步伐。

"五个突破"业绩良好：

(1) 树立良好行业形象，公路经营取得新突破。公路经营单位坚持以行业化、人本化管理为基础，以企业化、规范化运营为导向，按照"三个服务"的要求，着力提高安全保畅、便民惠民、公共服务和创新发展能力。特别是高速公路公司，与平安信托公司合作经营后，引进理念、整合资源、兼容并蓄、相互适应，严格按照现代企业管理制度和法人治理结构，根据职责明确、运转协调、有效制衡的原则，确立了以公司股东会、董事会、监事会及总经理为构架的运作模式，建立了决策与经营相分离的运行机制和管理体系，保持了平稳、健康、协调发展的态势。

一是以"迎奥运，保畅通"为契机，加强应急体系建设，提升安全保畅能力。建立健全突发公共事件、保畅通、安全管理、防汛抢险、防灾防震、信息监控等应急预案，积极构建交警、医疗、消防、清障救援等协调联动机制和应急体系，提高了突发事件应急处置能力；公路养护以预防性养护为重点，全面落实"畅、安、舒、美、绿"的管理理念，完善道路标志标牌，集中整治道路病害，最大限度地改善行车条件，减少了安全隐患，为奥运期间"赛在北京、游在山西"发挥了重要作用。

二是以无缝隙、拉网式为标准，严格按照省政府令，加大治理超限超载力度。继续推进领导包点责任制、责任倒查追究制、路警联合执法制和有偿奖励举报制，坚持超限检测点固定检查、上路流动检查、服务区重点监控相结合，实行定期与不定期明察暗访，保持打击超限超载违法行为的高压态势；大力推广不停车治超检测，努力提高检测放行速度，加快实现治超工作站(点)标准化、营运制度化、管理规范化、装备精良化。

三是以"三基工作、五大工程"为重点，强化内部管理，提高创新发展能力。不断完善质量、环境、职业健康安全管理三标一体化体系，坚持精细化管理和持续改进原则，狠抓制度建设，强化监督考核，细化星级信誉考核制度和星级考核办法，建立岗薪挂钩、岗变薪变、突出业绩、绩效考评、按岗取酬、充分激励的分配机制，效能建设得到明显提高；大力加强基础设施建设，美化站容站貌，改善服务功能，延伸服务链条，"三个服务"能力进一步提高。认真贯彻《劳动合同法》，深化用工制度改革，规范用工行为，维护企业和职工合法权益，确保全员签订劳动合同、全员参加社会保险，和谐程度明显提高。各公路经营单位在自身建设和创新发展中取得质的跨越，太长公司 QC 小组活动全面展开，科技创新成果明显；长晋公司创建特色收费站初见成效，基本实现站站有亮点目标；晋焦公司着力构建和谐劳动关系，作为全省交通系统唯一获奖单位，受到省劳动和社会保障厅、省总工会的表彰。

四是以航空式服务、酒店化管理标准，创建太晋文明长廊，增强公共服务能力。引深学千里大运文明高速路，创建太晋文明长廊活动，全力打造以"争创山西高速微笑之路"为内容的服务品牌。深入开展"五比五看"社会主义劳动竞赛和十佳收费员、路政员、养护工、服务员选树活动，组织进行军事会操、技能比武、收费业务知识、文明礼仪竞赛等一系列活动，全面推行酒店化管理、航空式服务及微笑服务，充分展示三晋文明和行业文明，树立公路经营企业新形象。

(2)不拘一格搭建平台，引资融资工作取得新突破。将加大投融资力度，创新投融资机制和方式，作为企业落实科学发展观，服务交通建设，进一步做大做强的现实需要和必然选择。一是全面完成太焦高速公路股权转让工作。2008 年 3 月，全部具备二期股权转让价款的四项条件，实现融资 22.75 亿元，太焦高速公路进入实质性合作经营阶段；二是按照《经营性公路招标投标管理办法》,通过资本运营和企业化运作,凭借自身实力积极参与竞争,中标投资建设高陵高速公路,在公路建设市场闯出了新路;三是在省交通厅支持下,开阔视野,大胆探索融资新途径,系统梳理,积极引进融资产品,利用既有资产,采取"五管齐下"的方式推进融资,即:发行企业债券、中期票据发行、规划整体融资方案、盘活存量资产、挖掘内部潜力。年末五项融资方式全面启动,有的已实现突破性进展。

(3)着眼持续稳健发展,多种经营取得新突破。将多种经营业务作为企业实现产业互补、可持续发展的基础和保证,科学决策,走资本型、资源型、资产型、科技型产业经营道路。各实体单位努力排除金融危机影响,获得较好效益。

诺信工程公司面对市场变化,及时调整经营策略,有效实施企业转型,收购通建房地产公司股权,投资公路桥梁检测设备,参与公路建设市场竞争,完成长晋二级公路大修改造年度计划任务,实现产值 5000 余万元,在转型发展中实现了新的起步。

诺盛国际贸易公司充分利用山西能源优势,不断拓宽业务范围,逐步进入煤焦市场,2008 年共发运焦炭 4 万多吨,完成贸易额 3 亿多元,实现利润 369 万元。同时,作为总公司与国际接轨的平台,对于进一步了解市场,把握信息,广交合作伙伴发挥了积极作用。

通建房地产公司按照现代企业制度理顺开发、经营、管理体制,健全、完善企业内部管理制度,不断加强市场调研,积极争取建设项目,加大已建项目资金回笼力度,完成王村南街项目拆迁工作和上报立项审批手续。同时,面对当前房地产市场低迷,一些企业濒临破产的境况,积极组织力量开展社会调查、收购土地和兼并企业工作。

诺通公路养护公司不断提高公路养护质量,确保所养护路段安全畅通。同时,充分利用机械化养护设施设备,积极参与周边公路养护市场和大修改造工程项目竞争,养护市场占有率和养护能力显著提高,被省交通厅评为 2008 年全省道路水路春节运输先进单位。年实现产值 5000 万元,营业收入和利润创历史新高。

交通大酒店大力加强内部管理和特色化经营,注重市场需求和营销策略,不断更新改造设施设备,吸引巩固新老客户,开足马力运转,超负荷经营,开源节流,降本增效,全年共接待宾客 17.1 万人次,客房起租率达 101%,餐饮上座率达 108%,实现收入 1206 万元,再创历年新高。

龙湖生态园和凤凰山植物园从整体开发规划和土地变性入手,积极争取地方政府和有关部门支持,在整体规划和土地开发利用上基本形成共识。龙湖生态园进一步加强基础设施建设,为招商引资、合作开发创造条件;凤凰山植物园绿化改造效果明显,在发展循环经济、建设低能耗无污染园区和全国农业旅游示范点取得进展,利用园区资源新上项目、试产干红葡萄酒初获成功。该两个园区生态旅游、休闲度假的条件日渐成熟。

实业发展分公司全力完成交通投资大厦装修,大力加强物业管理等后勤保障工作,为总公司驻地顺利搬迁及改善办公条件、展示企业形象作出了贡献。

(4)深化改革增强活力,内部管理取得新突破。围绕企业重新定位和进行转型、资本运营,对企业财务、人事、工资、基础管理等进行改革。完成三标一体化管理体系认证工作,所有符合外审条件的单位均通过评审、获得证书,企业基础管理逐步建立健全。财务改革聘请国内资深咨询机构亚商公司,着手制定方案,对公司现有财务管理模式进行调整、改革,以进一步整合资源,理顺公司投资关系,同时,也为企业改制、上市开展基础性工作。根据企业发展战略、经营管理、文化建设和人才规划等状况,聘请专家进入公司调研,进行企业工资制度改革，着手建立以岗位工资、绩效工资为主体结构的工资体系，使工作效率和经济效益结合起来，同时，健全考核奖惩机制，不断完善符合企业发展需要的薪酬制度，更好地发挥工资分配的激励作用。加强企业效能建设，成立了物产管理部，强化对资产的监管；制定出台了《太焦高速公路项目管理评审工作办法》、《公务用车管理办法》等，更加注重本能化、简单化管理，不断增强节能减排意识和措施；牢固树立公路运营安全、工程建设安全、资金运作安全、干部廉政安全的“大安全”思想和理念，坚持思想重视、组织保证；制度健全、措施有效；预防为主、防抢结合；注重教育、加大投入；检查监督、落实责任；奖惩并举、万无一失的安全生产工作方针，认真开展安全隐患治理年活动和平安交通创建活动，重点对公路安全畅通、事故多发路段、危桥险路及高边坡进行了治理和改造，做到防范在先。着力构建和谐企业，化解各种矛盾和纠纷，把安全工作和综合治理贯穿于企业发展全过程，为企业发展营造了和谐稳定的良好环境。

(5)健全企业发展机制，党建和精神文明建设取得新突破性。以深入开展学习实践科学发展观活动为动力，按照党员干部受教育、科学发展上水平、人民群众得实惠的要求，围绕提高安全快速协调发展水平，努力构建和谐文明新型企业的主体目标，严格程序，突出特色，讲求效果，认真组织开展多次解放思想大讨论活动，深化对科学发展观思想内涵、精神实质的全面认识和准确领会，形成贯彻落实科学发展观、促进企业又好又快发展的共识，分析检查存在的问题、产生的原因，理清发展思路，制定改进措施。不断加强党风廉政建设，坚持标本兼治、综合治理、惩防并举、注重预防的方针，严格落实“三重一大”制度要求，强化对重点部位、重点环节、重点岗位的监督检查，抓住工程招投标、路政执法、大宗物品采购和经营开发四个重点，努力健全拒腐防变长效机制、反腐倡廉制度体系和权力运行监控机制，保障了企业健康发展。大力开展文明创建活动，以窗口行业挂牌服务、党员先锋岗活动为平台，引深文明和谐单位、文明和谐示范窗口、青年文明号创建活动。2008 年，总公司连续七年保持山西省文明和谐单位称号，长晋公司跨入省级文明和谐单位行列，太长公司被授予省直文明和谐单位称号，晋焦公司丹河收费站获国家级青年文明号称号，新增文明示范窗口 1 个、青年文明号 6 个。

存在主要问题：企业创新发展能力不足，投融资方式比较单一；科技管理特别是应用信息化管理手段不够先进；产业发展不平衡、不协调，特别是非公路产业发展不能适应企业整体发展需要；专业队伍特别是高精专业技术人才仍然匮乏；企业激励机制、措施、效率较差；企业文化建设仍处于初始阶段，形象建设有待进一步提升等。必须正视存在问题，运用科学发展观和深化改革的办法，认真研究解决办法，切实加以解决。

四、专题纪事

(一)开发经营

五种方式推进融资

大胆探索融资方式，充分发挥全省交通引资融资的“窗口”作用，在省交通厅的大力支持下，积极引进新的融资产品，充分利用已有资产，按市场化运作方式系统梳理，以五段种方式推进融资业务。

一是发行企业债券。以高陵高速公路建设项目为依托，启动企业债券发行工作。2008

年末,发债券商已经确定,三年业绩审计即将结束,工程初步设计业经批复,土地预审已报省土地厅批复,信用等级评估正在进行,担保单位正在选定,与国家发改委财经司、交运司取得联系,对接沟通有关发债工作,所有前期工作均已或行将完成。

二是发行中期票据。中期票据是由非金融企业在银行间市场发行的一种债务融资工具,具有审批程序单一、募集资金用途广泛、票面利率较低、发行方式灵活等特点,且其发行资料与企业债券要求基本相同,在全力以赴做好企业债券发行工作的同时,总公司与中信等银行积极沟通探讨,同步进行中期票据的拟发行工作,拟发行额 10 亿元左右。

三是规划整体融资方案。为进一步明晰投融资工作的目标、方式、渠道及整体规划,公司正在与澳盛集团有限公司积极合作,一是全力推进企业股份制改造,以此为平台和契机,吸收优质资产,吸纳国际化财团,募集规模资金,增强融资能力,拓宽融资渠道;二是从长远着想,利用股市低迷期,做好前期基础工作,最终为企业上市打开路子。

四是盘活存量资产。2008 年,总公司拥有太焦高速公路公司 59% 的股权,初始投资成本 23 亿,评估价值约为 30 多亿。以此为基础,公司一直在考虑充分盘活存量资产,与有关方面研究探讨建立新的融资平台,拓宽合作方式,包括进一步利用太焦高速公路公司股权,扩大融资规模。

五是挖掘内部潜力。公司资产已达一定规模,收益稳定,效益良好,在做好企业债券、中期票据发行工作的情况下,充分挖掘内部潜力,认真测算公司特别是通行费预期收益,积极与金融信托部门联系,开辟信托融资,为解决资本金缺口搭桥,招募规模资金,实现融资规模最大化、最优化。同时,总公司与省资本办积极沟通,探讨利用社会资金,特别是民间资本、保险资金及现有各类股权债权投资基金等,设立省交通能源基金,成立基金投资管理公司,用于全省公路建设。

阳济公路中修

阳城至济源公路为当地的一条重要晋煤外运通道,也是阳城通往河南的一条交通要道,1997 年投入使用。2006 年,该公路路面出现较严重损坏,阳济公司即向总公司提交关于对阳济公路进行重点养护维修的请示报告。

2007 年,总公司先后作出《关于 2007 年阳济公路中修工程的批复》、《关于阳济公路蛤蟆岭隧道路面处置的函》、《关于阳济公路 2007 年中修工程相关问题的意见》,并制作《阳济公路路面中修工程图纸》。5 月至 11 月,阳济公路中修工程开工,11 月完工。

阳济公路中修工程地点为 K12 +000 ~ K42 +000,工程主要控制点为 K17 +000 ~ K26 +000 段、K33 +000 ~ K40 +000 段。工程实行公开招标,山西诺信工程有限公司中标施工,山西振兴公路监理有限公司中标监理。

此次中修工程主要为对损坏较严重的路面进行挖补,以达到适应行车需要、保证畅通的目的,共完成沥青混凝土路面 35563.44 平方米,水稳碎石基层 37246.01 平方米,水泥混凝土面板 8969.85 平方米。工程投资 1039.7928 万元。

2007 年 11 月 28 日,总公司组织对本项目进行竣工验收。竣工验收委员会听取建设单位、施工单位、监理单位工作汇报,查阅相关文件和竣工验收资料,进行实地查看,评议结论为:阳济公路路基基本顺适,防护工程结构安全,环境保护效果明显,档案管理规范,全线路况基本良好,工程质量综合评定得分 85 分,质量等级为合格。

长晋二级公路大修

长治至晋城二级公路,1992 年末投入使用,长期超负荷运行,尤其是 2003 ~ 2005 年,为了服务于长晋高速公路建设,长晋二级公路大吨位车辆密集行驶,维修困难,加之水泥混凝土路面的使用年限等因素,至 2005 年,路基路面严重损坏,大修改造被提上议程。2006 年,该路开始进行局部维修。

2007 年 1 ~ 2 月,编制大修改造工程可行性研究报告,3 月 2 日,商品路公司提交报告,要求对该工程可行性研究报告进行评审。4 月 26 日,省交通厅在太原(交通大酒店)召开工程可行性研究报告技术审查会。9 月 18 日,山西省发展与改革委员会下发《关于 G207 线长治至晋城公路晋城段改造工程可行性研究报告的批复》:同意对该路段进行改建,项目投资 17091 万元,资金来源以该公路资产抵押申请银行贷款解决,建成后收费还贷。建设工期 18 个月。

2008 年 1 月 25 日,改造工程勘察设计在太原招标,三家单位投标,其中忻州广远公路勘察设计院中标。3 月 27 ~ 28 日,省交通厅专家组和设计单位对路况进行考察,当日下午,召开改造工程动员会议,宣布改造工程领导组和项目部成立。4 月 9 日,改造工程设计在太原评审。4 月 14 日,商品路公司成立工程项目管理部,下设综合办公室、地方协调部、计划财务部、工程管理部。5 月 13 日,省交通厅对改造工程设计批复,工程包括路基、路面改造,桥涵加固、滑坡治理及交通设施改造和完善,同意路面采用冲击碎石化和机械轧治旧混凝土面板再生利用相结合,加铺半刚性基层和沥青面层的设计方案,核准预算金额为 166797996 元。

6 月 4 日,工程项目部组织,选取碎石化试验路段开始施工。6 月 13 日,工程施工和监理在太原交通大酒店招标,六家单位参与投标,其中诺信公司在第一合同段中标,诺通公司在第二合同段中标,山西省公路工程监理技术咨询公司中标工程监理。

7 月 15 日,诺信公司进场施工,7 月 31 日,总公司召开专题会议,经理魏庆飞听取工程概况、工程进展、工期安排、资金使用计划的情况汇报,对改造工程进行总体部署,商品路公司、设计单位、监理单位及施工单位负责人参加。8 月 15 日,诺通公司进场施工。9 月 18 日,工程项目部召开工程建设推进会,确定分阶段工期目标,组织部署劳动竞赛,加大投入,以确保工程按时完成。

2008 年末,完成混凝土面板碎石化利用 204648.95 平方米(16 公里),翻浆处理 16 公里,片石混凝土现浇小矮墙 3297.01 立方米。变更项目:片石混凝土基层 1420 立方米,沥青混凝土面层 133 立方米,混凝土路面 316 立方米,多锤头破碎 25367.1 平方米。改造工程合计完成投资 2347 万元。

大运东长汾柳三条公路属性归位

2008 年 5 月 8 日,省交通厅下发 4 ~5 日厅长办公会议纪要:根据省交通建设开发投资总公司与省公路局达成的意向,采用收费公路属性归位的办法,将大同 - 运城、东观 - 长治、汾阳 - 柳林 3 条干线公路归位为政府还贷公路,由省公路局统一管理,并依托既有收费站融资改造。

大运、东长、汾柳 3 条二级公路同属国(省)道干线公路,合计长 1014 公里。1999 年 5

月，省交通厅将该3条公路及其债务划归总公司，由总公司负责经营，总公司即委托省交通征费稽查局负责征收过路费。

5月20日，总公司收到该会议纪要，即根据省交通厅决定着手对该3条公路资产及债务进行全面移交。根据省政府[2008]127号函，该3条公路自7月起实行按政府还贷公路进行管理。

高陵高速公路开工

2008年12月30日，省交通厅和晋城市在晋（城）济（源）高速公路泽州收费站广场举行晋济高速公路通车暨高平至陵川高速公路和晋城环城高速公路开工仪式，总公司领导魏庆飞、李平作为高陵高速公路项目投资法人单位负责人参加，高陵高速公路有限责任公司总经理郭智锋作表态发言。

高陵高速公路建设工程是总公司依照交通部《经营性公路招投标管理规定》参与投标并中标的第一个BOT项目，概算投资37.1亿元，由总公司负责资金筹集和项目管理，计划2011年全线建成通车。

该公路起于高平市河西镇常乐村，止于陵川县古郊乡营盘村，出省后与在建的新乡至晋城高速公路连接，故亦称高陵新高速公路，长62.9公里，设计行车时速80公里/小时，双向四车道，需建设特大桥及大中桥36座，涵洞、通道68道，隧道13座，互通式立交4处，分离式立交5处，天桥10座，收费站3处，管理中心、服务区各1处，隧道管理站2处。至2008年末，该公路前期工作基本完成，采空区处置和施工便道工程招标工作完成。

郭智锋郑重承诺，要以高度的责任感和历史使命感，发扬艰苦拼搏、奋勇争先的精神风貌，创建优质工程，保证按期完工，谱写一曲高速公路建设的绚丽篇章。

高平收费站改扩建

高平收费站位于长晋高速公路K49+610处，高平市区东隅，原为2进3出共5个车道，2004年11月投入使用。为了使高平市的世纪大道与长晋高速公路连接通道更为顺适，更好地适应交通需要，2007年初，高平市提出对高平收费站进行改扩建，后经总公司与平安信托投资公司及高平市共同商定，由多方筹资实施该项目。

该项目工程分为三个合同段施工：路基路面及交通工程为第一合同段，由山西诺通公路养护有限公司施工，项目经理贺进刚，副经理王大勇。机电工程为第二合同段，由山西四合交通工程有限责任公司施工，项目经理申志军。收费大棚工程为第三合同段，由山西翔宇结构有限公司施工，项目经理：郝原生。工程由山东恒建工程监理咨询有限公司监理，总监：郑全世。

经改扩建的收费站，较原收费站位置南移70米，设计6进5出共11个车道，本次改扩建施工建设3进4出共7个车道，预留3个进口车道和1个出口车道待建。改造路基路面长500余米，宽61.55米。路面结构层：底基层为砂砾垫层18厘米，基层32厘米，面层6+4厘米沥青混凝土。

改扩建工程于2007年12月18日开工，2008年12月25日竣工并投入使用。

(二)企业管理

路通公司举行成立10周年庆典

2007年6月12日,山西路通合作公司(路通公司)在太原黄河京都大酒店举行成立10周年庆典。庆典活动分为庆祝大会和文艺演出两大部分。庆祝大会上,路通公司总经理叶永坚(港方)、董事陈世权(港方)、董事长魏庆飞先后讲话,党支部书记冀晏璋宣读庆祝公司成立10周年系列文体活动获奖名单并主持颁奖,该公司领导向在企业工作10年以上的老员工代表献花并共同合影留念。路通公司副总经理姚永福主持大会。

叶永坚在讲话中说,路通公司成立10年来,取得了良好经济效益,通行费收入4亿多元,上交国家利税4000多万元,总公司分成6486万元,港方分成25318万元。文明创建方面,所属许西收费站连续8年保持市级文明单位称号,连续7年保持省级青年文明号称号。

陈世权在致辞中说,精诚的合作,成就了十年的辉煌。1997年,路通公司在山西省政府外资招商政策的感召下,在省交通厅、省交通建设开发投资总公司、(香港)路劲公司的共同努力下正式成立。10年来,公司走过一程又一程,路途上洒满了辛勤的汗水。以后,还要寻求新的合作,期望新的成功。

魏庆飞在致辞中深切缅怀路通公司从无到有、从弱到强的发展历程,对香港路劲基建有限公司的诚心合作表示衷心感谢,高度评价路通公司的成功运营在全省交通建设中的示范作用,充分肯定路通公司的良好经济效益和社会效益,尤其是路通公司对总公司迅速发展壮大的巨大推动作用。

庆祝大会后随即进行文艺演出。文艺演出由港方人员吴东、太长公司白倩主持,从歌曲大合唱《今天是你的生日》开始,演出形式包括舞蹈、器乐合奏、莲花落等,演出过程中还放映了回顾路通公司发展《辉煌十年》的短片。

阳济公司举行阳济公路运营10周年庆典

2007年7月27日,山西阳济公路开发有限公司在阳城金凤凰大酒店举行阳济公路剪彩通车10周年庆典仪式,总公司领导及机关员工前往祝贺。庆典仪式分为庆祝大会和文艺演出两部分。庆祝大会由该公司党支部书记张李强主持,经理尚金明讲话,总公司党委书记李平、中共阳城县委副书记贾二庆、阳城县长冯志亮先后致辞。然后,进行文艺演出。

1997年7月19日,阳济公路剪彩通车,至2006年末,共征收通行费17467万元,上交税金960万元,偿还建设贷款1699万元、利息2500万元。阳济公路通车运营10年,为拉动地方经济发展发挥了重要作用。10年间,阳城县公路外运煤炭4602.48万吨,其中经阳济公路外运3297.07万吨,占同比72%,形成了阳城至中原的重要通道。

庆祝会上,阳济公司经理尚金明全面回顾了阳济公路运营10年来的非凡历程,李平、贾二庆、冯志亮在致辞中高度评价了阳济公路的经营业绩和阳济公路在阳城县社会经济发展中不可或缺的重要作用。文艺演出以丰富多彩的艺术形式,展现了阳济公司优质服务的良好形象。

阳济公路于1979年10月动工兴建,以建设投资为主要症结,工程多次勉强上马又多次无奈停工,历时19年。1996年,在工程建设难以为继之时,按照省交通厅安排,总公司开始参与投资建设,有效保证了工程建设,终于 1997 年 7 月剪彩通车。庆典大会特意邀请在筹集资金和工程建设中做出重要贡献的老领导、老功臣参加,他们慷慨陈词,对阳济公路充满深情,对阳济公司寄予厚望。

三标体系建立

三标体系亦称三标一体化体系,即按照国际通行统一标准,将企业的 GB/T 19001—2000 质量管理体系、GB/T 24001—2004 环境管理体系、GB/T 28001—2001 职业健康安全管理体系三个标准进行整合,形成一体化的管理体系。2006 年,随着长晋、太长高速公路通车运营,总公司工作重点即实行由集中开发建设型向开发建设与经营管理并重型转变,将建立三标一体化体系提上议事日程,着手探讨和研究工作。

2007 年,三标一体化管理体系建立工作正式展开。1 月,经理魏庆飞在本年度工作报告中提出建立三标一体化管理体系的总任务,要求把贯标的过程作为完善制度、规范管理的过程,尽快实现日常工作规范化、各项管理程序化。随即,总公司成立体系文件编辑委员会和审定委员会,经理魏庆飞同时担任两个委员会主任,按照领导分工和部门工作职责,经理魏庆飞作为最高管理者,任命张庆华副经理为管理者代表具体负责,公司办公室具体组织实施,并着手调研、考察、综合比较、制定实施方案,确定由北京国经兆维(山西)公司进行咨询指导。6 月,兆维公司委派高级咨询师谢文铎、何一亮进驻公司开展工作,公司组建三标认证办公室,进行贯标培训,确定宗庆文、吕静伟、王红俊等 24 人为内审员。此后两个月,在咨询师指导下,三标认证办公室按照建立三标一体化,加强企业基础性、针对性管理,实现规范化、标准化、系统化、科学化管理的要求,组织各单位、部门编写、修订、完善《管理手册》、《程序文件》和《管理制度》,近 30 万字。9 月 11 日,召开质量、环境、职业健康安全管理体系文件发布会,三标一体化管理体系开始试运行。11 月 5～15 日,组织 12 名内审员对公司三标一体化管理体系进行第一次内部审核,全面检查管理体系是否有效运行,实现管理体系的持续改进。12 月 12 日,总公司召开质量、环境、职业健康安全管理评审会,评审三标一体化体系的适宜性、充分性、有效性,听取管理者代表张庆华关于体系标准的学习培训、制定建立、实施运行和内部审核情况的报告,听取参加贯标的各单位、各部门负责人关于建立体系及体系运行情况的汇报,魏庆飞在总结讲话中说,贯标工作参与面大,覆盖度广,针对性和可操作性强,程序要求严格,总体上适宜有效。

年鉴图 2　总公司召开三标一体化管理体系文件发布会

2008 年 3～4 月,总公司分别组织两次内部审核,各单位、各部门对存在问题进行认真整改和闭合。三标认证办公室根据内审情况,组织各单位、各部门对《管理手册》、《程序文件》和《管理制度》进行再次修订完善,更加注重《管理手册》中三个标准 85 项条款分配的合理性、总公司《程序文件》与所属单位《分程序文件》的对接性、《管理制度》在实际工作中的针对性。5 月,经过认真考察,选聘北京华夏认证中心作为审核方,对总公司及各贯标单位进行认证审核。5 月 26 日，张庆华带领三标认证办公室人员前往北京华夏认证中心接洽，提出审核申请，商洽审核事宜。6 月 17 日，华夏认证中心委派高级审核员钱静任审核组长，带领审核员张国亮、孙红林进驻，对总公司机关、阳济公司、诺通公司、实业公司进行第一阶段审核，并提出存在的不符合项和观察项。7 月 23 日 –26 日，华夏认证中心派高级审核员况福全、祝学禹、顾汉平对阳济公司、交通大酒店、实业公司进行了第一阶段认证审核。8 月 1 ~4 日，华夏认证中心派钱静、况福全、祝学禹、孙建琴、张国亮、顾汉平、孙红林、史凡杰、苏宝玲、刘燕等 10 名高级审核员分组对总公司机关及具备审核条件的阳济公司、诺通公司、诺盛公司、交通大酒店、实业发展分公司进行了第二阶段认证审核。审核报告认为，体系文件及运行基本符合适宜性、充分性、有效性原则。之后，各单位、各部门根据审核组意见，对不符合项和观察项进行关闭。

2008 年 10 月 6 日，华夏认证中心为总公司、阳济公司、诺通公司、交通大酒店、实业发展分公司颁发质量、环境、职业健康安全管理体系认证证书。至此，总公司及所属 15 个经营单位的三标认证体系，太长公司、长晋公司、晋焦公司、长晋商品路公司 4 个单位分别于之前自行完成。总公司统一组织进行的认证单位，路通公司、诺信公司、通建房地产公司因现场审核暂不具备条件，其他单位均通过认证审核，获得认证证书。

总公司对 7 名财务负责人进行轮岗交流

根据财务人员委派制度和适时轮岗的原则，为了有效提升财务人员专业水平，实现财务人员素质整体优化，促进企业经营管理水平和经济效益持续提高，2008 年 3 月 31 日，总公司经理办公会议研究决定，对总公司及部分所属单位的 7 名财务负责人(财务会计)进行交流：交通大酒店总会计师兰晓琳到通建房地产公司任总会计师，诺信工程公司总会计师张桃芬到交通大酒店任总会计师，路通合作公司财务部经理雷慧琴到诺信工程公司任总会计师，长晋高速公路公司财务部部长王雅君到总公司财务部任副主任，晋焦公司财务部主任张建国到路通合作公司任中方财务经理。推荐总公司审计部部长王素到长晋高速公路公司任财务部部长，总公司财务部会计陈永平到晋焦高速公路公司任财务部主任(以上两公司均按总公司推荐聘任了该二人职务)。

(三)党群工作

先进党组织和优秀党员受厅党组表彰

2007 ~2008 年，总公司及所属单位共有 5 个(次)党组织和 43 名共产党员受省交通厅党组表彰。其中，总公司党委连续两年受到表彰。

2007 年 6 月 27 日，省交通厅党组作出关于表彰厅直单位 2007 年度先进基层党组织、优秀共产党员和优秀党务工作者的决定，总公司及所属单位受表彰的有：先进基层党组织 3 个：总公司党委、太长高速公路榆次收费站、诺通公司党支部；优秀共产党员 16 名：王天荣、田永杰、杨勇、郭国锋、胡斌、陈卫军、杨克轻、狄利波、秦天岭、贺进刚、尚金明、马正伟、卢向阳、兰晓琳、赵志滨、郭阿强；优秀党务工作者 6 名：张锋、郭晋军、魏晓勇，冀晏璋、逯林涛、沈全福。

2008 年 6 月 30 日，省交通厅党组作出关于表彰 2008 年度先进基层党组织、优秀共产党员和优秀党务工作者的决定，总公司及所属单位受表彰的有：先进基层党组织 2 个：总公司党委、工程分公司党支部；优秀共产党员 15 名：赵善义、李建忠、陈建文、张拉柱、胡斌、崔培忠、任司杰、赵保青、郝春林、宋沁浩，王庆红、陈东燕、任瑞清、李晋霞、周金虎；优秀党务工作者 6 名：元丰社、刘瑞龙、白正义、赵荣生、张李强、逯林涛。

四个所属单位成立党支部

5 月 28 日，总公司党委决定，成立龙湖公司成立党支部，李怀明任支部书记。7 月 14 日，总公司党委决定，成立诺信公司党支部（同时撤销原工程分公司党支部）马继平任支部书记；成立实业发展分公司党支部，宋建芳任支部书记；成立通建公司党支部，赵志滨任党支部书记。

长晋公司获山西省文明和谐单位称号

2008 年 5 月 20 日上午，长晋公司举行山西省文明和谐单位挂牌仪式，中共晋城市委书记张茂才、副书记、纪检委书记石正民专门前往祝贺并为该公司揭牌。

长晋高速公路 2004 年 11 月建成通车以来，长晋公司坚持以科学发展观为统领，以服务经济社会、创建文明和谐企业为己任，按照一年夯实基础、两年规范提高、三年争创全省一流的总体部署，落实“六高”目标，推进“五大工程”，构建“六抓”格局，物质文明建设和精神文明建设协调发展。2005 年，通行费收入 1.58 亿元，实现当年收支平衡，略有盈余目标，跨入市级文明单位行列；2006 年，收入 1.69 亿元，跨入全省高速公路公司优秀单位行列；2007 年，积极开展创建文明高速路和“五比五看”、服务创优立功竞赛活动，收入 2.68 亿元，省劳动竞赛委员会为该公司记集体二等功。2008 年 2 月 22 日，山西省精神文明建设指导委员会授予该公司“2006～2007 年度山西省文明和谐单位”称号。

挂牌仪式上，晋城市委领导对该公司取得的成绩表示祝贺，勉励该公司要戒骄戒躁，当好表率，在文明和谐创建中发挥示范带动作用，为晋城市争创全国文明城市和构建全省和谐社会先进市多做贡献。

公司领导表示，将以成功创建省级文明和谐单位为新的起点，以服务人民群众、促进社会发展为己任，弘扬万众一心、众志成城，迎难而上、百折不挠的抗震救灾精神，发扬成绩，再接再厉，努力开创美好未来，为建设文明晋城、和谐晋城添砖加瓦。

丹河收费站获全国青年文明号称号

丹河收费站是晋焦高速公路唯一的收费站，也是太晋高速公路最大的收费站，2002 年 12 月投入运营，2003 年，该站开展青年文明号创建工作，同年 12 月，省直团工委授予青年文明号称号，2004 年 11 月，共青团晋城市委授予青年文明号称号，2005 年 3 月共青团山西省委授予青年文明号称号，2008 年 6 月，团中央和交通运输部联合授予青年文明号称号。

2003 年以来，丹河收费站本着“服务人民、奉献社会”的理念，依托收费小“窗口”服务，塑造企业大“窗口”形象，以一流的管理，一流的服务，一流的效益为目标，大力推行文明服务、微笑服务、委屈服务、准确服务、便民服务，严格执行 ISO 9000 质量体系管理要求，实现了管理科学化、规范化、标准化、军事化。

创建全国青年文明号活动中，该站组织健全，领导到位，创建活动贯穿收费服务始终，广大职工踊跃参与。收费站制作、安装青年文明号彩旗 200 面，印制青年文明号服务承诺卡

2万余张，制作监督台，公示收费员照片及工号，制作宣传栏，公示青年文明号服务承诺。站上为职工添置文化体育用品，改善员工工作和生活条件，亮化美化收费广场环境，在收费广场修建便民候车亭等，一系列的硬件和软件建设，为创建工作提供了重要条件，极大地调动了广大职工的创建热情，收到了良好效果。

晋焦公司获模范劳动关系和谐企业称号

2008年9月3日，在山西省创建劳动关系和谐企业潞安现场会上，晋焦公司获山西省模范劳动关系和谐企业称号。此项评选活动由山西省劳动和社会保障厅、省总工会、省企业家协会共同承办，全省103家企业受表彰，该公司为全省交通系统唯一一家获奖单位。

近年来，该公司动员广大职工共建和谐企业，共谋企业发展，同时让广大职工共享发展成果，为职工说话，替职工着想，给职工办事，重大问题与职工平等协商，"五险一金"及女职工特病保险、职工意外伤害保险等应保尽保，精神文化生活极大丰富，被晋城市评为甲级用人单位。

公司职工一年为灾区捐款近40万元

2008年，总公司及所属16个经营单位2000余名职工共为南方雪灾地区和四川地震灾区捐款39.8万余元。

2008年初，南方遭受严重雨雪冰冻灾害，多个省份受灾。5月12日，四川汶川发生8级特大地震，波及面之大，受灾之严重，世所罕见。面对灾情，总公司及所属经营单位积极响应上级号召，广大干部职工满怀一方有难、八方支援的手足之情，纷纷慷慨解囊，踊跃捐款相助。其中，为南方雪灾地区捐款15.8万元，为四川地震灾区捐款240119.5元。在为四川地震灾区的捐款中，2121名职工捐款88119.5元，379名共产党员交纳特殊党费15.2万元，全国劳模、总公司经理魏庆飞个人一次性捐款1万元。

年鉴图3　2008年5月，总公司机关为四川地震灾区捐款

年鉴图4　2008年9月，诺通公司共产党员为四川地震灾区交纳特殊党费的收据

开展深入学习实践科学发展观活动

根据中共山西省委、山西省交通厅党组安排，2008年9月，总公司被列为全省第一批深

入学习实践科学发展观的单位,并开始准备工作。10 月 22 日,出台《深入学习实践科学发展观活动实施方案》。学习实践活动从 9 月开始准备,10 月正式展开,主要分为三个阶段:第一阶段从 10 月中旬至 11 月中旬,为学习提高、调查研究阶段;第二阶段从 11 月中旬至 12 月中旬,为分析问题、找准问题阶段;第三阶段从 12 月中旬至 2009 年 2 月上旬,为解决问题、完善机制阶段,并对活动进行总结。

总公司成立活动领导组,党委书记李平任组长,经理魏庆飞任副组长,总公司其他公司领导及太长、长晋、晋焦、商品路公司党政主要领导为领导组成员。领导组下设办公室负责日常工作,办公室设在政治部。办公室下设组织协调组、综合研究组、宣传指导组。各单位主要领导为活动第一责任人,分管领导为直接责任人。基层党组织负责人为活动的具体负责人。总公司领导以自己分管的单位为联系点,负责调研指导和督促检查。

10 月 24 日,总公司召开动员大会,总公司及所属单位主要负责人、党委(总支、支部)办公室主任(党办主任)、总公司机关全体党员参加,省交通厅学习实践活动指导检查组第四组全体成员出席,经理魏庆飞主持会议,党委书记李平作动员报告,对学习实践活动进行部署。会议要求活动要着力转变不适应、不符合企业发展的思想观念,着力解决影响和制约企业发展的突出问题,以及党员干部党性党风党纪方面群众反映的突出问题,通过开展活动,把党的政治优势和组织优势转化为企业又好又快发展的动力,真正实现党员干部受教育,科学发展上水平,人民群众得实惠。

10 月 29 日,召开第一阶段会议,对学习提高、调查研究方面的工作进行具体安排。本阶段的重点为开展培训教育,进行专题调研,开展解放思想讨论。

12 月 10 日总公司召开学习实践活动分析检查阶段动员大会,总结学习调研阶段活动情况,对分析检查阶段进行安排布置。

12 月 16 日,总公司领导班子召开专题民主生活会,以提高快速发展、安全发展、协调发展能力,解放思想、务实创新,找差距、定措施,推进企业和谐文化建设,扎实贯彻落实科学发展观为主题,根据征求到的意见,结合党的十六大以来公司的发展实际,查问题、查思想、查工作、查作风,深入查找领导班子及其成员在贯彻落实科学发展观、影响公司和谐稳定和党性党风党纪等方面群众反映强烈的突出问题,推进领导班子思想政治建设,为做好整改落实阶段工作奠定基础。

12 月 29 日,总公司形成领导班子分析检查报告,并通过座谈会、书面发函、群众评议等形式,广泛征求基层单位和群众代表的意见和建议。在评议过程中,广大干部职工对公司领导班子的分析检查报告给予肯定,同时也提出了很好的意见和建议。评议结果:认为满意的占 91.6%,基本满意的占 8.4%,普遍认为总公司领导班子的分析检查报告寻找问题全面、分析原因客观、确定的思路符合实际、提出的保障措施坚强有力。报告反映了工作实际,体现了群众意愿,要认真整改落实。

2008 年末,此项活动仍在深入开展(2009 年 2 月 24 日,召开总结大会,集中学习实践活动告一段落)。

(四)机构人事

商品路公司重新组建机构

2007 年 9 月,长晋商品路公司与长晋高速公路公司重新剥离。剥离后,长晋商品路公司领导为5人:副经理王庆红主持行政工作,党总支副书记尤达文主持党务工作,副经理王文明、工会主席段星星、调研员张应魁。公司内设办公室、人力资源部、计划财务部、收费管理部、养护工程部、党群工作部、稽查队、路政一大队(受晋城市交通局与公司双重领导)等职能部门;小车队、汽车修理厂2个后勤保障和经营单位,管辖牛匠、换马桥2个收费站。

2007年末长晋商品路公司中层干部名录 年鉴表1

姓　名	性　别	部门(单位)及职务	姓　名	性　别	部门(单位)及职务
郭晋军	男	办公室主任	田秀芳	女	办公室副主任
张建斌	男	人力资源部部长	张国霞	女	计划财务部部长
崔兵斌	男	养护工程部部长	叶利强	男	养护工程部副部长
张丽君	女	党群工作部部长	郑跃峰	男	党群工作部副部长
赵粉霞	女	收费管理部部长	田培亮	男	小车队队长
冯天林	男	牛匠收费站站长	傅晓虎	男	牛匠站党支部副书记
王利平	男	牛匠收费站副站长	刘　强	男	牛匠收费站副站长
陈卫军	男	换马桥收费站站长	刘文学	男	换马桥站党支部书记
张　剑	男	换马桥收费站副站长	宋国占	男	换马桥收费站副站长
司军利	男	稽查队队长	梁新年	男	稽查队副队长
岳非非	男	路政一大队队长	李跃军	男	路政一大队指导员
田国庆	男	路政一大队副队长	常虎勤	男	路政一大队副队长
吴建军	男	汽车修理厂厂长			

总公司成立物产管理部

2008年5月15日,总公司成立物产管理部,以加强各公司(含高速公路服务区)的物产管理。主要负责总公司范围内房建、机电、大型设备的建设、购买、处置的审核工作,负责质量监督和验收以及技术性维护、维修管理;负责房产、物业、机电设施、大型设备的管理;负责信息化建设与管理;负责高速公路服务区管理标准与考核的制定及监管工作;任命实业公司经理卢向阳为部长(暂与实业公司合署办公)。

高陵公司成立

全称山西高陵高速公路有限责任公司,负责高平至新乡高速公路高平至陵川段(晋豫交界,亦称高陵高速公路)的工程建设和公路通车后的经营管理。2008年12月26日,省交通厅[2008]63号文件通知,厅党组2008年12月2日会议研究决定,撤销高陵高速公路建设管理处,成立山西高陵高速公路有限责任公司。同时任命:董事长李平,总经理郭智锋,副总经理、总会计师李吉祥，副总经理延建军。同时免去郭智锋长晋高速公路公司总经理职务，李吉祥长晋高速公路公司董事、总会计师职务，原高陵高速公路建设管理处领导班子成员职务同时免去。

2009 年 2 月 3 日，省交通厅党组［2009］15 号文件通知，厅党组 2008 年 12 月 31 日会议研究决定：尚建军任高陵公司党委书记、副总经理，尹文谦任副总经理，霍三胜任总工程师，张明任经委书记。

总公司人事变动

2007～2008 年，总公司领导及中层干部人事变动情况为：

2007 年 8 月 14 日，杨天平任总公司副经理，兼凤凰山公司经理。

2007 年 8 月，总公司副经理尚建军任阳长、江武公司董事（兼），免去任金彪阳长、江武公司董事职务。

2007 年 11 月 26 日，张晋平任多种经营开发部副部长（正科待遇）；李吉科、曹峰任交通安全领导组办公室副主任。

2008 年 4 月 10 日，王雅君任财务部副部长（原任长晋公司财务部部长）。同月，推荐审计部部长王素改任长晋公司财务部部长。

2008 年 5 月 15 日，卢向阳任物产管理部部长；徐志伟任路桥管理部副部长（原任长晋公司养工部部长）。

2008 年 7 月 16 日，沈全福任路桥管理部副部长，兼太榆路路政支队队长（正科，原任工程分公司党支部书记）。

2008 年 12 月，总公司党委书记李平兼任山西高陵高速公路有限责任公司（高陵公司）董事长，副经理尚建军担任高陵公司党委书记、副经理。

所属单位领导变动

2007～2008 年，所属单位领导变动情况为：

2007 年 5 月，长晋商品路公司总会计师张应魁改任调研员。

2007 年 11 月，长晋商品路公司副经理杨宗志退休。

2008 年 4 月 10 日，兰晓琳由交通大酒店总会计师改任通建房地产公司总会计师，张桃芬由诺信公司总会计师改任交通大酒店总会计师，雷慧琴由路通合作公司财务经理升任诺信公司总会计师。

2008 年 5 月 28 日，通建公司副经理李怀明任龙湖公司党支部书记。

2008 年 7 月 14 日，诺信公司副经理马继平升任党支部书记，实业公司副经理宋建芳升任党支部书记，路通公司许西收费站站长赵志滨任通建公司党支部书记。

12 月，长晋公司总经理郭智锋改任高陵公司总经理，总会计师李吉祥改任高陵公司副总经理、总会计师。晋焦公司副经理张明升任高陵公司纪委书记。交通大酒店总会计师张桃芬改任高陵公司财务管理部部长。

总公司机关人员流动

2007～2008 年，总公司机关进入 11 人，调动等原因离开 7 人。

2007～2008 年进入总公司机关人员名录 年鉴表 2

姓　名	性别	政治面貌	进入时间	所在部门及职务	原工作单位	籍　贯
陈　宏	男	党员	2007.8	办公室职员	寿阳县民用公司	寿阳县
王　靓	女		2008.8	办公室职员	黄河电视台	山东青岛
赵勇善	男	党员	2008.9	办公室（副科待遇）	（部队转业干部）	吉林延边
于彩凤	女		2008.8	人力资源部职员	新维宪律师事务所	静乐县
樊向萍	女	党员	2007.6	路桥管理部职员	汽车时代杂志社	河曲县
段广文	男	党员	2008.1	路桥管理部职员	晋城路桥公司	高平市
苏振宇	男	党员	2008.1	路桥管理部职员	工程公司	娄烦县
沈全福	男	党员	2008.7	路桥管理部副部长（正科）	诺信公司	太原市
徐志伟	男		2008.4	路桥管理部副部长（正科）	长晋公司	上海市
王雅君	女	党员	2008.4	计划财务部副部长	长晋公司	清徐县
阮改珍	女		2007.4	多种经营开发部职员	交通大酒店	河津市

注：所在部门及职务为 2008 年末情况。

2007～2008 年调离总公司机关人员名录 年鉴表 3

姓　名	性别	政治面貌	离开时间	离开时所在部门及职务	调往单位	籍　贯
贾晋中	男	党员	2008.4	办公室副主任	太长公司	阳高县
岳国勇	男		2007.5	人力资源部职员	路通公司	运城市
史鸿雁	女		2008.4	人力资源部职员	通建公司	武乡县
王　素	女	党员	2008.4	审计部部长	长晋公司	阳城县
陈永平	男		2008.4	计划财务部会计	晋焦公司	怀仁县
陈永强	男		2008.4	公路经营管理部副主任	路通公司	太谷县
赵美英	女		2008	阳长、江武公司会计	（逝世）	武乡县

（五）综合

山西省交通厅领导在公司集体调研

2008 年 8 月 28 日下午，山西省交通厅新任厅长段建国及厅总工程师郜玉兰、总会计师张德仪带领厅办公室、财务处、公路处、重点办、计划处负责人到总公司集体调研，经理魏庆飞首先作专题汇报，总公司所属经营单位主要领导及机关职能部门负责人参加调研汇报会议。调研会上，段建国、郜玉兰、张德仪分别讲话。

段建国首先肯定公司的发展。他说，开发公司为山西的交通事业作出了重大贡献。一个公司能在短短十几年，用翻番的水平发展，确实是个了不起的事情。充分说明公司有一个坚强有力的领导班子，有一支务实求真的干部队伍。

他对公司的发展经验进行了总结。他说，公司的发展，首先是真正把自己作为市场经济的主体来对待。自己走向市场，主动适应市场，在市场上拼搏，摆正自己的位置，而不是躺在省厅的怀抱里。再者是抓住了一个好的机遇。这十几年是全省交通快速发展的时期，同时也为许多人创造了很好的发展机遇。机遇人人都有，就看会不会抓，能不能抓住。开发公司牢牢把握住了这个机遇，抓住了机遇，就发展了自己。还有，改革创新，这是市场经济最应该运用的手段。利用资本运作，适应市场经济需要，用市场的办法来引资、融资、投资，这几个运作一下子就把资本扩大了。资本运作，就容易使资本扩张，也就完成了资本的原始积累，所以就有了现在这样一个很好的发展平台。另一个是企业管理得好。公司领导是真正为企业考虑，厉行节约。如果没有这种精神，大手大脚，那就不会有今天这样好的发展。

他要求，要随着社会平均收入的增长和企业效益的增长提高职工收入，让大家享受改革、发展的成果，这样就能凝聚职工的心，凝聚人才的心。企业要积极探索现代化管理方式，要用最少的人，换取最大的利润。

段建国对公司以后的发展提出了要求。他说，公司的发展目标明确，思路清晰，也很鼓舞人心。按照报告（汇报材料）里提出的措施扎实工作，就一定能够实现预期的目标。他要求公司要继续努力，为全省交通事业发展再做新贡献。他说，全省交通面临的新的瓶颈已经凸显出来。一个方面，全省已经建了1900公里高速公路，但是，现在高速公路压力很大，车辆快速增长，高速公路经常出现堵车。高速公路都是双向四车道，稍有交通事故或维修施工，都会出现比较严重的堵车现象。有的路段车流量已经饱和，甚至超过设计的两三倍。这就是现在面临的新的交通瓶颈。国、省道干线主要路段路况欠佳，建设、改造、提高的任务很重。尤其是高速公路建设，已建成1900公里，在建130公里，要完成省委、省政府制定的“十一五”末达到3000公里的目标，2008年必须要开工1000公里，这在山西历史上是没有的。1000公里高速公路开工，建设资金需要八九百亿，资本金就要二三百亿，现在面临的任务很重，资金的压力也很大。开发公司作为公路建设的一支重要力量，下一步还要在公路建设方面做出新的贡献。

他强调，关于资金运作，公司提出的通过银行信贷、发行企业债券、资产证券化、寻求合作伙伴的想法都很好。要切实盘活路产，在适当的时候通过重新评估实现路产再增值，然后转让一部分，拿回一部分资本金，投入到新的公路建设上去。再一个是上市，这么好的一个企业应该上市，是在国内上还是在国外上，要认真探讨。

他强调，公司的发展要坚持突出主业。他说，公司收入这么多，大部分都是靠经营公路，其他辅业盈利水平不是很高。主业必须突出，就是搞公路建设，特别是高速公路建设。辅业中赢利水平一般的，能民营化就民营化。

段建国对几项重点工作提出具体要求。一是融资建设高陵高速公路，这是省交通厅明确交给总公司的一项重要任务，要加快工作进度，保证年内开工。二是长晋二级路大修改造，要抓紧施工，尽快见效。三是太榆路收费，修建时还没有太旧路，设立收费站是合理合法的，但随着长风大街、龙城大街开通，收费效益迅速下滑，社会上也有不同看法，所以要考虑跟香港路劲公司沟通，尽早撤除许西收费站。四是太长高速公路要抓紧审计，按时竣工验收。五是交通大酒店的改造和新办公楼的搬迁要策划好。希望公司效益不断增长，职工收入不断提高，企业不断做大做强。

郜玉兰在讲话中说，开发公司为省厅搭建了很好的融资平台，为全省“九五”、“十五”期间的高速公路建设，在资金保障方面起到了很重要的支撑作用，下一步要在融资领域寻求新的突破口，发挥更好的作用，特别是在公司上市、发债这些融资的多种方式上，要探索新的管理模式。

她希望公司在巩固成果的基础上,继续做好公路的延伸产业。公路的延伸产业链占到的份额要大一些,结构要优化。在多种经营中,要思考做强哪些?放弃哪些?如何集中优势,把某一个产业做强。在融资、建设、管理中,要寻求一种能够适应新形势、新要求的发展模式。

她说,高陵高速公路是省交通厅确定的今年必须开工的项目,也是公司的重要工作。要上下保持一致,抓紧解决好环节上的问题。之所以要说环节上的问题,就是因为大方向、大目标都没有问题,但如果对一些环节问题落实得不到位,仍然会影响到大目标的实现。要以崭新的面貌做好下一步的工作。

张德仪在讲话中说,十几年来,开发公司确实为交通厅发挥了很好的融资平台作用。从香港招商引资,引进晋昌、晋通公司两个多亿,建设经营东山过境高速公路,从路劲基建公司引进两个多亿,合作经营太榆路、榆次西外环路、小店汾河公路桥。和香港新世界公司合作,解决了晋焦高速公路的投资难题。从2000年之后,开发公司有了新的更高的起点,进入新一轮发展,开始融资,建设高速公路。2006年太长、长晋、晋焦高速公路全部建成以后,又开始对三条路的部分股权进行了成功转让,这是全省"十五"期间高速公路建设的第二个里程碑和转折点。第一个是2000年,成功进行太旧路路产置换并购,获得20个亿,成功地启动大运高速公路建设。

他认为,山西"十五"期间高速公路的发展,有两个不能忘记:第一个,如果没有太旧路的并购,没有那20个亿,大运高速公路不可能那么快地开始建设。第二个,如果没有开发公司这个融资平台,太长、长晋高速公路,包括汾柳高速公路的开工就会推迟。开发公司在积极发挥融资平台作用的同时,也确实壮大了自己,总资产达到200多亿,净资产44.8亿确实为交通事业作出了贡献,希望公司发展得更好。

总公司办公驻地乔迁

2008年11月22日,总公司举行山西交通投资大厦落成暨办公驻地乔迁庆典仪式。庆典仪式在交通投资大厦前举行,邀请省人大原副主任杜五安、省交通厅领导张润、王志民、韩日裕、张志川、郜玉兰、张德仪、赵振田、郭贵平,厅老领导杨继刚,高新技术开发区党委书记王茂健,省高速公路管理局局长董新品、省运输管理局局长李华中、省交通职业技术学院党委书记孟科出席,应邀参加庆典仪式的还有交通厅各处室、厅直单位、金融部门、合作单位、兄弟友好单位领导等。

庆典仪式上,总公司经理魏庆飞致辞,王茂健、张润、杜五安先后讲话并为交通投资大厦揭牌,总公司党委书记李平主持。魏庆飞在致辞中说,要以这次搬迁为新的起点,珍惜来之不易的良好条件,一切从零起步,实现二次创业,再谱新的篇章。

山西交通投资大厦坐落于太原市高新技术开发区内,长治路292号,东西宽15.9米,南北长41.6米,高38.45米,主楼为10层,建筑面积10306平方米,占地面积4563平方米。2006年5月开工,2008年11月投入使用。

随总公司一同迁入的所属单位有阳长、江武公司、路通合作公司、诺信交通建设工程公司、工程分公司、通建房地产公司、诺盛国际贸易公司、实业分公司。

五、获奖名录

2007～2008年先进单位获奖名录

年鉴表4

单　位	获　奖
总公司	2007年6月,省交通厅党组:总公司党委:先进基层党组织; 2007年12月,省直精神文明建设指导委员会:省直文明和谐单位标兵; 2007年12月,省总工会:山西省工会帮扶工作先进单位; 2007年,省交通厅:《山西交通年鉴》工作先进单位; 2007年,省交通厅:全省交通系统企业财务决算先进单位; 2007年,省国有企业清产核资工作领导组:山西省国有企业清产核资工作先进单位。 2007年,省交通厅:安全生产管理先进单位; 2007年,省交通厅:交通安全优秀单位; 2008年2月,省精神文明建设指导委员会:2006～2007年度文明和谐单位; 2008年6月,省交通厅党组:总公司党委:先进基层党组织; 2008年9月,省交通厅:"知荣明耻"主题教育先进单位。
太长公司	2007年1月,省交通厅:武乡服务区:文明示范窗口; 2007年6月,省交通厅党组:榆次收费站党支部:先进基层党组织; 2007年,团省委:太谷收费站、路政三中队:青年文明号; 2007年10月,省交通厅:武乡服务区:文明和谐示范窗口。 2008年9月,省直团工委:路政大队、路政二中队、王村收费站、襄垣养护工区:青年文明号; 2008年11月,省直机关精神文明建设委员会:文明和谐单位; 2008年11月,省直工委:省直机关公民道德建设十佳文明窗口; 2008年12月,晋中市:榆次收费站、太谷收费站:文明和谐单位。
长晋公司	2007年4月,晋城市委、市政府:模范集体; 2007年10月,省交通厅:晋城收费站、高平服务区:文明和谐示范窗口; 2007年11月,团省委:晋城东收费站:青年文明号; 2007年,晋城市:劳动和社会保障工作先进单位; 2007年,山西省劳动竞赛委员会:集体二等功; 2008年2月,省精神文明建设指导委员会:2006～2007年度文明和谐单位; 2007年、2008年,省交通厅:安全生产管理先进单位。 2008年4月,晋城市委、市政府:和谐企业; 2008年4月,省公路运输工会:2007年度模范职工之家。 2008年,晋城市:纠风工作先进单位;爱国拥军模范单位。
晋焦公司	2007年2月,晋城市政府:2006年度纳税重点企业; 2007年2月,晋城市总工会:模范基层工会; 2007年3月,晋城市国防动员委员会:防空工作先进单位; 2007年9月,山西省劳动竞赛委员会:集体二等功; 2007年10月,省交通厅:丹河收费站:文明和谐示范窗口; 2008年1月,晋城市政府:纠风工作先进单位; 2008年2月,省交通厅:丹河收费站,2008年道路水路春运工作先进单位; 2008年4月,晋城市总工会:丹河收费站,工人先锋号; 2008年4月,晋城市国防动员委员会:防空建设先进单位; 2008年4月,晋城市委、市政府:和谐企业; 2008年4月,晋城市精神文明建设指导委员会:(2006～2007)文明和谐单位; 2008年5月,省纠风办:丹河收费站,治理公路三乱工作先进集体。 2008年6月,交通运输部、团中央:丹河收费站:全国青年文明号; 2008年6月,省治超领导组:丹河超限运输检测点,山西省治理非法超限超载车辆工作先进治超点; 2008年7月,晋城市创建劳动关系和谐企业领导组:劳动关系和谐企业; 2008年7月,晋城市总工会:晋城市四星级职代会。

续上表

单　位	获　奖
商品路公司	2007 年 11 月,团省委:牛匠收费站:青年文明号。
阳长、江武公司	2007 年 5 月,太原市地方税务局:江武公司 2006 年度诚信纳税先进单位; 2007 年 12 月,太原市财政局:阳长公司 2007 年度企业财务主要指标快报工作先进单位; 2007 年 12 月,省国家税务局、地方税务局:阳长公司、江武公司山西省纳税信用 A 级单位。
路通公司	2007 年 5 月,太原市地方税务局:2006 年度依法诚信纳税先进单位; 2007 年 9 月,省外商投资企业协会:2006 年度经济效益先进外商投资企业; 2008 年 4 月,省公路运输工会:模范职工之家; 2007 年、2008 年,团省委、省交通厅:青年文明号; 2008 年 9 月,省外商投资企业协会:2007 年度经济效益先进外商投资企业; 2007 年、2008 年,太原市:文明和谐单位。
工程分公司	2008 年 6 月,省交通厅党组:党支部:先进基层党组织。
诺通公司	2007 年 6 月,省交通厅党组:党支部:先进基层党组织; 2007 年 11 月,团省委:青年文明号。 2008 年 2 月,省交通厅:2008 年全省道路水路春节运输先进单位;
交通大酒店	2007 年 10 月,省交通厅:全省交通行业文明和谐示范窗口单位。
凤凰山公司	2007 年 10 月,省发展与改革委员会:循环经济试点园区; 2007 年 12 月,省水土保持委员会:水土保持先进单位; 2007 年 12 月,忻州市:文明和谐单位; 2007 年 12 月,忻州市:农业旅游先进单位;

2007～2008 年先进个人获奖名录　　年鉴表 5

序号	姓　名	获　奖
总公司		
1	杨天平	2007 年,省政府:全省小流域治理状元。
2	吕静伟	2008 年 5 月,省交通厅:全省交通系统人事人才工作先进个人。
3	宗庆文	2007 年 3 月,2006 年《山西交通年鉴》先进个人
4	陈春霞	2008 年 9 月,省交通厅:“知荣明耻”主题教育先进个人。
5	邵素梅	2007 年 3 月,省国有企业清产核资工作领导组:山西省国有企业清产核资先进个人。
6	刘　琼	2007～2008 年,省交通厅:2006～2007 年全省交通安全生产管理先进个人。
7	沈全福	2007 年,省交通厅党组:优秀党务工作者。
8	贾海生	2007 年 3 月,省交通厅:交通安全先进驾驶员。
9	陈　宏	2008 年 11 月,省交通厅:全省交通系统办公室工作先进个人。
10	张亚文	2008 年 11 月,省交通厅:全省交通政务信息工作先进个人。
太长公司		
1	赵善义	2008 年 6 月,省交通厅党组:优秀共产党员。
2	张　铮	2007 年 12 月,省劳动竞赛委员会:山西省五一劳动奖章。
3	王天荣	2007 年 6 月,省交通厅党组:优秀共产党员。
4	田永杰	2007 年 6 月,省交通厅党组:优秀共产党员。

续上表

序号	姓　名	获　　奖
5	杨　勇	2007 年 6 月,省交通厅党组:优秀共产党员。
6	张　锋	2007 年 6 月,省交通厅党组:优秀党务工作者。
7	李建忠	2008 年 6 月,省交通厅党组:优秀共产党员。
8	陈建文	2008 年 6 月,省交通厅党组:优秀共产党员。
9	张拉柱	2008 年 6 月,省交通厅党组:优秀共产党员。
10	元丰社	2008 年 6 月,省交通厅党组:优秀党务工作者。
11	赵荣生	2008 年 6 月,省交通厅党组:优秀党务工作者。
12	张晓枫	2008 年 11 月,省交通厅:全省交通系统办公室工作先进个人。
		长晋公司
1	郭智锋	2008 年 1 月,省交通厅:安全生产先进个人;
2	郭国锋	2007 年 6 月,省交通厅党组:优秀共产党员。
3	胡　斌	2007 年 6 月,省交通厅党组:优秀共产党员。 2008 年 6 月,省交通厅党组:优秀共产党员。
4	郝春林	2008 年 6 月,省交通厅党组:优秀共产党员。
5	崔培忠	2008 年 6 月,省交通厅党组:优秀共产党员。
6	刘瑞龙	2008 年 6 月,省交通厅党组:优秀党务工作者。
7	田　鹏	2008 年 1 月,省交通厅:安全生产先进个人。
8	张新建	2008 年 11 月,省交通厅:全省交通系统办公室工作先进个人。
9	邢鹏云	2008 年 11 月,省交通厅:全省交通政务信息工作先进个人。
		晋焦公司
1	白正义	2007 年 12 月,省劳动竞赛委员会:“五一”劳动奖章; 2008 年 6 月,省交通厅党组:优秀党务工作者。
2	杨克轻	2007 年 6 月,省交通厅党组:优秀共产党员。
3	狄利波	2007 年 6 月,省交通厅党组:优秀共产党员。
4	秦天岭	2007 年 6 月,省交通厅党组:优秀共产党员。
5	魏晓勇	2007 年 6 月,省交通厅党组:优秀党务工作者。
6	宋沁浩	2008 年 6 月,省交通厅党组:优秀共产党员。
7	任怀杰	2008 年 6 月,省交通厅党组:优秀共产党员。
8	赵保青	2008 年 6 月,省交通厅党组:优秀共产党员。
9	王更苗	2008 年 11 月,省交通厅:全省交通系统办公室工作先进个人。
	秦小丽	2008 年 11 月,省交通厅:全省交通政务信息工作先进个人。
10	申拽马	2007 年 12 月,省劳动竞赛委员会:个人一等功; 2008 年 1 月,晋城市人民政府:纠风工作先进个人。
11	王翠巧	2007 年 1 月,省交通厅:安全生产管理工作先进个人; 2008 年 2 月,省交通厅:安全生产管理工作先进个人
		商品路公司
1	王庆红	2008 年 6 月,省交通厅党组:优秀共产党员

续上表

序号	姓 名	获 奖
2	郭晋军	2007 年 6 月,省交通厅党组:优秀共产党员
3	陈卫军	2007 年 6 月,省交通厅党组:优秀共产党员。
4	李海霞	2008 年 11 月,省交通厅:全省交通政务信息工作先进个人。
		路通公司
1	冀晏璋	2007 年 6 月,省交通厅党组:优秀党务工作者。
2	任瑞清	2008 年 6 月,省交通厅党组:优秀共产党员。
		阳济公司
1	尚金明	2007 年 6 月,省交通厅党组:优秀共产党员。
2	张李强	2008 年 6 月,省交通厅党组:优秀党务工作者。
		诺信公司
1	郭阿强	2007 年 6 月,省交通厅党组:优秀共产党员。
2	李晋霞	2008 年 6 月,省交通厅党组:优秀共产党员。
		诺通公司
1	贺进刚	2007 年 6 月,省交通厅党组:优秀共产党员; 2008 年 1 月,省交通厅:2007 年全省交通安全生产管理先进个人。
2	窦海霞	2008 年 11 月,省交通厅:全省交通系统办公室工作先进个人。
		交通大酒店
1	兰晓琳	2007 年 6 月,省交通厅党组:优秀共产党员。
2	逯林涛	2007 年 6 月,省交通厅党组:优秀党务工作者。 2008 年 6 月,省交通厅党组:优秀党务工作者。
		通建公司
1	马正伟	2007 年 6 月,省交通厅党组:优秀共产党员; 2008 年 5 月,省劳动竞赛委员会:个人一等功。
2	赵志滨	2007 年 6 月,省交通厅党组:优秀共产党员。
		诺盛公司
1	陈东燕	2008 年 6 月,省交通厅党组:优秀共产党员
		实业公司
1	卢向阳	2007 年 6 月,省交通厅党组:优秀共产党员
		龙湖公司
1	周金虎	2008 年 6 月,省交通厅党组:优秀共产党员

附　　录

一、文献

省交通厅关于成立总公司的通知

关于成立"山西省交通建设开发总公司"
"山西省交通建设工程监理总公司"
"山西省交通信息通信公司"的通知

（晋交人字(1993)第118号,1993年4月1日）

各地市交通局,厅属各单位:

为了认真贯彻党的十四大精神,适应我省交通建设上新台阶的需要,经厅党组会议研究决定,成立"山西省交通建设开发总公司"、"山西省交通建设工程监理总公司"、"山西省交通信息通信公司"。均为全民所有制企业,实行独立核算,自负盈亏,遵照《企业法》及《全民所有制工业企业转换经营机制条例》进行经营活动。各公司章程全部同意。三个企业直接隶属省交通厅领导。

特此通知

省经委关于成立总公司的批复

关于成立"山西省交通建设开发公司"的
批　　复

（晋经计字[1992]206号,1992年6月11日）

省交通厅:

你厅晋交技字(1992)第135号文收悉,为了更快地发展我省交通事业,开创我省交通工作的新局面,鉴于你们一个时期以来的考察论证和筹备工作,成立省交通建设开发公司的条件业已成熟,经研究决定,同意成立"山西省交通建设开发公司"。现将有关问题批复如下:

一、该公司名称定为"山西省交通建设开发公司",公司为全民所有制的生产、经营、服务性企业。暂定企业编制40人。该企业实行自主经营、独立核算、自负盈亏,具有法人资格。公司直属交通厅领导。

二、公司的经营范围、方式:承建国内外交通建设工程、内外资引进、设备引进、涉外工程、劳务输出、合资办企业、开发推广新技术、开展技术咨询和技术服务、编制工程预可行性研究和工程可行性研究报告,进行工程招标、编制标书、集资办交通以及有关的业务活动。

三、公司注册资金一千万元,由省交通厅拨给。

四、公司驻址设在太原市。

你厅接文后,请按有关规定办理手续。

此复

省交通厅关于成立总公司的申请报告

关于成立山西省交通建设开发公司的申请报告

(晋交技字[1992]第135号,1992年5月5日)

省经委:

为了贯彻落实中央2号文件精神,大胆解放思想、加快改革步伐,开发引进国内外的新技术、新设备,更快地发展我省交通事业,开创我省交通工作的新局面,我厅申请成立山西省交通建设开发公司。公司的性质、隶属关系、注册资金、经营范围、方式等报告如下:

一、公司为全民所有制的生产、经营、服务性企业。公司隶属省交通厅领导。

二、公司实行自主经营、独立核算,具有法人资格。

三、公司注册资金一千万元,由省交通厅拨给。

四、公司的经营范围、方式:承建国内外交通建设工程、内外资引进、涉外工程、劳务输出、合资办企业、开发推广新技术、开展技术咨询和技术服务、编制工程预可行性研究报告和工程可行性研究报告、进行工程招标、编制标书、集资办交通以及有关的经贸活动。

五、公司地址:太原市新建南路新泽巷5号(省交通厅招待所内)。

以上报告妥否,请批示。

总公司章程

山西省交通建设开发公司章程

(1993年3月)

第一章 总 则

第一条 为了贯彻落实党的十四大精神,深化改革,扩大开放,加快我省交通事业发展,山西省交通建设开发总公司(以下简称总公司)特制定本章程。

第二条　总公司属全民所有制的生产、经营、服务性企业；直属省交通厅领导。

第三条　总公司地址设在山西省太原市新建南路新泽巷5号(省交通厅招待所内)。

第四条　总公司的宗旨是，按照我省交通发展战略、产业政策、行业规划的要求，运用市场机制和竞争机制，对交通建设进行开发、经营和管理，促进交通事业的不断发展。

第二章　经营业务范围

第五条　根据省交通厅规定的职责，总公司的经营业务范围：

(一)委托、组织评审公路、桥梁、黄河航道、港口，运输客、货站场等重点工程项目的可行性研究、工程可行性研究；

(二)为重点工程建设组织、引进国内外资金，发行交通建设债券、股票、储存、管理、融通交通规费；

(三)负责交通经营资金的发放，项目的评估，确定贷款额度、利率、回收偿还期限，参与项目经营管理，组织贷款的回收；

(四)委托编制重点工程项目标书，组织招标，承揽国内外建设工程；

(五)负责省与外商交通项目的合作，及合作项目的经营管理。组织劳务输出；

(六)组织交通建设所需钢材、木材、水泥、沥青等物资，负责重点公路工程筑路机具、运输设备的采购、管理和租赁；

(七)开发房地产，开展多种经营；

(八)为国内外交通投资者提供咨询服务，物色合作伙伴，介绍投资环境，提供有关信息。

第三章　组织机构、人员

第六条　总公司实行总经理负责制，设总经理一人，副总经理一人，总工程师一人，总会计师一人，总经理助理一人。总经理为公司法人代表，对公司的经营业务全面负责。

第七条　总公司设管理委员会，讨论决定公司的重大问题。总经理任管理委员会主任。

第八条　总经理根据经营业务范围聘请顾问、咨询员若干人。

第九条　总经理领导企业的生产、经营、管理，行使下列权力：

(一) 决定企业的行政机构设置；

(二) 聘任、解聘总公司副总经理、总经理助理；

(三) 聘任、解聘总公司中层和分公司行政领导干部；

(四) 提出经营计划、工资调整方案、奖金分配方案和重要规章制度，提交管理委员会讨论决定。

第十条　总公司机构设置：

总公司设计划财务部、工程技术部、经营开发部、人事劳资部和办公室。

总公司下设：山西省交通物资贸易公司、中美合资晋美高速公路有限公司、山西省交通房地产开发公司、山西省交通城市信用社、山西省交通翻译公司、山西省交通旅游服务社、山西省交通法律事务所。

第十一条　总公司编制40人，职工由固定工和合同工组成。职工由总经理选调、招聘、录用。

第十二条 招聘录用的职工，经六个月的试用后，合格者发给聘书，签订录用合同，不合格者哪里来哪里去。

第四章 资金、利润、工资

第十三条 总公司实行自主经营，独立核算，自负盈亏。总公司工作人员由交通厅机关消肿人员组成，申请免征所得税。

第十四条 总公司注册资金一千万元。资金来源由省交通厅拨给。

第十五条 总公司留成利润，全部用于总公司发展基金、奖励基金和福利基金。

第十六条 总公司根据职工劳动技能、劳动态度、劳动强度、劳动责任、劳动条件和实际贡献决定工资、奖金的分配档次。

第十七条 总公司自主决定职工晋级增薪、降级降薪的办法和时间。

第五章 附 则

第十八条 本章程报请省交通厅批准后执行。

总公司2006年工作报告

以科学发展观为统领 开创企业发展新局面

——在2006年度工作会议上的讲话（摘要）

（2006年1月21日）

魏庆飞

一、"十五"工作回顾及2005年工作总结

"十五"是企业实现跨越发展的重要时期。在省交通厅的正确领导和大力支持下，我公司坚持以邓小平理论和"三个代表"重要思想为指导，认真贯彻落实党的十六大和十六届三中、四中、五中全会精神，牢固树立和落实科学发展观，紧紧围绕我省调整经济结构和交通率先发展战略，以加快发展为主题，以提高效益为中心，以改革创新为动力，以资本运营为平台，以市场化运作为导向，统筹兼顾，协调发展，通过实施"三步走"战略——创新融资建设体制、完善经营管理机制、实施多元化发展方针，实现了三大转变——由资本积累向资本运营转变；由开发建设向建、养、管一体化转变，由单一经营向多元化经营转变，使企业在"十五"期间发生根本性、历史性转折，主要体现在五个方面：

1. 引资融资。"十五"以来，我们在省厅的大力支持下，坚持立足交通、服务交通，广泛开辟融资渠道，积极探寻合作方式，通过外引内联、盘活路产等形式，先后与工商银行、民生银行、光大银行、华夏银行、开发银行等合作，筹集资金102.7亿元，充分发挥交通建设引资、融资的主渠道作用，为发展交通事业作出了积极贡献。

2. 路业发展。"十五"期间，我们紧紧抓住省厅"三网并重"发展战略，积极投身于公路

建设市场，大力发展公路产业。特别是运用市场机制，创新经营、建设体制，通过资产重组、股权收购、投资建设等方式，整建制接管长晋二级公路，合作、合资建设并全额收购晋焦高速公路经营股权，建设经营长晋、太长高速公路，至此，交通建设开发投资总公司经营管理公路里程达到1507公里，其中高速公路361公里，公路通行费收入由"九五"末的1.47亿元到"十五"末实现6.97亿元。公路经营已成为企业的重要支柱产业，为企业优化产业结构、创新发展模式、实现经济高速增长开创了新路。

3.产业开发。我们坚持"一业为主、多种经营"的发展方针和"以主带副、以副养主"的经营模式，大力实施多元化发展战略，不断适应市场经济发展需要，拓宽业务范围，培育新的经济增长点。"十五"以来先后组建成立了6个经营性实体单位，产业涉及酒店服务业、房地产业、进出口业务、公路养护、绿色生态等多个领域，多元化经营发展的大格局初步形成，企业规模日益壮大，综合实力显著增强，多种产业收入营业额由2000年的1955万元发展到2005年的1.25亿元，呈现出了良好的发展态势。

4.企业改革。认真贯彻落实党的十六大以来的各项方针、政策，充分发挥市场配置资源的基础性作用，整合国有资产，整合产业结构，整合人力资源，加快企业深化改革步伐。以建立"归属清晰、权责明确、流转顺畅"的现代产权制度为重点，对通建房地产公司、诺信公司和诺通公司进行了股份制改造，强化了市场竞争主体和法人实体；将长晋高速公路和长晋二级公路实行整合经营，有效提高整体运营能力、抗风险能力和综合效益；加强了财务、审计、稽查工作，完善了企业内部收支两条线管理制度；进一步理顺了劳动关系，不断引入风险竞争和激励机制，对重要岗位实行公开竞聘制，对专业技术岗位实行高薪聘用制，有效实行人档分离的管理办法；坚持效率优先、兼顾公平和按劳分配原则，试行岗位工资制和年薪制，极大地调动了职工的积极性和创造性，使企业在改革中不断充满活力，保持发展势头。

5.文明建设。注重"三个文明"建设协调发展，以开展"两学四建一创"活动为载体，加强组织领导，健全工作机制，丰富创建内容，推进文明单位、文明示范窗口、青年文明号、文明职工创建活动，年年有突破，年年上台阶。所有运营一年以上的收费站全部获得省、市级青年文明号，3个单位、集体获得厅级文明示范窗口，总公司从2001年以来连续5年获得省直文明单位标兵，2002年获得"五一劳动奖状"，2002年迈入省级文明单位行列。企业保持了全面、快速、持续发展的良好局面。

2005年是"十五"发展的关键之年和重要之年，我公司应时随势，积极对策，科学统筹，把握重点，认真落实省厅各项部署，坚决完成既定目标。胜利建成太长高速公路；全年实现营业收入8.22亿元；上缴国家税金3570万元；归还贷款本息6.15亿元；全年实现安全生产经营；党风廉政建设和党员先进性教育取得明显成效，全面完成了各项目标任务，为"十五"发展画上了圆满句号。重点抓好了以下工作：

——太长高速公路胜利建成通车。太长高速公路是继我省大运高速公路之后，投资最多、规模最大、战线最长、任务最重的"十五"重点建设工程，也是实现"三小时高速通达"的攻坚项目和关键所在。在省厅的支持协调下，太长高速公路建设围绕"质量、进度、安全、廉政、概算"五大控制目标，严格质量体系，强化责任意识，科学组织施工。广大建设者站在对党对人民负责的高度，以加快山西经济、加快太行老区经济发展为动力，以"太行精神"建太长，以"太旧"精神斗艰难，以"大运精神"筑通途，克服了市场因素及自然条件带来的诸多困难,不断取得建设成效。特别是以迎接纪念世界反法西斯暨中国抗日战争胜利60周年活动,实现大型车队通行的阶段性目标为巨大动力,精诚协作,攻坚克难,连续作战,加快了建设进度,赢得了建设工期,为胡锦涛总书记等中央领导赴武乡瞻仰八路军太行纪念馆和八路军总部旧址提供了良好交通条件。经过全体建设者的艰苦不懈努力,太长高速公路胜利实现了“三年工期两年完、概算投资不突破、工程质量创一流”的建设目标,为我省“十五”末顺利建成高速公路“人”字主骨架和实现“三小时快速通达工程”做出了巨大贡献。

——公路经营保持稳健发展势头。深入贯彻落实厅党组提出的“六高”管理目标,牢固树立“以人为本、以路为本、以车为本”的经营理念,坚持行业指导与市场化运营相结合,积极应对国家宏观调控、我省经济结构调整、煤矿资源整合、公路运煤车辆减少而带来的影响和自然灾害侵袭所造成的困难,以全国公路大检查和治理公路“三乱”专项行动为契机,强管理、保畅通、树形象、促发展,不断提升服务品位,深挖费源潜力,创造了良好的经济效益和社会效益。晋焦高速公路公司实现通行费收入1.51亿元,继续保持了良性发展态势;长晋高速公路与长晋商品路整合后,实现首年运营开门红,完成费收1.71亿元,创造了高速公路运营“当年收支平衡、略有盈余”的佳绩;阳济公路公司在道路大面积水毁的情况下,及时抢修,确保通行,把费收损失降到最低,完成通行费收入2360.5万元;路通合作公司全面超额完成任务,实现费收7953.3万元,创造历史最高水平。公路经营单位良好的经济效益和社会效益,为企业优化资产结构、实现良性循环创造了有利条件。

——多种产业市场占有率明显提高。各实体经营单位以我省调整产业结构、构建新型能源和工业基地、加大交通基础设施建设力度为机遇,认真研究市场,主动开发市场,不断占有市场,进一步提高自主经营能力,加快发展速度,取得了良好的效益。诺信交通工程建设公司采取多种形式,积极参与竞争,承揽工程建设项目,实现产值8700万元;通建房地产开发公司加快项目建设进度,积极拓展新的市场领域,取得明显成效;交通大酒店充分发挥服务窗口和对外交流作用,实现营业收入766万元;实业发展分公司加强后勤服务保障工作,强化物业管理功能,不断拓宽业务范围;诺通公路养护公司逐步提高机械化作业程度和养护效率,所养护路段好路率平均达到86%以上。诺盛国际贸易公司注重市场研究,加强多边合作,充分利用各种信息,建立营销网络,以信誉好、业绩优赢得同行业及客户信赖,2005年出口机电产品创汇850万美元,跻身于我省机电进出口贸易第7名,受到省商务厅嘉奖,全年实现进出口贸易额2.02亿元,跨入全省进出口贸易公司50强之列。各实体单位良好的效益,使企业步入了全面、协调、可持续发展的快车道。

——安全管理和综治工作扎实有效。充分认识安全生产所面临的严峻形势,牢固树立“安全第一,预防为主”的工作方针,始终把“安全就是生产力,安全就是最大效益”的理念贯穿于经营管理活动全过程,做到安全性与效益性的有机统一。全面贯彻落实安全生产目标责任制,把安全管理的工作重心放到基层和一线施工单位;建立安全隐患监测预警制度,加强对所辖公路安全隐患部位的监测,完善应急救援抢险预案,增强了抢险救援能力;狠抓安全生产专项整治工作,重点对晋焦公路边坡塌方进行二期整治工程,对牛郎河和东石翁两条长隧道进行消防改造,对长晋高速公路沿线17处桥头跳车进行集中整治,有效改善了通车条件,提高了行车安全水平。认真贯彻落实省厅治安综合治理的安排部署,紧紧围绕创建“平安交通”的工作精神,强化组织领导,健全管理机制,落实责任制度,维护内部稳定。有效开展了创建“平安单位”活动,加强对重点部门、部位物防、技防的建设改造和防范措施;太长高速公路公司重点开展了创建“平安工地”活动,配合公安和媒体,一举打掉干扰工程建设、制造恶性烧车事件、带有黑社会性质的犯罪团伙,确保工程建设顺利进行;晋焦公司、长晋公司积极取得驻地部队、武警的支持,开展军民共建“平安大道”活动,保证了道路的安全畅通。安全生产和综治工作的有力开展,为企业发展创造了良好的秩序和环境。

——党建和精神文明建设成效显著。根据省厅的统一安排部署,我们认真开展了以实践“三个代表”重要思想为主要内容的保持共产党员先进性教育活动,加强领导,精心组织,稳步实施,扎实推进,始终把广泛发动、深入学习贯穿于活动;始终把统一思想、提高认识贯穿于活动;始终把领导带头、率先垂范贯穿于活动;始终把联系实际、边查边改贯穿于活动,顺利完成了各项工作任务,基本达到了“提高党员素质,加强基础组织,服务人民群众,促进各项工作”的目标要求。大力加强党风廉政建设,加强教育,严格制度,创新机制,深化监督,坚持以“责任分解为基础,责任考核为动力,责任追究为保证”的工作考核机制,建立并完善了各级领导“一岗双责”的工作责任机制,形成了公司党委、纪检监督部门、责任单位“三位一体”的工作运行体系,使党风廉政建设责任制真正落到实处。太长高速公路在工程建设中,坚持以廉促建、以廉促优,完善“十项制度”,强化“五项监督”,抓住工程建设管理的主要环节,加强对招投标、设计变更、建设资金管理、计量支付、征地拆迁、材料采购的监管和制约,加大了源头治理力度。积极主动配合国家审计署和重大稽查办的审计、稽查,进一步推动和保障了重点公路工程的廉政建设和反腐败工作。2005 年,总公司和太长高速公路公司分别被省厅授予“党风廉政建设先进集体”荣誉称号。深入开展文明创建活动,按照“抓住重点、打造亮点、突出特点”的工作思路,强化创建载体,体现创建特色,取得了明显成效。今年新增省级、省直青年文明号各 1 个,市级青年文明号 7 个,厅级文明示范窗口 1 个,总公司连续保持了省级文明单位称号。

回顾过去五年来的发展历程,我们深刻认识到:必须坚持把发展作为兴企的第一要务,用发展的办法解决前进中遇到的困难和问题,千方百计加快发展,实现速度与结构、质量与效益相统一;必须坚持以立足交通、服务交通为根本,从实际出发,服务大局,着眼长远,抢抓机遇;必须坚持以改革创新为动力,解放思想,转变观念,创新建设体制,创新发展模式,推进经济增长方式的有效转变;必须坚持以市场化运作为导向,注重发挥市场在资源配置中的基础性作用,有效利用资本市场,充分发挥投融资主渠道作用;必须坚持以“三个代表”重要思想为指导,注重“三个文明”协调发展,不断加强党的建设和精神文明建设,为企业发展提供政治保证和精神动力。

但是,我们还必须清醒地认识到企业在发展中面临的一些问题和困难,有些还比较突出,主要是:自我创新发展能力与交通建设的发展形势和市场化要求还不相适应;整体经营管理能力需进一步提高;安全生产的有些环节还存在隐患;偿还贷款本息面临着巨大的压力;人才匮乏仍然是困扰企业发展的突出问题;太长高速公路工程建设由于工期紧在建设程序、合同管理、资金控制等方面还需进一步整改,特别是两个试验路段的工程质量有待于经受历史考验;在科学管养公路,保畅通、树形象等方面尚需加大力度。为此,我们一定要增强忧患意识,居安思危,积极进取,因势利导,扎实工作,奋发有为,以新的精神状态和工作面貌,迎接新的挑战,促进企业又快又好发展。

二、"十一五"发展及2006年工作思路

"十一五"是企业科学发展、加快发展新的机遇期。按照省厅"十一五"发展规划,结合实际,我公司"十一五"发展的基本思路和指导思想是:以邓小平理论和"三个代表"重要思想为指导,坚持用科学发展观统领全局,围绕建设文化型、科技型、节约型、和谐型、效益型企业目标,以率先发展为主题,以改革创新为动力,以文化立企、人才强企、科技兴企为支撑,努力增强自主创新发展能力,着力推进产业结构优化升级和增长方式转变,全力提高企业核心竞争力,逐步建立管理科学、效益良好、协调发展、充满活力的新型现代企业。

总体要求:围绕一个中心,构建两个平台,建立三个模式,加强四项建设,推进五个创新,达到六个协调,发展七大产业。即加快企业发展,必须围绕以提高经济效益为中心;构建企业发展的人才平台和融资平台;建立适合企业自身发展特色的投融资运作模式和经营性公路运营管理模式及多元化经营发展模式;加强队伍建设、信息化建设、文化建设、形象建设;推进理念创新、机制创新、科技创新、融资创新、管理创新;达到队伍素质、人才结构与企业长远发展需要相协调、整体统筹能力与市场化运作水平相协调、发展规模速度与质量效益相协调、产业结构与经济增长方式转变相协调、资本优化与融资能力相协调、经济效益与社会效益相协调;发展集公路运营、公路养护、工程建设、房地产开发、国际贸易、绿色生态和旅游服务业、高新技术产业等7大产业群,努力实现企业全面、快速、协调和可持续发展。

发展目标:"十一五"期间,在引资融资、开发建设、经营管理、文明建设等方面有新作为。要以服务交通建设发展为根本,为我省交通公路建设引资融资100亿元;以提高效益为目的,年营业收入保持10%以上的增长速度,到2010年达到20亿元,实现营业收入增长翻番;不断改善职工生活状况和收入水平;企业文化建设及和谐程度明显提高;文明建设有创新、上层次,打造"太晋高速文明长廊",总公司力争跨入国家级文明单位行列,再创新的业绩。

2006年是实施"十一五"规划的第一年,根据全省交通工作会议精神以及公司的发展战略和任务要求,2006年工作的指导思想是:以邓小平理论和"三个代表"重要思想为指导,认真贯彻落实党的十六届五中全会精神,全力实施省厅的各项战略部署,坚持以科学发展观为统领,以经济效益为中心,以市场化运作为导向,以资本运营为平台,大力实施人才强企、资本运营、科技兴企和文化发展战略,加强制度建设、队伍建设和企业文化建设,推进经营体制、管理机制、人事制度、分配制度改革,确保实现职工收入增长、安全生产经营、创建文明单位、完成经营指标、提高经济效益的目标,开创企业发展新局面。

主要目标是:全年实现营业收入11亿元,其中实现通行费收入10亿元;转让高速公路经营权工作有实质性突破;开发龙湖、凤凰山两座生态园工作有新的进展;公路通行状况明显改善,管养水平进一步提高;全年达到安全生产经营;党的建设和党风廉政建设不断巩固提高,文明建设跃上新台阶,争创"省级文明单位标兵"。

为此,重点做好以下工作:

1.实施"四大战略",增强企业自主发展能力。认真贯彻落实全省交通工作会议精神,以坚持以人为本、转变发展观念、创新发展模式、提高发展质量为着力点,全力实施人才强企战略、资本运营战略、科技兴企战略、文化发展战略,进一步强化创新意识、完善创新机

制、培育创新人才，不断增强企业自主创新发展能力。

实施人才强企战略。树立人力资源是第一资源的观念，加强人力资源能力建设，实施人才培养工程，加强党政人才、经营管理人才和专业技术人才三支队伍建设，健全以品德、能力和业绩为重点的人才评价、选拔任用和激励保障机制，坚持引进人才和内部选拔培养相结合，坚持后续培训教育和鼓励自学成才相结合，注重在实践中锻炼培养人才，注重为人才的引进、培养创造宽松环境和有利条件，进一步改进人才结构，提高全员素质，做到人尽其才，才尽其用，为企业实现自主创新发展不断增添新的活力，提供人才保障。

实施资本运营战略。充分发挥企业资产优良的优势，加大资本运营力度，积极拓宽引资、融资渠道，通过股份合作、上市等多种形式，有效盘活存量资本，改善资产结构，降低融资成本，减少市场风险，增强投资能力。一是认真做好公路经营权转让工作。省厅已就转让高速公路经营权项目作了规划和安排，我们一定要统一思想，高度重视，成立专门工作班子，有效推进各项前期工作，力争取得实效；二是加强项目储备和推介工作，加大招商引资力度。通过网上发布、中介机构引荐等形式，加强与实力雄厚、信誉良好、业绩卓著等财团机构和企业的接触、联系，积极吸引社会资本、民间资本参与企业开发、建设、经营；三是认真研究投融资改革政策和市场的发展变化，应用公路资产证券化方式，创新投融资模式，充分发挥投融资主渠道作用，为新一轮交通发展做出应有的贡献。

实施科技兴企战略。科学技术是企业发展之源、力量之本，是企业实现腾飞的必要保证，做大做强企业，必须走科技发展之路。一是结合“十一五”发展，制定科技兴企发展战略规划，在人才支持、技术革新、发明创造等方面提出具体实施意见和办法，特别是要加大科技创新资金投入力度；二是要积极走出去，吸纳先进管理理念，引进先进技术设备，进一步开阔视野，增长知识，提高本领，增强科技应用能力；三是加强信息化建设，特别是要建立高速公路智能化、网络化综合信息系统，提升管理服务水平；四是建立以企业为主体、市场为导向、产学研相结合的技术创新体系，加强与高等院校和科研单位的联系及合作，涉足高新技术产业，积极培育新的经济增长点，提高科技在经营管理中的贡献率，增强企业持续发展后劲，努力走出一条具有企业发展特色的科技创新之路。

实施文化发展战略。企业文化是企业核心竞争力的重要表现形式。要紧密结合实际，以进步、发展为主题，以文明、文化为目标，以效率、安全为宗旨，以节俭、和谐为内容，以改革、创新为手段，有效发挥企业文化的导向功能、凝聚功能、激励功能和约束功能，把全员的思想和行动统一到塑造企业文化的总体部署上来，形成共同的价值取向、行为准则和精神追求，不断赋予企业文化建设新的内涵。今年要以开展高速公路文明长廊建设、企业文化节、职工运动会为载体的三大主题文化活动，丰富员工生活，陶冶员工情操，充分发挥广大员工的主创性、能动性，加深员工对企业的感情和文化氛围的依恋，逐步提高企业和员工强烈的命运共同体意识，进一步增强员工对企业的信任感、自豪感和荣誉感，激发员工为企业目标不断进取的创新精神，推进企业文化建设向纵深发展。

2. 深化企业改革，大力开展管理创新活动。以理顺产权关系为重点，继续深化企业改革，注重发挥市场配置资源的基础性作用，有效整合产业结构，加大股份制改革力度，进一步健全、完善法人治理结构和现代企业制度。要悉心研究政策、研究市场、研究管理，把工作重点从开发建设转移到强化经营管理上来，既要快速发展，更要稳健发展。为此，将2006年确定为企业的管理创新年，不断夯实发展基础，增强发展能力。

管理创新是一个渐进的过程,管理创新的基础是管理规范,要不断加强制度建设,做到有章可循,减少主观性和盲动性;不断规范工作程序,建立相互协作、运转协调的工作机制,确保每一个环节、每一个步骤都能够有序衔接;不断完善激励机制,建立定性定量的绩效考评综合体系,进一步推进绩效管理。要以理念创新、机制创新、文化创新为主要内容,创新管理的制度和方法,重点加强企业经营管理、业务管理、形象管理,增强工作的主动性、预见性、创造性,形成人人规范、事事规范的工作秩序,达到基础管理和工作过程的整体优化,努力创造良好的内部发展环境,实现企业从经验管理向科学管理、文化管理的转变。

3. 加强经营管理,提升公路综合效益。公路经营管理要继续坚持以人为本、以路为本、以车为本理念,坚持计划管理和市场化运营相结合,坚持行业指导和企业化管理相结合,特别是高速公路公司,要进一步深化"六高"目标,贯彻落实《山西省高速公路管理条例》,不断创新管理方法,以管理塑形象、以管理创品牌、以管理促效益。要不断研究形势发展和市场变化,以良好的路况和通行能力、优质的服务和便民措施,加强宣传和引导,挖掘费源潜力;要积极、灵活地运用好国家政策,认真研究交通部《收费公路试行计重收费指导意见》,加快实行计重收费步伐,在有条件的路段即晋焦、阳济公路先行试点,有效增加费收,并逐步建立治理超限超载的长效机制,从源头上根治"双超"顽疾;集中整治影响安全行车的明显隐患,完善标志标线,改善沿线生态环境;加大治理公路"三乱"持久力度,巩固治理成果;建立路政、养护、收费联动机制,提高突发事件快速反应和安全保障能力,提升高速公路服务经济社会发展的公益属性和功能,努力实现良好的经济效益和社会效益。各单位一定要创造条件,全面完成各项经济目标任务,即太长高速公路完成3.5亿元,长晋高速公路完成1.55亿元,晋焦高速公路完成1.5亿元,东山过境高速公路完成7000万元,阳济公路完成2300万元,长晋商品路完成2000万元,路通合作公司完成5800万元,大运、东长、汾柳三条公路完成2.1亿元。

4. 做强优势产业,培育新兴产业。坚持多元化发展方针,坚定不移地走自主创新发展之路,积极引导、扶持具有发展潜力的产业,形成规模经营、优势经营。各经营性实体单位要以提高创新发展能力,转变经济增长方式为重点,因地制宜,发挥优势,以更加开阔的眼光和开放的思维,创新发展理念,打破计划经济思维定式,牢固树立科学发展观,树立与改革开放、市场经济相适应的思想意识和价值观念,加强与多方面、多领域的合作,让一切有利于企业发展的市场要素都参与、融入进来,实现互利互赢,共同发展。

公路工程建设和养护单位要不断提高市场占有率,以良好的业绩和雄厚的实力拓宽外向型业务,力争走出山西、走向全国;国际贸易业务要以良好的资信度和业绩,积极取得相应市场准入资质,打破单一代理业务方式,拓展业务范围,在提高贸易额的同时提升利润率;房地产开发要抓住省城和各地市城市扩容提质的机遇,拓展房地产市场,壮大发展规模,打造企业经济增长新的亮点;交通大酒店要不断提升酒店星级服务水平,适应太原市南移战略对服务业的需求,创品牌出效益;实业发展分公司要挺进物业管理市场,以服务求发展,向管理要效益;凤凰山植物园和龙湖生态园的开发要抓住国内外资金向中西部地区梯度转移的趋势,加大招商引资力度,树立"让投资合作者发展,企业自身才能发展"的互利共赢思想,积极为投资者创造各种有利条件和环境,龙湖生态园要在做好"三通"工作的基础上,力争开发第一期工程;凤凰山生态园要在已有规模的基础上,抓紧后续工程,力争有大的突破和进展。

5. 倡导节约风尚，构建和谐企业。节约资源是企业应当承担的重大社会责任和应有义务，是适应市场环境转变，主动寻求竞争机遇，遵循经济社会发展客观规律，走和谐发展和可持续发展道路的必然选择。建设节约型企业，一是要结合自身条件和实际情况，采取灵活多样的方式开展宣传教育，着力把员工的主人翁意识灌输到节约工作中，加强养成性教育，引导和培养员工牢固树立节约意识，打造一支想节约、懂节约、会节约的队伍；二是制定行为规范，规范各类岗位的作业流程和作业行为，实行标准化、程序化管理，下决心消除工作上的浪费，有效节约能源，降低管理成本；三是落实考核，定期评价，把降低耗能、节约开支与员工自身利益紧密结合起来，促进建设节约型企业工作长效机制的形成。要坚持从大处着眼，小处着手，坚持精打细算，反对铺张浪费，学会向习惯要节约，向改善要节约，向技术要节约，向管理要节约，向节约要效益，使厉行节约在企业蔚然成风。

6. 加强党建和精神文明建设。要继续巩固和扩大党员先进性教育活动成果，建立和完善党员经常受教育、永葆先进性的长效机制，充分发挥先锋模范作用。切实加强领导班子建设和作风建设，按照政治坚定、求真务实、开拓创新、勤政廉政、团结协调的要求，认真贯彻民主集中制，健全议事规则和决策程序，提高决策的科学化、民主化，营造讲团结、干事业、谋发展的生动局面，增强驾驭市场的能力和应对复杂局面的能力。在反腐倡廉上一定要立足实际，注重实效，完善机制，突出重点，紧紧围绕对权力的制约和监督这个核心，加强对权、钱、人等重点环节的监督，深入推进反腐败抓源头工作，积极探索廉政工作的有效做法。要进一步深入贯彻交通基础设施建设领域廉政建设十项制度，严格“三重一大”范围和议事规则，特别是要严格禁止以国家基础设施为依托搞个人集资参股分红等形式，保证和推动党的各项建设事业健康向前发展。

加强精神文明建设。深入开展“两学四建一创”活动，重点要启动开展 “太晋高速文明长廊” 创建活动，不断巩固和扩大精神文明建设成果。所有单位和集体要力争上等级、上层次，总公司要积极争创省级文明单位标兵。

二、文萃

筑路豪情亦可歌

——走近全国劳模魏庆飞

不久前，胡锦涛总书记在纪念中国抗战胜利暨世界反法西斯战争胜利 60 周年之际，来到山西晋东南老区考察，同时参观了山西的一个高速公路建设项目——太长高速公路，并听取了山西相关领导关于这条路的工作汇报。这条太长高速公路，就是魏庆飞和他的公司于 2003 年底动工、迄今为止投资最大的一个高速公路项目。

但是，直到 2005 年 5 月获得全国劳模的殊荣，魏庆飞在社会上还是一个名气不大的人。做人的平常心和做事业的狠劲，使他多少年来总是低调地运作自己的工作和人生，他在这种感觉中获得了太多的充实和快乐。他常说：“重要的是要把事情做成，而不是在社会上露脸。”

魏庆飞领导了 10 年的山西省交通建设开发投资总公司，在社会上名声也不大，于是，当人们从媒体上看到他这个企业竟有 140 多个亿的资产、下属十多个子公司时，一些人都感到不可置信，甚至认为这是记者编的。而交通开发投资公司的人笑着说，魏总的性格就是我们公司的性格，我们公司的主业是修公路，路是一块一块石头铺垫起来的，人们记住了路，但不会记住路上的每一块石头，而我们就是路上的石头。

踏踏实实做事的人

魏庆飞是武乡人，十几岁的时候，他就把自己的命运交付于“路”上：他曾在武乡县汽车站工作过多年，30岁时调到省运输总公司，30多岁就当了经理……一晃，他已50多岁，在省城，他辗转创业多个企业，都是当经理，做过很多有贡献的事，比如领导创建了太原汽车总站和交通大厦，就很少有人知道那是魏庆飞的功绩。

接手山西省交通厅下属的交通开发公司时，他40多岁。当时这个公司只有十几个人，省厅投入的1000万元其中有几百万元撒出去没有任何回报，公司经济特别吃紧，别说开发项目，办公都没有地方，只在交通厅招待所占了几间房。没人愿意来这个地方当经理，而魏庆飞来了，一是领导的委派，二是他对救活一个企业总是充满兴趣。他是一个很“英雄主义”的人，“但没有领导对我的关怀、信任和任用，我就没有施展自己的任何机会”。他始终认为，1995年交通厅领导把他派到“三无企业”交通开发公司，实际上是给了一个做事业的黄金机遇。

1995年来交通开发公司当经理后，魏庆飞干的第一件事就是动员全体员工、并亲自出马，以关系、人情、智慧、办事能力、媒体及法律等一切可以想象的手段，追回了公司散落在社会上的几百万元，从而使公司和员工自下而上有了“底”，并给他发展企业奠定了“信任”的基础。

悟性和经验养育出来的那种智慧，总使他能在时代变化中领悟到企业的事情应当怎么办，企业的路子应当怎么走。魏庆飞在国家经济转轨时期，把交通开发公司发展的希望交给了市场，而不是依靠国家投资。1996年，交通开发公司就与香港晋通、晋昌有限公司开始合作，共同成立了山西阳长、江武等高速公路有限公司，而同年12月、1997年6月、1998年11月，交通开发公司又先后与国投公司、香港路劲基建有限公司、香港新世纪集团有限公司等进行了投资、引资的合作。

一条条高速路、一级公路、二级公路、商品路……通过非政府的市场运作的方式，在山西地面上如巨龙般盘桓而起，这不仅给山西的发展带来了速度和新秩序，而且极大地减轻了政府在公路建设上的投资负担，使交通开发公司在山西渐渐成为一支交通投资与建设的主力军。

不仅如此，基于建设的需要和市场的可能，魏庆飞积极搭建融资平台，创新建设体制，使公司总能够主动地融入到一些交通建设项目中去，在关键时刻为政府部门分忧解难，有效地推进了山西交通建设事业的发展进程。

2002年，上马太晋(即太长、长晋)项目时，魏庆飞改变了政府投资建设的传统模式，开创了国有企业自筹资金、投资建设、经营管理高速公路的先河。正是通过这些市场行为，随着事业的不断发展和变化，很多公路公司渐渐归到山西省交通建设开发投资总公司的名下，这是这个公司发展神速的重要原因之一。

2000年，魏庆飞把“山西省交通建设开发总公司”更名注册为“山西省交通建设开发投资总公司”虽然只加了“投资”两个字，但这是一种历史性的变化和推进，从此之后，这个公司就成了以投资为主要方式推进山西交通事业的公司。从此是项目找公司,公司成了业主,成了经营的主人,成了交通建设市场的主导。于是,公司从此有了真正的竞争力和发展力,这才是这个公司神速发展的最重要的原因。

有一串数字是:10 年来,魏庆飞领导的公司,共投资、经营、管理公路 1507 公里,其中高速公路 361 公里,一级、二级公路 1146 公里,公司共融资、引资 130 多个亿。同时,魏庆飞使他领导的公司早已介入酒店业、房地产业、国际贸易等经营范围,并且都取得了良好的绩效。

在传统与现代之间

说到这里,得提到他的性格,采访中很多人说,干现代化交通事业的魏庆飞,在生活上其实是一个很传统的人:他能喝酒、爱聊天,但只是应付一下工作上的人际接触,消遣的方式也只是和单位的人打打球、下下棋,从来没有"玩"到社会上去,他要时常保持自己旺盛的精力,把更多的时间沉浸在自己的工作中;当了多少年的大经理,他一直爱吃武乡的家乡饭;手上掌握着一百多个亿,他的同事和下属都说他仍然很"抠门",但是:在重大投资问题上,一经决定,决不含糊;在对待大家的待遇上,"魏总是性情中人,好事要办了,在人面前还想扮个'黑脸',而他从中只想获得一种感觉,一种全公司的人在事业上要追求先进、但人心要追求古朴的感觉。"于是很多人不明白,"不知道我们魏总辛辛苦苦地工作是为什么？好像他的思想活在下一个世纪,而肉体却活在上个世纪,而今天,只是工作!"他恰恰因为这一点折服了人心,使交通开发投资公司多少年来一直有一种从上到下全员发展企业、追求卓越的态势。

还有一点值得思考:在经理们纷纷当了企业一把手,在很多企业的书记们都被经理们兼任的这个时代,魏庆飞一直坚持企业必须有专职书记,并且认为企业的书记必须由上级委派。"书记管人心,经理管发展,这个规矩还能乱了？谁乱了谁就干不成!"于是,他以良好的心态与好几任上级委派的书记进行了良好的合作,这也是他能把交通开发投资公司搞好的至关重要的原因。

做人上,是一个传统的人;但做劳模,魏庆飞是一个现代的全国劳模:他是一个用觉悟、思想和品质开拓工作、开创事业的劳模,尽管他做的一切主要是为了实现自己内心那种美好而崇高的英雄式的做人价值,但在事业的发展上他是很"贪婪"的:迄今为止他最得意的项目太长高速公路竣工之后,他和他的公司还会开辟什么样的"路",这是个秘密。可有一点是可以肯定的,他又会奔波于筑"路"的滚滚风尘中。但是,当他回到个人的感觉中时,他又会成为传统的魏庆飞,他说:"荣誉是我得了,但工作是上级领导支持和大家干的,交通开发投资公司的成功也是个综合效能,因此,我一定要用一切办法把成就和荣誉全部归还给社会。"

据说,这个事业上的铁血男儿在当了全国劳模后,有那么一段时间见了人就脸红、就低头匆匆而去;他坚定地不接受记者采访,有人说他架子大,其实是,就像他说的:

"不知道咋地,我特别不好意思见人。"

(原载山西日报 2005 年 8 月 13 日 A1 版;
作者:山西日报记者辛义生、通讯员童目)

与时俱进　跨越发展

山西省交通建设开发投资总公司前身为山西省交通建设开发总公司,是省交通厅直属的集建设、经营、服务为一体的新型国有企业,于 1992 年 6 月经山西省经济委员会批准,1993 年 4 月正式组建,现注册资金 37.5 亿元。公司主要经营范围是组织引资融资;承担全省商品路、桥项目开发、建设经营;投资兴建公路桥梁、航道、港口和交通运输客货站场;承揽交通建设工程及房地产开发并组织投标、汽车运输、外贸进出口经营业务等,是全省交通建设引资、融资主要窗口和公路建设的骨干企业。

1995 年以来,公司在省交通厅的正确领导下,以邓小平理论和"三个代表"重要思想为指导,认真贯彻党的十五大、十六大精神,牢固树立和落实科学发展观,紧紧抓住公路建设超常规的发展机遇,围绕经济建设这个中心,以改革创新为动力,以市场化运作为主线,把发展作为企业的第一要务,始终坚持"求真务实、科学经营、团结进取、开拓创新"和"三个文明"建设一起抓的发展方针,立足交通,服务交通,在公路建设、经营、引资融资等方面发挥了积极的作用,成功走出了一条逐步拓宽经营领域,逐步增加积累,逐步发展壮大之路。公司先后与香港路劲基建有限公司、晋通、晋昌公路有限公司合作成立了 5 个公司,引进外资 11 亿元,共同建设、经营太榆路、榆次西外环路、小店汾河公路桥、东山过境高速公路。通过外引内联,合作合资、盘活路产等多种形式,抢抓机遇,多渠道筹集资金,累计为我省公路建设引资融资 130.61 亿元,极大地缓解了我省资金严重短缺的状况。以创新融资机制为突破口,采取合作经营、委托管理、股权收购、投资建设的方式,涉足公路经营管理领域,目前经营管理高速公路、一二级公路里程达 1507 公里,公路经营已经成为企业的重要经济产业支柱。同时,运用市场经济机制,改变传统投资模式,投资建设我省"十五"末重点工程长晋、太长高速公路,开创了国有企业自筹资金、投资建设、经营管理高速公路的先河,为发展区域经济、发挥交通保障做出了应有贡献。为了增强企业发展后劲,公司还坚持多元化发展方针,固本强基,流动发展,先后成立了诺信交通工程有限公司、交通大酒店、通建房地产公司、诺盛国际贸易有限公司、诺通公路养护公司、山西凤凰山生态植物园有限公司、山西龙湖生态开发有限公司等 9 个经济实体,产业涉足公路经营、工程建设、国际贸易、房地产开发、酒店服务业、绿色生态等多个领域,企业规模日益扩大,国有资产逐年增值,综合实力显著增强,经济效益不断提高,资产总额达 143 亿元。

2004 年,经过全体职工的共同努力,企业取得了辉煌业绩。去年完成营业收入 6.8 亿元,较上年增长 106%,其中实现通行费收入 5.3 亿元,创历史最好水平;完成重点公路建设投资 55.3 亿元,其中长晋高速公路完成 14.3 亿元,胜利建成通车;太长高速公路完成 41 亿元,实现阶段性建设目标,多种产业发展势头良好,公路工程建设产值完成 1.06 亿元,国际贸易总额实现 1.2 亿元;归还贷款本息 3.8 亿元,实现国有资产增值 10%,全面完成和超额完成了全年目标责任制的各项任务。保持了持续、快速、健康发展的良好局面。

在企业经济实现腾飞的同时,文明之花竞相绽放。从 1999 年以来,公司连续 4 年被省交通厅评为完成年度目标责任制优秀单位,2000、2001 年连续 2 年被评为先进单位,从 1997 年至 2001 年连续被省直工委评为"文明单位"和"文明单位标兵",2002 年获得省劳动竞赛委员会"五一"劳动奖状,2003 年迈入"省级文明单位"行列。公司总经理魏庆飞被授予"全国交通系统劳动模范"和"全国劳动模范"荣誉称号。

（原载 2005 年 7 月 18 日《山西经济日报》第四版）

搏击壮歌

山西省交通建设开发投资总公司以其征战资本大市场的骄人业绩和驰骋三晋交通一线的昂扬新姿，谱写了一曲让人们倍感振奋的——

搏击壮歌

A 章　艰难起步　突出重围求发展

山西省交通建设开发投资总公司的前身是山西省交通建设开发总公司。当时设立公司的初衷是顺应飞速发展的交通建设形势，按照市场化的思路改革我省交通建设投资及管理体制，以加快交通建设的发展步伐。然而，该公司从 1993 年 4 月成立到 1995 年 4 月的两年间，由于经验不足等多方面原因，不仅未能起到应有的作用，当初的注册资金 1000 万元中有相当部分的投资难以收回，成为"无项目、无场所、无收入"的"三无"企业，职工情绪低落，经常是有人无事，有事无人。在这种情况下，省交通厅党组及时调整了该公司的领导班子。以魏庆飞为首的新一届班子于危难之际担起重任后，在内外交困的现实境遇面前没有退缩，而是鼓起置之死地而后生的勇气，开始了艰难的背水之战。

——向思路要出路。该公司的决策者们深深感到，企业之所以陷入困境，举步维艰，根源在思想意识上落伍于形势变化，经营意识、风险意识和改革创新意识不强。要想摆脱困境，必须首先解决观念问题。为此，该公司新班子一上任就集中精力强化班子自身和职工队伍的观念转变，结合实际，确立"求真务实、科学管理、团结进取、开拓创新"的发展方针，决心以市场为导向，顺应交通改革潮流，在服务好全省交通建设大格局的同时，使企业得到长足发展。

——大打资金回收战。俗话说"巧妇难为无米之炊"，必须让呆滞的资产活起来。为了突破巨额外投资金制约公司生存和发展的"瓶颈"问题，该公司全体总动员，兵分三路，采取行政、经济、法律等各种有效手段回收资金。该公司 1995 年追回资金 129 万元，1996 年乘胜追击，收回投资 410.5 万元，占到总清欠资金的 72%。在资金快速回流的同时，企业人气悄然回升，新班子的凝聚力也显著增强，公司已初具向更大目标发起挑战的信心和实力。

B 章　引资融资　资本市场显风流

"发展是硬道理"，但在具体发展模式上，如何跳出内涵式和外延式扩张的固有模式，怎样抓住机遇，跻身于资本大市场，利用市场的力量调配一切资源要素，实现企业的跨越式发展，该公司的高层领导为此大动脑筋，颇费思量。他们深知，作为省厅直属企业，要服从和服务于交通建设的大局，以服务为突破口，求得生存和发展，才是公司立于不败之地的保证。在此基础上，进一步发挥企业的内在优势，抓住全省超常规、大跨度发展公路建设的历史机遇，借助资本市场上的一切有利因素，一定能走出一条逐步拓宽经营、逐步滚动积累、壮大自我的发展之路。

策略就是生命。很快,他们就根据面向交通、盘活路产、引资融资的具体方针,全身心地投入资本市场的汹涌激流中。

1996 年 6 月,该公司与香港路劲基建有限公司合作成立的山西路通太榆、榆次公路有限公司正式组建运营,合作期限为 23 年,投资总额分别为 20853.6 万元、16603 万元;

同年 10 月,该公司与香港晋通公路有限公司、晋昌集团有限公司分别成立的山西阳长、江武高速公路有限公司正式组建并投入运营,晋港两方分别占到总投资的 75%、25%;

山西晋焦新泽、新丹、新南、新北、新井、新韩高速公路 6 家有限公司,也是该公司与香港新世界基建有限公司精诚合作的结果,于 1998 年 6 月组建,共同兴建及经营晋城——焦作山西段高速公路;

1999 年 6 月,该公司与港方合资的山西路通小店汾河公路桥有限公司投入运营……

合作公司如雨后春笋般在三晋大地诞生、成长,无不令人感到惊奇。是的,短短数年间,山西省交通建设开发投资总公司配合省交通厅项目办和有关部门,累计为交通建设引进外资 11 亿元,贷款 3.5 亿元,贷款担保 14.3 亿元,与香港方面共同成立了 11 个合作公司,成绩斐然、硕果累累,为山西省交通事业的发展立下了赫赫战功。

资本运作方面是高手,内部经营管理也颇见水平。近年来,该公司不断创新经营模式,改革用人机制,使得各合作公司的管理水平、经济效益明显提高,偿还股本金和融资款项按计划完成,为全省商品路桥经营合作树立了典范。

奔忙在资本与项目之间,协调于利益冲突之中,运筹于谈判交锋内外。为了三晋交通事业,该公司领导班子殚精竭虑、苦心经营。付出总有回报,如今的山西省交通建设开发投资总公司信誉卓著,美名在外,真正成为全省交通建设引资、融资的主窗口和投资主渠道,其市场地位与发挥的作用已今非昔比。

C 章　多业并举　固本强基增实力

现代企业的发展已到了“集团冲锋”的“大兵团”、“大规模”作战阶段,如果想发展自己,并且提高抗击打、抗风险的能力,就必须把自己做强做大。于是,该公司在不断引深服务,强化企业引资、融资功能的同时,把目光投向更广阔的天地,立足于发展基础产业,尝试走多元化腾飞之路。

——走向市场、服务交通、承揽工程。1996 年,在省交通厅党组的大力支持下,该公司承揽了“忻州公路职工培训中心”工程建设任务,经过两年的艰辛努力,提前 8 个月高质量地完成了总建筑面积为 17000 平方米的土建、装饰施工任务。1997 年针对全省公路建设形势,该公司组建工程分公司,先后承担了原太、晋焦、京大、夏汾、运三、太祁等高等级公路部分标段的施工及交通安装工程,到目前累计工程造价达 2 亿元,各项工程指标均达到和超过技术标准。晋焦、运三项目被评为“优质工程”,多次受到表彰奖励。通过艰苦锤炼,该公司的专业公路施工技术、管理人员素质达到一定水平,一支筑路劲旅正昂首阔步,驰骋在三晋交通建设市场上。

——发挥优势、夯实基础、发展自主产业。根据实际,该公司着眼于构建多元化企业经营格局,投资 2000 余万元的交通大酒店已建成并投入运营。随着公司办公场所的搬迁进驻,企业形象为之改观,一流的环境为国内外投资商和合作伙伴提供了更加快捷便利的服务。该公司投资500万元兴建的小店综合场所、桃园三巷内门面房，每年可为公司增加收入100万元，房地产业的成功涉足为公司提供了新的经济增长点。

依托工程建设，该公司不断延伸产业链，建起了雷诺运输车队，开辟了土方拉运、煤炭运输等新的业务渠道。2001年8月，该公司申请的外资进出口经营权经国家外经贸部批准获得，目前，有关公路建设进出口设备、材料采购供应等业务工作进展也十分顺利。

现在的山西省交通建设开发投资总公司，可以说已经靠自己的能力和实力，突破了单一产业的束缚，在多业并举之中形成了自己的优势和特色，用实实在在的业绩打造企业的光明未来。

D章　改革创新　内强素质树形象

在市场经济条件下，企业经营的外部环境瞬息万变，要使企业自身在复杂的环境下生存、发展、壮大，关键在于能够与时俱进，不断创新。山西省交通建设开发投资总公司从一个濒于倒闭的企业成长为总资产达54亿元之巨的交通系统骨干企业，从根本上说得益于深化改革、创新管理以及实施素质工程这三个支点的有力支撑。

——以建立现代企业制度为目标，改革企业治理结构。该公司首先针对公司发展初期人为管理漏洞大的弊端，由人治向法治转变，整章建制，完善管理，实现公路规范化运作；其次逐步推行分级分类治理模式，对机关各部门实行宏观管理，对实体实行目标管理，自主经营、自负盈亏、自我约束、自我发展，具体指标层层分解、责任到人，使软指标硬化、硬指标量化，达到了科学管理、降低成本、提高效率的目的；再次结合公司发展战略，根据资本运营和市场化运作的思路，推进股份制改革，完成企业适应市场经济转型并轨的各项基础性工作。

——创新财务管理。该公司实施了《企业内部财务管理办法》、《总公司会计报表管理体系和管理办法》，不断完善总公司与基层单位相适应的财务管理体系，并引进财务管理软件、试行会计派出制，加大审计力度，规范了公司自上而下的财务管理活动。

——创新人事管理。该公司全面引入风险竞争、激励机制，出台《人档分离有偿服务管理办法》，从根本上理顺员工能力、岗位、档案三者的关系，最大限度地调动了每一名员工的积极性、创造性。该公司还率先在太原小店收费站实行了站长竞聘上岗，创新了用人机制，收到了良好效果。

——围绕建设一支高素质的职工队伍，创新精神文明建设机制。作为一家成立不到10年的公司，该公司下力气提高公司整体素质，特别是把提高职工队伍素质作为重中之重。该公司以培养“四有”职工队伍为目标，大力开展了精神文明创建活动。他们独辟蹊径，对各基层公司实行“双目标”管理，即在总公司与各部门、各基层公司签订年度目标责任书时，“经营管理目标责任书”与“精神文明建设目标责任书”同时签订，并实行一票否决制，年终两个目标一同考核，有力地促进了企业的双文明建设，为公司的经营发展提供了强大的精神动力、智力支持和思想保证。此外，该公司通过开展颇具特色的“三学创建”活动、劳动竞赛活动，极大地鼓舞了职工的士气，激发了干部的斗志，在干部队伍中树立了无违章、无事故、无犯罪，有效益、有先进、有奉献的模范形象，在职工队伍中培养了一种爱岗敬业、无私奉献、顽强拼搏、艰苦奋斗的企业精神。该公司的凝聚力不断增强，各项事业蓬勃发展，蒸蒸日上。

形象来自实力，荣誉昭示奉献。2001年，山西省交通建设开发投资总公司以年营业收入1.5亿元、实现利润近2000万元的佳绩被省交通厅评为目标责任制完成先进单位,在此之前的1996年至1999年该公司已连续四年被评为目标责任制完成优秀单位;1997~2000年还连续被省直工委评为"文明单位",2001年又获得"标兵文明单位"的殊荣。

或许是经历的成功要比别人多,或许是拼搏的辛酸早已冲淡了胜利的喜悦,面对纷至沓来的各种荣誉,该公司总经理魏庆飞没有沉醉其中,只是极其谦逊诚恳地说:这都是上级组织正确领导的结果,是公司领导班子精诚团结的结果,是全体员工努力拼搏的结果。

"雄关漫道真如铁,而今迈步从头越。"是的,中国加入世贸组织后,改革发展的大势催人奋进,山西经济振兴的步伐愈来愈快。交通建设作为经济发展的重要基础,其任务更加繁重,招商引资、融资的工作任重道远。山西省交通建设开发投资总公司将围绕搞好资本运营的核心工作,充分利用自己的资金优势、人才优势,立足大项目、开发新产业、创造新业绩,谋求企业的战略扩张和更大发展。

循着他们走过的闪光足迹,我们坚信:山西省交通建设开发投资总公司面对未来更广阔的市场天地,必定潜力无限,大有作为。

(原载《山西工人报》2002年6月27日
第1版;作者:尤达文、予文)

八千里路云和月

——记全国劳动模范、山西省交通
建设开发投资总公司总经理魏庆飞

世上自从有了人,也就有了路。路从远古一直延伸到现代,延续着文明,也延续着一个民族的血脉。夸父逐日,留下了大地上最早的足迹;愚公移山,书写了开路者不朽的诗篇。杜甫兴叹秦关险,李白长歌蜀道难,屈原的一句"路漫漫其修远兮,吾将上下而求索"沧桑而悠远。古人把坦荡如砥的路称为大道,把崎岖狭窄的路称为阡陌。如今,不论是大道还是阡陌,都淹没在了一条条省道、国道、高速公路中,见证着历史,更见证着一个民族的崛起。

鲁迅说:"世上本没有路,走的人多了,也就成了路。"而对于笔者来说,更想知道第一个踏上荒原者的姓名,更想聆听一名开路者的心声。因为,他们才是真正的英雄。

今天,我们有幸见到了一群朴实无华的交通建设者,一名披荆斩棘的开路先锋。

魏庆飞,山西省交通建设开发投资总公司总经理,一个将勇者的无畏和智者的多思紧紧结合在一起的人。从1995年4月至今,他已经在这个岗位上默默奉献了整整10度春秋。十载漫漫征程,魏庆飞将一个只有20多人,举步维艰的小企业发展成为我省交通引资融资的公路建设的主力军,下属15个子公司,注册资金37.5亿元,资产总额达143亿元;十载漫漫征程,魏庆飞创造着山西公路建设史上一个又一个奇迹。

有人说他是神医,因为他开出的济世良方使企业重新焕发出勃勃生机;有人说他是指挥家,因为他指挥着企业上演了一曲激情澎湃的交响乐。可当他走上全国劳模领奖台时,他却说:"我只是一名普通的共产党员,所有的荣誉和成绩应该归功于上级领导的决策和省交通建设开发投资总公司这个光荣的集体。"

上篇：无限风光在险峰

1995 年 4 月，魏庆飞带着新一届领导班子来到了风雨飘摇的山西省交通建设开发投资总公司（前身为山西省交通建设开发总公司）。从 1993 年 4 月成立到 1995 年 4 月，该公司由于经验不足等多方面原因，企业一度陷入困境，当初的 1000 万元注册资金也消耗殆尽，被称为“无项目、无场所、无收入”的“三无”公司。这些场景，魏庆飞看在眼里，急在心头。他知道，自己的责任不仅仅是重振一个企业，更肩负着山西省交通建设投资及管理体制改革的重担。在对公司的状况进行了一番调查研究之后，魏庆飞找到了企业陷入困境的根源。他认为，公司之所以走到举步维艰的地步，根源在于思想意识落后于形势的发展，经营意识、风险意识和改革创新的意识不强。要想摆脱困境，必须首先解决观念问题。为此，该公司新一届领导班子集中精力强化班子自身建设，转变职工的观念，结合实际，制订“求真务实、科学管理、团结进取、开拓创新”的发展方针，决心以市场为导向，顺应交通改革发展的潮流，在服务好全省交通建设的同时，推动企业向前发展。

俗话说，巧妇难为无米之炊。为了突破巨额外投资金制约公司生存和发展的瓶颈，魏庆飞意识到必须大打资金回收战，让呆滞的资产活起来。为此，该公司全体总动员，兵分三路，通过行政、经济、法律等各种有效手段回收资金。1995 年，该公司追回资金 129 万元；1996 年乘胜追击，收回投资 410.5 万元，占到总清欠资金的 72%。在资金快速回笼的同时，企业人气也在悄然回升，人们看到了新班子的战斗力，更看到了魏庆飞总经理一心为公、殚精竭虑的赤诚情怀。山西省交通战线上一只大鹏已展开了翱翔的翅膀。

当内部整顿告一段落，企业逐渐步入良性发展轨道的时候，魏庆飞开始在灯下静静地思索企业未来的发展方向。他深知，作为省交通厅直属企业，要服从和服务于交通建设的大局，以服务为突破口，求得生存和发展，才是公司立于不败之地的保证。在此基础上，进一步发挥企业的内在优势，抓住全省超常规、大跨度发展公路建设的历史机遇，借助资本市场上的一切有利因素，一定能走出一条拓宽经营、滚动积累、壮大自我的发展之路。

于是，当黎明来到的时候，一个把企业做强做大的思路已在魏庆飞的脑海里勾勒得格外清晰，如旭日喷薄而出——跻身于资本大市场，利用市场的力量调配一切资源要素，实现企业的跨越式发展。

这是一着险棋。谁都清楚，在瞬息万变的资本市场里，不仅有满地的黄金和机遇，更多的是无尽的风险和汹涌澎湃的惊涛骇浪。如果驾驭不好，稍有不慎就会一败涂地。但是，共产党从来就不怕艰险，睿智和坚毅的魏庆飞笃信无限风光在险峰。

一个人有了理想就有了希望，一个企业有了前进的方向也就有了生命。很快，该公司就根据面向交通、盘活路产、引资融资的具体方针，全身心地投入资本市场的滚滚洪流中。

1996 年 6 月，该公司与香港路劲基建有限公司合作成立的山西路通太榆、榆次公路有限公司正式组建运营，合作期限为 23 年，投资总额分别为 20853.6 万元和 16603 万元。

同年 10 月，公司与香港晋通公路有限公司、晋昌集团有限公司分别成立的山西阳长、江武高速公路有限公司正式组建并投入运营，晋港两方分别占到总投资的 75% 和 25%。

1998 年 6 月，该公司与香港新世纪基建有限公司合作，分别成立了山西晋焦新泽、新丹、新南、新北、新井、新韩 6 家高速公路有限公司，共同兴建及经营晋城——焦作山西段高速公路。

1996年6月,该公司与港方合资的山西路通小店汾河公路(桥)有限公司投入运营……

短短数年间,合作公司如雨后春笋般在三晋大地诞生、成长,无不令人感到惊奇。山西省交通建设开发投资总公司在省交通厅的正确领导下,累计为我省公路交通建设引进外资11亿余元,与香港方面共同成立了11个合作公司,硕果累累、成绩斐然,为山西省交通事业立下了不朽的奇功。

当时光流淌到21世纪,山西省交通建设开发投资总公司前进的步伐更加矫健。魏庆飞总经理通过运用市场机制,实施资本运营,创新建设体制,改变了政府投资建设的传统模式,承担起了我省"十五"末重点工程300公里的长晋、太长高速公路建设重任,开了国有企业自筹资金、投资建设、经营管理高速公路之先河。2004年,该公司共完成重点公路工程建设投资55.3亿元,其中长晋高速公路完成14.3亿元,胜利建成通车;太长高速公路完成41亿元,实现阶段性建设目标。

从1995年开始,山西省交通建设开发投资总公司从无到有、从小到大、从弱到强,在魏庆飞总经理的带领下一步一步地实现着自己的梦想。目前,该公司经营管理公路里程达到1507公里,其中高速公路361公里,一、二级经营公路达1146公里。一、二级经营公路当中,属于自主经营管理的103公里,属托管的1005公里,属合作经营管理的38公里。如今的山西省交通建设开发投资总公司信誉卓著,美名传扬,已真正成为全省交通建设引资、融资的主窗口和投资主渠道,其市场地位与发挥的作用已今非昔比。

中篇:于无声处听惊雷

魏庆飞是一名不喜欢张扬的领导,每天除了奔波在资本和项目之间,交锋于谈判内外,他更喜欢独自静静地坐在办公桌前,思考企业的改革,憧憬企业的未来。然而,在默默地运筹帷幄中出台的每一项举措都无异于一声声报春的惊雷。

近年来,该公司不断创新经营模式,改革用人机制,投融资建设能力、管理水平、经济效益显著提高,偿还股本金和融资款项按计划完成,为全省商品路桥建设经营树立了典范。

在长晋高速公路建设中,该公司实行了投资与建设相分离的全新管理体制,首创了公司、业主代表处、项目部、监理单位、施工单位以合同形式共同保障的"五方制衡"管理机制,建立并实施了"法规为准、质量为本、廉政为魂、安全为重、科技为先、资金为链"的高速公路建设全新工作标准和运作模式。为了实现早日通车,建设、管理各方以大局为重,精诚团结、相互理解、各司其职、协作配合。长治、晋城两个项目部的领导以高度的责任心和强烈的使命感,带领广大建设者克服重重困难,精心组织施工,科学安排工期,抓重点、攻难点、抢工期、保质量,为工程建设作出了积极贡献。长晋高速公路公司坚持"两手抓",一手抓建设组织协调,一手抓运营筹备工作,在很短的时间内即完成了运营手续办理、员工招聘、培训、服务区招标经营等大量工作,为按期通车运营作了充分的准备。2004年11月16日,长晋高速公路胜利建成通车,实现了"工程质量优、工期按时完、投资概算低、廉政建设好、安全无事故"的建设目标。

为建好太长高速公路,实现"三年工期两年完"的目标,太长公司建立了一系列工程建设的规章制度和管理机制,推行理念创新、管理创新、科技创新,以施工现场管理为重点,抓安全、抓质量、抓进度,实行挂牌作业,深入开展各种质量管理活动,不断掀起"大干快上、只争朝夕"的建设热潮,为确保2005年年底建成通车奠定了坚实的基础。

在公路管、养方面，该公司认真贯彻落实“高质量工程、高效率管理、高科技应用、高品位服务、高素质队伍、高效益经营”的“六高”管理目标，以行业性指导为基础，以制度化管理为手段，以市场化运作为导向，通过加强计划、预算目标管理，实行量化考核，贯彻企业内部收支两条线管理及财务审批制度，健全激励、约束机制，不断提高公路经营管理能力。各公路经营单位结合自身实际，围绕企业效益，加大路政、费收管理力度，深挖高品位服务内涵，努力改善道路形象（状况），确保为过往车辆提供安全、快捷、畅通、舒适的通行环境，经济效益显著提高。特别是晋焦高速公路公司2004年完成费收1.6亿元，实现了任务翻番，创造了年公里费收500万元的好成绩，名列全省各高速公路公司的前茅。长晋高速公路自开通运营以来，整章建制、严格管理、规范程序，努力构建运营收费新秩序，单日通行费收入已突破50万元，呈现出了良好的经营态势。公路经营单位良好的经营效益，为全公司的发展壮大提供了有力的支持和保障。

该公司坚持“建养并重、协调发展、保障畅通”的方针，牢固树立“建设是发展、养护管理也是发展”的思想，把公路养护管理当作一项重要工作来抓。该公司采取集中养护、应急抢修和日常维修养护相结合的作业方式，以养好路面、保障畅通为主，对所辖路段精心养护，目标明确、费用包干、责任到人，认真检查落实，效果良好。晋焦路、太榆路（年平均）好路率分别达到100%和93%，长晋商品路、阳济公路、榆次西外环路（年平均）好路率均在83%以上。为了更好地适应公路养护社会化、市场化发展的要求，满足养护里程增加和高等级公路养护工作的需要，增强竞争能力，该公司将所属晋城区域养护人员、设备进行资源整合重组，配备了养护机械，有效地改善了机械化作业程度和养护效率，整体协作、应急能力得到极大提高。

在内部机制改革方面，该公司大力发展国有资本、集体资本和非公有资本等参股的混合所有制经济，加快企业深化改革步伐，建立归属清晰、权责明确、流转顺畅的现代产权制度，使企业真正成为“产权清晰、权责明确、政企分开、管理科学”的市场竞争主体和法人实体；注重发挥市场配置资源的基础性作用，有效整合产业结构，整合国有资产，整合人力资源，不断提高市场竞争能力和抗风险能力。

为了更好地整合利用资源，充分发挥长晋高速公路与长晋商品路的社会效益、经济效益和综合效益，有效提升整体管理水平和运营能力，实现共同发展，该公司根据“统一、精简、科学、高效”的原则，按照“人员整合使用、机构合理设置、组织管理统一、运营相对独立”的思路，将长晋高速公路与长晋商品路实行了整合经营。这一举措，有利于资源优化组合，有利于提高抗风险能力，对提高企业综合实力，提升企业整体运营能力，实现全面、协调、可持续发展具有十分重要的意义。

在安全管理方面，魏庆飞始终把此项工作放到讲政治的高度来抓，推动企业牢固树立“安全也是生产力、安全就是最大效益”的管理理念，一手抓公路交通安全保障，一手抓施工单位作业安全，加强对重点路段、重点单位的安全经营监管。该公司通过认真贯彻《安全生产法》、全面启动“公路安全保障工程”、加强施工现场安全管理、规范施工作业程序、关键岗位持证上岗等一系列有效的措施，确保了各项工作的正常开展。

作为交通建设战线上的一名老兵，魏庆飞时刻以一名共产党员的标准要求自己。在工作中，他坚持教育、制度、监督并重，不断完善管理办法、强化预防措施、加大监督力度，预防各类案件的发生。他注重完善各单位财务内控制度，强化内部约束机制和财务监督作用，加强资金管理,防止国有资产流失。该公司抽调财务人员专门成立了审计部,制订了相关制度,对各单位的财务状况进行季度审计、年终审计,做到底清数明,从制度上有效制止了贪污腐败现象的发生。特别是太长高速公路建设中,该公司制订并实行了"四管五严"廉政制度和廉洁自律"十二条规定"、"五条禁令",有力地遏制了工程腐败。该公司通过建立并采取了一系列有效的制度和措施,确保了企业在健康有序的轨道上安全运行。公司连续多年保持了省级"文明单位"称号。

下篇:海阔天空任驰骋

当企业逐渐步入正轨的时候,闲不住的魏庆飞把目光又投向了公路建设投资以外的领域。在商海摸爬滚打了多年的他深深懂得,现代企业的发展已到了集团化、规模化、多元化的阶段,如果想发展自己、提高抗风险能力,就必须把自身做强做大。于是,魏庆飞决定在不断引深服务,强化企业引资、融资功能的同时,立足于发展基础产业,尝试走多元化腾飞之路。

1996 年,在省交通厅党组的大力支持下,该公司承揽了忻州公路职工培训中心工程建设任务,经过两年的艰辛努力,提前 8 个月高质量地完成了总建筑面积为 17000 平方米的土建、装饰施工任务。由此,省交通建设开发投资总公司迈入了一个多业并举、固本强基的广阔天地。

1997 年,针对全省公路建设面临的形势,该公司组建工程分公司,先后承担了原太、晋焦、京大、夏汾、运三、太祁等高等级公路部分标段的施工及交通安装工程,累计完成工程投资数亿元,各项工程指标均达到和超过技术标准,晋焦、运三项目被评为优质工程,多次受到表彰和奖励。通过艰苦锤炼,该公司的专业公路施工技术、管理人员素质达到了较高水平,一支筑路劲旅正昂首阔步,驰骋在三晋大地。

此外,该公司还着眼于发展自主产业,构建多元化企业经营格局。投资 2000 余万元的交通大酒店建成并投入运营,标志着企业开始涉足酒店餐饮业。随着公司办公场所的搬迁进驻,企业形象大为改观,一流的环境为国内外投资商和合作伙伴提供了更加快捷便利的服务。该公司投资 500 万元兴建的小店综合场所、桃园三巷内门面房,成为公司新的经济增长点。2001 年 8 月,该公司申请的外贸进出口经营权获得国家经贸委批准,企业开始涉足国际贸易业务;2002 年 6 月,该公司又尝试股份制合作经营,组建通建房地产公司,进军房地产业。由此可见,一个走多元化发展道路的新型企业已然呈现于人们眼前。

2004 年,对于省交通建设开发投资总公司来说,是一个硕果累累的丰收之年。这一年,该公司完成营业收入 6.8 亿元,较上年增长了 106%,其中实现通行费收入 5.3 亿元,创历史新高。这一年,多种经营产业全面开花,成绩斐然。

诺信工程公司紧紧抓住全省高速公路和县际路网改造的建设热潮,积极投身公路建设市场,全年实现公路工程建设产值 1.06 亿元,取得了良好的经济效益;国际贸易公司依靠近年来形成的业务基础,在全省结构调整和市场供需两旺的有利形势下,不断拓展国际贸易业务,以代理进出口为主要方式,实现贸易总额 1.2 亿元,利润 220 万元;交通大酒店充分发挥服务接待窗口的作用,多次圆满完成了省交通厅交办的重大接待任务及社会各界知名人士的服务接待工作,全年完成营业收入 864 万元;房地产开发围绕商住楼项目工程建设和规划报建工作,积极争取政策优惠,加强对工程进度和质量的管理,各项工作取得长足进展;

实业发展公司从切实抓好各项后勤服务保障工作出发，健全功能、精心服务、强化管理、责任到人，积极发挥物业管理职能作用，并重点完成了总公司商务写字楼的置地等工作。凤凰山植物园在进一步拓展区域绿化的同时，积极协调、解决土地纠纷，取得重大进展；龙湖生态园区初步设计规划基本完成，各项后续工作井然而序。各经营实体单位经济增长方式的有效转变，进一步增强了企业持续发展的后劲。

从1995年注册资金1000万元到今天资产总额达143亿元，从1995年营业收入76万元到2004年的6.8亿元，山西省交通建设开发投资总公司走过了寒来暑往，走过了崎岖坎坷，走向更加辉煌的明天。这期间，不知魏庆飞洒下了多少汗水、耗了多少心血，也不知他度过了多少个不眠之夜。他经常深入基层，调查研究，现场解决问题。他身先士卒、率先垂范，在紧要关头、危急时刻、险难地段总是亲临一线指挥决断。职工们说："有他在，我们就有了主心骨，就有了靠山。"

十载光阴匆匆过，春华秋实属今朝。山西省交通建设开发投资总公司先后获得省级"文明单位"、山西省"五一劳动奖状"等多项荣誉，魏庆飞本人也多次被评为省交通厅先进个人和优秀共产党员。2005年，获得全国交通系统劳动模范及全国劳动模范称号。这些成绩的取得，不仅蕴含着魏庆飞和领导班子的殚精竭虑以及全体职工的辛勤汗水，更有省交通厅领导、各级政府领导以及相关兄弟单位的关怀与支持。

当采访结束时，魏庆飞的那双大手又和我们紧紧地握在了一起。那双厚重而有力的手，给人以力量，给人以启迪。我们猜想着，那掌心的纹路一定和他建设的公路一样，坚实而清晰。这时，岳飞那首气势磅礴的《满江红》忽然涌入脑海，"三十功名尘与土，八千里路云和月。"这不正是魏庆飞30余载献身交通、挥洒豪情的真实写照吗？

（原载山西工人报2005年6月25日；作者：薛平、宗庆文）

三晋英模——魏庆飞

魏庆飞，男，55岁，中共党员，大专，高级经济师，山西省交通建设开发投资总公司经理。

几年来，他将一个举步维艰的小企业发展成为我省交通引资的主渠道和公路建设主力军、下属15间子公司、注册资金37.5亿元、资产总额达143亿元的国有大型企业。为解决公路建设资金严重紧缺的困难，他抢抓机遇，外引内联，合作合资，盘活路产，多渠道筹集资金，为我省公路建设引资融资130.61亿元，为交通率先发展作出了巨大贡献；他运用市场机制，实施资本运营，创新建设体制，改变了传统建设模式，承担起我省"十五"末重点工程300公里的长晋、太长高速公路建设重任，开创了国有企业自筹资金、建设经营高速公路的先河，为发展区域经济、发挥交通保障做出了突出贡献；他坚持多元化发展方针，产业涉足公路经营、工程建设、国际贸易、房地产开发、酒店服务业、绿色生态等领域，营业收入由1995年的76万元发展到2004年的6.8亿元，近5年实现利税4000余万元，呈现出持续、协调、快速、健康发展的局面。他在国有大中型企业辗转创业35年，呕心沥血、甘于奉献。

该同志多次被省交通厅评为先进个人和优秀共产党员、获得省交通厅"科技进步一等奖"、"全国交通系统劳动模范"等荣誉称号。

（原载《三晋英模》——省劳动竞赛委员会办公室、省总工会经济技术部2005年编撰）

三、专题纪事

山西晋美高速公路有限公司始末

1993年4月6日，总公司（简称中方）与美国万德福股份有限公司（简称美方）共同签订组建《山西晋美高速公路有限公司合同》（分别简称晋美公司、合同），重点为太旧高速公路筹集建设资金。4月17日，晋美公司成立。按照合同和公司章程，该公司投资与注册资金均为80亿元人民币。其中，中方占40%股份，美方占60%股份，对所建高速公路进行经营管理，其中包括修建、养护、收费、沿线服务区及拟成立汽车修理厂、运输公司等。4月28日，确定省厅时任厅长智玉莲（以总公司董事长名义）、总公司经理侯春有、工程顾问刘书茂、技术顾问徐尤龙4人代表中方参加该公司董事会。5月3日，总公司请示省政府和省外事办，将于5月18日举行的太旧高速公路开工奠基仪式，拟以晋美公司名义举行，建议邀请美方参议员约翰A格兰特、众议员布赖思·布什、阿尔文L马蒂拿兹3人出席，并请予协助办理出入境相关手续。5月4日，总公司函告美方，双方拟合作建设和经营的太旧高速公路准备工作基本就绪：晋美公司的合同和章程，已经由省政府和省对外经济贸易厅批准，省工商行政管理局业已核发了营业执照；太旧高速公路的开工奠基典礼，拟以晋美公司名义举行；拟于5月15日在太原举行第一次董事会，研究开工建设相关事项，请美方提前一天前到来；请美方有关工程技术人员及其他相关人员尽快前来开展工作；晋美公司已在中国人民银行太原市分行国际营业部（简称开户行）开设了第一个账户，中方已将占工程概算投资15%的第一笔资金1.8亿元人民币入账，请美方按照合同约定，将同样比例的第一笔资金，即相等于2.7亿元人民币之美元尽快汇入账户；按照合同约定，在晋美公司的注册资金和投资，中方占40%，出资12亿元人民币，美方占60%，出资18亿元（人民币或同等之美元）。中方已由晋美公司开户行出具了担保书，保证所出资金根据建设需要及时足额到位，也请美方由银行出具同样担保书。7月26日，总公司再次以文件形式致函美国万德福股份有限公司董事长史蒂夫·匡：美方提出的太旧高速公路运营后分得的人民币利润兑换美元等问题有关部门已经答复：太旧高速公路工程建设急需大量资金，请美方尽快将第一批资金打入账户，以保证顺利施工，尽早受益。

1994年2月26日，总公司以（1994）第8号文件正式函告美方：按照合作公司合同规定，美方应在合作公司营业执照签发20天内，将第一期相等于2.7亿元人民币之美元汇入合作公司账户，但美方多次承诺却迟迟不予汇入资金，已经给中方造成很大损失，并使双方签订的《合同》无法继续履行。根据《中华人民共和国中外合资经营企业法》等相关法律法规，美方的行为已经形成单方面终止合同的事实，所以，即日起中方也将不再继续履行该《合同》，并保留向美方要求承担违约责任，赔偿经济损失的权利。至此，山西晋美高速公路有限公司运营被迫终结。

阳济公路通车剪彩

1997年7月19日，阳城至济源公路通车剪彩仪式隆重举行。时任山西省省长孙文盛、副省长杜五安，国家投资公司交通公司副总经理刘昌富、山西省交通建设开发投资总公司经理魏庆飞、中共阳城县委书记郭保岗在仪式上讲话。应邀出席剪彩仪式的领导和嘉宾还有：国家投资公司副总经理邹泽宇，山西省交通厅厅长刘俊谦、副厅长杨金泉，晋城市领导李栓纣、马巧珍，河南省交通厅及焦作市、济源市交通局的领导，以及阳城县1979年以来为阳济公路建设作出重要贡献的各级老领导等。总公司领导段二牛、李平、刘玉怀等全部参加剪彩仪式。剪彩仪式巧遇阴雨连绵，各级领导和多方嘉宾专程出席，在为公路通车剪彩后，冒雨观览至晋豫交界，表达对该公路建设的格外关注。

阳济公路是中共十一届三中全会刚刚开过的第二年，即1979开工建设的一条普通出省公路，也是晋东南重要的晋煤外运通道之一，建设意义非常重大。该公路山西境内长44.6公里，总投资2.15亿元。开工后，因河南济源方面未能同步建设，尤其是工程投资极度困难，故工期历时19个年头，终于1997年竣工通车。建设期间，为了筹集建设资金，缓解燃眉之急，阳城向全县干部职工、中小学教师每人每月借用100元工资，总额达1260万元。1996年4月，总公司开始为阳济公路筹集建设资金，即与阳城县同舟共济，共克时艰，组建了全省第一个一路一公司的经营单位阳济公路开发有限公司，以市场化方式运作筹集建设资金，从而保证了该工程的建设需要。尤其值得提及的是，筹集阳济公路的建设资金，得到了国家交通部、国家能源部、国家投资公司等国家机关和部门的积极支持，特别是得到了曾任国务院副总理、国防部长张爱萍将军的热情关怀，1997年7月，在阳济公路竣工通车剪彩之际，张爱萍将军亲笔题词：阳济公路，造福人民。

晋焦高速公路建设竣工验收

该公路（山西段）于1998年4月正式开工兴建，原计划2000年7月全线竣工通车，因河南段未能同步建设，山西段被动顺延，至2001年6月25日竣工。根据交通部《公路工程竣工验收办法》和《公路工程质量检验评定标准》的规定，2001年9月，山西省交通基本建设工程质量监督站对该工程进行质量评定，评定结果为建设项目单位工程优良率98.2%，建设项目工程质量评分94.5分。

2002年7月18日至19日，由山西省交通厅主持，山西省高速公路管理局、山西省交通基本建设工程质量监督站、山西省交通建设开发投资总公司、晋焦高速公路建设指挥部及项目的设计、施工、监理单位参加，对该项目进行了交工验收。交工验收组认为山西省交通基本建设工程质量监督站的工程质量鉴定书成立，交工验收通过，建议该工程评为优良工程。

2002年12月22日，该公路剪彩通车，投入运行。2004年11月，山西省交通基本建设工程质量监督站对交工验收时遗留问题的处理情况进行检查验收，认为遗留问题已得到解决，经过两年试运行，全线路况整体水平良好。

按照山西省交通厅[2004]354号文件精神，受省交通厅委托，省高速公路管理局于2004年11月17日至18日组织对晋焦高速公路进行竣工验收。竣工验收委员会听取建设、设计、施工、监理、质量监督单位、交工验收组的情况汇报，查阅工程建设有关文件和竣工验收资料，对全线工程进行实地查看，按照《公路工程竣工验收办法》有关规定，竣工验收委员会对该工程进行质量评定。

竣工验收委员会经过认真审议后认为:本建设项目经过两年多的通车试运营,其路基稳定,路面平整、桥涵、隧道等构造物结构完好,安全设施完善,收费监控通信系统运转正常,整体运行状况良好,环境保护达到有关标准,档案管理科学规范,竣工决算编制符合有关规定。质量综合评分为93.93分,工程质量等级为优良。

长晋高速公路竣工验收

2007年11月22~23日,由省交通厅牵头,抽调专家组成长晋高速公路竣工验收委员会,对该公路进行竣工验收。验收组通过听取汇报、现场检查、研究讨论、评定打分等阶段的工作,最终确定长晋高速公路为优良工程,该公路顺利通过竣工验收。省发展与改革委员会、重点办、交通厅、质监站和参加该公路建设的施工单位、监理单位和业主、项目部领导参加会议。会议由省交通厅公路处处长蒋品主持。

22日上午,会议首先通过竣工验收委员会人员名单,推选省交通厅党组副书记、副厅长张润为主任委员;随后,长晋高速公路公司总经理郭智锋向竣工验收委员会作该公路项目执行情况的报告。报告分为工程概况、建设管理、交工验收及相关问题、运营管理、科研和新技术应用情况、对各参与单位的总体评价、对工程质量的总体评价、项目管理体会8个方面,得到了大会的肯定和认可。会议听取了长治、晋城两个项目部关于建设项目的报告,设计单位关于设计工作的报告,施工单位关于施工建设的报告,监理单位关于监理工作的报告,质量监督单位关于工程质量监督的报告。

22日下午,竣工验收委员会成员分为综合外观、路基路面、桥涵构造物、交通工程和内业5个小组,对长晋高速公路工程建设情况进行全面检查验收。

23日上午,竣工验收委员会听取省交通质监站的工程质量鉴定报告,各验收小组对检查结果进行通报,竣工验收委员会根据检查情况进行评定和打分,讨论并形成《竣工验收鉴定书》。《竣工验收鉴定书》的鉴定结论为:长治至晋城高速公路线型基本顺适,平纵组合基本合理,经过三年的通车运营,路面平整度较好,桥涵及防护工程质量良好,交通安全及房屋建筑设施完善,通信收费系统运转正常,环境保护效果明显,档案管理规范,竣工决算编制符合有关规定,全线整体运行状况良好,质监站提交的质量鉴定报告客观准确。按照规定,竣工验收委员会对长晋高速公路工程进行了质量评定,综合评分为91.79分,评定该工程质量等级为优良。《竣工验收鉴定书》就下一步加强养护管理、及时处理桥头跳车、加强滑坡路段的定期检测和观察、桥梁伸缩缝保养、桥梁日常检测、梁体养护、交通防护设施和服务区铝塑板修复、完善资料等工作提出了意见和建议。

省交通厅公路处处长蒋品在总结讲话中要求,一是要树立精品意识,规范标志设置,及时处理各种公路病害,提高养护质量和通行能力;二是树立管理就是服务的意识,推进管理的规范化、精细化和人性化,增加公共服务投入,特别是服务区的投入,强化和谐交通建设,提高管理和服务水平,满足社会日益增长的多样化、个性化需求;三是加大治理力度,认真落实全国治超工作会议精神,按照华北五省市联合治超行动要求,严格超限超载治理,维护公路和桥梁安全运行;四是建设优秀企业文化,发挥品牌效应,增强企业的凝聚力、向心力和战斗力,为实现又好又快发展提供强大的文化支持。

太焦高速公路股权转让

2005 年,太焦高速公路(太长、长晋、晋焦三条高速公路之总称)股权转让工作启动,2007 年 7 月 24 日,该公路部分股权交割仪式隆重举行,标志着太焦高速公路部分股权转让成功,该公路进入合作经营的新阶段。

转让太焦高速公路股权,是省交通厅落实省委、省政府扩大对外开放、实现又好又快发展的重大战备部署,是总公司服从和服务于全省社会经济发展需要,加大对外招商引资力度,盘活公路资产,有效缓解新一轮公路建设资金紧缺,加快公路建设步伐的重大举措。2005 年 12 月起,山西省交通厅在山西交通网上连续 58 个工作日发布转让公路权益公告。2006 年,总公司根据省政府常务[(2006)76 次]会议纪要,放眼全省对外开放大势,立足交通率先发展大局,把公路股权转让置于战略高度,成立专门工作机构,认真研究国家政策,借鉴省内外成功经验,紧紧依靠省交通厅的正确领导,以积极而务实的态度开展工作。一是严格程序。本着公平、公正、公开的原则,按法定程序办事,有步骤积极推进。3 月,省交通厅邀请省发改委、国资委、财政厅、物价局、纠风办、审计厅和中国开发银行山西分行的专家进行论证,召开招商陈述会议,对拟投资人进行综合评价,最终选择平安保险集团信托投资有限责任公司(平安信托公司)为拟受让方。经省政府批准后,即展开洽谈工作。二是创新机制。按照有关规定,4 月,总公司对资产评估机构进行公开招投标,确定了三家业绩优、信誉好的资产评估公司开展评估工作。对资产评估单位实行的公开招标,以技术评价为主、商务标的评价为辅的综合评价方式选定评估机构,这在山西尚属首例,受到有关部门和专家好评。7 月 27 日,在港洽会上,总公司与平安信托投资有限责任公司就整体转让太原－焦作(省界)高速公路(包括太原－长治、长治－晋城、晋城－焦作 3 条高速公路)部分股权签订《股权转让协议》。2006 年 12 月 11 日,山西省国资委以晋国资产权函[2006]302 号文下发《关于山西省人民政府国有资产监督管理委员会关于核准太原至焦作(省界)高速公路部分股权转让资产评估项目的批复》。三是坚持原则。按照"评估价高于投资价、转让价高于评估价"的原则,经过与平安信托公司的多轮磋商谈判,最终商定以评估价格另加 6% 的溢价作为转让价。在《股权转让协议》的基础上, 2006 年 12 月 21 日,双方又在深圳

附录图　太焦高速公路项目股权转让签约仪式

签署《股权转让补充协议》。年末,总公司关于太焦高速公路股权转让的报告呈报省政府审批。

2007年7月20日上午,“山西太长、长晋、晋焦高速公路股权交割仪式”在太原迎泽宾馆隆重举行。参加仪式的有:省政府副秘书长李顺通;省交通厅厅长王晓林、总工程师部玉兰、总会计师张德仪;总公司领导魏庆飞、李平、李润喜、尚建军、贝瑜、韩文军、张庆华,以及相关部(室)负责人;太长、长晋、晋焦三条高速公路领导赵善义、郭智锋、王锁胜;中国平安保险集团公司常务副经理、副首席执行官孙建一、平安信托投资有限责任公司董事长兼CEO童恺;其他方面人士:开发银行山西省分行副行长刘锡和、工商银行山西省分行副行长吕晋铭及省直有关部门负责人。省交通厅党组成员、总工程师部玉兰主持股权交割仪式。

省交通厅厅长王晓林向合作双方代表省交通建设开发投资总公司经理魏庆飞、平安信托公司董事长兼CEO童恺颁发股权证书,总工程师部玉兰主持仪式。此次股权转让比例分别为:太长高速公路30%,长晋高速公路60%,晋焦高速公路60%,转让总金额22.76亿元(平安信托公司于6月将首期股权转让款打入双方共管账户)。

转让太焦高速公路部分股权,是山西省去年港洽会招商引资的一个重大项目,是山西省继京大高速公路转让经营权,以BOT方式建设关门至侯马高速公路之后,高速公路建设投融资体制改革的又一次成功探索,盘活了存量资产,拓宽了融资渠道,提高了融资能力,降低了政府负债。从此,股权受让方平安信托公司即作为投资本项目保险资金的受托人,与总公司合资经营太晋高速公路。

李顺通在讲话中指出,转让太焦高速公路部分股权,是2006年山西省在香港举办的“2006山西(香港)投资洽谈会”签约的347个项目中推进较快、落实较好的项目之一,是去年山西省招商引资的重大项目,也是山西与平安保险集团合作共赢的重要成果,对引进社会资本加快高速公路发展具有重要影响,对引进先进的管理理念和管理方式,提升全省高速公路经营管理水平,推动“十一五”交通又好又快发展具有十分重要的意义。

中国平安保险集团常务副总经理孙建一表示:山西太焦高速项目从签署股权投资协议到股权交割,前后历时一年多,作为保险资金投资的首个基础设施项目,本次合作得到了中国保监会、山西省政府及社会各界的大力支持与帮助,凝聚了多方的心血,具有深远的意义,它意味着保险业与其行业的紧密协作已经达到了更高层次,在促进国民经济发展过程中发挥着越来越重要的作用。

张德仪在讲话中强调,本次股权交割仪式是山西交通扩大开放、招商引资的重要成果,是省交通厅与中国平安保险集团开展实质性全面合作的重要标志,是交通系统深化投融资体制改革、扩大对外开放、引导社会资本进入高速公路领域的又一重要成果,走出了一条利用保险资金加快高速公路建设的新路子,对于拓宽投融资渠道,降低政府负债和筹资压力,保障“十一五”交通发展规划顺利实施具有深远影响。

魏庆飞在致辞中说,成功转让太焦高速公路股权,对于进一步增强企业发展实力,优化资产结构,提高抗风险能力,汲取先进经营管理理念,提升整体综合效益,促进企业持续发展,具有积极的作用。总公司要按照省委、省政府和省厅的要求,解放思想、改革创新、大胆探索、勇于实践,充分把握好机遇,运用好政策,协调好各方利益关系,加大股权转让推进力度,加快资产剥离、债务重组、资源整合的实施步伐,进一步理顺产权关系,科学制定企业整合方案，完善法人治理结构，以改革促发展，以稳定促和谐，确保平稳转型，确保正常有序运营。携手建设充满活力、文明和谐、管理科学、效益良好的新的太焦高速公路。

四、碑记

晋焦高速公路碑记

晋城，古称泽州，雄踞巍巍太行，俯瞰滔滔黄河。西连古都侯马，东接芳邻焦作，横亘华北高原；南通郑洛，北达并汾，纵扼三晋咽喉。文明发祥，与国同享，物华天宝，煤铁洋洋。要冲林立，攻守自如，向以战略要地著称于世。

然天下诸事利弊相参。其虽青峰叠峙，碧水汇流，却交通不便，货运不畅，久历道路崎岖之苦。信史累累，屡载行者登临之艰；古道悠悠，尚存斧凿开辟之迹。魏武挥师太行，风雪吟哦行路难；孔子驱车晋谷，羊肠颠簸临河叹。然则，我世居之先民，生而坚韧，志不可夺，千百年间，凿路未休，愚公移山之佳传即出于兹。

廿世纪末，晋城百业兴隆，交通日嫌蹇塞。省市领导共商大计，晋豫两省通力合作，分设总指挥部，鞭指晋焦，各修己段。而东南一隅，行山嵯峨，丹水横流，深壑悬崖相间，飞鸟为之徘徊。筑路之艰，世所罕见。更棘手者，首推资金筹措。省市领导鼎力支持，多方斡旋，引港资八亿六千万元，配省资五亿八千万元，囊涩遂解，继而遴选九州巧匠万余众，抽调工程师百余位，组成项目部二十三，设立监理部三，于一九九七年十月二十九日，宣誓挥师，浩浩荡荡进驻深山。蜗居蛇行，蚊叮虫咬不以为苦，便道险陡，水电短缺不以为难，开山炮响，全市父老奔走相告，各界人士竞相支援。指挥部携同筑路大军，同呼吸，共命运，攀危岩而忘生死，重科技而察蚁漏，风餐露宿，不避寒暑，奋力创业。省市领导屡临现场，嘘寒问暖，排忧解难。历时三载，大功告成。纵观路之胜状，晋城境内长三十二千米，宽二十一、二十三米，大桥十六、隧道二十，桥隧总长几为全路之半。安装三十五千伏电站两座，架设线路八十千米，埋设引水管道四十千米，开通施工便道一百八十千米，挖填土石方一千五百万方。其工程技术之新、之高，每令业内人士叹服。高填不沉，山体鲜损，桥基稳固，端接平稳，光面爆壁，隧道防渗，路面复合，连体造隧，多项创新皆可圈可点。丹河石拱主跨百四十六米，录基尼斯之最。全路鸣金之日，万余将士欢呼雀跃，奏凯而还，真可谓春风荡尽马蹄轻，丹水洗却一身尘。青山画屏，天人同庆，青史新篇遂就。

铁马路上驰，人在画中行，沿途巡礼，路平如毯，丝尘不惊；飞桥悬挂，壁拱如虹；珏山月夜，青莲钟鼓；群岭苍苍，落英纷纷。至两省交界，四周群峰突起，若盛开之莲；大桥亭亭玉立，如含露之蕊。一旦返然北顾，诸山错落，昂首向天，酷似愚公仰天长笑。嗟夫，开山重重化坦途矣！

既思初始之艰难困苦，复望眼前之壮丽辉煌，倍感时事之造化，科技之神功，尤信众志所集直可销金。晋焦之通，事在当今，利及千秋。而修筑之风雨，皆成过眼云烟，后人熟知其详，兹铭之于石，或资来者汲取开拓精神而发扬之，长念物力维艰而爱护之。是为记。

中共晋城市委　晋城市人民政府

时壬午年六月廿日

丹河大桥简介

丹河大桥桥跨结构为一拱主跨和东西七拱引桥组成,桥宽二十四米八,高八十一米六,全长四百二十五米六,其主拱为单跨一百四十六米变截面悬链线拱,创世界石拱桥单孔路径之最。大桥共浆砌石料八万九千立方米,其中主拱圈石料一万二千立方米。

桥面两侧各设高于桥面四十厘米,宽一百二十五厘米人行道,外沿安装石护栏,间设龙首泄水孔一百零五个,桥头两端分别竖立二米五高大石狮一对。两侧二百八十八根石制栏柱顶端均雕有神态各异的小型石狮,栏柱间镶有二百八十二套石雕栏板,每套两块,以一画一文形式雕刻二百八十二个晋城历史典故、名人轶事、民俗名胜等。大桥二零零零年十二月获上海大世界基尼斯证书,二零零一年三月《丹河特大石拱桥设计与施工关键技术研究》技术成果通过交通部专家鉴定,评定该成果达到国际领先水平。二零零二年大桥入选《中国桥梁谱》。

晋焦高速公路建设指挥部

二零零二年六月立

本书专用名词解释

C

长晋公路——长治至晋城二级公路,本书中一般专指为该路晋城境内段,曾称晋长二级汽车专用公路,为207国道组成路段。

长晋高速公路——长治至晋城高速公路。

长晋公司——(1)2002年山西省交通建设开发投资总公司接管晋城市商品公路开发总公司后,将该公司改称为长晋公路有限公司,简称长晋公司。(2)2005年长晋高速公路与长晋二级公路两个公司整合后,统称山西长晋高速公路有限责任公司,亦简称长晋公司。(3)2007年长晋高速公路与长晋二级公路两个公司重新剥离后,长晋高速公路公司与太长公司、晋焦公司并列简称为长晋公司(长晋二级路公司恢复原称谓)。

长晋商品路公司——长晋公路有限公司;晋城市商品公路开发总公司。

F

凤凰山公司——山西凤凰山生态植物园有限公司。

凤凰山——凤凰山生态植物园,在忻州市定襄县境内,北倚凤凰山,故名。

汾柳公路——汾阳至柳林公路,本书中特指由山西省交通建设开发投资总公司经营的路段。

G

国贸部——山西省交通建设开发投资总公司国际贸易部,亦称国贸部,山西诺盛国际贸易有限公司原称。

高陵公司——山西高陵高速公路有限责任公司。

高陵公路——高平至新乡高速公路高平至陵川段。

D

大运公路——大同至运城二级公路,本书中特指由山西省交通建设开发投资总公司经营的路段。

东长公路——祁县东观至长治二级公路,本书中特指由山西省交通建设开发投资总公司经营的路段。

J

晋城市商品公路开发总公司——1992年由晋城市人民政府批准成立,经营管理长治至晋城二级公路(晋城段),2002 年 7 月划归山西省交通建设开发投资总公司。

晋焦公司——山西晋焦高速公路有限公司。

晋焦高速公路——晋城至焦作高速公路。

晋济高速公路——晋城至济源高速公路。

交通大酒店——山西交通大酒店,亦称酒店,全称为山西交通大酒店(有限公司)。

L

路通公司——山西路通太榆公路有限公司、榆次公路有限、小店汾河桥有限公司,由总公司与香港路劲基建有限公司合作成立,分别经营太原至榆次一级公路、榆次西外环公路、小店汾河公路桥。该 3 个公司为三块牌子一套人马,故常称为路通公司或路通合作公司。

龙湖公司——山西龙湖生态开发有限公司。

龙湖——龙湖生态园,在武乡县城东隅。园区东为关河水库,鸟瞰该水库酷似一飞舞之巨龙,故名。

N

诺信公司——山西诺信交通建设工程有限公司。

诺通公司——山西诺通公路养护有限公司。

诺盛公司——山西诺盛国际贸易有限公司。

S

山西省交通建设开发公司——总公司成立之前,省交通厅向省经委提交的关于成立总公司的报告和省经委对该报告的批复文件中,所使用的总公司的名称。

山西省交通建设开发总公司——总公司在 2000 年 1 月 21 日之前的名称。

实业公司——山西省交通建设开发投资总公司实业发展分公司。

省高管局——山西省高速公路管理局。

T

太晋公司——山西太晋高速公路有限公司。太原至晋城高速公路(太长、长晋高速公路)筹建阶段使用的企业名称。

太晋高速公路——太原至晋城高速公路,太长、长晋高速公路筹备期间使用的名称。

太长公司——山西太长高速公路有限责任公司。

太长高速公路——太原至长治高速公路。

太榆公司——山西路通太榆公路有限公司。

太榆路——太原至榆次一级公路,也称太榆公路。

通建公司——山西通建房地产开发有限公司。

太焦高速公路——太原至焦作高速公路,其中包括太长、长晋、晋焦3条高速公路,2006年山西省交通建设开发投资总公司与平安集团信托公司洽谈转让该3条高速公路部分股权时使用此名称。

太旧高速公路——太原至旧关(山西与河北交界处)高速公路。

X

小店公司——山西路通小店汾河桥有限公司。

小店汾河桥——小店汾河公路桥。

Y

阳长、江武公司——山西阳长高速公路有限公司、山西江武高速公路有限公司。由总公司与香港晋通公路建设投资有限公司、晋昌公路建设投资有限合作成立,经营阳长、江武高速公路(东山过境高速公路),通常将该两公司合起来称呼。

阳长、江武高速公路——阳曲镇至长江村和长江村至武宿村高速公路,俗称太原东山过境高速公路。

榆次公司——山西路通榆次公路有限公司。

榆次公路——榆次西外环公路,108 国道组成路段。

阳济公路——山西阳城至河南济源公路,本书中特指阳城境内段。河南省称该公路为济阳公路。

阳济公司——山西阳济公路开发有限公司。

参与本志编纂人员

单位	分管领导	纂稿人员	提供资料人员
总公司	李　平 张庆华	宗庆文　樊向萍　郭　莉 刘雅馨　李　芳　陈春霞 刘　琼　邵素梅　王雅君 王素　李锦中　张晋平 李述武	张亚文　韩　瑜
太长公司	张　铮	张晓枫　元丰社	钟荣荣　李秀芳
长晋公司	刘玉怀	申永庆	邢鹏云
晋焦公司	白正义	王根苗	秦小丽　王翠巧　张建国 毛艳娜　张　茜　孙金虎
商品路公司	尤达文	郭晋军	田秀芳
阳济公司	张李强	贾书庆	
阳长、江武公司	贝　瑜	田学红	
路通公司	翼晏璋	冀晏璋	
诺通公司	贺进刚	窦海霞　杨昌鸿	姜　雷　司络梅
诺信公司	王亚龙	李晋霞	李艳霞
交通大酒店	逯林涛	张　洁	
通建公司	马正伟	赵惠芳	
诺盛公司	陈东燕	焦　瑞	郑淑焕　任军刚
实业公司		赵　辉	
龙湖公司	周金虎	赵小丽	康彩霞
凤凰山公司	杨天平	董江云	徐文林　董　强

编 后 记

不知是巧合还是幸运，1989 年，新中国成立40 周年，作为一名泥腿子临时工，我主编的《阳城县交通志》内部出版。1999 年，新中国成立 50 周年，我主编的《晋城市交通志》由人民交通出版社出版发行。2009 年，新中国成立 60 周年，由我主编的《山西省交通建设开发投资总公司志》又要出版发行。值此《公司志》即将出版付印之际，回首三年来的编纂实践，不禁对自己心目中的企业发展历程百感交集，作为一名主要编纂人员，我更对《公司志》编纂成书感慨良多。

修志是中华民族特有的优秀传统，也是中华文化和中华文明重要的有机组成部分。盛世修志，如果说其中之盛世是修志的必要条件，那么开展修志则是华夏民族处于太平盛世、兴旺发达大好时期的显著标志。1978 年中共十一届三中全会以后至上世纪末，全国性编史修志硕果累累，实现阶段性既定目标。2003 年 11 月，山西省人民政府下发《山西省新一轮修志工作规划(2001 ~2015)》(简称《规划》)，2004 年 1 月，山西省交通厅下发《关于认真贯彻 <山西省新一轮修志工作规划(2001 ~2015)的实施意见 >》(简称《意见》)。2006 年 5 月，国务院颁布《地方志工作条例》，这是新中国成立以来的第一部规范修志工作的行政法规。6 月 13 日，山西省交通厅召开《山西交通志》编纂工作会议，对全省交通系统新一轮编史修志工作进行全面部署。

1993 年 4 月，在邓小平南巡谈话和党的十四大精神春风的沐浴中，山西省交通建设开发投资总公司应时而生。至 2008 年，伴随着中国特色社会主义现代化建设的步伐，公司从小到大，由弱到强，已发展成为一个具有 201 亿元资产、多元化经营产业、16 个经营公司、年收入逾 20 亿元的知名企业。15 年波澜壮阔的发展历程，特别是 1995 年以来服务交通、建设交通、多元发展的良好业绩，以及为促进地方社会经济发展做出的重要贡献，实在值得载入史册。于是，编纂一部知往鉴今、策励未来的专门志书，被理所当然地提上重要议程。

2005 年，公司开始酝酿和筹划编纂《山西省交通建设开发投资总公司志》。2006 年 9 月 3 -7 日，草拟篇目、制定编纂方案，确定编委会及工作机构，10 月 16 日正式展开工作。11 月 3 日，下发关于编纂《公司志》的通知，要求所属单位提供资料。2007 年 1 月 12 日，大事记初稿装订成册。3 月 14 日，召开座谈会，邀请省交通厅资料信息中心(交通史志年鉴编辑部)人士就进一步完善篇目和搞好编纂工作进行座谈。3 月 23 日，召开所属单位分管领导及主要撰稿人座谈会，通报情况、征求意见、部署供稿任务。25 日，下发关于进一步搞好《公司志》编纂和《山西交通年鉴》(2006 年版)相关工作的通知。5 月中旬，公司委派宗庆文、郑跃峰由北至南，先后到河曲黄河浮箱桥桥址、凤凰山生态园、山西交通职工培训中心、太长公司和晋城地区的阳济、长晋、晋焦、诺通公司，实地搜集和核实资料，督促指导各单位的供稿工作。6 月 15 日，召开总公司部(室)和太原地区所属单位领导及撰稿人座谈会，进一步部署和研讨撰稿工作。7 月 27 日，樊向萍参与编纂工作。8

月16日，召集总公司机关部(室)负责人座谈会，就第三章(管理)的节、目设置进行专门研讨，指导提供资料工作。9月19日，公司派郑跃峰赴北京参加全国交通系统新一轮编史修志研讨会，学习新时期修志理论。10月15日，召开公路经营单位和公路养护单位纂稿人员会议，参照《大运高速公路建设志》，根据本志的编纂情况和《山西交通志》的供稿要求，再次安排布置资料提供任务。2008年3月14～18日，编纂人员到各公路经营单位核实订正桥梁、隧道设施技术数据及其他相关资料。3月25日，将《山西交通志》总公司供稿以电子邮件发送至各公路经营单位及诺通公路养护公司，要求单位领导和撰稿人认真审阅并进行签字确认。5月，完成《山西交通志》供稿。

2008年8月，开始着手《公司志》评审筹备工作，并积极与省交通厅资料信息中心领导请示和沟通。9月18日，《公司志》评审稿装订成册，25日下发关于对评审稿进行认真审阅的通知，同时将评审稿分发至公司领导、各所属单位、总公司机关部室。10月，先后召开三次评审会议：11～12日，在忻州顿村召开山西省交通建设开发投资总公司老同志座谈会，对《公司志》进行评审，请公司领导和老同志认真回顾公司的发展历程和重大事件，进一步理清公司的发展脉络，从宏观上提出修改意见。16～17日，召开《山西省交通建设开发投资总公司志》评审会议，邀请专家学者按照正式出版发行的要求，重点从体例、谋篇布局和政治思想、业务技术等多方面进行把关和指导，应邀参加评审的有：山西省史志院地方志研究所所长刘益龄、处长任小燕，省交通厅资料信息中心师国梁、张歧山、郭富平及梁锦华、赵国荣、杜小鹏，部分市交通史志主编：太原市王玉林、阳泉市史晋阳、大同市高青、忻州市刘邦晋、张天安、长治市韩金廷。22日，召集各经营单位分管领导、主要撰稿人会议，对《公司志》进行内部评审，重点就志书的具体内容和基本史实，包括时间、地点、人名、数字等方面进行把关，并就进一步补充2007～2008年年鉴相关资料和提供图片、题词等工作提出要求。

2009年2月2日，将《公司志》中2007～2008年年鉴分发总公司领导及各部室和各单位进行审阅，征求修改意见。3月6日，再次制作征询意见表，请总公司各位领导对书稿提出修改意见，并签字确认。3月10日，《公司志》(终审稿)装订成册，送公司党、政主要领导、分管领导审定。5月26日，成立《公司志》终审委员会，主任李平、副主任张庆华，委员由总公司机关部室负责人组成，对《公司志》进行审阅。6月20日和7月15日，又印出第三、四稿，进行反复加工修改。7月17日，山西省交通厅资料信息中心批准《公司志》出版。8月，《山西省交通建设开发投资总公司志》正式送人民交通出版社出版。

《公司志》编纂工作，始终在本志编纂委员会的正确领导下进行，得到了山西省史志院、省交通厅资料信息中心的亲切关怀和热情指导，各所属单位领导和总公司老领导、老职工、社会有识之士均给予了宝贵支持。与此同时，各单位均确定有分管领导和撰稿人或提供资料人员，并做了大量至关重要的工作。总公司办公室等相关部门，为志书编纂工作提供了良好条件，保证了编纂工作

山西省交通运输厅

关于编辑出版《山西省交通建设开发投资总公司志》的意见

省交通建设开发投资总公司：

贵公司2009年7月15日《关于出版<山西省交通建设开发投资总公司志>的报告》收悉。

经组织专家审读，认为该志重点突出，结构完整，语言准确，数字翔实，符合志书出版要求，堪称全省交通系统企业志书的典范。

经研究，同意《山西省交通建设开发投资总公司志》送交出版社审核，履行有关出版程序。

专此函复。

山西省交通运输厅资料信息中心

二〇〇九年七月十七日

的顺利进行。另,本书所使用的照片,由于多种原因无法确认具体作者,故均无署名,敬请谅解。在此,对上述单位和人士一并表示衷心的感谢。

本志为山西省交通史志系列丛书,志书的出版发行,是总公司领导深谋远虑的结果,是公司企业文化建设的重要成果,是广大企业员工集体智慧的结晶。同时,编纂部门志,在山西省交通系统尚无可资借鉴,加之编纂时间紧,资料相对欠缺,尤其是自己既无高学历教养,又非科班出身,深感水平有限,力不从心,故纰漏谬误之处在所难免,恳请广大读者不吝赐教。

编　者

2009 年 8 月